高职高专工学结合医药类规划教材

U0668502

Biopharmaceutical Technology

生物制药技术

主　编　何军邀

副主编　彭　昕　许丽丽

主　审　王　普

编　者（以姓氏笔画为序）

彭　昕（浙江医药高等专科学校）

曲均革（浙江医药高等专科学校）

何军邀（浙江医药高等专科学校）

周双林（浙江医药高等专科学校）

夏春年（浙江工业大学）

许丽丽（浙江医药高等专科学校）

蔡秀云（浙江海正药业股份有限公司）

ZHEJIANG UNIVERSITY PRESS

浙江大学出版社

总　　序

近几年，医药高职高专教育发展势头迅猛，彰显出了强大的生命力和良好的发展趋势。《国家中长期教育改革和发展规划纲要(2010－2020年)》指出，要大力发展职业教育，培养创新型、实用型、复合型人才，培养学生适应社会和就业创业能力。高职教育培养生产、服务、管理等一线岗位的高端技能型人才，目标科学明确，满足适应了医药行业企业发展的迫切需要。而培养面向一线工作的高端技能型人才不仅要有扎实的理论基础，更要掌握熟练的实践操作技能，同时还应具备良好的职业素养和心理素质。

医药行业是涉及国民健康、社会稳定和经济发展的一个多学科先进技术和手段高度融合的高科技产业群体。医药类高职院校学生更应树立医药产品质量第一的安全意识、责任意识，更要着重强调培养学生钻研业务的研究能力、质量控制方面的职业知识及一专多能的职业能力。

为创新医药高职高专教育人才培养模式，探索职业岗位要求与专业教学有机结合的途径，浙江医药高等专科学校根据高端技能型人才培养的实际需要，以服务为宗旨，以就业为导向，依托宁波市服务型重点建设专业“医药产销人才培养专业群”的建设，推进教育教学改革，组织教学和实践经验丰富的相关教师及行业企业专家编写了一套体现医药高职高专教育教学理念的优质教材，贴近岗位、贴近学生、贴近教学。

本套教材具有以下几个特点：一是内容上强调需求。在内容的取舍上，根据医药学生就业岗位所需的基本知识技能和职业素养来选择和组织教材内容；二是方法上注重应用。教材力求表达简洁、概念明确、方法具体，基本技能可操作性强，让学生易于理解、掌握和实践。三是体例上实现创新。教材内容编排实现项目化，按照工学结合的教学模式，突出“案例导入”、“任务驱动”、“知识拓展”、“能力训练”等模块。

浙江医药高等专科学校作为教育部药品类专业教指委的核心院校，在医药高职高专教育中不断探索，不断前行，取得了一系列标志性的成果，教育质量不断提高，校企合作不断深入。本套教材是学校教师多年教学和实践经验的体现，教材体现了新的高职高专教育理念，满足了专业人才培养的需要。

姚文兵

《高职高专工学结合医药类规划教材》编委会名单

前　言

生物制药作为成长性产业在医药行业中的地位越来越突出，中国的生物制药产业将呈持续增长态势，生物制药产业的未来充满希望。鉴于产业形势和社会对生物制药专业人才的需求，我国部分高职院校前瞻性地在十多年前就设立了生物制药技术专业，迄今为我国培养了大量优秀的生物制药专业技能型专门人才，有效地促进了生物制药产业的发展。在生物制药技术专业人才培养方案中，生物制药技术课程是生物制药技术专业的核心课程，其综合了生物制药上游、下游技术的理论知识及实验技术的一门专业必修课，内容涵盖了生物制药技术专业学生所必须具备的生物制药技术基本知识和技能，符合培养医药类高素质技能型专门人才的要求。通过该课程的学习不仅为学习后续实践课程提供强有力的理论知识和技能支撑，较全面地掌握专业技能以满足实际岗位的需求，而且对学生综合能力的培养，提高学生的整体素质，为实现实践能力和创新能力的"双提升"具有重要作用。因此，编写该课程的合适教材对于培养生物制药技术专业人才颇具实际意义。

为了本教材的编写，编者对生物制药企业进行了充分调研，确定了生物制药技术专业人才的知识和技能要求，在此基础上结合了编者多年的教学、科研和生产经验，根据高职高专学生的特点，以"厚基础、重实用"为原则，确立了本教材的内容。教材内容主要包括发酵工程制药技术、酶工程制药技术、基因工程制药技术、细胞工程制药技术和生化分离工程技术的理论知识体系、应用实例以及相应的实践技能训练项目，力求做到理论知识与实践相结合，以适应于当前高职高专的教学。

参与本教材编写的人员由具有丰富教学经验的专任教师和制药企业的技术专家组成。因此，本教材具有基础性和实用性特点，适用于高等职业院校生物制药技术专业、生物技术及应用专业等相关专业作为教材使用。本教材分 6 个项目、29 个任务，其中项目一由何军邀、夏春年老师编写，项目二由许丽丽老师编写，项目三由何军邀老师编写，项目四由彭昕老师编写，项目五由曲均革老师编写，项目六中的任务二十至二十三由许丽丽老师编写，任务二十四由彭昕老师编写，任务二十五由曲均革老师编写，任务二十六至二十九、项目六的生化分离技术应用案例和技能训练由何军邀老师和蔡秀云高工共同编写，附录由周双林老师编写，全书由何军邀老师统稿。

在本教材的编写过程中得到了专家、同仁们的关心和大力支持，浙江工业大学王普教授在百忙之中抽出时间对全书进行了审阅，并提出了宝贵意见，在此表示衷心感谢。

感谢宁波市服务型教育重点建设专业二级建设项目（2011年）和宁波市应用型专业人才培养基地建设项目“《生物药物制备技术》精品课程建设”（Jd100225）的资助。本课程网址为 http://jpkc.zjpc.net.cn/swywzb/，本书主编邮箱为 hejunyao1974@126.com，欢迎各位专家联系交流。

由于生物技术发展迅速，加之编者学识和水平的限制，漏误不当之处在所难免，恳请读者批评指正。

浙江医药高等专科学校　何军邀

2012年10月

目　　录

项目一　生物制药概述

学习目标

知识目标

- 掌握生物制药的研究内容；
- 掌握生物药物的概念、分类；
- 掌握生物药物的性质特点和用途；
- 熟悉生物制药产业的现状和发展前景；
- 了解生物制药技术的发展历史和趋势。

能力目标

- 能够熟练掌握生物药物的概念、分类；
- 能够熟练掌握生物药物的性质特点和用途；
- 能够了解生物制药的产业现状和发展前景。

任务一　生物制药技术和生物药物基本概念

【任务内容】

一、生物制药的概念和研究内容

生物制药是指利用生物体或生物过程生产药物的技术。生物制药技术是一门讲述生物药物，尤其是生物工程相关药物的研制原理、生产工艺及分离纯化技术的应用学科。其研究内容包括发酵工程制药、基因工程制药、细胞工程制药和酶工程制药。

1. 发酵工程制药

发酵工程制药是指利用微生物代谢过程生产药物的技术。此类药物有抗生素、维生素、氨基酸、核酸有关物质、有机酸、辅酶、酶抑制剂、激素、免疫调节物质、微生物酶制剂及其他生理活性物质。主要研究微生物菌种筛选和改良、发酵工艺的研究、发酵产物的分离纯化技术和质量控制等问题。发酵工程制药技术是基因工程制药、细胞工程制药、酶工程制药的技术基础。

2. 基因工程制药

基因工程制药是通过重组 DNA 技术将编码蛋白质、肽类激素、酶、核酸和其他药物的基因转移至宿主细胞进行复制和表达，最终获得相应药物，包括蛋白质类生物大分子、初级代谢产物(如苯丙氨酸、丝氨酸)以及次生代谢产物抗生素等。这些药物通常是一些人体内的活性因子，如干扰素、胰岛素、白细胞介素-2、EPO 等。主要研究目的基因的获得与鉴定、克隆、基因载体的构建与导入、目的产物的表达及分离纯化等问题。

3. 细胞工程制药

细胞工程制药是利用动、植物细胞培养生产药物的技术。利用动物细胞培养可生产人类生理活性因子、疫苗、单克隆抗体等产品；利用植物细胞培养可大量生产经济价值较高的植物有效成分，也可生产人活性因子、疫苗等重组 DNA 产品。现今重组 DNA 技术已用来构建能高效生产药物的动、植物细胞株系或构建能产生原植物中没有的新结构化合物的植物细胞系。细胞工程制药主要研究动、植物细胞高产株系的筛选、培养条件的优化以及产物的分离纯化等问题。

4. 酶工程制药

酶工程制药是利用酶或活细胞(包括其固定化形式)的催化功能，借助工程手段将相应的原料转化成药物的技术。应用酶或细胞除了能全程合成药物分子，还能用于药物的转化，如用微生物转化生产甾体药物、微生物两步转化法生产维生素 C 等。酶工程制药主要研究酶的来源、酶制剂的制备、酶(或细胞)的固定化、酶反应器及相应的操作条件等。酶工程生产药物具有生产工艺结构简单紧凑、目的产物产量高、回收效率高、可重复生产及污染少等优点。酶工程作为发酵工程的替代者，其应用具有广阔的前景，将导致整个发酵工业和化学合成工业(尤其是手性药物的合成)的巨大变革。

二、生物药物的特性、分类和用途

(一)生物药物的概念

生物体是有组织的统一整体，生物体的组成物质及其在体内进行的一连串代谢过程都是相互联系、相互制约的。所谓疾病主要是指机体受到病原体的侵袭或内外环境的改变而使代谢失常，导致起调控作用的酶、激素、核酸、细胞因子和各种活性蛋白质等生物活性物质自身或环境发生障碍，如酶催化作用的失控、产物过多积累而造成中毒，或底物大量消耗得不到补偿，或激素分泌紊乱，或免疫功能下降，或基因表达调控失灵等。正常机体在生命活动中之所以能不断战胜疾病，保持健康状态，就在于生物体内部具有调节、控制和战胜各种疾病的物质基础和生理功能。维持正常代谢的各种生物活性物质应是人类长期进化和自然选择的合理结果，人们还可根据其构效关系进行结构的修饰和改造使之能更有效、更专一、更合理地为机体所接受。在机体需要时(如生病时)，应用这些活性物质作为药物来补充、调整、增强、抑制、替换或纠正人体的代谢失调，势必比较有效和合理，如用胰岛素治疗糖尿病，用生长激素治疗侏儒症，用尿激酶治疗各种血栓病，用细胞色素 C 治疗因组织缺氧所致的一系列疾病等。生物药物就是根据生物体的这些特点，以多种技术手段从生物材料中制得的相关药物。确切地讲，生物药物(biopharmaceutics)是利用生物体、生物组织、细胞或其成分，综合应用生物学与医学、生物化学与分子生物学、微生物学与免疫学、物理化学与工程学和药学的原理与方法加工、制造而成的一大类用于预防、诊断、治疗疾病的制品。广义的生物药物包括以动物、植物、微生物和海洋生物为原料制取的各种天然生物活性物质及其人工合成或半合成的天然物质类似物，也包括应用生物工程技术(基因工程、细胞工程、酶工程与发酵工程)制造生产的新生物技术药物(new biotech drug)。

(二)生物药物的特性

1. 药理学特性

(1) 药理活性高。如干扰素 IFN-α 纯品的比活＞10^8U/mg，而临床使用一次剂量一般为 $3\times10^6\sim5\times10^6$U，才相当于 30～50μg 蛋白量；又如注射用的纯 ATP 可以直接供给机体能量。

(2) 治疗的针对性强，疗效可靠。如细胞色素 C 用于治疗组织缺氧所引起的一系列疾病，效果显著。

(3) 毒副作用小、营养价值高。蛋白质、核酸、糖类、脂类等生物药物本身就直接取自生物体内，接近人体的正常生理物质，进入体内后更易被机体吸收、利用和参与人体的正常代谢与调节，所以生物药物对人体毒副作用一般较少，而且还具有一定的营养作用。

(4) 生理副作用时有发生。由于生物体之间的种属差异或同种生物体之间的个体差异都很大，所含的生理活性物质结构上常有很大差异，尤其是分子量较大的蛋白质类药物更为突出，所以用药时会发生免疫反应和过敏反应。

2. 生产、制备中的特殊性

(1) 原料中的有效物质含量低，杂质种类多且含量高，分离纯化工艺要求高。如胰腺中脱氧核糖核酸酶的含量为 0.004%，胰岛素含量为 0.002%，同时还有多种酶、蛋白质等杂质，分离纯化工艺很复杂。

(2) 生物药物分子结构复杂、稳定性差。生物药物的分子结构中具有特定的活性部位，该部位有严格的空间结构，一旦结构破坏，生物活性也就随着消失，如热、酸、碱、重金属等很多理化因素会使其失活。

(3) 易腐败。生物药物营养价值高，易染菌、腐败，生产过程中应低温、无菌。

(4) 注射用药有特殊要求。生物药物易受消化道的酸碱环境和水解酶的破坏，常常以注射给药，因此对制剂的均一性、安全性和有效性都有严格要求。为保证制品的质量，必须有严格的生产管理要求，即《药物生产质量管理规范》(简称 GMP)，并对制品的有效期、贮藏期、贮存条件和使用方法做出明确规定。

3. 检验上的特殊性

由于生物药物具有生理功能，因此生物药物不仅要有理化检验指标，更要有生物活性检验指标。

(三)生物药物的分类

生物药物的分类既可按照其来源与生产方式分为生化药物、生物技术药物和生物制品，又可按照其生理功能与临床用途分为治疗药物、预防药物、诊断药物和其他生物医药用品。但通常是按照生物药物的化学本质和化学特性来分类。由于生物药物结构多样，功能广泛，因此任何一种分类方法都会有一定的不完美之处。下面根据生物药物的化学本质和化学特性对生物药物进行分类：

1. 氨基酸及其衍生物药物

氨基酸类药物使用量大，全世界每年总产量已逾百万吨，主要生产品种有谷氨酸、蛋氨酸、赖氨酸、天冬氨酸、精氨酸、半胱氨酸、苯丙氨酸、苏氨酸和色氨酸。其中谷氨酸产量最大，占氨基酸总产量的 80%。氨基酸的使用可用单一氨基酸，如用蛋氨酸防治肝炎、肝坏死和脂肪肝，谷氨酸用于防治肝昏迷、神经衰弱和癫痫等；也可用复方氨基酸作血浆代用品和向病人提供营养等。

2. 多肽及蛋白质类药物

多肽及蛋白质类药物品种多、用途广，包括治疗性多肽、蛋白质、激素、酶、抗体、细胞因子、疫苗、连接蛋白、融合蛋白、可溶性受体等。这类药物可以从生物体中直接提取获得，现在更多地是通过基因工程和蛋白质工程技术生产得到。下面介绍主要几类多肽及蛋白质药物：

(1) 细胞因子干扰素类　有α-干扰素、β-干扰素和γ-干扰素，α-干扰素又有 a_1b、a_2a、a_2b 等。

(2) 细胞因子白介素类和肿瘤坏死因子　已在临床应用的有白介素-2(IL-2)和突变型白介素-2(Ser^{125}-IL-2)，正在研究开发的还有 IL-1、IL-3、IL-4、IL-5、IL-6、IL-11 和 IL-12 等。肿瘤坏死因子类主要有 TNF-α 和 TNF-α 受体。

(3) 造血系统生长因子类　这类药物主要用于促进造血系统，增加白细胞、红细胞和血小板，主要品种有粒细胞集落刺激因子(GM-CSF)、促红细胞生成素(EPO)以及干细胞生长因子(SCF)等。

(4) 生长因子类　这类药物主要用于促进细胞生长、组织再生和创伤治疗。主要品种有胰岛素样生长因子(IGF)、表皮生长因子(EGF)、血小板衍生生长因子(PDGF)、转化生长因子(TGF-α 和 TGF-β)、神经生长因子(NGF)及各种神经营养因子。

(5) 重组多肽与蛋白质类激素　主要品种有重组人胰岛素、重组人生长激素、促卵泡激素、促黄体生成素和绒毛膜促性腺激素等，还有重组人白蛋白和重组人血红蛋白。

(6) 心血管病治疗剂与酶制剂　这类药物主要用于心血管疾病和抗肿瘤治疗。主要品种有Ⅷ因子、水蛭素、tpA、rtpA、尿激酶、链激酶、葡激酶、天冬酰胺酶、超氧化物歧化酶、葡萄糖脑苷酶及 DNase 等。

(7) 重组疫苗　有重组乙肝表面抗原疫苗(酵母)、乙肝基因疫苗(重组乙肝表面抗原疫苗、CHO 细胞)、AIDS 疫苗、流感疫苗、痢疾疫苗和肿瘤疫苗等。

3. 维生素类药物

维生素 B_2、维生素 B_{12}、β-胡萝卜素和维生素 D_2 的前体、麦角醇可由发酵获得。维生素 C 可用微生物发酵结合化学法生产。

4. 酶及辅酶类药物

(1) 助消化酶类　如胃蛋白酶、胰酶、凝乳酶、纤维素酶和麦芽淀粉酶等。助消化酶有单酶或复合酶(如蛋白酶、脂肪酶与纤维素酶的复方多酶片)，除胃蛋白酶可直接口服外，其他酶服用时一般制成肠溶胶囊或脂质体包埋剂型。

(2) 消炎酶类　如溶菌酶、胰蛋白酶、糜蛋白酶、胰 DNA 酶、菠萝蛋白酶、无花果蛋白酶等，用于消肿、消炎、清疮、排脓和促进伤口愈合。胶原蛋白酶用于治疗褥疮和溃疡，木瓜凝乳蛋白酶用于治疗椎间盘突出症，胰蛋白酶还用于治疗毒蛇咬伤。

(3) 心血管疾病治疗酶　防治血栓的酶制剂有纤溶酶、尿激酶、纳豆激酶、链激酶、蚓激酶、蛇毒降纤酶。凝血酶可用于止血，弹性酶能降低血脂，用于防治动脉粥样硬化，胰激肽原酶有扩张血管、降低血压作用。

(4) 抗肿瘤酶类　L-天冬氨酸酶用于治疗白血病和淋巴肉瘤，谷氨酰胺酶、蛋氨酸酶、组氨酸酶、酪氨酸氧化酶和核糖核酸酶也有不同程度的抗肿瘤作用。

(5) 其他治疗用酶 超氧化物歧化酶(SOD)用于治疗风湿性关节炎和放射病。PEG-腺苷脱氨酶用于治疗严重的联合免疫缺陷症。DNA酶可降低痰液黏度,用于治疗慢性气管炎。细胞色素C用于组织缺氧急救(如CO中毒)。透明质酸酶用作药物扩散剂和关节炎治疗。青霉素酶可治疗青霉素过敏。

(6) 辅酶类药物 多种酶的辅酶或辅基成分具有医疗用途。如辅酶Ⅰ(NAD)、辅酶Ⅱ(NADP)、黄素单核苷酸(FMN)、黄素腺嘌呤二核苷酸(FAD)、辅酶Q10、辅酶A等,已广泛用于肝病和冠心病的治疗。辅酶A常与ATP、GSH或细胞色素C、胰岛素等组成复方制剂以增强疗效。

5. 核酸、核苷酸及其衍生物类药物

(1) 核酸 猪、牛肝RNA用于治疗慢性肝炎、肝硬化和改善肝癌症状有一定疗效。免疫RNA(iRNA)是一种高度特异性的免疫触发剂,存在于受免疫动物的淋巴细胞和巨噬细胞中,如治疗肺癌iRNA,用于肝炎治疗的抗乙肝iRNA。转移因子(TF)是含有多核苷酸、多肽的化合物,分子量小于10000,它能传递细胞免疫信息,用于肝炎治疗等。DNA有抗辐射作用,用于改善机体虚弱疲劳,与细胞毒药物合用能提高细胞毒药物对癌症细胞的选择作用,与红霉素合用能降低其毒性,提高抗癌疗效。

(2) 多聚核苷酸 多聚胞苷酸、多聚次黄苷酸、双链聚肌胞苷酸(Poly I：C)、聚肌苷酸及巯基聚胞苷酸是干扰素诱导剂,具有刺激吞噬作用及调节免疫功能作用,可用于抗病毒、抗肿瘤。

(3) 核苷、核苷酸及其衍生物 较为重要的核苷酸类药物有混合核苷酸、混合脱氧核苷酸注射液、ATP、CTP、cAMP、CDP-胆碱、GMP、IMP和肌苷等。

经人工化学修饰的核苷酸、核苷或其碱基衍生物是有效的核酸抗代谢药物,常用于治疗肿瘤和病毒感染。用于肿瘤治疗的有6-巯基嘌呤、6-硫代鸟嘌呤、5-氟尿嘧啶、呋喃氟尿嘧啶、氟尿嘧啶脱氧核苷、阿糖胞苷等,用于抗病毒的有阿糖腺苷、2-氟-5-碘阿糖胞苷、环胞苷、5-氟环胞苷、5-碘苷和无环鸟苷等。

(4) 基因药物 这类药物是以基因物质(RNA或DNA及其衍生物)作为治疗的物质基础,包括基因治疗用的重组目的DNA片段、重组疫苗、反义药物和核酶等。基因治疗除用于遗传病治疗外,已扩展到用于治疗肿瘤、艾滋病、囊性纤维变性、糖尿病和心血管疾病等,FDA已批准500多个基因治疗方案进入临床试验。反义药物是以人工合成的十至几十个反义寡核苷酸序列与模板DNA或mRNA互补形成稳定的双链结构,抑制靶基因的转录和mRNA的翻译,从而起到抗肿瘤和抗病毒作用。此外,反义药物还用于心血管疾病、代谢障碍与免疫系统及细胞黏附系统的疾病治疗。

6. 脂类药物

脂类药物主要从生物体中提取获得,它包括许多非水溶性的、能溶于有机溶剂的小分子生理活性物质,主要有:

(1) 磷脂类 磷脂类主要有脑磷脂、卵磷脂等,多用于肝病、冠心病和神经衰弱症。

(2) 多价不饱和脂肪酸和前列腺素 多价不饱和脂肪酸有亚油酸、亚麻酸、花生四烯酸和二十碳五烯酸(EPA)、二十二碳六烯酸(DHA)等必需脂肪酸,具有降血脂、降血压、抗脂肪肝作用,可用于冠心病的防治。前列腺素是一大类含五元环的不饱和脂肪酸,重要的天然前列腺素有PGE_1、PGE_2、$PGF_{2\alpha}$和PGI_2。PGE_1、PGE_2和$PGF_{2\alpha}$已成功地用于催产和中期引产。PGI_2 用于抗血栓和防止动脉粥样硬化。

(3) 胆酸类　去氧胆酸可治胆囊炎,猪去氧胆酸用于治疗高脂血症,鹅去氧胆酸和熊去氧胆酸是良好的胆石溶解药。

(4) 固醇类　主要有胆固醇、麦角固醇和β-谷固醇。胆固醇是人工牛黄的主要原料之一,还有护发作用。β-谷固醇有降低血脂、胆固醇的作用。

(5) 卟啉类　血红素是食品添加剂的着色剂,胆红素是人工牛黄的重要成分(人工牛黄是由胆固醇、胆红素、胆酸和一些无机盐、淀粉混合而成的复方制剂,具有清热、解毒、抗惊厥、祛痰、抗菌作用)。原卟啉、血卟啉用于肿瘤的诊断和治疗。

7. 多糖类药物

多糖类药物的来源有动物、植物、微生物和海洋生物,它们在抗凝、降血脂、抗病毒、抗肿瘤、增强免疫功能和抗衰老方面具有较强的药理作用。

肝素有很强的抗凝作用,小分子肝素有降血脂、防治冠心病的作用。硫酸软骨素 A、类肝素在降血脂、防治冠心病方面有一定疗效。胎盘脂多糖是一种促 B 淋巴细胞分裂剂,能增强机体免疫力。透明质酸具有健肤、抗皱、美容作用。壳聚糖有降血脂作用,也是良好的片剂肠溶衣材料。取自海洋生物的刺参多糖有抗肿瘤、抗病毒和促进细胞吞噬作用。各种真菌多糖具有抗肿瘤、增强免疫能力和抗辐射作用,有的还有升白细胞和抗炎作用。常见的产品有银耳多糖、香菇多糖、蘑菇多糖、灵芝多糖、人参多糖、虫草多糖和黄芪多糖等。

8. 其他生物药物类

除上述七类生物药物外,还要许多化学结构不一的生物药物,如抗生素、酶的抑制剂、免疫调节剂等。

(三)生物药物的用途

生物药物广泛用作医疗用品,特别在传染病的预防和某些疑难病的诊断和治疗上起着其他药物不能替代的独特作用。随着预防医学和保健医学的发展,生物药物正日益渗入到人们生活的各个领域,大大扩大了其应用范围。

1. 作为治疗药物

对许多常见病和多发病,生物药物都有较好的疗效。对目前危害人类健康最严重的一些疾病如肿瘤、糖尿病、心血管疾病、乙型肝炎、内分泌障碍、免疫性疾病、遗传病和延缓机体衰老等生物药物将会发挥更好的治疗作用。按其药理作用主要有以下几大类:

(1) 内分泌障碍治疗剂　这类药物有胰岛素、生长素、甲状腺素等。

(2) 维生素类药物　维生素类药物主要起营养作用,用于维生素缺乏症。某些维生素大剂量使用时有一定治疗和预防癌症、感冒和骨病的作用。如维生素 C、维生素 D_3、维生素 B_{12}、维生素 B_{14} 等。

(3)中枢神经系统药物　较常用的中枢神经系统药物有 L-多巴(治神经震颤)、人工牛黄(镇静抗惊厥)、脑啡肽(镇痛)。

(4) 血液和造血系统药物　常用的有抗贫血药(血红素)、抗凝药(肝素)、纤溶剂-抗血栓药(尿激酶、tPA、水蛭素)、止血药(凝血药)、血容量扩充药(右旋糖酐)、凝血因子制剂(凝血因子Ⅷ和Ⅸ),以及造血系统因子 EPO、TPO、SCF 等。

(5) 呼吸系统药物　有平喘药(PGE、肾上腺素)、祛痰剂(乙酰半胱氨酸)、镇咳药(蛇胆、鸡胆)、慢性气管炎治疗剂(核酸注射剂、DNA 酶)。

(6) 心血管系统药物　有抗高血压药(甲巯丙脯酸、激肽释放酶)、降血脂药(弹性蛋白酶、猪去氧胆酸)、冠心病防治药物(硫酸软骨素 A、类肝素、冠心舒)。

(7) 消化系统药物　常见的有助消化药(胰酶、胃蛋白酶)、溃疡治疗剂(胃膜素、维生素U)、止泻药(鞣酸蛋白)。

(8)抗感染药物　抗感染药物包括各类抗细菌、抗真菌抗生素。如头孢菌素用于尿路和呼吸道感染与小儿肠道感染,红霉素及其衍生物对呼吸道感染疗效明确,半合成链阳菌素能快速杀灭多耐药性葡萄球菌和链球菌。

(9)免疫调节剂　免疫增强剂能提高机体的免疫功能,增加白细胞、血小板,如灵芝多糖、香菇多糖、GM-CSF、G-CSF;特异性免疫抑制剂如环孢霉素 A、他克莫司(tacrolimus, FK506)、西罗莫司(sirolimus, rapamycin, RAP)用于器官移植排斥反应等。

(10) 抗病毒药物　主要有三种作用类型:①抑制病毒核酸的合成,如碘苷、三氟碘苷;②抑制病毒合成酶,如阿糖腺苷、无环鸟苷;③调节免疫功能,如异丙肌苷、干扰素。

(11) 抗肿瘤药物　主要有核酸类抗代谢药物(阿糖胞苷、6-巯基嘌呤、5-氟尿嘧啶)、抗癌天然生物大分子(天冬酰胺酶、香菇多糖、云志多糖),提高免疫力抗癌剂(白介素-2、干扰素、集落细胞刺激因子),肿瘤坏死因子(使肿瘤细胞坏死)。

(12) 抗辐射药物　该类药物有超氧化物歧化酶(SOD)、2-巯基丙酰甘氨酸(MPG)等。

(13) 计划生育用药　计划生育用药有口服避孕药(复方炔诺酮)和早中期引产药(前列腺素及其类似物,如 PGE_2、$PGF_{2\alpha}$、15-甲基 $PGF_{2\alpha}$、16,16-二甲基 $PGF_{2\alpha}$)等。

(14) 生物制品类治疗药物　如各种人血免疫球蛋白(破伤风免疫球蛋白、乙型肝炎免疫球蛋白)、抗毒素(精制白喉抗毒素)和抗血清(蛇毒抗血清)等属于治疗作用的生物制品类药物。

2. 作为预防药物

以预防为主的方针是我国医疗卫生工作的一项重要战略。许多疾病,尤其是传染病(如细菌性和病毒性传染病)的预防比治疗更为重要。通过预防,许多传染病得以控制,直到根绝,如我国已消灭的天花、鼠疫就是广泛开展预防接种痘苗、鼠疫菌苗所取得的重大成果。

常见的预防药物有菌苗、疫苗、类毒素及冠心病防治药物(如改构肝素及多种不饱和脂肪酸)。菌苗有活性菌苗;死菌苗及纯化或组分菌苗。活菌苗如布氏杆菌病、鼠疫、土拉、炭疽和卡介苗等;纯化或组分菌苗,如流行性脑膜炎、多糖菌苗;死菌苗如霍乱、伤寒、百日咳、钩端螺旋体菌苗。疫苗也有灭活菌苗(死疫苗)和减毒疫苗(活疫苗)两类。死疫苗如乙型脑炎、森林脑炎、狂犬病和斑疹伤寒疫苗;活疫苗如麻疹、脊髓灰质炎、腮腺炎、流感、黄热病疫苗等。类毒素是细菌繁殖过程中产生的致病毒素,经甲醛处理使失去致病作用,但保持原有的免疫原性的变性毒素,如破伤风类毒素和白喉类毒素。

3. 作为诊断药物

生物药物用作诊断试剂是其最突出又独特的另一临床用途,绝大部分临床诊断试剂都来自生物药物。诊断用药有体内(注射)和体外(试管)两大使用途径。诊断用品发展迅速,品种繁多,数可近千,剂型也不断改进,正朝着特异、敏感、快速、简便方向发展。

(1) 免疫诊断试剂　免疫诊断试剂是利用高度特异性和敏感性的抗原抗体反应,检测样品中有无相应的抗原或抗体,可为临床提供疾病诊断依据,主要有诊断抗原和诊断血清。常见诊断抗原有:①细菌类,如伤寒、副伤寒菌、布氏菌、结核菌素等;②病毒类,如乙肝表面抗原血凝制剂、乙脑和森林脑炎抗原、麻疹血凝素；③毒素类，如链球菌溶血素O、锡克及狄克诊断液等。诊断血清包括：①细菌类（如痢疾菌分型血清）；②病毒类（如流感肠道病毒诊断血清）；③肿瘤类（如甲胎蛋白诊断血清）；④抗毒素类（如霍乱CT）；⑤激素类（如绒毛膜促性腺激素HCG）；⑥血型及人类白细胞抗原诊断血清；⑦其他类，如转铁蛋白诊断血清。

(2) 酶诊断试剂　酶诊断试剂是利用酶反应的专一性和快速灵敏的特点，定量测定体液内的某一成分变化作为病情诊断的参考。商品化的酶诊断试剂盒是一种或几种酶及其辅酶组成的一个多酶反应系统，通过酶促反应的偶联，以最终反应产物作为检测指标。经常用于配制诊断试剂的酶有氧化酶、脱氢酶、激酶和水解酶等。已普遍使用的常规检测项目有血清胆固醇、甘油三酯、葡萄糖、血氨、ATP、尿素、乙醇及血清sGPT（谷丙转氨酶）和sGOT（谷草转氨酶）等。目前已有40余种酶诊断试剂盒供临床应用，如HCG诊断盒、艾滋病诊断盒。

(3) 器官功能诊断药物　器官功能诊断药物是利用某些药物对器官功能的刺激作用、排泄速度或味觉等以检查器官的功能损害程度。如磷酸组织胺、促甲状腺激素释放激素、胰多肽(BT-PABA)、甘露醇等。

(4) 放射性核素诊断药物　放射性核素诊断药物有聚集于不同组织或器官的特性，故进入人体后，可检测其在体内的吸收、分布、转运、利用及排泄等情况，从而显出器官功能及其形态，以供疾病的诊断。如^{131}碘化血清白蛋白用于测定心脏放射图及心输出量、脑扫描；氰^{57}钴素用于诊断恶性贫血；柠檬酸^{59}铁用于诊断缺铁性贫血；^{75}硒-蛋氨酸用于胰脏扫描和淋巴瘤、淋巴网状细胞瘤和甲状旁腺组织瘤的诊断。

(5) 诊断用单克隆抗体(McAb)　McAb的特点之一是专一性强，是一个B细胞所产生的抗体，只针对抗原分子上的一个特异抗原决定簇。应用McAb诊断血清能专一检测病毒、细菌、寄生虫或细胞之分子量很小的一个抗原分子片段，因此测定时可以避免交叉反应。McAb诊断试剂已广泛用于测定体内激素的含量（如HCG、催乳素、前列腺素），诊断T淋巴细胞亚群及检测肿瘤相关抗原。McAb对病毒性传染原的分型分析，有时是唯一的诊断工具，如脊髓灰质炎有毒株或无毒株的鉴别、登革热不同型的区分、肾病综合征的诊断等。

(6) 诊断用DNA芯片　应用基因芯片进行突变基因检测是对遗传病、肿瘤等进行临床诊断的重要手段。如血友病、地中海贫血、苯丙酮尿症、遗传病的诊断和癌症等，癌基因芯片与抑制癌基因芯片的应用已越来越广泛。

4. 用作其他生物医药用品

生物药物应用的另一个重要发展趋势就是渗入到生化试剂、生物医学材料、营养、食品及日用化工、保健品和化妆品等各个领域。

(1)生化试剂　生化试剂品种繁多，不胜枚举，如细胞培养剂、细菌培养剂、电泳与层析配套试剂、DNA重组用的一系列工具酶、植物血凝素、同位素标记试剂和各种抗血清与免疫试剂等。

(2) 生物医学材料　主要是用于器官的修复、移植或外科手术矫形及创伤治疗等的一些生物材料。如止血海绵、人造皮、牛和猪心脏瓣膜、人工肾脏、人工胰脏等。

(3) 营养保健品及美容化妆品　这类药物已渗入到广大人民的日常生活中，前景可观。如各种软饮料及食品添加剂的营养成分，包括多种氨基酸、维生素、甜味剂、天然色素，以及各种有机酸，如苹果酸、柠檬酸、乳酸等。另外，众多的酶制剂（如 SOD）、生长因子（如 EGF）、多糖类（如肝素）、脂类（如胆固醇）和多种维生素均已广泛用于生产多种日用化妆品，包括护肤护发、美容化妆品、清洁卫生劳动保护用品，以及营养治疗化妆品。

【习题与思考】

1. 生物制药的概念是什么？其研究内容有哪些？
2. 什么是生物药物？生物药物有哪些特性？
3. 按化学本质和特性分，生物药物可以分为哪几类？

任务二　生物制药的发展历史和发展状况

【任务内容】

一、生物制药的发展历史

人类利用生物药物治疗疾病有着悠久的历史，尤其是古代的中国在此方面有着光辉的成就。上古时代，神农就开创了用天然物质治疗疾病的先例，如用羊靥（包括甲状腺的头部肌肉）治疗甲状腺肿大，用蟾酥治疗创伤，用羚羊角治中风，用紫河车（胎盘）作强壮剂，用鸡内金治遗尿及消食健脾，神农是我国最早应用生物材料作为治疗药物的人。公元 4 世纪，葛洪所著的《肘后备急方》就有用海藻酒治疗瘿病（地方性甲状腺肿）的记载。孙思邈（公元 581—682 年）首用羊肝（含维生素 A）治疗“雀目”（现在称之为夜盲症）。公元 10 世纪董正山著《牛痘新书》中记载有：“自唐开元年间，江南赵氏始传鼻之法。”宋朝真宗年代（998—1022）就开始利用接种人痘的免疫技术预防天花，这应该是最早应用生物材料用作预防药物的例子。公元 11 世纪，沈括所著的《沈存中良方》中记载了用秋石（男性尿中的沉淀物）治疗类固醇缺乏症，其制备原理与 Windaus 于 20 世纪 30 年代创立的类固醇分离方法近似，可见人类从生物材料分离活性物质用作治疗药物实为国人所创始。明代（14—17 世纪），李时珍《本草纲目》收载药物 1892 种，除植物药外，还有动物药 444 种（其他鱼类 63 种，兽类 123 种，鸟类 77 种，蚧类 45 种，昆虫百余种），书中还记载了各种药物的用法、功能、主治等。

西方生物制药的产生和发展与文艺复兴之后生物科学的发展有关。1796 年，英国医生琴纳（Jenner）发明了用牛痘疫苗治疗天花，从此用生物制品预防传染病得以肯定。1860 年，巴斯德发现细菌，开创了第一次药学革命，为抗生素的发现奠定了基础。

20 世纪 20 年代，有关蛋白质和酶的分离纯化技术，如盐析法、有机溶剂分级沉淀法、离心分离法等，开始应用于制药工业领域。纯化胰岛素、甲状腺素、多种必需氨基酸、必需脂肪酸与多种维生素生产工艺相继成功开发。

1928 年，英国弗莱明（Fleming）发现青霉素，至 1941 年在美国开发成功，标志着抗生素时代的开创，推动了发酵工业的快速发展，促使生物制药由传统生物制药阶段进入了近代生物制药发展阶段。

1945 年，美国瓦克斯曼（Waksman）继青霉素应用于治疗之后，第一个将从放线菌中发现的链霉素作为抗菌药品治疗结核病，取得了令人振奋的效果。20 世纪 50 年代是抗生素发现的黄金时代，各种不同类型的抗生素被相继发现；同期又发现了黑根霉可进一步转化孕酮成 11α-羟基孕酮,从而使可的松大量生产,而且在抗生素新药的研究与开发中开始采用高通量筛选(high throughput screening,HTS)技术。

20 世纪 60 年代后,生物分离工程技术与设备在生物制药工业中获得广泛应用,离子交换技术、凝胶层析技术、膜分离技术、亲和层析技术、细胞培养与组织工程技术及其相关设备为近代生物制药工业的发展提供了强有力的技术支撑,许多结构明确、疗效独特的生物药物迅速占领市场,如胰岛素、前列腺素、尿激酶、链激酶、溶菌酶、缩宫素、肝素钠等。70 年代 Zenk 等人开始研究应用植物细胞培养生产植物药物。1983 年,日本首先实现紫草细胞培养工业化生产紫草素。80 年代人们开始认识到微生物除了能生产抗生素外,还能产生酶抑制剂、免疫调节物质和作用于神经系统、循环系统及抗组胺和消炎的药物。

1953 年 Watson 和 Crick 提出了 DNA 的双螺旋结构,1966 年人们破译了 DNA 三联体密码,随之证明了遗传的中心法则,1973 年 Boy 和 Chen 建立了体外重组 DNA 的方法。1976 年诞生了全球首家 DNA 重组技术新药研发公司美国的 Genetech 公司,1982 年欧洲首先批准 DNA 重组动物球虫病疫苗。1982 年,第一个基因工程药物——基因重组胰岛素上市,这标志着生物制药进入了以基因工程为主导,包括现代细胞工程、发酵工程、酶工程和组织工程为技术基础的现代生物制药发展阶段。近 30 年来,基因工程药物的研究与开发进入了一个快速发展时期。

我国自 20 世纪 70 年代末 80 年代初开始进行现代生物技术的研究与开发,我国在基因工程和细胞工程技术方面的研究水平与国外先进水平相比差距已不大,中下游技术有了很大进展,国内已建立了 40 多个临床药理试验基地,若干个生物工程中试基地。我国有实力的大中型企业已开始积极投入开发,生物技术药品开始实现产业化,并开始注意产品的自主创新和产业的群落化与集约化,如生物谷、生物城、生物医药城、生物岛等正在逐步建立。目前我国的生物技术药物研究开发已开始步入自主创新的时期。

二、生物制药技术的发展概况

(一)基因工程制药

基因工程制药技术是随着 DNA 重组技术的发展而发展的,基因工程药物已经成为利用现代生物技术生产的最重要的产品,并成为衡量一个国家现代生物技术发展水平的最重要标志,也是当今最活跃和发展最迅速的领域。从 1982 年第一个新生物技术药物基因重组胰岛素上市至今,基因工程制药已走过近 30 年历史,目前有 100 多种基因工程药物上市,这些产品在治疗肾性贫血、白细胞减少、癌症、器官移植排斥、类风湿关节炎、糖尿病、矮小症、心肌梗死、乙肝、丙肝、多发性硬皮病、不孕症、粘多糖病、Gaucher's 病、法布莱氏病、囊性纤维化、血友病、银屑病和脓毒症等很多领域特别是疑难病症上,起到了传统化学药物难以达到的作用。近十几年来,基因工程制药发展迅速,基因工程药物产值年增长速度保持在 15%以上,生物制药已成为制药业乃至整个国家经济增长中的新亮点,被普遍认为是“21 世纪的钻石产业”。

生产基因工程药物的基本过程是首先获得目的基因,然后将目的基因连接在载体上,再将载体导入靶细胞(微生物、哺乳动物细胞或人体组织靶细胞),使目的基因在靶细胞中得到表达,最后将表达的目的蛋白质提纯并做成制剂,从而成为蛋白类药或疫苗。若目的基因直接在人体组织靶细胞内表达,就成为基因治疗。

利用基因工程技术生产药品有如下优点：①大量生产过去难以获得的生理活性物质和多肽；②挖掘更多的生理活性物质和多肽；③改造内源生理活性物质；④可获得新型化合物，扩大药物筛选来源。DNA重组技术不仅直接提供干扰素、白细胞介素、红细胞生成素(EPO)、集落刺激因子(GM-CSF)等基因工程药物，供临床治疗使用，提高对恶性肿瘤、心脑血管病、重要传染病和遗传病的防治水平，而且也广泛应用于改造已有的抗生素和生物制品等传统医药工业。因此，基因工程制药技术可以被认为是现代生物制药技术的核心。

(二)发酵工程制药

发酵工程也称微生物工程，它在原有发酵技术的基础上又采用了新技术，使工艺水平大大提高。所采用的新技术主要应用于三个方面：工艺改进、新药研制和菌种改造。工艺改进主要依赖于计算机理论及技术的发展。新药研制则得益于医药研究中对疾病机理的深入了解。菌种改造主要利用基因工程原理技术。正是由于采用其他学科的理论和新技术成果，使得微生物工程成为高新技术。这反映出当今各门学科之间相互渗透、相互支持促进科学技术加速发展的趋势。

在工艺改进方面主要是在发酵过程中实现计算机控制以及各项生理指标应用传感器等加以检测。

新药研制主要是开发微生物药物。获得新的生理活性物质的手段通常有两种，一种是在已知的微生物中寻找除抗生素外的新的代谢产物，另外一种手段是获得全新的物种。

近年来，随着基础生命科学的发展和各种新的生物技术的应用，由微生物产生的具有除抗感染、抗肿瘤作用以外的其他活性物质的报告越来越多，如酶抑制剂、免疫调节剂、受体拮抗剂和抗氧化剂等，其生物活性均超过了传统抗生素所具有的抑制某些生物生命活动的范围。这类化合物是在抗生素研究的基础上发展起来的。这类物质和一般抗生素均为微生物的次级代谢产物，其在生物合成机制、筛选研究及生产工艺等多方面具有共同特点，因此将其统称为微生物药物，即在微生物生命活动过程中产生的具有生理活性(或称药理活性)的次级代谢产物及衍生物。微生物药物的新时代是以酶抑制剂的研究为开端，目前已拓展到免疫调节剂、受体拮抗剂、抗氧化剂等多种生理活性物质的筛选和开发研究，其研究成果令人瞩目。

获得全新的物种通常有如下几种途径：

(1)寻找稀有菌。就微生物而言，目前已被人类分离而且认识的微生物种类不会超过自然界天然存在总量的10%。如何更多地分离获得新的微生物种群是一项世界性的大课题。据统计，在已报道的微生物中，超过总数60%的产生菌属于放线菌科(Actinomycete)，因此，如何不断发掘属于放线菌科的新的属、种，即分离研究“稀有放线菌”(rare actinomyces)、“超级稀有放线菌”(ultra-rare actinomyces)已显得十分重要。近年来，世界上的少数著名制药公司均在这方面投入了巨大的财力和物力，以期有新的发现。

(2)寻找极端微生物。在不同的生存环境下存在着不同的微生物群种。为了适应周围的生存环境，微生物在进化过程中就有可能形成与普通环境下微生物不同的体内代谢途径，因此，产生新的微生物药物的可能性就大为增加。目前，世界各国药学工作者对于生存在极端环境下的微生物种群给予了越来越多的重视，如南极、北极地区的微生物，火山口高温下生存的微生物，深海生存的微生物，太空中生存的微生物，与植物、动物共生或寄生的微生物等。对于陆地微生物而言，人烟稀少地区的微生物资源，因其很少受到人为污染而仍然受到人们的关注。

(3)构建难培养微生物。人们在千方百计分离寻找迄今尚未被分离得到的绝大多数微生物种群的同时，随着基因克隆技术、细胞培养技术、DNA扩增技术等现代生物技术的不断发展，美国等一些研究机构正着手利用基因工程手段，把生存在土壤中目前还无法分离出来的土壤微生物的总DNA克隆到预先设定的宿主系统中，生成各种带有未知微生物DNA的“工程菌株”，然后再将这些“工程菌株”进行发酵、初筛、复筛等研究程序，以期发现新的微生物产生的新化合物。当然，进行这方面研究，必须在确保没有基因污染风险的前提下进行，尤其是对于获得的带有各种不明基因的“工程菌株”必须加强管理，以防对人类社会带来不可预测的污染和危险。但是，不可否认，利用克隆技术来发掘土壤未知微生物的潜力，为人类造福这一思路是令人鼓舞的，这也为新的微生物产生先导化合物提供了一条可供选择的途径。

在菌种改造方面，可利用基因工程技术构建基因工程菌，使其能够产生新物质及改善生产工艺，这是20世纪80年代初开始形成的新领域。目前，已经构建了许多能够产生新的次级代谢产物的基因工程菌以及具有优良特性的能用于生产的基因工程菌。

(三)细胞工程制药

细胞工程制药技术主要有细胞培养技术和细胞融合技术，其中包含了基因工程技术在细胞工程制药技术中的应用。

细胞培养包括植物细胞培养和动物细胞培养。通过植物细胞培养生产有药用价值的次生代谢产物。1983年，日本利用紫草细胞培养工业化等生产紫草素，是世界上第一个利用植物细胞培养工业化生产次生代谢产物的例子。到1989年，达到72m^3的培养罐内大规模培养植物细胞生产药物的植物种类已有8种。近年来，用红豆杉细胞培养生产抗癌药物紫杉醇研究是最热门的研究课题之一。此外，由于培养中细胞变异以及培养条件的影响，可产生自然界不存在的新的药物。还可利用固定化植物细胞将价廉的底物转化成价值高的药物。通过大量的动物细胞培养获得细胞产品，还可用来进行病毒抗原的制作和疫苗的生产。

细胞融合技术是单克隆抗体制备最关键技术。单克隆抗体在医学上的用途十分广泛，抗病毒单克隆抗体已用于临床，例如用于诊断流感病毒类型和狂犬病的治疗。单克隆抗体最受重视的用途是在肿瘤诊断和治疗方面。经抗体与药物结合制成靶向药物——“生物导弹”，能定向杀灭肿瘤细胞，避免或减少对正常细胞的伤害，从而大大减轻了抗癌药物的副作用。目前，单克隆抗体为基础的诊断和治疗试剂在全球的销售额已超过40亿美元。

细胞工程同基因工程结合技术用于生产蛋白质类药物，前景尤为广阔。以融合蛋白的生产为例，融合蛋白是通过基因工程方法将编码不同蛋白质的基因片段按照正确的阅读框进行重组，将其表达后获得的新蛋白质。如将编码可以增强人体免疫反应的细胞因子的基因与编码肿瘤细胞特异抗原的抗体的基因连接成一段新基因转染到动物细胞内，这种基因工程细胞可以表达含有抗体和细胞因子的融合蛋白，用来激发人体对肿瘤细胞特异性排斥的免疫反应。

(四)酶工程制药

酶工程制药就是将酶或微生物细胞作为生物催化剂，借助化学反应工程手段将相应的原料转化成药物的技术。生物催化具有区域和立体选择性强、反应条件温和、操作简单、成本较低、公害少且能完成一般化学合成难以进行的反应等优点。并且，随着催化剂工程、溶剂工程和生物反应器等新技术的发展，不仅可使生物催化反应的效率成倍增长，而且可使整个生产过程连续化、自动化，为生物催化技术应用于药物的有机合成展现了广阔的前景。

进入 21 世纪以来，手性药物已得到了世界各国制药工业界越来越多的关注，利用生物催化进行手性药物的不对称合成和对映体拆分，成为新的研究热点。我们知道，一些药物的异构体具有不同的生物活性，且有些差异很大（见表 2-1）。为了降低药物的毒副作用，提高药物的使用效率和安全程度，以美国食品药品管理局（FDA）为代表的欧美发达国家的药品监督机构更是对消旋药品的上市和使用进行了严格的限制，而大力提倡以手性药物形式即以单一手性异构体上市。这就大大促进了手性技术尤其是生物催化手性合成技术的迅猛发展。

表 2-1　一些药物异构体的不同生物活性剂

药　名	构 型	生物效应	药　名	构 型	生物效应
沙利度胺 (thalidomide)	*R*	催眠镇静	他莫昔芬 (tamoxifen)	*E*	雌激素
	S	强致畸作用		*Z*	抗雌激素活性，治疗乳腺癌
氯霉素 (chloramphenicol)	*R*,*R*	抗菌	萘普生 (naproxen)	*R*	肝脏毒性
	S,*S*	无活性		*S*	抗炎
心得安 (propanolo)	*R*	无活性	酮洛芬 (ketoprofen)	*R*	解热镇痛
	S	β-阻滞剂		*S*	镇痛抗炎
索他洛尔 (sotalol)	*D*	Ⅲ型抗心率失常	氨氯地平 (amlodipine)	*S*(－)	抗心绞痛、高血压、充血性心力衰竭
	L	β-阻滞剂		*R*(＋)	治疗和预防动脉粥样硬化
乙胺丁醇 (ethambutol)	*R*,*R*	致盲			
	S,*R*	抗结核			

三、生物制药产业状况与发展前景

现代生物技术制药始于 20 世纪 80 年代初，近 30 年来，生物药物的研究开发取得了巨大进展，新的天然生理活性物质不断发现，原有药物在医疗上的用途又有新的认识和评价，药物新剂型日益增多，生物技术普遍进入实验室，第二代生物技术药物正在取代第一代多肽、蛋白类替代治疗剂，生物制药工业已成为现代制药工业新的经济增长点。以基因工程药物为核心的生物制药工业蓬勃发展，并成为新药开发的重要发展方向，在危及人类健康的重大疾病的防治方面具有重要作用。目前，生物制药产业已成为制药工业中发展最快、活力最强和技术含量最高的领域，是 21 世纪的“钻石产业”，也是衡量一个国家生物技术发展水平的一个最重要标志。

自 1998 年起，全球生物制药产业的年销售额连续 10 年增长速度保持在 15%～33%，成为发展最快的高新技术产业之一。2007 年重组药物销售额达到 840 亿美元，占世界医药销售额的 12%，2008 年重组药物销售额已达 900 亿美元，2009 年为 971.2 亿美元（图 2-1）。截至 2008 年美国食品药品监督管理局（FDA）共批准 99 种生物技术药物，已上市的生物技术药物已达 200 种左右，处于各期临床试验的生物技术药物有 700 多种，尚在不同研究阶段的有 1700 多种。2009 年 FDA 又批准了 16 种生物技术药物。更为突出的是 2008 年世界年销售额超过 40 亿美元的“超级重磅炸弹”药物共 16 种，而基因工程蛋白质类药物就占 7 种。年销售额超过 1 亿美元的 56 种重组药物，产值达 835 亿美元，占全球生物制药市场的 99.5%。这就充分显示生物技术药物在医药领域中的突出地位。

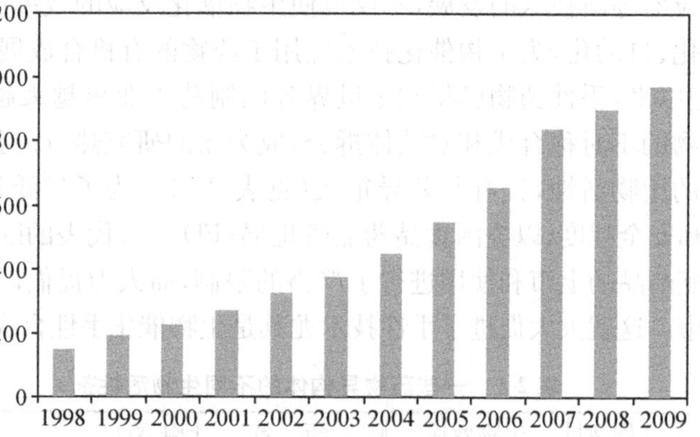

图 2-1　全球生物制药产业的年销售额

我国生物制药产业起步于20世纪80年代后期，经过了20多年的发展，以基因工程药物为核心的研制、开发和产业化已经颇具规模。目前我国的生物制药企业近500家，其中有100多家有生产生物技术药物的技术与批文，主要分布于环渤海、长三角、珠三角等经济发达地区。我国已批准和生产的生物技术药物品种与国内外已批准的常用品十分相近，并已有一批相当规模的生物制药企业，表明我国的现代生物制药工业体系已初步形成（表2-2）。

表 2-2　我国已批准生产的生物技术药物及其生产企业

名　称	适应证或作用	生产企业
rHu IFN-α1b（外用）	病毒性角膜炎	长春生研所
rHu IFN-α1b	乙肝、丙肝	深圳科兴、上海生研所、北京三元基因
rHu IFN-α2a	乙肝、丙肝、疱疹等	长春生研所、长生药业、三生药业、新大洲药业、辽宁卫星生物、上海万星生物
rHu IFN-α2b	乙肝、丙肝、白血病等	安徽安科生物、北生集团汉生制药、上海华新生物、北京远策、天津华立达生物、深圳海王、长春生研所
rHu IFN-α2a（栓剂）	妇科病	武汉天奥制药有限公司
rHu IFN-α2b（凝胶剂）	疱疹等	合肥兆峰科大药业有限公司
rHu IFN-γ	类风湿	上海生研所、上海克隆生物、丽珠医药
rHu EGF（外用）	烧伤、创伤	上海大江集团、四川华迈科技、上海昊海生物、江苏博赛、桂林华诺威基因
EGF 衍生物	烧伤、创伤	深圳华生元基因
rHu IL-2	癌症辅助治疗	沈阳三生、长春生研所、深圳科兴、北京四环生物
rHu G-CSF	刺激产生白细胞	厦门特宝、杭州九源基因、长春金赛、苏州中凯、齐鲁制药、华北制药
rHu GM-CSF	刺激产生白细胞用于骨髓移植	厦门特宝、长春金赛、海南华康、北医联合、华北制药、上海华新、上海海济生物
rHu EPO	产生红细胞	华欣药业、三生药业、上海克隆生物、成都地奥、四环生物、山东科兴生物

续表

名　称	适应证或作用	生产企业
rHu GH	矮小病	长春金赛、安徽安科生物、珠海恒通生物、北京医进、上海联合赛尔
bFGF(外用)	烧伤、创伤	西安吉诺泰、珠海东大
RSK	溶血栓	复兴实业、山东金泰生物
抗 IL-8 单抗乳膏剂	银屑病	东莞宏远逸士生物
人胰岛素	糖尿病	通化东宝、北京医进、深圳科兴生物
乙肝疫苗	预防乙肝	深圳康泰、北京生研所、华北制药
痢疾疫苗	预防痢疾	兰州生研所、军科院

世界上销售前 10 位的生物技术药物，我国已能生产 8 种，已有多种具有自主知识产权的生物技术药物和疫苗获得新药证书，表明我国生物技术药物研究已步入自主创新开发的新阶段。2008 年我国生物技术产值突破 8600 亿元，同比增长 25.5%，占同年国家 GDP 的 2.86%，同年我国生物制药企业工业产值近 700 亿元，占全国医药产值已近 10%。

与世界先进国家的生物医药产业相比，无论是数量、规模及效益与国际上的生物制药企业相比均有不小差距，我国生物医药产业还处于比较落后的状态，但是国家和地方政府都在不断加大对该产业的扶持力度，从政策和资金等各方面不断加大投入。当前，我国已将生物制药作为经济发展的重点建设行业和高新技术的支柱产业来发展。一些科技发达或经济发达地区正在不断建立国家级生物制药产业基地，并初步形成了以长三角、环渤海为核心，珠三角、东北、东部沿海地区集聚发展的生物医药产业集群，这对我国的生物医药产业发展起到了很好的带动作用。总体而言，中国生物制药产业未来充满希望，前景看好，中国的生物制药产业将呈继续增长态势。

【习题与思考】

1. 试分析生物制药技术的发展方向。
2. 你认为生物制药产业的前景如何？

参考文献

[1] 郭勇. 生物制药技术(第二版). 北京：中国轻工业出版社，2007
[2] 吴梧桐. 生物制药工艺学(第二版). 北京：中国医药科技出版社，2006
[3] 陈电容，朱静照. 生物制药工艺学. 北京：人民卫生出版社，2009
[4] 齐香君. 现代生物制药工艺学. 北京：化学工业出版社，2004
[5] 袁勤生. 快速发展的我国生物医药. 药学杂志，2009，44(19)：1451-1453
[6] 吴梧桐，王友同，吴文俊. 持续快速发展的生物制药产业. 中国药学杂志，2010，45(24)：1881-1888

项目二　发酵工程制药技术

学习目标

知识目标

- 掌握制药微生物菌种的选育方法和操作技术；
- 掌握培养基的配制和灭菌技术；
- 掌握发酵工艺条件的确定、主要控制参数；
- 掌握发酵终点的判断依据；
- 掌握发酵染菌防治和染菌处理方法；
- 熟悉微生物代谢产物的生物合成；
- 了解微生物发酵药物的分类及发酵制药技术发展趋势。

能力目标

- 能够设计微生物菌种选育的一般工艺流程；
- 会无菌操作、菌种的一般保存操作；
- 会配制培养基；
- 会培养基和发酵设备的灭菌；
- 能够操作控制主要发酵工艺参数；
- 能够判断染菌现象并能提出处理方法。

任务三　微生物发酵制药和微生物药物概述

【任务内容】

一、微生物发酵制药的发展简史

微生物发酵制药可以说是最传统、最经典的生物制药技术，它的历史最悠久。我们的祖先早在两千多年前就利用豆腐上生长的霉来治疗疮疖。明代李时珍的《本草纲目》等古代医书中都有利用“丹曲”、“神曲”等微生物或代谢产物治疗疮、腹泻等疾病的记载。到了19世纪70年代以后，国外学者陆续发现了一些微生物间的拮抗现象和抗菌物质的存在，比如1874年Robert观察到生长着灰绿青霉的培养基不易被细菌所污染；Tyndall于1876年报道了霉菌溶解细菌的现象；1877年Pasteur和Joubert指出微生物间的拮抗现象，同时提出这种拮抗现象可能是治疗学的最大希望。也有人开始尝试利用微生物及代谢产物来治疗某些疾病，比如1885年Cantani在病人肺部喷洒变形杆菌(*Bacterium termo*)的菌悬液，以治疗结核病；1899 年 Emmerich 和 Low 从假单胞菌培养基中分离到一种抗菌物质，认为是一种酶，称为绿脓菌酶，可用以治疗白喉；1923 年法国的 A. Calmette 和 C. Guerin 研制出由弱毒牛型结核杆菌制成的卡介苗。

1928 年 Fleming 在研究金黄色葡萄球菌时偶然发现了青霉素，1929 年 Fleming 发表了学术论文，报告了他的发现，但当时未引起重视，而且青霉素的提纯问题也还没有解决。此后，在长达四年的时间里，Fleming 对这种特异青霉菌进行了全面的专门研究，然而遗憾的是，由于弗莱明缺乏生化分离技术知识，无法把青霉素提取出来。到了 1939 年 Fleming 将菌种提供给准备系统研究青霉素的澳大利亚病理学家 Florry 和生物化学家 Chain。Florry 和 Chain 等组成的青霉素研究组对青霉素进行了提纯，并且利用 5% 的粗制品对小鼠进行了化疗试验，取得了惊人的成功，同时还观察到低浓度的青霉素可以使细菌细胞膨胀，形态发生变化。1941 年青霉素在人体进行试验获得成功，同年 Florry 从战时困难重重的英国来到美国求援，英美科学家互相合作，借鉴了丙酮丁醇的厌氧发酵技术，同时在发酵过程中，向发酵罐中通入大量的无菌空气，并通过搅拌使空气均匀分布，以满足发酵体系溶解氧的要求。另外，生产所用培养基经高温灭菌，接种采用无菌操作等，严格控制微生物在培养过程中的温度、pH、通气量、营养物的供给，使得青霉素的发酵单位由原来的 2U/ml 提高到几千个 U/ml，建立起深层通气培养法。这一深层发酵技术也激发了氨基酸发酵、维生素发酵以及酶制剂生产等的研究。青霉素的大规模发酵生产可以认为是进入现代生物制药技术时代的标志。

此后，大量的微生物药物(抗生素)被发现，如 1945 年 Waksman 发现了链霉素，1947 年发现了氯霉素，1948 年发现了金霉素，1951 年发现了红霉素。这些抗生素和青霉素构成了 20 世纪 50 年代抗生素的支柱，成功地治疗了当时细菌性疾病和立克次体病。

到了 20 世纪 70、80 年代，随着细胞融合技术和基因工程的问世，为微生物制药来源菌(工程菌)的获得提供了一种有效的手段。工程菌和融合子经发酵后生产原来微生物所不能产生的药物或提高生产效率。同时近年来发酵工艺及其控制的研究也得到了发展，利用计算机在线控制以及固定化细胞技术为微生物发酵制药工业带来了新的发展空间。

我国微生物发酵制药工业起步较晚，新中国成立后才得到了迅速的发展。1953 年 5 月 1 日，在上海建设的第一个青霉素生产企业——上海第三制药厂正式投产。1958 年建设了以生产抗生素为主的华北制药厂，投产了青霉素、链霉素、土霉素和红霉素等品种，随后全国陆续建立起一批微生物发酵药厂。目前，我国主要发酵生产抗生素的企业有华北制药股份有限公司、石家庄制药集团、鲁抗医药股份有限公司等。临床上应用的主要抗生素我国基本都能生产，生产能力位居世界前列，产品质量绝大多数指标达到或接近国外同类产品，部分指标优于国外产品。在 1957 年我国开始了氨基酸发酵的研究，其中谷氨酸的发酵于 1964 年获得了成功，并投入生产。20 世纪 50 年代还开始了核酸类物质的发酵研究，之后投入生产。在维生素生产方面，我国于 20 世纪 70 年代成功地研究出“二步发酵法”生产维生素 C 的技术，在国际上处于先进水平。其他药物如酶制剂，我国在 60 年代后期就已开始了研究与生产；我国甾体类药物的微生物转化、丙酮丁醇的发酵法生产都取得了令人瞩目的成就；20 世纪 80 年代以来，我国的基因工程技术取得了长足的发展，高科技的基因工程药物近年来已形成研究热点，为我国赶超世界先进水平奠定了基础。

二、微生物发酵制药研究的内容

微生物发酵制药是利用微生物进行药物研究、生产和制剂的综合性技术科学。研究内容包括微生物制药用菌的选育、发酵以及产品的分离和纯化工艺等。主要讨论用于各类药物发酵的微生物来源和改造、微生物药物的生物合成和调控机制、发酵工艺与主要参数的确定、药物发酵过程的优化控制、质量控制等。

三、微生物发酵药物的来源

微生物发酵药物是运用微生物学和生物化学的理论、方法和研究成果，从微生物菌体或其发酵液中分离、纯化得到的一些重要生理活性物质。微生物发酵工业产品种类繁多，但就其发酵分类而言可分为下列几种类型：以微生物菌体为药品、以菌体的代谢产物的衍生物作为药品以及利用微生物酶特异性催化转化获得药物等，包括微生物菌体、蛋白质、多肽、氨基酸、抗生素、酶与辅酶、激素及生物制品等。这些物质在维持生命正常活动的过程中非常重要。其中生物制品伴随着生物学、生物化学、免疫学和生物制剂的发展，生物制品的内容不断得到充实，从微生物制药学的角度出发，可以定义为用微生物及微生物产物或动物血清制成的用于预防、诊断和治疗的制品。在生物制品的生产过程中，越来越多地涉及大气微生物学领域。

微生物菌体发酵：即以获得具有药用菌体为目的的发酵，如帮助消化的酵母菌片和具有整肠作用的乳酸菌制剂等；还有近年来研究日益高涨的药用真菌，如香菇类、灵芝、金针菇、依赖虫蛹而生存的冬虫夏草菌以及与天麻共生的密环菌等药用真菌，它们对医疗事业的发展产生了良好的效果。

微生物酶发酵：目前许多医药酶制剂是通过微生物发酵制得的，如用于抗癌的天冬酰氨酶和用于治疗血栓的纳豆激酶等。

微生物代谢产物发酵：微生物发酵中产生的各种初级代谢产物，如氨基酸、蛋白质、核苷酸、类脂、糖类以及维生素等，和次级代谢产物如抗生素、生物碱、细菌素等。

微生物转化发酵：微生物的转化就是利用微生物细胞中的一种酶或多种酶将一种化合物转变成结构相关的另一种产物的生化反应。这些反应包括脱氢反应、氧化反应（羟基化反应）、脱水反应、缩合反应、脱羧反应、氨化反应、脱氨反应和异构化反应等。例如，甾族化合物的转化和抗生素的生物转化等。

近年来，随着生物工程的发展，尤其是基因工程和细胞工程技术的发展，使得发酵制药所用的微生物菌种不仅仅局限在天然微生物的范围内，已建立起了新型的工程菌株，以生产天然菌株所不能产生或产量很低的生理活性物质，拓宽了微生物制药的研究范围。

四、微生物发酵药物的分类

微生物药物可以按生理功能和临床用途来分类，还可以按产品类型来分类，但通常按其化学本质和化学特征进行分类。

(1)抗生素类药　抗生素是指在低微浓度下能抑制或影响活的机体生命过程的次级代谢产物及其衍生物。目前已发现的抗生素有抗细菌、抗肿瘤、抗真菌、抗病毒、抗原虫、抗藻类、抗寄生虫、杀虫、除草和抗细胞毒性等的抗生素。据不完全统计，从 20 世纪 40 年代至今，已知的抗生素总数不少于9000种，其主要来源是微生物，特别是土壤微生物，占全部已知抗生素的70%左右，至于有价值的抗生素，几乎全是由微生物产生。约2/3的抗生素由放线菌产生，1/4由霉菌产生，其余为细菌产生。放线菌中从链霉菌属中发现的抗生素最多，占80%。

(2)氨基酸类药　目前氨基酸类药物分成个别氨基酸制剂和复方氨基酸制剂两类，前者主要用于治疗某些针对性的疾病，如用精氨酸和鸟氨酸治疗肝性脑病等。复方氨基酸制剂主要为重症患者提供合成蛋白质的原料，以补充消化道摄取的不足。利用微生物生产氨基酸分微生物细胞发酵法和酶转化法等。

(3)核苷酸类药　利用微生物发酵工艺生产的该类药物有肌苷酸、肌苷、5′-腺苷酸(AMP)、腺苷三磷酸(ATP)、黄素腺嘌呤二核苷酸(FAD)、辅酶A(CoA)、辅酶Ⅰ(CoⅠ)等。

(4)维生素类药　在工业上大多数维生素是通过化学合成获得的，近年来已发展用微生物发酵法来生产维生素，使维生素的产量大为提高，成本降低。

(5)甾体类激素。

(6)治疗酶及酶抑制剂　药用酶主要有助消化酶类、消炎酶类、心血管疾病治疗酶、抗肿瘤酶类以及其他几种酶类。

由微生物产生的酶抑制剂有两种不同的概念，一种是抑制抗生素钝化酶的抑制剂，叫做钝化酶抑制剂，如抑制β-内酰氨酶抑制剂包括克拉维酸、硫酶素、橄榄酸、青霉烷砜、溴青霉烷酸等多种，这类酶抑制剂可以和相应的抗生素同时使用，以提高抗生素的作用效果；另一种酶抑制剂是能抑制来自动物体的酶的抑制剂，其中有些可以降低血压，有的可以阻止血糖上升等，如淀粉酶抑制剂能使在服用糖时达到阻止血糖浓度增加的目的。

【习题与思考】

1. 什么是生物发酵制药技术，其主要研究内容有哪些？
2. 什么是微生物药物，可以分为哪几类？

任务四　制药微生物菌种选育与保藏

【任务内容】

一、制药微生物的选择原则和来源

(一)选择原则

对于发酵生产来说，理想的制药微生物应该具备以下特点：①稳定而高产的遗传特性；②抗噬菌体能力强；③发酵过程泡沫少；④需氧量低；⑤底物转业化率高；⑥培养基和前体物质的耐受力强。

(二)来源

制药微生物的来源一般来说有两种途径，一种是根据资料直接向有关科研单位、高等院校、工厂或菌种保藏部门索取或购买；另一种是从大自然中分离筛选新的微生物菌种。前一种途径的优点是微生物的生产性能良好，能满足生产要求，但可能涉及知识产权问题。后一种途径获得的新菌种具备自主知识产权，但生产性能往往不理想，需要对其进行育种改造。这里简单介绍从大自然中（比如土壤、海洋、湖泊等环境）中分离获得制药微生物的一般步骤。

1. 样品的采集与处理

从大陆土壤、海洋水体等环境中采集样品，表层土壤（0～10cm），海洋（0～100m）。根据分离目的和微生物的特性预处理。采用较高温度（40～120℃）处理几十分钟至几小时，甚至几天，可分离到不同种类的放线菌。使用化学试剂如十二烷基磺酸钠（SDS）—酵母膏，$CaCO_3$、NaOH 处理，减少细菌，有利于放线菌分离；乙酸乙酯、氯仿、苯处理，可除去真菌。

2. 分离方法

选择适宜的培养基，满足微生物营养需要和 pH 条件，添加抑制剂，有利于富集。加入抗真菌试剂和抗细菌抗生素，可以富集放线菌。分离方法有稀释法和滤膜法。稀释法多采用无菌水、生理盐水、缓冲液等稀释后，涂布平板培养。滤膜法则采用 0.22～0.45μm 微孔滤膜进行富集培养，细菌被截留在滤膜上，而放线菌菌丝可透过滤膜进入培养基。放线菌可在 25～30℃、32～37℃或 45～50℃下培养 7～14 天至 1 个月。

3. 危害性和生产性能测定

对从自然界获得的微生物进行生理生化和分子鉴定，确定该微生物的属和种，判断是否为致病或产毒微生物，若是致病微生物则应该避免使用，若将产毒微生物为生产菌种的应该十分慎重。

最后，对所选微生物的生产性能进行测定，测定项目包括形态、培养特征、营养要求、生理生化特性、发酵周期、产品品种和产量、耐受最高温度、生长和发酵最适温度、最适 pH 值、提取工艺等。

二、制药微生物菌种的选育

利用工业微生物进行发酵生产的过程中，决定生产水平高低最主要的因素有三个：生产菌种、发酵工艺和后提取工艺。其中最重要的是生产菌种。从自然界分离得到的菌种，由于生产能力低，往往不能满足工业上的需要。因为在正常生理条件下，微生物依靠其代谢调节系统，趋向于快速生长和繁殖。但是，发酵工业的需要就与此相反，需要微生物能够积累大量的代谢产物。为此，采用种种措施来打破菌的正常代谢，使之失去调节控制，从而大量积累我们所需要的代谢产物。要达到此目的，主要措施就是进行菌种选育和控制培养条件。

菌种选育的最初目的是改良菌种的特性，使其符合工业生产的要求。菌种选育工作大幅度提高了微生物发酵的产量，促进了微生物发酵工业的迅速发展。通过菌种选育，抗生素、氨基酸、维生素、药用酶等药物的发酵产量提高了几十倍、几百倍，甚至几千倍。菌种选育在提高产品质量、增加品种、改善工艺条件和产生菌的遗传学研究等方面也发挥了重大作用。例如青霉素的原始生产菌种产生黄色色素，使成品带黄色，经过菌种选育，产生菌不再分泌黄色色素；卡那霉素产生菌经选育后，由生产卡那霉素 A 变成生产卡那霉素 B；土霉素产生菌在培养过程个产生大量泡沫，经诱变处理后改变了遗传特性，发酵泡沫减少，可节省大量消泡剂并增加培养液的装量；红霉素等品种发酵遇有噬菌体侵袭时，发酵产量大幅度下降，甚至被迫停产，菌种经诱变处理获得抗噬菌体的特性，就可保证发酵生产的正常进行。随着这门技术研究的不断深入及相关学科的发展，菌种选育的目的已不仅仅局限于提高产量、改进质量,而且可用来开发新产品。

药物高产菌株或分泌型特效药物菌株的选育包括自然选育和人工育种两种方法。后者又分为诱变育种、杂交育种和基因工程育种等方法,其育种原理都是通过基因突变或重组来获得优良菌株。本节将介绍生产中最常用的自然选育和诱变育种方法。

(一)自然选育

自然选育是一种纯种选育方法。它利用微生物在一定条件下产生自发突变的原理,通过分离,筛选排除衰退型菌株,从中选择维持原有生产水平的菌株。因此,它能达到纯化、复壮菌种,稳定生产的目的,生产上将该方法又称为自然分离。自然选育有时也可用来选育高产量突变株,不过这种正突变的几率很低。

发酵工业中使用的生产菌种,几乎都是经过人工诱变处理后获得的突变株。这些突变株是以大量生成某种代谢产物(发酵产物)为目的筛选出来的,因而它们用于代谢调节失控的菌株。微生物的代谢调节系统趋向于最有效地利用环境中的营养物质,优先进行生长和繁殖,而生产菌种常常是打破了原有的代谢调节系统的突变株,因此常常表现出生活力比野生菌株弱的特点。此外,生产菌种是经人工诱变处理而筛选到的突变株,遗传特性往往不够稳定,容易继续发生变异。上述这些特点使得生产菌株呈现出容易发生自然变异的特性,如果不及时进行自然选育,通常会导致菌种发生变异,使发酵产量降低。但是,自然变异是不定向的,有的变异是菌种退化,使发酵产量降低,也有的变异是菌种获得优良性状使发酵产量提高。因此,应该经常进行自然选育工作,淘汰衰退的菌株,保存优良的菌株。

自然选育得到的纯种能够稳定生产,提高平均生产水平,但不能使生产水平大幅度提高,这是因为菌种在自发突变过程中,自发突变的几率极低,变异过程亦十分缓慢,所以获得优良菌种的可能性极小,因此难以依赖自然选育来获得高产突变株。

常用的自然选育的方法是单菌落分离法,其基本工艺流程如图 4-1。

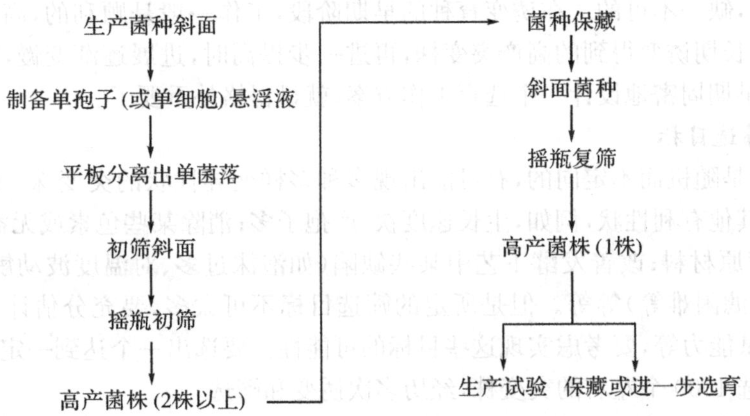

图 4-1 自然选育流程

1. 单孢子(细胞)悬浮液的制备

用无菌生理盐水或缓冲液制备单孢子(细胞)悬浮液,在显微镜下计数,也可经稀释后在平板上进行活菌计数。

2. 分离及单菌落培养

根据计数结果，定量稀释后制成50～200个单细胞/ml的菌悬液，取适量加到平皿培养基上，培养后长出分离的单菌落。按丝状真菌、放线菌菌落大小不同，分离量以5～20个菌落/平皿为宜。

3. 筛选

将分离培养后的各型单菌落，接斜面培养，成熟后接入发酵瓶，测定发酵单位的过程称为筛选。它分初筛、复筛两个过程。初筛系指初步筛选，以多量筛选为原则。因此，初筛时尽量不用母瓶，将斜面直接接入发酵瓶，测其产量；对一些生长慢的菌种也可先接入母瓶，生长好后再转入发酵瓶。初筛中高单位菌株挑选量以5%～20%为宜。复筛是对初筛得到的高产菌株的复试，以挑选出稳定高产菌株为原则。每一初筛通过的斜面可进2～3只摇瓶，最好使用母瓶、发酵瓶两级，并要重复3～5次，用统计分析法确定产量水平。初筛、复筛都要同时以生产菌株作对照。复筛选出的高单位菌株至少要比对照菌株产量提高5%以上，并经过菌落纯度、摇瓶单位波动情况，以及糖、氮代谢等的考察，合格后方可在生产罐上试验。复筛得到的高单位菌株应制成沙土管、冷冻管或液氮管进行保藏。

(二)诱变育种

自发突变的频率较低，不能满足育种工作的需要。如果通过诱变剂处理就可以大大提高菌种的突变频率，扩大变异幅度，从中选出只有优良特性的变异菌株，这种方法就称为诱变育种。

诱变育种与其他育种方法相比较，具有速度快、收效大、方法简便等优点，是当前菌种选育的一种主要方法，在生产中使用得十分普遍。但是诱发突变缺乏定向性，因此诱发突变必须与大规模的筛选工作相配合才能收到良好的效果。

诱变育种包括三个环节：突变的诱发、突变株的筛选和突变高产基因的表现。这三个环节是相互联系，缺一不可的。在诱变育种的早期阶段，工作一般是顺利的，高产突变株不断涌现。但经过长期诱变得到的高产突变株，再进一步提高时，进展逐渐变慢，困难也越来越多。因此，在早期周密地设计一个选育工作方案，就显得格外重要了。

1. 制定筛选目标

诱发突变是随机而不定向的，有可能出现多种多样变异性状的突变株。除了高产性状外，还要考虑其他有利性状，例如，生长速度快、产孢子多；消除某些色素或无益组分；能有效利用廉价发酵原材料；改善发酵工艺中某些缺陷(如泡沫过多、对温度波动敏感、菌丝量太多、自溶早、过滤困难等)等等。但是所定的筛选目标不可太多，要充分估计本实验室的人力、物力和测试能力等，要考虑实现这些目标的可能性。要选出一个达到一定产量的高产菌株，往往要筛选1000个左右的突变株，经历多次诱变和筛选。

2. 制定筛选方案

方案设计的中心内容是确定诱变筛选流程。图4-2为一般诱变筛选流程。

(1)诱变过程　由出发菌种开始，制出新鲜孢子悬浮液(或细菌悬浮液)作诱变处理，然后以一定稀释度涂布平皿，至平皿上长出单菌落为止的各步骤为诱变过程。操作步骤为：

1) 出发菌种的斜面　出发菌种的斜面非常重要，其培养工艺最好是经过试验已知的最佳培养基和培养条件。要选取对诱变剂最敏感的斜面种龄，要求孢子数适中而新鲜。

2) 单孢子悬浮液制备　用无菌生理盐水或缓冲液制备单孢子悬浮液，在显微镜下计

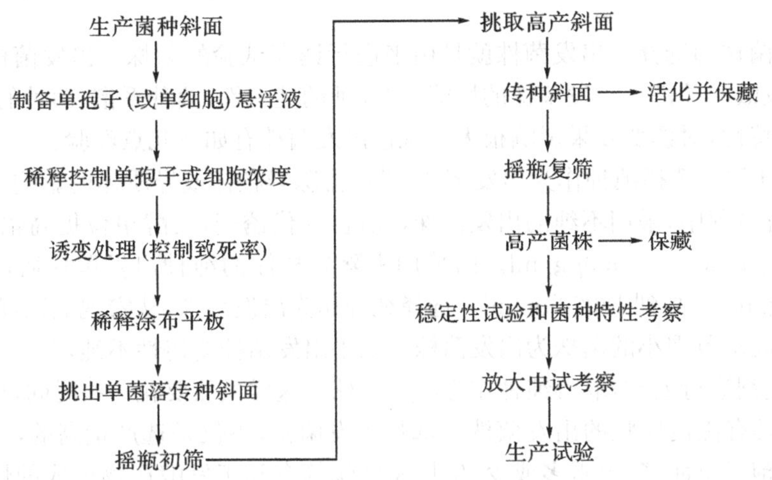

图 4-2　诱变筛选一般流程

数,也可经稀释后在平板上进行活菌计数。

3) 孢子计数　诱变处理前后孢子要计数,以控制处理液的孢子数和统计诱变致死率,常用于处理的孢子液浓度为 10^5～10^8 个孢子/ml。孢子计数采用血球计数法在显微镜下直接计数。致死率是通过处理前后孢子液活菌数来测定。

4) 单菌落分离　平皿内倾入 20ml 左右的培养基,凝固后,加入一定量经诱变处理的孢子液(以控制每一平皿生长 10～50 个菌落为合适的量),用三角刮棒涂布均匀后进行培养。

(2)筛选过程　诱变处理的孢子,经单菌落分离长出单菌落后,随机挑选单菌落进行生产能力测定。每一被挑选的单菌落传种斜面后在模拟发酵工艺的摇瓶中培养,然后测定其生产能力。筛选过程主要包括传种斜面、菌株保藏和筛选高产菌株这三项工作。

1) 传种斜面　主要挑选生长良好的正常形态的菌落传种斜面、并可适当挑选少数形态或色素有变异的菌落。经诱变处理,形态严重变异的往往为低产菌株。

2) 留种保藏菌种　经筛选出比对照生产能力高 10%以上的菌株,要制成沙土管或冷冻管留种保藏。图 4-2 中留种保藏菌种这一步骤很重要,有此一步可保证高产菌株不会得而复失,复筛结果比较可靠,也符合生产过程的特点。

3) 筛选高产菌株　诱变处理后的孢子传种斜面后,进行生产能力测试筛选。为了获得优良菌株,初筛菌株的量要大,发酵和测试的条件都可粗放一些。例如可以用琼脂块筛选法进行初筛,也可以采用一个菌株进一个摇瓶的方法进行初筛。随着以后一次一次的复筛,对发酵和测试条件的要求应逐步提高,复筛一般每个菌株进 3～5 个摇瓶,如果生产能力继续保持优异,再重复几次复筛。初筛和复筛均需有亲株作对照以比较生产能力是否优良。复筛后,对于有发展前途的优良菌株,可考察其稳定性、菌种特性和最适培养条件等。

诱变形成的高产菌株的数量往往小于筛选的实验误差,这是筛选工业生产的高产菌株时常见的情况。因为真正的高产菌株,往往需要经过产量提高的逐步累积过程,才能变得越来越明显,所以有必要多挑选一些出发菌株进行多步育种,以确保挑选出高产菌株。

3. 突变的诱发

突变的诱发受到菌种的遗传特性、诱变剂、菌种的生理状态以及诱变处理时环境条件的影响。

(1)出发菌株的选择　出发菌株就是用来进行诱变试验的菌株。出发菌株的选择是诱变育种工作成败的关键。出发菌株的性能，如菌种的纯一性、菌种系谱、菌种的形态和生理、传代、保存等特性，对诱变效果影响很大。挑选出发菌株有如下几点经验：

1) 选择纯种　选择纯种作为出发菌株、借以排除异核体或异质体的影响。在柱晶白霉素产生菌选育过程中，采用不纯的出发菌株，经过36代诱变，发酵单位提高幅度不大，仅由30μg/ml提高至2000～2500μg/ml。而采用去除异核体的纯种出发菌株后，经过32代诱变，可由30μg/ml提高到12000μg/ml。选择纯种作为出发菌株，从宏观上讲，就是要选择发酵产量稳定、波动范围小的菌株为出发菌株。如果出发菌株遗传性不纯，可以用自然分离或用缓和的诱变剂进行处理，取得纯种作为出发菌株。这样虽然要花一些时间，但效果更好。

2) 选择具有优良性状的出发菌株　选择出发菌株，不仅是选产量高的，还应该考虑其他因素，如产孢子早而多、色素多或少、生长速度快等有利于发酵产物合成的性状。特别重要的是选择的出发菌株应当具有我们所需要的代谢特性，例如适合补料工艺的高产菌株是从糖、氮代谢速度较快的出发菌株得来的。用生命力旺盛而发酵产量又不很低的形态回复突变株作为出发菌株，常可收到好的效果。

3)对诱变剂敏感　选择对诱变剂敏感的菌株作为出发菌株，不但可以提高变异频率，而且高产突变株的出现率也大。生产中经过长期选育的菌株，有时会对诱变剂不敏感。在此情况下，应设法改变菌株的遗传型，以提高菌株对诱变剂的敏感性。杂交、诱发抗性突变和采用大剂量的诱变剂处理均能改变菌株的遗传型而提高菌株对诱变剂的敏感性。

(2)诱变剂的选择　诱变剂的选择主要是根据已经成功的经验，诱变作用不但决定于诱变剂，还与菌种的种类和出发菌株的遗传背景有关。一般对于遗传上不稳定的菌株，可采用温和的诱变剂，或采用已见效果的诱变剂，对于遗传上较稳定的菌株则采用强烈的、不常用的、诱变谱广的诱变剂。要重视出发菌株的诱变系谱，不宜采用同一种诱变剂反复处理，以防止诱变效应饱和；但也不要频繁变换诱变剂，以避免造成菌种的遗传背景复杂，不利于高产菌株的稳定。

选择诱变剂时，还应该考虑诱变剂本身的特点。例如紫外线主要作用于DNA分子的嘧啶碱基，而亚硝酸则主要作用于DNA分子的嘌呤碱基。紫外线和亚硝酸复合使用，突变谱宽，诱变效果好。

关于诱变剂的最适剂量，有人主张采用致死率较高的剂量，例如采用90%～99.9%致死率的剂量，认为高剂量虽然负变株多，但变异幅度大；也有人主张采用中等剂量如致死率75%～80%或更低的剂量，认为这种剂量不会导致太多的负变株和形态突变株，因而高产菌株出现率较高。更为重要的是，采用低剂量诱变剂可能更有利于高产菌株的稳定。

4. 突变株的筛选

菌体细胞经诱变剂处理后，要从大量的变异菌株中，把一些具有优良性状的突变株挑选出来，这需要有明确的筛选目标和筛选方法，需要进行认真细致的筛选工作。育种工作中常采用随机筛选和理性化筛选这两种筛选方法。

(1)随机筛选　随机筛选即菌种经诱变处理后，进行平板分离，随机挑选单菌落株。为了提高筛选效率，可采用下列方法增大筛选量。

1)摇瓶筛选法　这是生产上一直使用的传统方法，即将挑出的单菌落传种斜面后，再由斜面接入模拟发酵工艺的摇瓶中培养，然后测定其发酵生产能力。选育高产菌株的目的是要在生产发酵罐中推广应用，因此摇瓶的培养条件要尽可能与发酵生产的培养条件相近。但是，实际上摇瓶培养条件很难与发酵罐培养条件相同（详见有关章节）。

摇瓶筛选的优点是培养条件与生产培养条件相接近，但工作量大、时间长、操作复杂。

2)琼脂块筛选法　这是一种简便、迅速的初筛方法。将单菌落连同其生长培养基（琼脂块）用打孔器取出，培养一段时间后，置于鉴定平板以测定其发酵产量。琼脂块筛选法的优点是操作简便、速度快。但是，固体培养条件和液体培养条件之间是有差异的，利用此法所取得的初筛结果必须经摇瓶复筛加以验证。

3)筛选自动化和筛选工具微型化　近年来，在研究筛选自动化方面有很大进展，筛选实验实现了自动化和半自动化，省去了繁琐的劳动，大大提高了筛选效率。筛选工具的微型化也是很有意义的，例如将一些小瓶子取代现有的发酵摇瓶，在固定框架中振荡培养，可使操作简便，又可加大筛选量。

(2)理性化筛选　传统的菌种选育是采用随机筛选的方法。由于正变株出现的几率小，产量提高的范围往往在生物学波动的范围内，因而选出一株高产菌株需要耗费大量的人力、物力。而且，随着发酵产量不断提高，用随机筛选方法获得高产菌株的几率越来越小。近年来，随着遗传学、生物化学知识的积累，人们对于代谢途径、代谢调控机制了解得更多了，因而筛选方法逐渐从随机筛选方法转向理性化筛选方法。理性化筛选意指运用遗传学、生物化学的原理，根据产物已知的或可能的生物合成途径、代谢调控机制和产物分子结构来进行设计和采用一些筛选方法，以打破微生物原有的代谢调控机制，获得能大量形成产物的高产突变株。

三、微生物菌种的保藏

微生物制药生产水平的高低与菌种的性能质量有直接关系。优良性能的生产菌种，需要妥善地保管，菌种保藏的目的在于保持菌种的活力及其优良性能。由于菌种长期保存在一般培养基中会引起菌种退化，甚至死亡，所以设法保持菌种的活力是菌种保藏的首要任务。人们在长期的工作实践中，根据微生物的不同要求，在菌种保藏工作中不断摸索出多种方法，如传代培养保藏法、沙土管保藏法、矿物油封存法、真空冷冻干燥保藏法等。无论何种保藏方法，主要是根据微生物生理、生化特点，人工创造条件，使微生物的代谢处于不活泼、生长繁殖受抑制的休眠状态。这些人工造成的环境主要是低温、干燥、缺氧三者，在这些条件下，可使菌株很少发生突变，以达到保持纯种的目的。

(一)斜面冰箱保藏法

该方法亦叫传代培养保藏法，包括斜面培养、液体培养、穿刺培养等。它是最早使用而且现今仍然普遍采用的方法。在一些实验室或工厂中，即便同时并用了几种方法保藏同一种菌株，这种方法也是必不可少的，因为它比较简便易行，不需要特殊设备，能随时观察所保存的菌株是否死亡、变异、退化或污染了杂菌。

将菌种直接在不同成分的斜面培养基上，待菌落生长完好后，置 4℃ 冰箱中保藏，根据菌种不同每隔 1～3 个月传代一次，再将新长好的斜面继续保藏。细菌、酵母菌、放线菌、霉菌都可使用这种保藏方法。斜面保存方法在低温下可以大大减缓微生物的代谢活动，降低其繁殖速度。用于斜面保藏的培养基一般含有机氮多，少含或不含糖分（总量不超过 2%），这样既满足了菌种生长繁殖需要，又防止产酸过多而影响菌株的保藏。但是此方法的缺点是菌株仍有一定的代谢活性，保存时间不能太长；另外，传代多，菌种易变异。斜面保存的菌种，一般每株菌应保藏相继的三代培养基，以便对照。

(二)沙土管保藏法

将需要保藏的菌种，先在斜面培养基上培养，再用无菌水制成细胞或孢子悬浮液，将悬浮液无菌地注入已灭菌的沙管中，使细胞或孢子吸附在载体(沙土)上，置于干燥器中吸干管中的水分后加以保藏。沙土管保藏法是保存抗生素产生菌常用的方法，它的优点是效果较好，操作简便，保存期可达一年以上，变异率低，死亡少，是目前国内使用最广泛的保藏方法。

沙土管孢子的制备分沙土制备和接种抽干两步进行。沙土是沙和土的混合物，沙和土的比例一般为 3∶2 或 1∶1，也有用纯沙不掺土的，但沙要细一些(60 目筛)，以沙土混合使用效果为好，纯沙次之，纯土最差。将黄沙与泥土分别用水充分洗净，晒干或烘干，磨细，分别过 60 目筛和 80 目筛，用磁铁尽量吸去沙内铁屑，将沙和土按所需比例混合均匀，分装于 12 支 100ml 小试管内，装料高度约 1cm，用纱布棉塞塞紧，经间歇灭菌 2～3 次，灭菌后烘干，并做无菌试验后备用。将要培养保藏的菌种斜面孢子刮下，直接与沙土混合，或用无菌水洗下孢子，制成悬浮液接入沙土管内(混合均匀)，混合后放在盛有五氧化二磷或无水氯化钙的干燥器中抽干(一般抽 4～6h)然后置于放有干燥剂的干燥器或大试管内，盖紧密封，于 2～4℃冷藏备用，每间隔半年检查一次活力及杂菌情况。很多微生物均可用沙土管保藏，如产孢子的霉菌、放线菌以及芽孢细菌。土霉素、链霉素产生菌用沙土管保存 18 年，成活率仍然很高；新霉素产生菌保存 22 年，移植后生长良好；青霉素、灰黄霉素、四环素等产生菌保存 5～7 年，生产能力无明显变化。但某些易发生变异的抗生素产生菌，如产力复霉素、卡那霉素、麦迪霉素和头孢霉素等的菌株用沙土管保存效果不够理想。

(三)液体石蜡封存法

液体石蜡或称矿物油，用它保藏菌种也比较简便易行。液体石蜡保藏法其实是斜面保存的一种方式，这种方式能克服斜面保存的缺点，能有效降低代谢活动，推迟细胞退化，效果比一般斜面好得多。

选用优质液体石蜡 121℃蒸汽灭菌 30min，最好重复灭菌三次，置 40℃恒温箱蒸发水分，或于 110～170℃烘箱烘去水分，经无菌检查后备用。将需要保藏的菌种，接种在适宜的培养基斜面上培养(斜面宜短，最好不要超过试管的 1/3)，以得到健壮的菌体细胞。在无菌条件下，用无菌吸管吸取已灭过菌的液体石蜡，注入已培养好的新鲜的斜面菌体细胞上，以高于斜面顶端 1cm 为准，使菌体与空气隔绝。将已灌注液体石蜡的菌种斜面，以直立状态置低温(5℃左右)干燥处保藏。在移接或再培养时，先沿试管壁倒去附在菌体上的液体石蜡，将菌体移接在适宜的新鲜培养基上，生长繁殖后，再重新转接一次。液体石蜡可防止因培养基的水分蒸发而引起的菌体死亡，还可阻止氧气进入，使好气菌不能继续生长，以延长菌种的保藏时间，用该法保藏的菌种范围广，但对保藏细菌效果较差，不宜用于某些能同化烃类的微生物。这种方法用于保藏酵母菌最长者可达 6 年。保存某些细菌(例如芽孢杆菌属、醋酸杆菌等)、某些丝状真菌(例如青霉属、曲霉属等)效果也很好，可达 2～10 年不等。然而有多种细菌和丝状真菌不适合用这种方法保存，例如乳杆菌(*Lactobacillus*)、明串株菌(*Leuconostoc*)、沙门氏菌(*Salmonella*)、丝枝霉(*Chaetocladium*)、卷霉(*Cirinella*)、小克银汉霉(*Cunninghamella*)、毛霉(*Mucor*)、根霉(*Rhizopus*)等效果不好。为了保险起见，采用该法保藏之前要做预备试验，菌株保藏期间要定期做存活和活性试验，一般2～3年做一次，以确定哪些菌适用于该法保藏。

(四)液氮保藏法

该法是将保存的菌种用保护剂制成菌悬液密封于安瓿内，经控制速度冻结后，贮藏在－196～－150℃的液态氮超低温冰箱中。菌种停止了新陈代谢活动(一般微生物在－130℃以下就完全停止)，不进行化学反应，因此，不会发生变异，可以长久保存。它比其他保藏方法都要优越，被世界公认为防止菌种退化的最好方法。这种方法已被国外菌种保藏机构和我国一些专业性保藏机构作为常规方法应用。其操作程序并不复杂，关键在于要有液态氮冰箱等设备。

液氮低温保存也要加保护剂，常用的有甘油、二甲基亚砜、糊精、血清蛋白等。最常用的是甘油，因为它可以渗透到细胞内，并且进入和游离出细胞的速度比较慢，可以通过强烈的脱水作用而保护细胞。二甲基亚砜的作用也和甘油相似，糊精、血清蛋白等是通过和细胞表面结合而避免细胞膜被冰晶损伤。不同特性的微生物要选择不同的保护剂，通过试验以确定保护剂的浓度，微生物不同，要求也不一样，原则是控制在不足以造成微生物致死的浓度范围内，一般甘油为10%、二甲基亚砜为5%～10%。对制备安瓿的玻璃也有一定要求，条件是能经受温度的突然变化而不破裂，容易用火焰熔封管口，恢复培养时容易打开。一般采用硼硅玻璃的制品，管的大小则根据需要而定，通常75mm×10mm或能容1.2ml液体的安瓿比较方便。安瓿不宜太大，因为用液态氮大量贮藏安瓿时，安瓿太大则在液态氮冰箱中需占用较大体积。安瓿选好后，洗刷干净，贴好菌号，塞上棉塞，灭菌烘干后备用。

需要保藏的菌种如能产生孢子或是可以分散的细胞，则先用其最适宜的斜面培养基培养，生长良好后加保护剂制成菌悬液；对于只形成菌丝体而不产生孢子的真菌，可于斜面培养或振荡培养后，制成菌丝体悬液；也可用平板培养，然后用无菌打孔器从平板内切取一些大小均匀的小片(直径5或10mm)，再将此小片无菌地移入有保护剂并已灭菌的安瓿内。将菌种悬浮液或琼脂培养片无菌地装入安瓿后，用火焰将安瓿上部熔封，浸入水中检查有无漏洞，然后将已封口的安瓿置冻结器内，在控制冻结速度为每分钟下降1℃的条件下，使样品冻结到－35℃。再用干冰和乙二醇冷冻剂冻至－78℃后，立即移到液态氮冰箱中保存，箱内温度是：气相中为－150℃，液态氮内－196℃。为了防止安瓿在取出时破裂，可将安瓿置液态氮冰箱内的气相中保藏。若把安瓿只保藏在液氮冰箱的气相里，则可以不用去棉塞，也不必熔封安瓿口。保藏的菌种，如需用时，将安瓿由冰箱中取出，立即置38～40℃水浴中摇动至下部的结冰全部融化。取安瓿时，为了防止其他安瓿升温，取出至放回的时间一般不能超过1min。以无菌操作开启安瓿，将菌种移到适宜的培养基上培养。自从液态氮冰箱制成后，国外已用它进行保藏各类微生物的活细胞的试验，并取得满意的结果，用冻结真空干燥法不易保持存活的菌种，特别是那些在培养基上只产生菌丝体的真菌，改用此法保藏效果很好。该法能适应各种微生物菌种保存，如细菌、放线菌、病毒、各种不产孢子的丝状菌、酵母，甚至藻类、原虫、支原体等都能获得满意的保存效果，有些菌种贮藏9年后还保持着生活能力，而且没有发现变异。美国ATCC噬菌体的保藏全部利用此法。

(五)冷冻干燥保藏法

冷冻干燥法简称冷干法，是指液体样品在冷冻状态下使其中水分升华，最后达到干燥。此法建立后到目前为止，根据文献记载，除不生孢子只产生菌丝体的丝状真菌不宜采用该法外，其他各类微生物如病毒、细菌、放线菌、丝状真菌等，用冷冻真空干燥法保存都取得了良好的效果。冷干法保藏微生物是使微生物处于低温、干燥、缺氧的条件下使它们的代谢相对静止，可以保存较长时间。

在冻干过程中，为防止深冻和水分不断升华对细胞的损害，宜采用保护剂来制备细胞悬液，使保护性溶质通过氢和离子键对水和细胞所产生的亲和力来稳定细胞成分的构型。

用冻干法保藏菌种对安瓿有一定的要求，管的内径以不小于8mm、管的长度不小于100mm为宜。制安瓿时应采用中性玻璃，不宜用碱性玻璃。玻璃的质地太软太硬都不利于安瓿的熔封和开启。将安瓿洗净后，浸泡在2%的盐酸溶液中，8～10h后取出，用自来水冲洗到中性后，再用蒸馏水冲洗2～3次，烘干后，将印有菌号、制作日期的标签放入安瓿中，塞好棉塞，用防潮纸包好，121℃蒸汽灭菌30min备用。

为了防止冷冻干燥过程和保存期间细胞的损伤和死亡，需要加保护剂。低分子和高分子化合物及一些天然化合物，如牛乳、血清、葡萄糖、半乳糖、甘露糖、蔗糖、乳糖、密二糖、棉籽糖、糊精、甘油、山梨醇、谷氨酸、精氨酸、赖氨酸、色氨酸、苹果酸、抗坏血酸、明胶、蛋白胨等都是良好的保护剂。其中以高分子和低分子化合物混合实用效果最好。通常脱脂牛奶实际应用较多。保护剂选好后，根据其性质采用适当的方法灭菌。混有血清的保护剂应采用过滤法灭菌。保护剂灭菌时应注意控制好灭菌的温度和时间。如灭菌不彻底，容易造成杂菌污染及降低保藏效果；如灭菌时间过长，牛乳发生褐变，也会影响保藏效果。

用固体培养基培养的菌种，制备菌悬液时可直接将保护剂加到斜面培养基上，使其均匀地悬浮在保护剂内。用液体培养基培养的菌种，先离心收集菌体后，弃去上清液，加适量的保护剂，制成均匀的菌悬液。制好菌悬液后，用带有乳胶头的长毛细滴管，立即将菌悬液分装入安瓿内0.05～0.2ml，装好后放入－35℃以下冰箱预冻1h，使菌液完全冻结成冰，再在低温下用真空泵抽干（－30～－20℃，可用五氧化二磷做干燥剂），最后将安瓿熔封，并置低温保藏备用。冷冻干燥保藏微生物的菌龄因种类而异，如细菌和酵母菌，一般采用超过对数生长期的培养物较好；芽孢杆菌等，则采用其芽孢；放线菌和常见的菌丝真菌则以形成成熟的孢子为宜。一般可保存5～10年，长的可保藏15年不失活。NCTC（英国国立典型菌种收藏所）用此法保藏某些放线菌在10年以上，某些细菌在18年后还保持着活性。

（六）低温冷冻保藏法（低温保藏法）

将需要保存的菌种（孢子或菌体）悬浮于10%甘油或10%二甲亚砜保护剂中，置于低温（一般为－70～－20℃）冻结。保存温度视菌种不同而异。其优点是存活率高，变异率低，实用方便。

（七）谷粒（麸皮）保藏法

谷粒保藏也属于一种载体保藏方法，是根据传统制取原理（麸皮法）来培养保藏微生物的一种方法。具体操作：称取一定量的麦粒（或大米、小米等谷物），与自来水1∶（0.7～0.9）混合，加水后的麦粒放置于4℃冰箱一夜或边加热边不断搅拌直至浸泡透，再用蒸汽121℃灭菌30min，趁热将麦粒摇松散。冷却后，将新鲜培养的菌悬液加在麦粒中，摇匀，放适当温度下培养，每隔1～2天摇动一次，待麦粒上的孢子成熟后，存放干燥器内减压干燥，低温保藏。青霉素、麦迪霉素等工业生产菌种都是用这种方法保藏的，可使用1年，效价稳定。本法只适用于产孢子的放线菌和真菌，对其中部分菌种保藏效果不佳。

【习题与思考】

1. 制药微生物的选择原则有哪些？
2. 简述从土壤中筛选微生物的一般过程。
3. 自然选育的作用是什么？简述其一般过程。
4. 诱变选育的作用是什么？常用的诱变剂有哪些？简述诱变选育的一般过程。
5. 菌种保藏的目的和原理是什么？
6. 常用的菌种保藏方法有哪些？各自有什么优缺点？

任务五　微生物代谢产物的生物合成

【任务内容】

一、基本概念

微生物生命过程中能合成多种多样的代谢产物，按代谢产物与微生物生长繁殖的关系，可分为两大类，一类是微生物代谢产生的，并是微生物自身生长繁殖所必需的代谢产物，称为初级代谢产物，如氨基酸、核苷酸、蛋白质、多糖、核酸等，它们的生源和生物合成过程在各种微生物体内基本相同。另一类也是微生物代谢产生的，但与菌体的生长繁殖无明确关系的代谢产物，称为次级代谢产物，如抗生素、生物碱、色素等，它们的生物合成有种特异性。

二、微生物生物合成的初级代谢产物

微生物生物合成的初级代谢产物，不仅用于菌体自身的生长繁殖，而且其中若干种产物如氨基酸、维生素、核苷酸、蛋白质、脂肪酸、多糖、酶类、低级有机酸和醇类，被分离精制成医药产品、轻化工产品等。开发的品种日益增加，产品的应用范围不断扩大。能够积累上述产物的微生物都是代谢失调的突变菌株，如营养缺陷型、生化代谢调节变株、抗性变株等。这类代谢产物的生物合成过程见生物化学、分子生物学等书籍及本教材的有关章节，在此不再赘述。

三、微生物次级代谢产物的生物合成

微生物的整个生长繁殖过程中，由于许多相互关联的代谢途径的协调作用，不仅合成了菌体生长必需的各种化合物，而且还合成许多与生长无明确关系的次级代谢产物。生物长期进化的结果，使微生物细胞具备了一套完善的代谢调节系统，以平衡各种代谢的物质流向和反应通量。次级代谢产物生物合成途径比初级代谢途径复杂，且为多基因产物，影响因素很多，至今对多种抗生素的生物合成途径的详细生化反应过程及酶学特性了解尚少。由于分子生物学的研究和生物技术的深入开展，促进了次级代谢产物生物合成与调控机制的研究，从生物合成的生物化学和编码次级代谢产物生物合成的酶的 DNA 结构研究均获得了可喜的成果。某些成果已用于菌种改良和发酵条件的控制，不同程度地提高了产量和质量。

1. 微生物合成的次级代谢产物的基本特征

(1)次级代谢产物具有种特异性　能够产生次级代谢产物如抗生素等的产生菌，在分类学上的位置与产生的次级代谢产物的结构之间没有明确的内在联系。分类学上相同的菌种能产生不同结构的抗生素，如灰色链霉菌，既能合成氨基环醇类抗生素中的链霉素，又能合成多烯大环内酯类抗生素中的杀假丝菌素；而分类学上不同的微生物也能产生相同的抗生素，如头孢菌素C产生菌有霉菌和链霉菌。

(2)分批发酵时，次级代谢产物产生于特定的生长期　次级代谢产物通常是指菌体快速生长后期进入稳定生长期开始大量合成的。从快速生长期转到稳定生长期的过程中，菌体的生理特性和形态学都产生变化，如菌体合成DNA、RNA、蛋白质等的合成速率明显下降，某些芽孢杆菌开始形成芽孢，原生质出现凝聚，出现菌丝片断，次级代谢产物大量合成，直至高峰。

(3)次级代谢产物的合成受初级代谢产物的调节　次级代谢产物的生物合成以初级代谢产物为前体物质并受初级代谢产物的调节。当与次级代谢产物生物合成相关的初级代谢产物受阻时，该次级代谢产物也不能合成。

(4)次级代谢产物不少是结构相似的混合物　产生菌能同时合成多种结构相似的次级代谢产物，如产黄青霉菌能合成5种以上具有不同生物活性的青霉素(青霉素G、V、O、F、X)。

(5)次级代谢产物的合成受多基因控制　控制次级代谢产物合成的基因有的在染色体上，有的在质粒上。若干试验表明，质粒在次级代谢产物合成中起着重要的作用。在深层(或沉没)培养中，由于环境的作用，质粒易丢失或丧失其功能，导致次级代谢的不稳定性。

2. 次级代谢产物的构建单位的生源说和生物合成

在研究次级代谢产物生物合成机制时，提出了生源说和生物合成两个概念。一般来说，生源说指的是次级代谢产物分子中构建单位的各种原子的起源。这实质上是个有机化学问题。生物合成指的是各构建单位在多种酶的作用下合成次级代谢产物的过程。这实质上是个生物化学问题。研究次级代谢产物生物合成时，将两个概念紧密联系起来，可使次级代谢产物合成途径和调控机制的研究进入一个新时期。

微生物合成的次级代谢产物是由微生物代谢产生的一些中间产物，如碳水化合物降解形成的五碳(C_5)、四碳(C_4)、三碳(C_3)、二碳(C_2)化合物和一些初级代谢产物合成的。上述的一些物质可被菌体直接并入次级代谢产物分子中，而自身结构无明显改变，这样的物质称为前体。而有些物质(包括外源加入的)进入次级代谢途径被转化成一种或多种不同物质，这些转化物经进一步代谢才能形成次级代谢途径的终产物，这样的物质称为次级代谢中间体。

3. 次级代谢产物生物合成的基本途径

各种次级代谢产物以不同的前体经过不同的途径合成，然后经过一系列化学修饰衍生出各种结构相似的生理活性物质。这些物质的合成途径和修饰作用很不一致，主要取决于生产菌种的生理特性。在合成过程中存在很多酶，而且用于聚合的构建单位数量和种类也因菌种以及次级代谢产物的不同而不同，一般次级代谢产物合成的基本途径包括：前体聚合、结构修饰和不同组分的装配。

四、微生物生物合成的主要调节机制(初级代谢产物和次级代谢产物)

1. 初级代谢产物生物合成中的主要调控机制

微生物的生命活动过程中进行着复杂的代谢活动。在各种代谢过程中,根据细胞对能量及对合成某些产物的要求进行各种酶促反应,各种酶类的活性受到环境条件、基质种类和浓度、代谢中间产物以及它们在细胞总代谢中的作用的调节与控制。代谢调节的类型有酶的活性调节,酶的合成调节。在细胞内两种调节方式是协同进行的。

(1)酶活性的调节　酶活性的调节是通过改变已有酶的活性来调节代谢速率,包括酶的激活和抑制作用。

1) 酶活性的激活　最常见的酶活性激活是前体激活,它多发生在分解代谢途径,即代谢途径中后面的反应可被该途径前面的一种代谢中间产物所促进。如粗糙脉孢霉的异柠檬酸脱氢酶的活性受到柠檬酸的激活。

2)酶活性的抑制　酶活性的抑制包括竞争性抑制和反馈抑制。反馈抑制是指反应途径中某些中间产物或末端产物对该途径中前面酶促反应的影响。凡使反应加速的称为正反馈,凡使反应减速的称为负反馈。

3)酶结构的共价修饰调节　变构酶多肽链亚基上的某些基团,在另一种酶的催化下可与特异性低分子量化合物(如磷酸或腺苷酸等)发生可逆的共价结合,从而导致酶分子变构而引起酶催化能力的改变(激活或抑制),进而控制代谢途径的速度和方向。这种作用称作酶结构的共价修饰调节,是一种快速、有效的调节方式。糖原磷酸化酶是此种修饰的典型例子。如粗糙链孢霉的糖原磷酸化酶有磷酸化型和去磷酸化型两种。前者在无5′-AMP下酶活性依然很强,而后者需要5′-AMP存在下才能表现生物活性。上述两种形式是在特殊的激酶和磷酸酯酶的催化下相互转化的,使酶分子多肽链亚基上丝氨酸残基的羟基位置上进行磷酸化和去磷酸化反应,来调节酶的活性。在啤酒酵母菌中也发现了相似现象。腺苷酸化和去腺苷酸化也是共价修饰调节的一种形式,如大肠杆菌的谷氨酰胺合成酶,它是由12个亚基组成的多肽链酶,也有两种形式,即腺苷化型和去腺苷化型。腺苷化酶活性很低,对反馈抑制敏感。当环境中谷氨酰胺浓度高,α-酮戊二酸浓度低时,经腺苷转移酶和调节蛋白(P_{11})的催化,谷氨酰胺合成酶的每个亚基中的酪氨酸残基上连接一个单磷酸腺苷(AMP),形成酪氨酸酚羟基的腺苷衍生物。当谷氨酰胺浓度低时,在腺苷转移酶和P_{11}-UMP的催化下,酶分子的每个亚基均释放出AMP后成为去磷腺苷化的谷氨酰胺合成酶,此时的酶活力最大,对反馈抑制不敏感。调节蛋白P_{11}转化成P_{11}-UMP是在尿苷腺转移酶催化下进行的。UTP、ATP、α-酮戊二酸可以促进P_{11}-UMP下切掉酶原中小段肽后转化成活性酶,如胰蛋白酶原的激活过程[从N-端切去一个六肽(Val-Asp-Asp-Asp-Asp-Lys)],溶纤维蛋白酶原的激活过程等都是典型的酶原激活调节型。

(2)酶合成的调节(酶量的调节)　酶合成的调节就是通过调节酶的合成数量来调节微生物的代谢速率,有诱导和阻遏调节两种方式。

1)酶合成的诱导　参加微生物代谢活动的酶有数千种,其中有些酶的合成不依赖于环境中物质的存在,如糖酵解途径中的各种酶,称为组成酶。另外一些酶只有在它们催化的底物(或底物的结构类似物)存在时才能合成,此种酶称为诱导酶。酶合成的诱导现象在分解代谢途径和合成代谢途径中都很普通,如酵母菌和大肠杆菌本来不能合成分解乳糖的酶,但若在培养基中加入乳糖，经过一段时间的诱导之后，菌体就合成了利用乳糖的乳糖酶（包括透性酶、β-半乳糖苷酶和硫代半乳糖苷转乙酰酶）。再如亮白曲霉原来不能合成蔗糖，所以就不能利用蔗糖，但如果在培养基中加入蔗糖，经过一定时间的诱导，就可以合成蔗糖。一般情况下底物是酶合成的诱导物。但底物的结构类似物往往是很好的诱导物，它可以使酶的合成数量成倍或几十倍地增加，但它们不能被充作底物，如甲硫代半乳糖苷或异丙基硫代半乳糖苷不能被微生物作为碳源和能源，但可诱导半乳糖苷酶系的合成达千倍。

外源物质可作为诱导剂，而菌体代谢的某些中间产物也能诱导该途径中某些酶系的合成。如假单胞杆菌芳香族化合物降解途径中的酶诱导是内源诱导物的顺序诱导。

2）酶合成的阻遏　降解酶类通常是通过诱导作用和分解代谢产物来调节活性，而合成酶主要由反馈调节来控制的。反馈调节有反馈抑制和反馈阻遏两种形式，反馈阻遏又有终产物反馈阻遏和分解产物反馈阻遏。

反馈阻遏指代谢的终产物达到一定浓度时，反馈阻遏该代谢途径中的一种酶或几种酶的生物合成。这种调节方式较普遍地存在于微生物的生物合成途径之中。

有两种或两种以上末端产物的分支途径中，当分支途径中的几种末端产物同时过量就反馈阻遏其共同途径中的第一个酶的合成，仅一种产物过量无阻遏作用，称为多价阻遏。

分解产物阻遏，指被菌体迅速利用的底物或其分解产物对许多酶（降解酶、合成酶）合成的抑制作用。

（3）能荷调节　能荷是指细胞中 ATP、ADP、AMP 系统中可供利用的高能磷酸键的量度。能荷调节（或称腺苷酸调节）是指细胞通过改变 ATP、ADP、AMP 三者比例来调节其代谢活动，它们所含能量依次递减。

ATP 和 NADPH（NADH）可视为糖分解代谢的末端产物，当 ATP 过量时就对糖分解代谢产生反馈抑制，当 ATP 降解为 ADP 时，表明能量释放于其他的生化反应，上述的反馈抑制就被解除。

2. 次级代谢产物生物合成的主要调控机制

在自然生态条件下，微生物具有合成次级代谢产物的能力，只是含量甚少，不易被发现。由于次级代谢产物在微生物生命活动中有一定的生理功能，所以次级代谢必然处于微生物的总体调节控制之中。但是次级代谢途径比初级代谢庞杂，它的生物合成途径的调控机制至今不如初级代谢的清楚，许多问题需要深入研究。

抗生素等次级代谢产物生物合成的调控机制，从现有的研究结果可将其调节方式概括为诱导调节、碳分解产物调节、氮分解产物调节、磷酸盐调节、反馈调节、生长速率调节等。各种调节方式的调节机制可能是调节参加次级代谢的关键酶的活性，也可能是调节酶的合成。某些调节机制难以准确地判断是调节酶的活性，还是调节酶的合成。

（1）酶合成的诱导调节　次级代谢途径中的某些酶是诱导酶，也是在底物（或底物的结构类似物）的作用下形成的，如卡那霉素-乙酰转移酶是在 6-氨基葡萄糖-2-脱氧链霉胺（底物）的诱导下合成的。在头孢菌素 C 的生物合成中，蛋氨酸可使产生菌菌丝发生变化，形成大量的“节孢子”，同时可诱导其合成途径中两种关键酶：异青霉素 N 合成酶（环化酶）、脱乙酰氧头孢菌素 C 合成酶（扩环酶）的合成，显著提高产量。

（2）反馈调节　在次级代谢产物的生物合成过程中，反馈抑制和反馈阻遏起着重要的调节作用。

1) 次级代谢产物的自身反馈抑制 近年来发现青霉素、链霉素、卡那霉素、泰洛星、麦角碱等多种次级代谢产物能调节自身的生物合成。其反馈抑制机制只有少数品种清楚。如卡那霉素生物合成中，卡那霉素能反馈抑制合成途径中最后一步反应的酶——N-乙酰卡那霉素酰基转移酶——的活性。嘌呤霉素、泰洛星反馈抑制其合成途径中最后一步反应的酶——甲基转移酶——的活性。麦角碱能反馈抑制合成途径中的二甲基丙烯色氨酸合成酶和裸麦角碱Ⅰ环化酶的活性。

抑制抗生素自身合成需要的抗生素浓度与产生菌的生产能力呈正相关性，如完全抑制青霉素高产菌株E-15合成青霉素，需要的青霉素浓度为15mg/ml；抑制产黄青霉菌株Q178(生产能力为420μg/ml)需要的青霉素浓度为2mg/ml；当青霉素浓度为200μg/ml时就可使菌株NRRL1951(生产能力为125μg/ml)完全丧失合成青霉素的能力。

2) 前体物质的自身反馈抑制 次级代谢产物均从初级代谢产物衍生而来，合成次级代谢产物的前体的自身反馈抑制，必然影响次级代谢产物的合成。如缬氨酸是合成青霉素的前体物质，它能自身反馈抑制合成途径中的第一个酶——乙酰羟酸合成酶——的活性，控制自身的生物合成，从而影响青霉素的合成。

3)支路产物的反馈抑制 已知微生物代谢中产生的一些分叉中间体，既可用于合成初级代谢产物。又可用于合成次级代谢产物。在某些情况下，初级代谢的末端产物能反馈抑制共用途径某些酶的活性，从而影响次级代谢产物的生物合成。如赖氨酸反馈抑制产黄青霉合成青霉素，是赖氨酸反馈抑制合成途径中的第一个酶——同型柠檬酸合成酶——的活性，因而抑制了青霉素生物合成的起始单位α-氨基己二酸的合成，必然影响青霉素的合成。

4) 次级代谢产物的自身反馈调节 许多次级代谢产物能够抑制或阻遏它们自身的生物合成酶。卡那霉素终产物的调节是通过阻遏其生物合成过程中的酰基转移酶的合成来实现的。氯霉素终产物的调节是通过阻遏其生物合成过程中的第一个酶——芳基胺合成酶——的合成而使代谢朝着芳香族氨基酸的合成途径进行。吲哚霉素终产物的调节位点是抑制其生物合成途径中的第一个酶，而嘌呤霉素终产物的调节位点是抑制其生物合成途径中的最后一个酶——6-甲基转移酶——活性。

(3)磷酸盐的调节 在抗生素等多种次级代谢产物合成中，高浓度磷酸盐表现出较强的抑制作用，称为磷酸盐调节。磷是微生物生长繁殖的必需元素，浓度为0.3～300mmol/L时，能支持微生物细胞的生长，但当浓度超过10mmol/L时，就能抑制许多抗生素的生物合成。因此，磷酸盐是一些次级代谢产物生物合成的限制因素，由于微生物合成次级代谢产物途径的不同，磷酸盐表现的调节位点也不同。

(4)碳分解产物的调节作用 碳分解产物的调节作用指的是易被菌体迅速利用的碳源及其降解产物对其他代谢途径的酶的调节作用。早期研究青霉素生产中的最适碳源时发现，葡萄糖利于菌体生长繁殖，而显著抑制青霉素的合成，乳糖利于青霉素的合成，当时称之为“葡萄糖效应”。后来用产黄青霉的静息细胞在合成培养基中加入[^{14}C]-缬氨酸进行短时间的培养试验，分析青霉素合成中的中间产物的放射剂量。实验结果表明，葡萄糖达一定浓度时能阻止[^{14}C]-缬氨酸并入青霉素分子中，即阻止δ-L-氨基己二酰-L-半胱氨酰-D-缬氨酸三肽(LLD三肽)的合成。用上述同样的试验方法研究了葡萄糖对顶头孢霉合成头孢菌素C的影响，结果表明葡萄糖达一定浓度能阻止脱乙酰氧头孢菌素C合成酶(扩环酶)和异青霉素N异构酶的合成。在链霉素发酵时，发酵后期必须控制发酵液中葡萄糖浓度低于某一水平，就是为了解除葡萄糖对甘露糖苷链霉素酶合成的阻遏作用。许多科学家对抗生素等次级代谢产物发酵时的最适碳源研究中相继发现，产生菌首先利用葡萄糖，再利用其他的单糖或多糖的生理学特性是个较普遍的现象。次级代谢产物的生物合成一般是在葡萄糖等速效碳源消耗至一定浓度时才开始。

(5)氮分解产物的调控　近些年的研究表明，快速利用的氮源(如铵盐、硝酸盐、某些氨基酸)对许多种次级代谢产物的生物合成有较强烈的调节作用，如青霉素、头孢菌素、红霉素、柱晶白霉素、新生露素、林可霉素、杀假丝菌素等。氮分解产物对次级代谢产物生物合成的调节作用，特别是 NH_4^+ 的调节作用是多向性的。氮分解产物调节抗生素生物合成的酶学研究表明，既作用于抗生素合成酶，又作用于氮同化酶系统。

(6)生产菌生长速率的调节　在丰富培养基中进行的分批发酵动力学研究表明，大多数发酵过程分为生长期和生产期。在生长期次级代谢产物合成酶受到阻抑作用，次级代谢产物不被合成。生产菌的生长速率是控制次级代谢的重要因素，对于那些限制营养是次级代谢产物合成的必备条件时，生长速率的调控起着特别重要的作用。用恒化器培养法研究短杆菌肽 S 合成酶的合成时发现，调节短杆菌肽 S 合成酶合成的是菌体的生长速率。当稀释率高时(0.45～0.5/h)，合成的酶量很少，降低稀释率，酶量就增加。限制不同营养成分，出现最高酶活的稀释率是不同的。限碳源时，酶的比活最高。由此提出调节次级代谢产物生物合成的因子是菌体的比生长速率，而不是某种营养物质。

(7)溶解氧的调节作用　已有的研究表明，溶解氧是调节次级代谢产物生物合成的一个重要因素。对小小链霉菌生物合成头霉素和灰黄链霉菌生物合成 Colabomycin 的研究发现，在富氧空气培养的条件下，这两种次级代谢产物的生物合成都被抑制，且发酵液中次级代谢物各有关组分的比例随氧浓度增加而被改变。

【习题与思考】

1. 什么是初级代谢产物？请举例说明。
2. 什么是次级代谢产物？请举例说明。
3. 次级代谢产物有哪些特点？
4. 初级代谢产物和次级代谢产物合成的调控机制有哪些？

任务六　种子制备

【任务内容】

一、概　述

微生物药物生产水平的高低，首先取决于生物合成过程，即发酵过程。发酵水平的高低与菌种的性能质量有直接关系。产生微生物药物的优良菌种应具备 4 个条件，即产量高、生产快、性能稳定、容易培养。菌种的生产能力、生长繁殖情况及代谢特性是决定发酵水平的内在因素。生产上有了好的生产菌种才能有理想的发酵水平。当然，发酵过程工艺条件的控制也是很重要的，必须尽可能地创造符合菌种特性的环境条件，保证菌种生产能力的发挥。微生物发酵生产药物的过程，一般是纯种发酵过程，因此在种子制备与菌种保藏过程中必须防止其他杂菌的污染。

种子制备不仅是微生物药物发酵生产的第一道工序，而且是重要的工序。种子制备就是利用生产菌种，在一定的条件下，经过扩大繁殖，成为具有一定质量和数量的纯种，供给微生物药物发酵生产使用。因此，如何创造条件保证提供发酵单位高、生产性能稳定、数量足够及不被其他杂菌污染的纯种，就成为种子制备工艺的关键。种子制备包括两个过程，即生产大量孢子的孢子制备过程和生产大量菌丝的种子制备过程。孢子一般是在发酵部门的“菌种岗位”利用固体培养基制备的。种子是在发酵部门的“种子岗位”利用种子罐制备的。

种子制备工艺如图 6-1 所示。

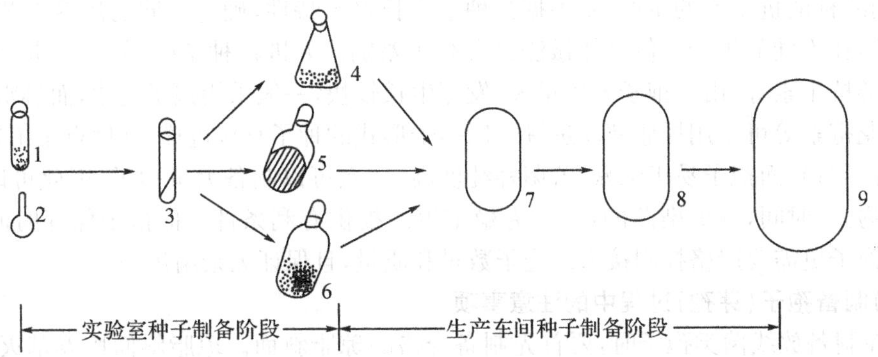

1-沙土孢子；2-冷冻干燥孢子；3-斜面孢子；4-摇瓶种子；5-茄子瓶斜面种子；
6-固体培养种子；7，8-种子罐种子；9-发酵罐

图 6-1 种子制备工艺流程

二、孢子制备

孢子制备是发酵工序的开端，是一个重要环节，孢子的质量、数量对以后菌丝的生长、繁殖和发酵水平都有明显的影响。而不同菌种的孢子制备工艺均有其不同的特点。

(一)不同菌种孢子(或芽孢)的制备工艺

1. 放线菌类

放线菌类的孢子培养多数采用人工合成琼脂培养基，其中碳源、氮源不要太丰富，碳氮之比以氮少一些为好，避免菌丝的大量形成，以利于产生大量孢子。

培养温度大多数为 28±1℃，部分菌种为 30℃左右，培养时间依菌种不同而异，一般在 4～7 天，也有长到 14 天的。孢子成熟后，于 2～4℃冰箱(库)内保存备用。存放时间不宜过长，一般在一周内，少数品种可存放 1～3 个月。

2. 霉菌类

霉菌类孢子的培养，多数采用大米、小米、麦等天然培养基。这些营养物质来源充足，简单易得，价格低廉，比琼脂培养基产孢子量大得多。其工艺过程为：首先将保存于沙土管或冷冻管中的菌种孢子接种在斜面上，恒温培养，孢子成熟后，制成孢子悬浮液，然后接种到大米或小米培养基上，培养成熟后称为“亲米”，由“亲米”再转至大米或小米培养基上，培养成熟后称为“生产米”，把“生产米”接入种子罐内，培养温度一般为 25～28℃，培养时间随菌种不同而不同，一般为 4～14 天。为了使通气均匀，在培养过程中要注意翻动。制备好的大米

或小米孢子，可放在2～4℃冰箱中保存备用，或将大米或小米孢子中的水分用真空抽干至含水量在10%以下保存备用。这种干燥孢子菌种可在生产上连续使用半年左右，这对稳定生产很有好处。抽干法保存主要适用于孢子制备，纯粹的菌丝不能用此法保存，因为容易引起死亡。

3. 细菌类

其原种一般保存在冷冻干燥安瓿内，有些芽孢杆菌亦可用斜面或沙土管保存。

细菌的培养温度大多数为37℃，少数为28℃左右，培养时间因菌种不同而异，多数为1～2天，有的芽孢培养则需5～6天，甚至10多天。

不同品种的抗生素的生产，要根据其种子生长繁殖特性，确定不同的培养工艺，即使同一种品种，在不同的生产单位具体做法也会有所差别。如进罐种子的形式，青霉素、灰黄霉素、四环类抗生素等，由于孢子繁殖量大，发芽生长较快，一般采用孢子进罐，而链霉素、卡那霉素、巴龙霉素等可采用摇瓶菌丝进罐。以孢子形式的种子直接进罐，其优点是工艺路线较短，容易控制；斜面孢子易于保藏，若菌种纯度高，一次可以制备大量孢子，因此可以节约大量人力、物力、时间，减少染菌的机会，为稳定生产提供有利条件。但孢子保存时间不宜过长，进罐孢子更需要严格控制接入的孢子数量和质量，且保证无杂菌污染。

(二)制备孢子(芽孢)过程中的注意事项

1. 在制备放线菌类孢子时，要首先制备合格的琼脂斜面。琼脂斜面培养基灭菌后，趁热将不溶物质摇匀，待冷却至40℃左右时放置成斜面，搁置斜面的温度不宜过高，否则冷凝水较多，待斜面完全凝固后于37℃恒温培养7～8天不等，检查无杂菌后，于2～4℃冰箱内保存备用。一般放置时间以不超过一个月为宜，使用前再放置27～37℃恒温培养1天。

用沙土管接斜面时，应绝对严格使用干接法，严禁将水分带入沙土管。操作时应于消毒烘干冷却后用接种勺直接从沙土管内取适量沙土孢子，然后均匀地散布在空白斜面培养基上，并注意将沙土均匀涂开，力求长出的菌落密度合适，分布均匀。沙土管用后立即冷藏保存备用。

如果进行斜面传代，要严格遵守规定，最好不要超过三代，以防止衰老和变异，必要时对于斜面做摇瓶观察。

斜面孢子移植时，最好采用点种法。原则上挑选正常的高单位形态集落一个，至多2～3个，用接种棒将部分孢子轻轻沾下来，用划线法在空白斜面上反复均匀涂开，使长好后能在斜面中下段形成少数孤立单集落，便于挑选传代点种。如以悬浮液接种，则要控制适当浓度，使菌落不宜过密或过稀，过密容易把低单位或不正常的集落掩盖住，检查时难以发现；过稀则孢子数量太少，不宜用作种子。划线后接种棒均需浸入肉汤作无菌检查，培养1～2天的斜面，在灯光下全部用肉眼检查一遍，观察是否污染杂菌。

2. 在制备霉菌孢子时，要使母斜面生长的菌落尽可能分散，以便挑选比较理想的单个菌落，用以接种子斜面。接种时应选取中央丰满部分的孢子，不要去碰菌落边缘的菌丝。制备大米孢子时，孢子悬浮液的浓度要适当，应根据菌落特性来决定适当浓度。吸悬浮液时注意吸管上端塞的棉花要紧一些，吸管下口要大些，吸管头不能接触火焰，否则孢子容易烫死或溢出口外，使用后的吸管随即插入肉汤内浸一下，作无菌检查，当接种完毕后，应将大米等固体培养基敲翻一次，使孢子悬浮液同培养基混合均匀。第二天再振摇铺在斜面上(同时挑出其中1～2瓶倒入肉汤作无菌检查)，待孢子成熟后移至2～4℃冰箱保存备用。

3. 在制备细菌类孢子时，先在冷冻安瓿或母斜面中放入适量无菌水，制成孢子悬浮液，用以接种空白斜面，并控制好斜面的涂布面积要使菌落分布均匀，密度适宜。细菌类种子对于传代要求并不严格，变异衰退不明显。划线后的接种棒应作双碟划线培养或浸入肉汤作无菌检查，最好纯种细菌双碟作对照。

(三) 影响孢子质量的因素及其控制

抗生素生产情况的好坏，与孢子质量有密切关系。发酵单位高、生产性能稳定的纯种孢子被认为是优质孢子。影响孢子质量的因素很多，情况较复杂，但概括起来有以下几个方面：

1. 原材料质量的影响

多数抗生素生产对原材料的质量敏感。例如，四环素、土霉素产生菌的斜面孢子质量与小麦麦皮质量关系密切，小麦的产地、品种、加工方法、成分和用量对孢子质量均有一定的影响，因此需要控制好小麦的品种、总糖和磷的含量及配制时的含水量。又如，青霉素生产中制备大米孢子所用的大米，由于其产地、颗粒大小、均匀程度等的不同，制备出的大米孢子质量也有所不同。再如，链霉素生产中制备斜面孢子时对所用的蛋白胨质量要求很高，由于生产蛋白胨所用原材料及生产工艺的不同，蛋白胨质量也不相同，故必须注意对蛋白胨的选择和使用。

生产实践还发现琼脂的牌号不同，对孢子质量的影响也不同。据分析，这是由于不同牌号的琼脂含有不同的无机离子造成的。大多数生产单位习惯用海燕牌琼脂。有些生产单位对杂牌琼脂先进行水浸泡处理，以去除其中可溶性杂质，然后再用于生产，这样可以减少琼脂对孢子质量的影响。

配制培养基时，不能忽视水质，特别是在一些水源污染严重、硬度较大、水质较差的地区更要重视水的质量。为了避免水质波动对孢子质量的影响，可以在蒸馏水或无盐水中加入适量无机元素制成合成水，供配制培养基使用。如在配制四环素斜面培养基时，有的工厂已采用含有 0.03% $(NH_4)_2HPO_4$、0.028% KH_2PO_4 及 0.01% $MgSO_4$ 的合成水，使发酵单位有所提高。水质也可以用 pH 和硬度等方法来控制。

孢子培养基的灭菌要严格控制温度，应根据培养基种类和性质的不同而确定灭菌的方法、温度和时间。灭菌温度高，控制时间长，会造成某些营养成分的破坏，使 pH 发生变化，从而影响孢子的形成。

制备孢子用的一些原材料，如玉米浆、饴糖等均应放置冰箱内，蛋白胨应密封，防止受潮。

根据各生产单位的经验，必须重视原材料质量的控制，因地制宜地选用适合本单位生产情况的原材料。

2. 培养条件的影响

培养温度对多数抗生素产生菌的斜面孢子质量有明显的影响，特别是高温影响更大。有些产生菌孢子在生长过程中，温度波动稍大，孢子生长就有影响，例如链霉素产生菌(灰色链霉菌)的斜面孢子在 26.5～27.5℃时生长就不正常，不能供生产使用；又如土霉素产生菌(龟裂链霉菌)的斜面孢子，一般在 36.5～37℃培养较为适宜，若培养温度高于 37℃，则孢子成熟早，易老化，在接入发酵罐后就会出现菌丝对糖、氮利用减慢，氨基氮提前回升，效价降低等现象；培养温度控制低一些，则有利于孢子的形成，如斜面先放在36.5℃培养 3 天，再放在28.5℃培养1天，所得龟裂链霉菌的孢子数量比在36.5℃培养4天所得的量增加3～7倍。

斜面孢子培养时，恒温室的相对湿度是很重要的条件，因为相对湿度对孢子生长速度和质量均有影响。如在土霉素生产中，在菌种一定、原材料相对稳定、培养温度及培养时间基本相同的条件下，恒温室中的相对湿度就成为影响孢子质量的主要因素。在北方气候干燥的地区，冬天斜面孢子长得较快，斜面由下向上长，上面长得不好或不长；而夏季斜面孢子长得较慢，孢子由上向下长，斜面底部有较多的冷凝水，使下部菌落长不好。据分析，冬季气温低而干燥，斜面水分很快蒸发使上部干瘪，菌长不起来，而斜面下部仍含有一定量水分，故能长出孢子，而夏季温度偏高，相对湿度较大，斜面下部积水较多，常生长不良。试验表明，在一定条件下培养斜面孢子时，在北方相对湿度控制在40%～45%，而在南方控制在35%～42%，所得的孢子数量适中，较成熟，外观好，进罐后，孢子发芽时间早，糖氮代谢快，通气时间可以提早，效价增长快。

在恒温箱培养时相对湿度偏低，可放入盛水的平皿使之提高，为了保证新鲜空气的交换，恒温箱宜每天开启几次，时间不宜过长，每次几秒钟就可以了，这样有利于孢子的生长。

3. 冷藏时间的影响

斜面孢子的冷藏时间，对孢子质量也有影响。冷藏时间随菌种不同而有差异，总的原则是宜短不宜长，一般不超过7天，成熟的斜面孢子耐冷藏，但时间过长菌种特性也会衰退，如土霉素菌种斜面培养4天半，孢子尚未完全成熟，冷藏7～8天菌丝即开始自溶，而培养时间延长半天（即培养5天），孢子完全成熟后，可冷藏20天不自溶。

4. 孢子龄及孢子量的影响

孢子龄对孢子质量是有影响的。过于年轻的孢子经不起冷藏，如上述的土霉素斜面孢子培养4天半的不如培养5天的孢子耐冷藏。过于衰老的孢子生产能力则下降，如红霉素斜面冷藏2个月后效价要下降或发芽率下降。因此，孢子龄控制在孢子量多、孢子成熟、效价正常的阶段为宜。某些抗生素产生菌孢子数量的多少，也会影响孢子质量，因此对孢子数量也应有所控制。如青霉素产生菌之一球状菌的孢子数量对发酵单位影响极大，因为若孢子数量过少，则接入罐内生长的球状体过大，影响通气效果；若孢子数量过多，则接入罐内后不能很好地维持球状体。实验证明，从冷冻管制成大米孢子时，应严格控制球状孢子的数量，就能保证孢子质量，并获得稳定的、高产量的青霉素。

斜面孢子质量的控制标准，主要以菌落的形态、色泽、稀密度、孢子量及色素分泌为指标。传代用的斜面孢子要求菌落分布较稀，适于挑选单个菌落。接种摇瓶或进罐的斜面孢子，要求菌落密度适中或稍密，菌落正常、大小均匀、孢子丰满、孢子颜色及分泌色素正常，孢子量符合要求，为确保孢子质量还应考察发芽率、变异率和保证无杂菌，必要时还要观察摇瓶效价。

三、摇瓶种子制备

某些抗生素产生菌的孢子发芽和菌丝繁殖速度较缓慢，为了缩短种子罐培养周期和稳定种子质量，将孢子经摇瓶培养成菌丝后再进罐，这就是所谓的摇瓶种子。摇瓶相当于大大缩小了的种子罐，其培养基配方和培养条件与种子罐相似。制备摇瓶种子的目的是使孢子发芽长成健壮的菌丝，同时对斜面孢子的质量和无菌情况进行考察，然后择优留种。

摇瓶进罐，常采用母瓶，也可以直接进罐，其培养基成分要求比较丰富和完备，并易于分解利用，氮源丰富利于菌丝生长。原则上各成分不宜过浓，pH 适当而稳定，子瓶培养基浓度比母瓶略高，更接近于种子罐配方。

摇瓶种子进罐的缺点是比斜面孢子进罐工艺过程长，染菌机率增加并需要专用设备——摇床(摇瓶机)。

摇瓶种子的质量主要以外观颜色、效价、菌丝浓度或黏度以及糖氮代谢、pH 变化为指标。符合要求即可进罐。

摇瓶培养基的配制和灭菌对种子质量有一定的影响，灭菌温度高或时间长，易出现 pH 不正常，影响种子的发芽生长。

四、种子罐种子制备

种子制备是指孢子悬浮液或摇瓶种子接入种子罐后，在罐中繁殖成为大量菌丝的过程，从而缩短发酵罐繁殖菌丝的时间，增加合成抗生素的时间，种子罐种子经移植到发酵罐后，进一步繁殖并产生抗生素。

种子制备的工艺过程，因抗生素品种不同而异，一般可分为一级种子制备、二级种子制备、三级种子制备。孢子瓶中的孢子(或摇瓶菌丝)被接入到体积小的种子罐中，经过培养后孢子即发芽繁殖成大量的菌丝，然后把菌丝转入发酵罐内，进行抗生素的生物合成，这样的种子称为一级种子。利用一级种子进行发酵的过程称为二级发酵。例如青霉素、四环素、头孢菌素等生产可采用二级发酵。如果将制备的一级种子接入全程较大的种子罐内，经过培养繁殖成更多的菌丝，然后再转入发酵罐进行抗生素的生物合成，这样制备的种子成为二级种子。使用二级种子的发酵过程，成为三级发酵。例如红霉素、卡那霉素、庆大霉素、巴龙霉素等生产可利用三级发酵。同理，如果使用三级种子的发酵过程，称为四级发酵。如链霉素生产可采用四级发酵的工艺过程。

种子罐级数主要取决于菌种的性质(如菌种传代后的稳定性)、子瓶中的孢子数量、孢子发芽及菌丝繁殖速度以及发酵罐的接种量等。一般来说，种子罐的级数愈少，愈有利于生产工艺的简化与控制，减少种子罐杂菌污染的机会，也可以减少设备费用，降低动力和原材料的消耗等。种子罐级数的决定是以能保证做到发酵罐中非合成抗生素的运转时间降到最低限度为前提。种子罐的级数也可以随工艺条件的改变作适当的调整。如改变种子罐的培养条件，加速孢子的发育，或改进孢子瓶的培养工艺，就有可能把三级发酵改为二级发酵。

种子罐的种子质量是影响发酵生产水平的重要因素，种子质量的优劣，主要取决于菌种本身的遗传特性和培养条件两个方面。这就是说既要有优良的菌种，又需要有良好的培养条件来配合才能获得高质量的种子。种子罐接入孢子或摇瓶菌丝后，工艺控制必须有利于孢子发芽和菌丝繁殖。种子罐培养基的营养成分应齐全，较易利用，氮源丰富，磷量比发酵配方高，糖略低，培养过程中通气搅拌，溶氧的控制很重要，各级种子罐或者同级种子罐的各个不同时期需氧量不同，应区别控制，一般前期需氧量较少，后期适当增大。在种子罐中，随着培养时间的延长，菌丝量逐渐增加，但是菌丝繁殖到一定程度后，由于培养基内某些培养养料的耗竭和代谢产物的积累，菌丝数量就不再继续增加，而逐步由成熟趋向衰老，因此按照接种龄(是指最适于移种的培养时间)来控制就显得非常重要。接种龄通常是通过多次实验决定的，不同抗生素品种或同一种的不同工艺条件，或同一品种在不同地区生产，对接种龄的控制都不相同，一般认为，接种龄应以菌丝处在生命力最为旺盛的对数生长期，且培养液中的菌体量还未达到最高峰时较为适宜，接种龄较为年轻的种子接入发酵罐后，往往会出现前期生长缓慢，泡沫多，起步单位低，发酵周期延长及菌丝结团，引起异常发酵等。如果接种龄过老的种子接入发酵罐，则会因菌体老化而引起生产能力的衰退。判断种子质量的好坏，主要凭借实践经验和生产实际数据，如 pH、糖、氨基氮和磷，菌丝形态、菌丝浓度，发酵液的黏度和色泽、效价等作为参考的根据。此外，还可测定某些酶的活力（如链霉菌产生菌的转脒基酶；土霉素产生菌的脱氢酶和淀粉酶的活力等）有时对判断种子质量亦有一定的参考价值。

为了进一步扩大菌丝量，种子液尚需从一级种子罐转入二级种子罐，或从种子罐移入发酵罐。移入的种子液体和接种后培养液体积的比例，称为接种量。大多数抗生素的最适接种量为 7%～15%，有时可加大到 20%～25%。接种量的大小通常决定于产生菌在发酵罐中生长繁殖的速度。有些品种采用较大的接种量有好处，可以缩短发酵罐中菌丝繁殖到高峰所需的时间，使分泌抗生素的时间提早到来，因为大接种量的菌种移到发酵罐中后容易适应，而且种子液还含有一定量胞外水解酶类，有利于对原料的利用，同时还由于培养环境迅速地被生长菌所占据，可以减少染杂菌的机会。当然，过大的接种量也是不适宜的，因为过快、过浓，造成基质缺乏或溶解氧不足而影响抗生素的合成，最终影响抗生素的产量。如果接种量过小，则会引起发酵前期生长缓慢，菌丝浓度稀少，产生大量菌丝团，因而使抗生素产量大大下降；但对某些品种，较小的接种量反而可以获得较好的生产效果，例如，在制霉菌素生产中，用 1%的接种量较用 10%的生产效果要好。生产上为了加大接种量也有的采用双种法，即用两个种子罐的培养液接入一个发酵罐。有时因为种子罐染菌或种子质量不理想，而采用倒种法，即以适宜的大罐发酵液倒出部分给另一发酵罐作为种子。有些品种（如链霉素、卡那霉素等）可以连续几代倒种而对发酵单位无多大影响。有时还可采用混种进罐的方法，即以一个种子罐的培养液与一定体积的发酵液的混合液体作为发酵罐的种子，这种混种、移种方式的发酵单位高，但染菌机会相应增多，因此，有关接种管道要消透，防止染菌。

【习题与思考】

1. 产生微生物药物的优良菌种应具备哪些条件？
2. 分别简述放线菌和霉菌孢子制备的一般工艺条件及注意事项。
3. 影响孢子质量的因素有哪些？
4. 判断摇瓶种子的质量主要有哪些指标？
5. 如何确定种子级数？

任务七　培养基

【任务内容】

一、概　述

培养基是人们提供微生物生长繁殖和生物合成各种代谢产物所需要的按一定比例配制的多种营养物质的混合物。培养基的组成和配比是否恰当对微生物的生长、产物的合成、工艺的选择、产品的质量和产量等都有很大的影响。

发酵产物的生物合成是由产生菌、培养基和设备条件、工艺控制等相互密切配合的结果。培养基是微生物的营养基础，是合成代谢产物的物质来源，只有选用适宜的培养基成分和配方才能充分发挥产生菌的生物合成药物的能力，获得最好的生产效果。反之，培养基的成分、配比或原材料质量不适合，发酵单位就会降低，甚至影响提炼收率和产品质量。所以，必须重视培养基的组成和质量。从生产上来看，提高发酵水平除了依靠菌种的生产能力外，在培养基的成分和配比上不断研究改进，也能取得较好的发酵效果。然而，一个良好的培养基的组成，常要经过较长时间的生产实践，不断调整改进，逐渐趋于完善。良好的培养基组成并不是一成不变的，应根据菌种特性或发酵条件的改变进行相应的调整。因为基础培养基的组成具有一定的局限性，要使发酵通过延长产物分泌期来大幅度提高发酵单位，还需要在发酵过程中进行代谢控制和中间补料，因此培养基的完整含义还需要包括发酵代谢控制和有关的一整套措施。

二、培养基的成分

药物发酵培养基主要由碳源、氮源、无机盐类、生长因子和前体物等组成。

1. 碳源

碳源是组成培养基的主要成分之一，其主要作用是供给菌生命活力所需要的能量，构成菌体细胞成分和代谢产物。在药物发酵生产中常用的碳源有糖类、脂肪、某些有机酸、醇或碳氢化合物。由于各种微生物的生理特性不同，每种微生物所利用碳源的品种也不完全相同。

葡萄糖、麦芽糖、乳糖、蔗糖和淀粉等是药物发酵生产中常用的碳源，也是霉菌和放线菌容易利用的碳源。几乎所有的微生物都利用葡萄糖，因此葡萄糖常作为培养基的一种主要成分。但是，在发酵过程中过多的葡萄糖会加速菌体的呼吸，如果此时通风不足，致使培养基中溶解氧不能满足菌体的需要，会使一些酸性中间代谢物如乳酸、丙酮酸、乙酸等积累，使培养基 pH 降低，从而抑制微生物的生长和产物的合成。

淀粉分玉米淀粉、甘薯淀粉、土豆淀粉和小麦淀粉等多种，应用于不同的药物发酵生产时可以克服葡萄糖代谢过快的弊病，同时淀粉价格比较低廉，来源比较丰富。为节约药物发酵生产所用的大量粮食，降低生产中原料成本，还可采用粗粮或粮食加工过程中的副产物等作为碳源，如玉米粉、土豆粉葡萄糖结晶母液等。

糖蜜是糖厂生产糖时的结晶母液，是蔗糖厂的副产物。糖蜜一般分甘蔗糖蜜和甜菜糖蜜，两者在糖的含量和无机盐的含量上都有所不同。药物发酵生产中以糖蜜为碳源，如果使用恰当，其效果与粮食原料相似。

油和脂肪也能被许多微生物用作碳源和能源。在药物发酵生产中加入油脂起消沫和补充碳源的双重作用。

有机酸、醇在氨基酸、维生素、麦角碱和抗生素等的发酵生产中作为碳源或作为补充碳源使用。如嗜甲烷棒状杆菌（*Corynebacterium methanophilum*）以甲醇作碳源生产单细胞蛋白（SCP），在分批发酵的最佳条件下，该菌的甲醇转化率达 47.4%。又如，用乳糖发酵短杆菌 3790（*Bacterium lactofermentum*）生产谷氨酸，以乙醇作碳源，其产量达 78g/L，对乙醇的转化率为 31%。乙醇在青霉素发酵中应用亦取得较好效果。甘油是很好的碳源，常用于抗生素和甾类转化的发酵。山梨醇是生产维生素C的重要原材料。

2. 氮源

氮源是指构成微生物细胞和代谢产物中的氮素来源的营养物质。其主要功能是构成微生物细胞和含氮的代谢产物，当培养基中碳源不足时，可作为补充碳源。氮源可分为无机氮源和有机氮源两大类。常用的无机氮源有$(NH_4)_2SO_4$、NH_4Cl、NH_4NO_3等，有机氮源种类较丰富，如尿素、蛋白胨、酵母膏(粉)、牛肉膏、玉米浆、马铃薯蛋白、黄豆饼粉、花生饼粉、棉籽饼粉、菜籽饼粉、鱼粉等。

(1)无机氮源　常用的无机氮源有$(NH_4)_2SO_4$、NH_4Cl、NH_4NO_3、$NH_3\cdot H_2O$等。无机氮源的特点是成分单一，质量较稳定；其次易被菌体吸收利用，微生物吸收利用铵盐和硝酸盐的能力强，NH_4^+被细胞吸收后可直接被利用，因而硫酸铵等铵盐一般被称为速效氮源，而NO_3^-被吸收后需进一步还原成NH_4^+后再被微生物利用。铵离子对多数产物合成有调节作用，应控制加入的浓度；再者无机氮源还能改变培养液的pH，如：

$$(NH_4)_2SO_4 \longrightarrow 2NH_3 + H_2SO_4$$

$$NaNO_3 + 4H_2 \longrightarrow NH_3 + 2H_2O + NaOH$$

反应中以$(NH_4)_2SO_4$等铵盐为氮源时，由于NH_4^+被菌体吸收，会导致培养基pH下降，而以硝酸盐(如NH_4NO_3)为氮源时，由于NO_3^-被菌体吸收利用，会导致培养基pH升高。因此把凡是代谢后能产生酸性物质的营养成分称为生理酸性物质，如硫酸铵；凡是代谢后能产生碱性物质的营养成分称为生理碱性物质，如硝酸钠、乙酸钠等。在培养基加入适量的生理酸性物质和生理碱性物质，可以调节发酵液的pH。正确使用生理酸碱性物质，对稳定和调节发酵过程的pH有积极作用。例如在制液体曲时，用$NaNO_3$作氮源，菌丝长得粗壮，培养时间短，且糖化力较高，这是因为$NaNO_3$的代谢而得到的NaOH可中和曲霉生长中所释放山的酸，使pH稳定在工艺要求的范围内。又如，在另一株黑曲霉发酵过程中用硫酸铵作氮源，培养液中留下的SO_4^{2-}使pH下降，而这对提高糖化型淀粉酶的活力有利，且较低的pH还能抑制杂菌的生长，防止污染。

氨水在发酵中除可以调节pH外，它也是一种容易被利用的氮源，在许多抗生素的生产中得到普遍使用。以链霉素为例，从其生物合成的代谢途径中可知：合成1mol链霉素需要消耗7mol的NH_3。红霉素生产中也有用通氨的，它可以提高红霉素的产率和有效成分的比例。氨水因碱性较强，因此使用时要防止局部过碱，加强搅拌，并少量多次地加入。另外，在氨水中还含有多种嗜碱性微生物，因此在使用前应用石棉等过滤介质进行除菌过滤，这样可防止因通氨而引起的污染。

(2)有机氮源　常用的有机氮源有花生饼粉、黄豆饼粉、面子饼粉、玉米浆、玉米蛋白粉、蛋白胨、酵母粉、鱼粉、蚕蛹粉、尿素、废菌丝体和酒糟等。

有机氮源大多是些天然有机物，其特点是成分比较复杂，因为有机氮源除含有丰富的蛋白质、肽类、游离的氨基酸以外，还含有少量的糖类、脂肪、无机盐和生长因子等。其次，有机氮源被菌体利用的速度不同，如玉米浆中的氮源物质主要以较易吸收的蛋白质降解产物形式存在，而降解产物特别是氨基酸可以通过转氨作用直接被机体利用，有利于菌体生长，为速效氮源；而黄豆饼粉和花生饼粉等中的氮主要以大分子蛋白质形式存在，需进一步降解成小分子的肽和氨基酸后才能被微生物吸收利用，其利用速度缓慢，有利于代谢产物的形成，为迟效氮源。在生产中，常控制速效氮源和迟效氮源的比例，以控制菌体生长期和代谢产物形成期的协调，达到提高产量的目的。

黄豆饼粉、花生饼粉、棉籽饼粉、蛋白胨、玉米浆等均是由天然原料加工制作的有机氮源，其成分比较复杂，且因原料产地、加工方法等的不同，营养物质的含量也随之变化，对发酵单位有较大影响。因此必须对有些有机氮源的来源、品种、质量加以适当的选择和控制使用。

黄豆中含有大量蛋白质、脂肪、糖类、含磷化合物和维生素等，但由于黄豆的产地不同，加工方法不同，所制得的黄豆饼粉的成分必然有差异。花生饼粉、棉籽饼粉也有类似的情况。据报道，为了稳定有机氮源的成分，国外有的将棉籽饼粉加工成为成分比较稳定的黄色粉末，并将它叫做药用培养基。这种物质作为抗生素发酵的有机氮源，效果良好，发酵单位也比较稳定。国内也试制成功低棉酚的棉籽粉，效果与药用培养基相似。

早期青霉素的发酵曾用棉籽饼粉作为有机氮源，但由于棉籽饼粉质量的波动等因素对发酵单位影响较大，后就改用花生饼粉。目前，青霉素绿孢子丝状菌发酵采用经过精制的棉籽饼粉来代替花生饼粉，其发酵单位较高。

蛋白胨含有丰富的氨基酸，容易被菌体所利用，也是一种良好的氮源。工业上使用的蛋白胨有血胨、肉胨、鱼胨、骨胨等品种。但由于制胨的原料和加工方法不同，蛋白胨的成分也有不同，特别是磷含量差异较大，由于过量的无机磷能抑制抗生素生物合成，所以使用蛋白胨时需注意品种的选择和使用效果。如四环素生产，过去曾用蛋白胨作为主要有机氮源，但因蛋白胨的质量不易控制而常影响发酵水平。

玉米浆是用亚硫酸浸泡玉米的水经过浓缩加工制成的，是黄褐色的浓稠不透明的絮状悬浮物，约含 50% 干物质。由于玉米浆中含有较丰富的可溶性蛋白，很容易被菌体所吸收利用，故为抗生素发酵的良好氮源，它还含有苯乙酸和苯丙氨酸，这些组分显然有青霉素 G 前体的作用。因此，在合成培养基中加入玉米浆能刺激青霉素的形成和增加青霉素 G 的含量。

3. 无机盐和微量元素

工业发酵中应用的微生物在生长繁殖和产物合成中都需要无机盐和微量元素，如磷、硫、铁、镁、钙、锌、钴、钾、钠、锰、氯等。其中许多金属离子对微生物生理活性的作用与其浓度相关，低浓度时往往呈现刺激作用，高浓度时却表现出抑制作用。最适浓度要依据菌种的生理特性和发酵工艺条件来确定。

磷是构成菌体核酸、核蛋白等细胞物质的组成成分，是许多辅酶和高能磷酸键的成分，又是氧化磷酸化反应的必需元素。作为缓冲系统可调节培养基 pH。磷酸盐既能促进菌体的基础代谢，又能影响许多代谢产物的生物合成。因此，磷酸盐是发酵生产中的一种限制性营养成分，如链霉素、四环素等的发酵生长中，产物的合成速率受到发酵液中磷酸盐浓度的调节。常用的磷酸盐有磷酸二氢钾、磷酸氢二钾及其钠盐。

硫是含硫氨基酸（半胱氨酸、甲硫氨酸等）、维生素的成分，含硫的谷胱甘肽可调节胞内氧化还原电位。硫也是某些产物的组成元素。硫元素占青霉素分子量的 9%，占头孢菌素 C 分子量的 15%。常加入化合物的形式为 Na_2SO_4、$Na_2S_2O_3$、$MgSO_4$ 和$(NH_4)_2SO_4$。

铁是菌体的细胞色素、细胞色素氧化酶和过氧化酶的组成元素，是菌体生命活动必需元素之一。但在发酵培养基中铁离子的含量对多种代谢产物生物合成有较大的影响，如青霉素发酵中，发酵培养基中铁离子（Fe^{2+}）浓度为 6μg/ml 时，青霉素产量下降 30%，当 Fe^{2+} 浓度达 300μg/ml 时，产量下降 90%。在四环素、麦迪霉素等发酵中，高浓度 Fe^{2+} 都显示较强的抑制作用，抗生素产量显著下降。因此，铁制发酵罐在正式投产之前，需用稀硫酸铵或稀硫酸溶液预处理几次，再用未接种的培养基运转几批，进一步去除罐壁上的铁离子，然后才能正式投入生产，常用化合物形式是 $FeSO_4$。

锌、镁、钴等是某些酶的辅酶或激活剂。微量的锌对青霉素发酵有促进作用，过量时呈现抑制作用。锌是链霉素发酵的必需元素，微量的锌能促进菌体生长和链霉素的生物合成。镁除能激活一些酶活之外，还能提高卡那霉素、新霉素、链霉素的产生菌对自身产物的耐受性。其机制是镁离子能促进结合于菌体上的抗生素向发酵液中的释放速度。钴是组成维生素 B_{12} 的元素之一，维生素 B_{12} 能促进微生物的一碳单位的代谢速度。许多产品生产时，培养基中都要加入一定量的钴(0.1～10μg/ml)，有刺激产物合成的作用。如庆大霉素发酵培养基中加入一定量的氯化钴(4～8μg/ml)，不仅能延长发酵周期，还能使抗生素的产量成倍增加。常用的化合物形式是 $ZnSO_4$ 和 $CoCl_2$。

钠、钾、钙虽不是微生物细胞的构成成分，但仍是微生物代谢中不可缺少的无机元素。钠有维持细胞渗透压的功能，但含量高时对细胞生命活动有一定的影响。钾离子能影响细胞膜的透性。钙离子有调节细胞透性的作用，还能调节培养液中的磷酸盐含量。工业生产中应用的是轻质碳酸钙，它难溶于水，几乎呈中性，能调节发酵液中的 pH 值。常用化合物形式为 $CaCl_2$、$CaCO_3$。

4. 水

水是菌体生长必不可少的，它构成培养基的主要组成成分。水在细胞中的生理功能主要有：①起到溶剂与运输介质的作用，营养物质的吸收与代谢产物的分泌必须以水为介质才能完成；②参与细胞内一系列化学反应；②维持蛋白质、核酸等生物大分子稳定的天然构象；④因为水的比热高，是热的良好导体，能有效地吸收代谢过程中产生的热并及时地将热迅速散发出体外，进而有效地控制细胞内温度的变化；⑤保持充足的水分是细胞维持自身正常形态的重要因素；⑥微生物通过水合作用与脱水作用控制由多亚基组成的结构，如酶、微管、鞭毛及病毒颗粒的组装与解离。

生产中使用的水有深井水、自来水、地表水。水质要定期检测。

5. 前体、生长因子、产物促进剂和抑制剂

(1)前体　前体是指在产物的生物合成过程中，被菌体直接用于产物合成而自身结构无显著改变的物质。培养基加入前体后，可明显提高产品产量和主要组分含量。如青霉素发酵培养基中加入苯乙酸或苯乙酰胺，不仅可以提高青霉素 G 的含量比例(可达青霉素总产量的 99%以上)，还能提高青霉素的总产量(图 7-1)。但是培养基中前体物质浓度超过一定量时，对菌体的生长有毒副作用。注意控制前体的加入量与加入方式，或通过筛选抗前体及前体结构类似物突变株来解除前体的毒副作用。

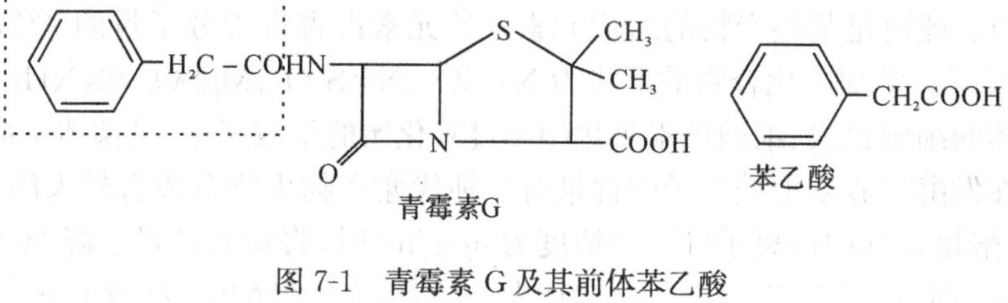

图 7-1　青霉素 G 及其前体苯乙酸

前体分为内源性前体和外源性前体。内源性前体是指菌体自身能合成的物质，如合成青霉素分子的缬氨酸和半胱氨酸。外源性前体是指菌体不能合成或合成量很少，必须在发酵过程中加入的物质，如合成青霉素G的苯乙酸，合成青霉素V的苯氧乙酸，合成红霉素大环内酯环的丙酸盐等。这些外源性前体是培养基的组成成分之一。发酵生产中常用的一些前体物质如表7-1所示。

表7-1　发酵生产中常用的一些前体物质

产　物	前　体	产　物	前　体
青霉素G	苯乙酸及其衍生物	灰黄霉素	氯化物
青霉素O	烯丙基-巯基乙酸	放线菌素 C_3	肌氨酸
青霉素V	苯氧乙酸	维生素 B_{12}	钴化物
金霉素	氯化物	类胡萝卜素	β-紫罗酮
链霉素	肌醇、精氨酸、蛋氨酸	L-异亮氨酸	α-氨基丁酸
溴四环素	溴化物	L-色氨酸	邻氨基苯甲酸
红霉素	正丙醇、丙酸	L-丝氨酸	甘氨酸

(2)生长因子　从广义上讲，凡是微生物生长不可缺少的微量的有机物质，如氨基酸、嘌呤、嘧啶、维生素等均称生长因子。生长因子不是对于所有微生物都必须的，它只是对某些自己不能合成这些成分的微生物才是必不可少的营养物。如以糖为碳源的谷氨酸生产菌均为生物素缺陷型，以生物素为生长因子。又如目前所使用的赖氨酸产生菌几乎都是谷氨酸产生菌的各种突变株，均为生物素缺陷型，需要生物素作为生长因子，同时也是某些氨基酸的营养缺陷型，如高丝氨酸等，这些物质也是生长因子。

有机氮源是这些生长因子的重要来源，多数有机氮源含有较多的B族维生素和微量元素及一些微生物生长不可以少的生长因子。最有代表性的是玉米浆，玉米浆中含有丰富的氨基酸、还原糖、磷、微量元素和生长素，是多数发酵产品良好的有机氮源，对许多发酵产品的生产有促进作用。从某种意义上来说，玉米浆被用于配制发酵培养基是发酵工业中的一个重大发现。

(3)产物促进剂和抑制剂　所谓产物促进剂是指那些非细胞生长所必需的营养物，又非前体，但加入后却能提高产量的添加剂。表7-2为一些产酶促进剂。

表7-2　一些添加剂对产酶的促进作用

添加剂	酶	微生物	酶活力增加倍数
Tween (0.1%)	纤维素酶	许多真菌	20
	蔗糖酶	许多真菌	16
	β-葡聚糖酶	许多真菌	10
	木聚糖酶	许多真菌	4
	淀粉酶	许多真菌	4
	酯酶	许多真菌	6
	右旋糖苷酶	绳状青霉	20
	普鲁兰酶	产气杆菌	1.5
大豆酒精提取物(2%)	蛋白酶	米曲霉	2.87
	脂肪酶	泡盛曲霉	2.5
植酸质(0.01%~0.3%)	蛋白酶	曲霉、橘青霉、枯草杆菌、假丝酵母	2~4

促进剂提高产量的机制还不完全清楚，其原因是多方面的。如在酶制剂生产中，有些促进剂本身是酶的诱导物；有些促进剂是表面活性剂，可改善细胞的透性，改善细胞与氧的接触从而促进酶的分泌与生产，也有人认为表面活性剂对酶的表面失活有保护作用；有些促进剂的作用是沉淀或螯合有害的重金属离子。

各种促进剂的效果除受菌种、种龄的影响外，还与所用的培养基组成有关，即使是同一种产物促进剂，用同一菌株生产同一产物，在使用不同的培养基时效果也会不一样。促进剂的专一性很强，用量极微，使用得当，效果显著，应通过试验选择品种和确定用量，以防止产生不利影响。

产物抑制剂加入到发酵过程中会抑制某些代谢途径的进行，同时会使另一个代谢途径活跃，从而获得人们所需要的某种产物或使正常代谢的某一代谢中间产物积累。如四环素的发酵生产中，培养基中加入溴化钠和2-巯基苯并噻唑能抑制金霉素的生物合成，同时提高四环素的生成量。发酵生产中常用的一些抑制剂如表7-3所示。

表7-3 发酵生产中常用的一些抑制剂

产 物	抑 制 剂	被抑制产物
利福霉素B	巴比妥药物	其他利福霉素
链霉素	甘露聚糖	甘露糖链霉素
去甲基链霉素	乙硫氨酸	链霉素
四环素	溴化物、硫脲、巯基苯并噻唑、硫脲嘧啶	金霉素
去甲金霉素	磺胺化合物、乙硫氨酸	金霉素
头孢霉素C	L-蛋氨酸	头孢霉素N

三、培养基的种类与选择

1. 培养基的种类

发酵工业中应用的培养基种类较多。按培养基的组成成分可分为合成培养基和复合培养基(亦称有机培养基或天然培养基)。由已知组成成分的各种营养物质组合的培养基叫合成培养基，主要用于科学研究；由一些组成成分不完全明确的天然产物如黄豆(饼)粉等，与一些无机盐组合的培养基叫复合培养基(有时也称半合成培养基)，用于工业生产。按培养基的形态可分为固体培养基、液体培养基和半固体培养基。发酵生产上大多数采用液体培养基。建立在含固形物、黏度较大的液体培养基基础上发展起来的液体(固形成分液化)培养基，也可用于发酵生产。这种液体培养基无固形物、黏度小，利于氧的溶解和传递，对发酵温度等参数的控制十分有利。依据在生产中的用途(或作用)，又可将大生产上应用的培养基分成孢子培养基、种子培养基和发酵培养基三种。这里主要介绍对发酵生产影响较大的孢子培养基、种子培养基和发酵培养基。

(1)孢子培养基　孢子培养基是供制备孢子用的。要求此种培养基能使孢子迅速发芽和生长能形成大量的优质孢子，但不能引起菌种变异。一般地说，孢子培养基中的基质浓度(特别是有机氮源)要低些，否则影响孢子的形成，如链霉素产生菌灰色链霉菌在葡萄糖-盐类-硝酸盐的培养基上生长良好，并能形成丰富的孢子，如果加入0.5%以上酵母膏或酪蛋白氨基酸，就完全不生长孢子。无机盐的浓度要适量，否则影响孢子的数量和质量。孢子培养基的组成因菌种不同而异。生产中常用的孢子培养基有麸皮培养基,大(小)米培养基,由葡萄糖(或淀粉)、无机盐、蛋白胨等配制的琼脂斜面培养基等。所选用的各种原材料的质量要稳定。

(2)种子培养基 种子培养基是供孢子发芽和菌体生长繁殖用的。营养成分应是易被菌体吸收利用的,同时要比较丰富与完整,其中氮源和维生素的含量应略高些,但总浓度以略稀薄为宜,以便菌体的生长繁殖。常用的原材料有葡萄糖、糊精、蛋白胨、玉米浆、酵母粉、硫酸铵、尿素、硫酸镁、磷酸盐等。培养基的组成随菌种而改变。发酵中种子质量对发酵水平的影响很大,为使培养的种子能较快地适应发酵罐内的环境,在设计种子培养基时要考虑与发酵培养基组成的内在联系。

(3)发酵培养基 发酵培养基是供菌体生长繁殖和合成大量代谢产物用的。要求此种培养基的组成应丰富完整,营养成分浓度和黏度适中,利于菌体的生长,进而合成大量的代谢产物。发酵培养基的组成要考虑局部菌体在发酵过程中的各种生化代谢的协调,在产物合成期,使发酵液 pH 值不出现大的波动。采用的原材料质量相对稳定,同时不应影响产品的分离精制,不影响产品的质量。

2. 培养基的选择

培养基的组分(包括这些组分的来源和加工方法)、配比、缓冲液、黏度、消毒是否容易彻底、消毒后营养破坏程度及原料中杂质的含量都对菌体生长和产物形成有影响,因此,发酵培养基成分和配比的选择有重要意义。

药物生产所使用的培养基大多来源于实验研究和生产实践所取得的结果,目前还不能完全从生化反应的基本原理来推断和计算出某一菌种的培养基配方。在考虑培养基总体要求时,首先要注意快速利用的碳(氮)源和慢速利用的碳(氮)源的相互配合,发挥各自的优势,避其所短。其次选用适当的碳氮比。培养基中的碳氮比对发酵的影响十分明显,氮源过多,会使菌种生长过于旺盛,pH 偏高,不利于代谢产物的积累;氮源不足,则菌体繁殖少,从而影响产量;若碳源过多,则容易形成较低的 pH;若碳源不足,则容易引起菌体的衰老和自溶。另外,碳氮比不当还会引起菌体按比例地吸收营养物质,从而直接影响菌体的生长和产物的合成。

微生物在不同的生长阶段,其对碳氮比的最适要求也不一样。一般来讲,因为碳源既作为碳架参与菌体和产物的合成又作为生命过程中的能源,所以比例要求比氮源高,一般工业发酵培养基的碳氮比为 100∶(0.2～2.0)。但在谷氨酸发酵中因为产物含氮量较多,所以氮源比例就相对高些。如在谷氨酸生产中取的碳氮比为 100∶(15～21);若碳氮比例为 100∶(0.5～2.0),则出现只长菌体而几乎不合成谷氨酸的现象。应该指出的是,碳氮比也随碳源及氮源的种类以及通气搅拌等条件而异,因此很难确定一个统一的比值。

微生物的生长和代谢除了需要适宜的营养环境外,其他环境因子也应处于适宜的状态。其中 pH 是极为重要的一个环境因子。微生物在利用营养物质后,由于酸碱物质的积累或代谢酸碱物质的形成会造成培养体系 pH 的波动。发酵过程中调节 pH 的方式一般不主张直接用酸碱来调节,因为培养基 pH 的异常波动常常是由于某些营养成分的过多(或过少)而造成的,因此用酸碱虽然可以调节 pH,但不能解决引起 pH 异常的原因,其效果常常不甚理想。

要保证发酵过程中 pH 能满足工艺的要求,合理配制培养基是成功的决定因素。因而在配制培养基选取营养成分时，除了考虑营养的需求外，也要考虑其代谢后对培养体系 pH 缓冲体系的贡献，从而保证整个发酵过程中 pH 能够处于较为适宜的状态。

应该指出的是，选择培养基成分和设计培养基配方虽然有一些理论依据，但最终的确定是通过实验的方法获得的。一般一个培养基设计的过程大约经过以下几个步骤：①根据前人的经验和培养基成分，初步确定培养基成分；②通过单因子实验最终确定最为适宜的培养基成分；③当培养基成分确定后，剩下的问题就是各成分的最适浓度，由于培养基成分很多，为减少实验次数常采用一些合理的实验设计方法。

在确立了培养基配比之后，还要进一步研究培养过程中所需中间补料的成分和配比以及补料的办法。在发酵过程中，通过适当补料，对碳、氮的代谢予以控制，同时加入适量前体及其他营养物质，促使产生菌在一定的生长期内尽快地和最大限度地合成产物。

综上所述，通过试验和生产实践，要选择一个较完备的基础培养基配方，并采取适当的中间补料，加上培养条件等密切配合，才能取得较高的发酵水平，有利于增加发酵产量。

四、影响培养基质量的因素

在工业发酵过程中，常出现生产水平大幅度波动或菌体代谢异常等现象。产生这些现象的原因很多，如种子质量不稳定，发酵工艺条件控制不严格，培养基质量变化等。引起培养基质量变化的因素也较多，如原材料品种和质量、培养基的配制工艺、灭菌操作等。

1. 原材料质量的影响

工业发酵中用于配制培养基的原材料品种较多，有化学成分单一的无机盐，有成分复杂、质量不太稳定的天然化合物，这些化合物的来源多样，有的是农牧业的副产品，有的是工业生产副产物。由于它们的来源广，加工方法不同，制备出来的培养基质量是不稳定的。培养基中应用的各种原材料，不管用量多少，只要质量不符合生产要求的，都会影响生产水平。

有机氮源的原材料质量是引起生产水平波动的主要因素之一。引起有机氮源质量变化的原因，主要是加工用的原材料品种、产地、加工方法和贮存条件。如抗生素发酵中常用的黄豆饼粉，我国东北产的大豆加工制备的黄豆饼粉质量较好，这主要是因为此种大豆中含硫氨基酸的含量较高，有的含量达 4.0%以上。此外，黄豆饼粉质量还受到加工方法的影响，热榨黄豆饼粉和冷榨黄豆饼粉对发酵生产的影响是不同的。生产中使用的棉籽饼粉是不含棉酚或含低量棉酚的氮源，是一种值得推广的有机氮源。

玉米浆是常用的有机氮源，对许多品种的发酵水平有显著影响。玉米浆是用亚硫酸浸泡玉米的水经过浓缩加工制成的，呈鲜黄至暗褐色，为不透明的絮状悬浮物。由于玉米产地不同，浸渍工艺不同(特别是浸渍时各种微生物的发酵作用)，玉米浆质量是不同的。玉米浆中磷含量(一般在 0.11%～0.40%)对某些抗生素发酵影响亦很大。

配制培养基常用的蛋白胨有肉胨、血胨、骨胨、鱼胨、植物胨等。由于制备蛋白胨使用的原材料和加工方法的不同，每种蛋白胨中所含的氨基酸品种和含量、磷含量都有较大差异，质量难以控制。

生产中对有机氮源的品种和质量必须十分重视，在质量检测中，要监测各种有机氮源中的蛋白质、磷、脂肪和水分的含量，注意酸价变化。同时重视它们的贮藏温度和时间，保证不发生霉变和虫蛀。

碳源对发酵的影响虽不如氮源的影响显著，但由于质量的差异也能引起发酵水平的波动。采用不同的原料、产地、加工方法制备的淀粉、葡萄糖和乳糖等产品，其质量是不同的。如不同产地的乳糖，其中的含氮化合物不同，能引起灰黄霉素发酵水平的波动。又如生产中常用的固形葡萄糖和淀粉葡萄糖（淀粉水解液）中糖的种类和杂质含量是不同的。若用蛋白质含量（0.6%）高的淀粉制备葡萄糖的结晶母液作碳源时，常出现发酵前期泡沫增多，通气效果下降，导致异常发酵。酸法制备葡萄糖的结晶母液中含有5-羟甲基糠醛等物质，它们对微生物代谢有毒副作用，其中含有的某些金属盐类也影响微生物的生长和产物的合成。

油脂的品种很多，用于工业发酵的有豆油、玉米油、米糠油和杂鱼油等。它们的质量差异较大，特别是杂鱼油的成分复杂。油脂贮藏的条件和时间常是影响其质量的因素，如果贮藏的温度高、时间长，就可能产生一些对微生物代谢有毒副作用的降解产物。

培养基中所使用的无机盐（如碳酸钙、磷酸盐）和前体物（如苯乙酸）等化学物质，其组成明确，有一定的质量规格，较易控制。但有的化学物质，由于杂质含量变化，对生产水平也有影响，如碳酸钙中的氧化钙含量高时，就显著影响培养基的pH值和磷酸盐的含量，对生产是不利的。

综上所述，各种原材料的质量都能影响培养基的质量。因此，在科研和工业生产中，为了稳定生产水平，提高产量和产品质量，对所采用的全部原材料的质量要按质量标准严格检测。在改换原材料品种时，必须先行小试，甚至中试，不符合质量标准或生产工艺要求的原材料不能随意用于生产。

2. 水质的影响

水是构成培养基的主要原材料之一。水的质量对许多产品的生产有较大的影响。大生产中使用的水有深井水、自来水、地表水和蒸馏水。不同来源的水中无机离子和有机物的含量是不同的。深井水的水质因地质结构、井的深度、采水季节等的不同而异。地表水的水质与环境污染程度密切相关，同时受到季节的影响。所以，生产中对所采用的水的质量应定期检测，地表水应该经过适当的处理之后方可使用。

有的品种生产中，为了避免水质的影响，采用加入一定量的某些无机盐（如磷酸铵等）的蒸馏水配制孢子培养基。

3. 灭菌的影响

工业发酵中，都采用饱和蒸汽灭菌方法杀灭培养基中的有机体。在灭菌过程中，注意保证蒸汽质量和蒸汽压力。培养基在高温高压条件下，其营养成分能发生降解或某些化学反应，蒸汽压力愈大或灭菌时间愈长，营养成分破坏得愈多，同时某些营养成分之间的化学反应愈强。这一系列作用均能使菌体需要的营养成分减少，同时产生某些对微生物代谢有毒副作用的物质，从而影响菌体的生长或某些代谢作用。

糖类在高温条件下易被破坏，特别是还原糖与氨基酸、肽类或蛋白质等有机氮源一起加热时，更容易发生化学反应，形成5-羧甲基糖醛和棕色的类黑精。氨基酸在反应中起着催化作用，大大加速葡萄糖的降解反应速度。赖氨酸最容易与糖类发生化学反应，形成棕色物质。糖类还能与磷酸盐发生络合反应，形成棕色色素。上述色素物质都是大分子化合物，轻者引起微生物代谢途径的改变，重者能影响菌体的生长繁殖。为了避免糖类与其他成分在灭菌过程中互相接触，在生产中，将糖与其他成分分别灭菌，既可减少糖类的损失，又可大大减少有色物质的形成，保证培养基的灭菌质量。如青霉素发酵，将发酵培养基中的糖类与其他成分分别灭菌，获得的青霉素比糖与其他成分混合一起灭菌的培养基的产量平均提高

10%。这表明改进培养基的灭菌工艺，可以保证培养基的灭菌质量，有利于产生菌的生长和代谢产物的生物合成。

灭菌过程中，培养基中的无机盐之间也可能发生化学反应。磷酸盐、碳酸盐与某些钙、镁、铁等阳离子结合形成难溶性复合物而产生沉淀，使培养基中的可溶性无机磷浓度降低、碳酸盐的缓冲作用及钙离子的浓度降低。为解决此问题，可加入螯合剂(如常用的螯合剂为乙二胺四乙酸，EDTA)，或可以将含钙、镁、铁等离子的成分与磷酸盐、碳酸盐分别进行灭菌，然后再混合，避免形成沉淀。

在配制培养基过程中，泡沫的存在对灭菌处理极为不利。因为泡沫中的空气形成隔热层，使泡沫中的微生物难以被杀死，所以在培养基中加入消沫剂以减少泡沫的产生，或采取适当提高灭菌温度，延长灭菌时间等措施，以保证培养基的灭菌质量。

原材料的颗粒度也影响培养基灭菌质量，颗粒度太大，会产生培养基灭不透的现象。因此，工业生产上对原材料的颗粒度有要求。

4. pH 的影响

培养基的 pH 值对微生物的生长和代谢产物的合成有较大的影响。在配制培养基时，为使培养基灭菌后的 pH 值适于菌体生长，有时在灭菌前用酸或碱予以调整。如果培养基的配比不合适，出现 pH 偏低或偏高，在灭菌过程中，有可能加速营养成分的破坏。因此，确定培养基 pH 时，应以改变营养物质的浓度比例，尤其是生理酸性物质或生理碱性物质的用量来调节培养基 pH 为主，用酸碱调节为辅。

另外，在培养基中还可加入 pH 缓冲剂，如 K_2HPO_4 和 KH_2PO_4 组成的混合物、$CaCO_3$ 等来进行调节。培养基中存在的一些天然缓冲系统，如氨基酸、肽、蛋白质都属于两性物质，也可起到缓冲剂的作用。

5. 其他影响因素

培养基的黏度对发酵水平有一定的影响。采用淀粉、黄豆饼粉、玉米粉、花生饼粉等物质配制的培养基，由于固形颗粒的存在，加上黏度的增加，都能影响其灭菌质量。另外，发酵参数控制和产品的分离精制都对发酵水平有影响。因此，培养基中固体成分液化，制成液体培养基，是保证培养基灭菌质量，提高生产水平的有效途径之一。

一些人为因素，如投错料、计算错误等均可导致培养基质量下降，影响生产。

上述介绍的影响培养基质量的因素，也是要控制的因素。为了保证发酵过程中培养基的质量，应合理地控制原材料质量、灭菌质量、水的质量、pH 值、黏度等，并进行规范操作。

【习题与思考】

1. 培养基有哪些主要成分？各有什么作用？
2. 什么叫生理酸性和生理碱性物质？举例说明。
3. 什么叫前体？有何作用？
4. 培养基的类型有哪些？
5. 如何选择培养基？
6. 影响培养基质量的因素有哪些？

任务八 灭菌技术

【任务内容】

微生物发酵是对药物生产菌进行大规模纯培养的过程。在发酵过程中，除大量繁殖产生菌外，不允许其他微生物同时生长。人们常把这些除产生菌以外的其他微生物统称为杂菌。发酵过程中污染杂菌不仅消耗培养基中的营养成分，而且分泌某些对产生菌有害或者能使抗生素失去活性的物质，使生产率下降，甚至得不到抗生素。例如有的杂菌的代谢产物能改变发酵液的 pH 值，抑制产生菌的生长和抗生素的合成；有的杂菌可以分泌青霉素酶，能迅速破坏青霉素。污染杂菌还会影响发酵液的过滤（如滤速降低、滤渣含水量高等）和提取（如溶媒提取时易发生乳化现象等），从而影响成品的质量和收率。发酵染菌不但影响个别罐批的生产，有时还会引起连续大幅染菌，给生产带来极大的威胁。为了保证不污染杂菌，对发酵过程所用的培养基（包括料液）及有关设备容器都必须经灭菌才能使用，与此同时还必须认真做好空气除菌、发酵设备的严密检查和种子的无菌检查等各项工作，严格进行各项工艺操作才能保证发酵生产的顺利进行。由此可见，搞好灭菌也是保证发酵正常进行的关键之一。

一、灭菌的方法

所谓灭菌，是指用物理或化学方法除去物料及设备中所有的生命物质的技术或工艺过程。而消毒是利用物理和化学方法来杀灭物体中病原微生物的过程。

（一）化学灭菌

所谓化学灭菌，主要是使用化学试剂（如甲醛、苯酚、洁而灭、过氧乙酸、75%酒精、漂白粉、环氧乙烷等）进行某些容器或物料以及无菌区域的灭菌。例如，无菌室用药物喷洒，处理染菌罐时加甲醛闷消，污染噬菌体后全部生产设备及环境用药剂处理。化学灭菌主要取决于化学药剂与细胞的化学作用。有些化学药剂可以与蛋白质起络合反应而破坏细胞，所以在使用化学药剂灭菌时，要注意对人体的防护，以免受毒害。化学灭菌很少用于培养基的灭菌，以避免培养基的成分与药剂起化学反应，况且化学药剂遗留毒性及腐蚀性较大，因此化学灭菌应用的范围受到一定的限制。

（二）物理灭菌

物理灭菌效果好，使用方便，因此在生产中应用较广，主要方法有辐射灭菌、热灭菌（分湿热和干热两种）和过滤除菌。

1. 辐射灭菌

通常用紫外线、高能量的电磁波或粒子辐射灭菌，其中以紫外线最常用。低压水银电弧发射的紫外线，对芽孢和营养细胞都能起作用，波长在 200～300nm 范围内都有效，而最常用的波长为 256～266nm。它的灭菌作用是因为其作用光谱与细菌体内核酸的吸收谱相一致，脱氧核糖核酸（DNA）容易吸收紫外线发生变异而引起死亡。但紫外线穿透力极低，只能用于表面灭菌，对固体物质灭菌不够彻底，一般只适用于接种室、超净工作台、无菌培养室和手术室空气及物体表面的灭菌。紫外线灭菌是通过紫外线灭菌灯进行的，距离照射物体以不超过 1.2m 为宜。紫外线对人体有伤害作用,更不能在开着的紫外灯下工作。使用紫外线灭菌时要注意光复活和黑暗复活作用,受照射的菌体,不论遇到可见光或放黑暗处,都可能自动修复创伤,接近死亡的菌体会再度复活。所以,在紫外线照射时,最好在黄光下操作,防止细菌复活。

不同微生物对紫外线的抵抗力不同,特别是芽孢以及霉菌孢子对紫外线抵抗能力稍强,一般不容易杀死。为了加强灭菌效果,在开紫外线灯前,可在接种室内喷洒石炭酸溶液,一方面使空气中附着有微生物的尘埃降落,另一方面也可杀死一部分细菌和芽孢。

接种室是从事微生物学教学或科研单位、发酵工厂在进行微生物分离、菌种转移等工作时为防止杂菌污染便于保持无菌状态而设置的工作室,未能设置接种室的单位也可用超净工作台或接种箱代替。接种室面积一般 $6m^2$ 左右(长 3m,宽 2m,高 2m),可容纳 1～2 人工作。接种室外设缓冲间,安装拉门,缓冲间与接种室可安装活动拉窗,避免外部空气直接进入接种室;接种室墙壁最好贴白瓷砖或涂上油漆,便于清洗,内设置便于擦洗的工作台或圆凳,接种室中、工作台上、缓冲间内均应安装紫外线灯管,波长 254nm、功率 30W,紫外线灯开关安装在室外;接种室内安装照明灯及电插座,最好安装空气过滤通风设备。接种箱一般长 1.3m,宽 0.6～0.8m,高 1.2m,框架可以用木制或金属制造,箱子两面和两侧安装玻璃,设置 4 个能伸进手进行操作的活动圆孔,并连接手套(或用无菌液浸泡过的橡胶手套也可),箱顶部安装紫外线灯和照明灯管。

操作步骤如下:

①打开紫外线灯开关,照射 30min 后将灯关闭。

②为了检查紫外线灭菌效果,在接种室的桌上、桌下、缓冲间的地下各放一套已灭过菌倾倒好的牛肉膏蛋白胨琼脂平板和麦芽汁琼脂平板,打开皿盖,肉膏蛋白胨琼脂平板倒置 37℃恒温箱中培养 24h,麦芽汁琼脂平板倒置 28℃恒温箱中培养 48h,打开紫外灯灭菌前打开皿盖 15min 的平板为对照,或以在接种室外打开皿盖 15min 的平板为对照,培养相应时间后观察平板上杂菌的生长状况。

③检查每个平板上生长的菌落数,若每个平板菌落不超过 4 个,灭菌效果较好;若超过 4 个,则需延长照射时间或采用紫外线与化学消毒剂联合灭菌的办法(即:先用喷雾器喷洒 3%～5%石炭酸溶液,作为空气消毒剂;或用浸蘸 2%～3%来苏儿溶液的抹布擦洗接种室内墙壁、桌面及凳子,然后再打开紫外线灯照射 15min,用同样方法检查灭菌效果)。

2. 热灭菌

(1)干热灭菌　干热灭菌包括火焰灭菌和热空气灭菌。火焰灭菌法是利用火焰直接将微生物烧死。火焰灭菌法灭菌迅速而又彻底,但要焚毁物体,使用范围有限。该法的使用范围为金属小用具接种前后的灭菌(如接种环、接种针、接种铲、小刀、镊子等)、试管口、锥形瓶口、接种移液管和滴管外部及无用的污染物(如称量化学诱变剂的称量纸)或实验动物的尸体等的灭菌。使用金属小镊子、小刀、玻璃涂棒、载玻片、盖玻片灭菌时,应先将其浸泡在 75%酒精溶液中,用时取出,迅速通过火焰,瞬间灼烧灭菌。

常用的干热空气灭菌是利用电热或红外线在一定设备内对各种用具、物品进行杀菌,生产上常用干热灭菌的条件是 160℃,时间 1～2h。干热灭菌时,微生物由于氧化作用而死亡,高温时微生物致死速率的增加是由于各种与温度有关的氧化过程速率加快。干热灭菌的效果不如湿热灭菌,且时间长,耗热量大,应用不广。但对一些要求灭菌后保持干燥状态的物料仍采用干热灭菌。常用于空的玻璃器皿(如培养皿、锥形瓶、试管、离心管、移液管等)、金属用具(如牛津杯、镊子、手术刀等)和其他耐高温的物品(如陶瓷培养皿盖,菌种保藏采用的沙土管、石蜡油、碳酸钙)等的灭菌。其优点是灭菌器皿保持干燥。但带有胶片、塑料的物品、液体及固体培养基不能用干热灭菌。

(2) 湿热灭菌 直接用加压湿蒸汽进行物料或设备容器的灭菌。湿热灭菌是发酵生产中普遍使用的灭菌方法。用蒸汽将物料升温到 115～140℃并保持一定时间,可杀死各种微生物。常用的灭菌条件是 121℃(蒸汽压约 0.1MPa)、20～30min。蒸汽在冷凝时释放大量潜热,并具有强大的穿透力,且在高温及有水分存在的条件下,微生物细胞中的蛋白质极易凝固而引起微生物的死亡。故湿热灭菌具有经济和快速的特点,尤其适用于大量培养基及发酵设备的灭菌。

湿热灭菌的温度和所需时间是根据不同微生物确定的。每一种微生物都有一定的最适生长温度范围。如一些嗜冷菌的最适温度为 5～10℃(最低限为 0℃,最高限为 20～30℃);极大多数微生物的最适温度为 25～37℃(最低限为 5℃,最高限为 45～50℃);另有一些嗜热菌的最适温度为 50～60℃(最低限为 30℃,最高限为 70～80℃)。当温度处于最低限温度以下时,代谢作用几乎停止而处于休眠状态,当温度超过最高限度时,微生物细胞中的原生质胶体和酶的基本成分——蛋白质发生不可逆变化,即凝固变性,使微生物在很短时间内死亡。

一般无芽孢细菌,在 60℃下经过 10min 即可全部被杀死,而芽孢细菌的芽孢能经受较高的温度,在 100℃下要经过数分钟至数小时才能被杀死。某些嗜热菌能在 121℃温度下耐受 20～30min,但这类菌在培养基中出现的机会不多,一般来说,灭菌的彻底与否以能否杀死芽孢细菌为标准。

高压蒸汽灭菌技术的关键是压力上升之前需将锅内冷空气排尽。若锅内未排除的冷空气滞留在锅中,压力表虽指 0.1MPa,但锅内温度实际只有 100℃,结果造成灭菌不彻底。

高压蒸汽灭菌的实验操作如下:

①向锅内加水。打开灭菌锅盖,向锅内加适量水(立式高压蒸汽灭菌锅从进水杯处加煮开过的水至最高水位的标示高度)。水量不足,灭菌锅易蒸干。

②放入待灭菌物品。将待灭菌物品放入灭菌桶内,物品不要放得太紧和紧靠锅壁,以免影响蒸汽流通和冷凝水顺壁流入灭菌物品中。

③盖好锅盖。将盖上的软管插入灭菌桶的槽内,有利用罐内冷空气自上而下排出,加盖,上下螺栓口对齐,采用对角方式均匀旋紧螺栓,使锅密闭。

④排放锅内冷空气及升温灭菌。打开放气阀,加热(电加热或煤气加热或直接通入蒸汽),自锅内开始产生蒸汽后 3min 再关紧放气阀(或喷出气体不形成水雾),此时蒸汽已将锅内的冷空气由排气孔排尽,温度随蒸汽压力增高而上升,待压力逐渐上升至所需温度时,控制热源,维持所需压力和温度,并开始计时,一般培养基控制在 0.1MPa 灭菌 20min,含糖等成分的培养基控制在 0.056MPa 灭菌 30min 或 0.07MPa 灭菌 20min。关闭热源,停止加热,压力随之逐渐降低。

⑤灭菌完毕降温及后处理。待压力降至 0 时,慢慢打开放气阀(排气口),开盖,立即取出灭菌物品。但在压力未完全降至 0 处前,不能打开锅盖,以免培养基沸腾将棉塞冲出;也不可用冷水冲淋灭菌锅迫使温度迅速下降。所灭物品开盖后立即取出,以免凝结在锅盖和

器壁上的水滴弄湿包装纸或落在被灭菌物品上，增加染菌率。斜面培养基自锅内取出后要趁热摆成斜面，灭菌后的空培养皿、试管、移液管等需烘干或晾干。若连续使用灭菌锅，每次需补足水分；灭菌完毕，除去锅内剩余水分，保持灭菌锅干燥。

⑥无菌试验。可抽出少数灭过菌的培养基置于37℃恒温箱中培养24h，若无菌生长，即视为灭菌彻底，可保存备用。

高压蒸汽灭菌注意事项：灭菌时人不能离开工作现场，控制热源维持灭菌时的压力。压力过高，不仅培养基的营养成分被破坏而且高压锅超过耐压范围易发生爆炸造成伤人事故。

3. 过滤除菌

过滤除菌法之一是使用细菌滤板或滤芯，滤除血清及抗生素溶液内较大的微生物；另一种是空气过滤除菌法，即用各种过滤介质除去空气中所含的尘埃及微生物，供发酵过程中所需的大量无菌空气。

二、培养基和发酵设备的灭菌

生产用培养基和有关设备的灭菌，目前仍较广泛地采用湿热灭菌方式。灭菌的具体内容包括：实罐灭菌（实消）、连续灭菌（空消）、连续灭菌（连消）、空气过滤器灭菌、发酵罐附属设备及管路的灭菌。

（一）灭菌温度的选择

在湿热灭菌过程中微生物的死亡和培养基成分的破坏是同时出现的，并且随温度上升而加剧，其中微生物死亡的加剧更为显著，而培养基的破坏速度增长较慢。因此，在灭菌时可以选择较高温度采用短的灭菌时间以减少培养基成分的破坏，这就是通常所说的“高温快速灭菌法”。

连续灭菌一般控制温度为125～140℃，蒸汽压力需4×10^5～5×10^5Pa（表压），时间5～10min；实罐灭菌一般控制温度120～125℃，蒸汽压力需4×10^5Pa（表压），时间20～30min。

（二）培养基及发酵设备的灭菌

1. 实罐灭菌（简称实消）

所谓实罐灭菌，即将饱和蒸汽直接通入装有配制好的培养基的方法。此法不需要另外的专用灭菌设备，因而具有投资少、操作简便、染菌机会少等优点。但是，使用蒸汽较集中，而且发酵设备的利用率较低。

实罐灭菌时，先将各种培养基（培养液）配制在罐内，并搅拌均匀，消去团块，防止质密灭菌不透。然后密闭，通入高压蒸汽加热，达到灭菌温度后，开始计算灭菌时间。灭菌完毕，通入无菌空气维持罐压，并冷却至接近发酵温度后保压待种。

实罐灭菌的温度和时间，应根据培养的种类、性质等具体情况而定。如葡萄糖培养基在灭菌时容易破坏，可选用低限（115℃、30min或121℃、20min）灭菌。淀粉培养基灭菌一般选用120～125℃灭菌30min，当浓度超过3%时，也可以加入淀粉水解酶水解，再用121℃、30min灭菌。油脂类培养基微生物不易杀死，需用125℃、1h灭菌较妥。

实罐灭菌前，先将各种排气阀打开，升温开始，开动搅拌，有的生产单位采取由夹套或蛇管先引入蒸汽进行预热的办法，待温度升至80～90℃后，逐渐关小排气阀，接着将蒸汽从进气口、排出料口、取样口等分别进入。目前多数生产单位已采取不预热而直接进蒸汽，逐渐提高罐温、罐压，待罐温上升到118～121℃，罐压维持在0.9×10^5～1.0×10^5Pa（表压），并保温 30min 左右(如图 8-1 所示)。灭菌过程各路蒸汽进口，要始终畅通保持均匀进气，防止短路和堵塞；排气要畅通，排气量不宜过大，以节约蒸汽。进、排气流量要控制适当，并注意总蒸汽压力(指蒸汽总管道压力)不低于 $3.0\times10^5\sim3.5\times10^5$ Pa，使用压力(指通入罐中的蒸汽压力)不低于 2×10^5 Pa，以保持压力的稳定，防止大量泡沫冒顶或逃液。严防高温高压闷罐，否则容易造成培养基成分破坏和 pH 升高。如遇蒸汽压力突然升高，罐温超过规定，可以适当缩短灭菌时间；如遇蒸汽压力突然下跌，升不上来，温度下降到规定范围以下，可适当延长时间，以确保灭菌彻底。灭菌结束时，迅速关闭部分排气管和全部进气管，待罐压低于分过滤器空气压力时，再通入无菌空气保压(否则培养基将倒流过滤器内)，同时冷却降温，把罐内培养液迅速冷却到所需温度，保压待接种。此外，在实罐灭菌前，空气过滤器先行灭菌，并在“实消”结束前将过滤介质吹干待用。

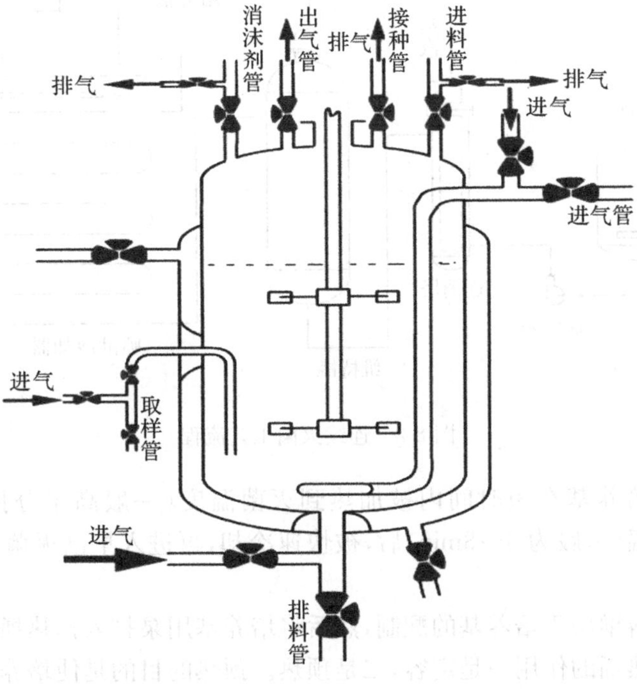

图 8-1 实罐灭菌装置

2. 空罐灭菌(简称空消)

所谓空消，即通饱和蒸汽于未加培养基的罐体内进行湿热灭菌。空罐灭菌后的罐压、罐温可稍高于“实消”，保温时间也可适当延长。一般空消罐压为 $1.6\times10^5\sim1.8\times10^5$ Pa(128～130℃)。因空气密度大于蒸汽，所以空消开始时先从灌顶通入蒸汽，将罐内所有空气从底部排出，保压灭菌 30min 后，压出罐内冷凝水，然后关紧排气阀，继续闷罐灭菌 30min。闷消时可稍进蒸汽和适量排气，保持罐压不变。闷消结束后，先开排气阀，排除罐内蒸汽，从已消毒的空气过滤器进入无菌空气，排除蒸汽，顶住罐压，然后冷却到所需要温度，保压接受连消好的培养基。

染菌罐，特别是染芽孢杆菌的罐，需先进行空罐灭菌，必要时加甲醛熏消，以保证灭菌彻底。采用甲醛消时，先在罐内加水至漫过空气分布管，然后加入罐容积的万分之一左右的甲醛，盖紧罐盖，从罐底进行蒸汽加热，使水中甲醛同蒸汽一并挥发。发现各排气口有甲醛外逸时，关闭排气阀，闷消保压 30min，然后排出罐底冷凝水，开启各排气阀，继续进行蒸汽保压灭菌 30min。灭菌结束后适当加大进风量，延长吹干时间，把甲醛气吹净，然后进料。

3. 连续灭菌(简称连消)

培养基分批灭菌的缺点是升降温时间长、对培养基成分破坏大和发酵罐的利用率不高，尤其是现今采用的发酵罐体积越来越大，这些缺点表现更为突出。而以“高温、快速”为特征的连续灭菌可以克服分批灭菌的不足。所谓连续灭菌，即将培养基在发酵罐外，通过专用消毒装置，连续不断地加热，维持保温和冷却，然后进入发酵罐的灭菌方法，简称连消。其工艺流程如图 8-2 所示。

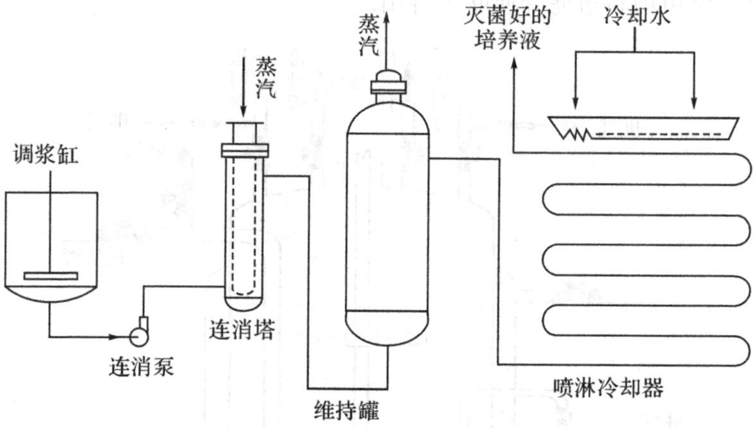

图 8-2　连续灭菌工艺流程

连续灭菌时，培养基在短时间内被加热到灭菌温度(一般高于分批灭菌温度，130～140℃)，短时间保温(一般为 5～8min)后，被快速冷却，再进入早已灭菌完毕的发酵罐。其一般过程如下：

(1)配料　配料罐用于培养基的配制，然后将培养基用泵打入预热桶中。

(2)预热　预热桶的作用一是定容，二是预热。预热的目的是使培养基在后续的加热过程中能快速地升温到指定的灭菌温度，同时可避免太多的冷凝水带入培养基，还可减少震动和噪声。一般可将培养基预热到 70～90℃。

(3)加热　预热好的培养基由连消泵打入加热器。加热器也称连消塔，使培养基与蒸汽混合并迅速达到灭菌温度。加热采用的蒸汽压力一般为 0.45～0.8MPa，其目的是使培养基在较短的时间(20～30s)里快速升温。

(4)保温　保温是将培养基维持灭菌温度一段时间，是杀灭微生物的主要过程。其设备有维持罐和管式维持器两种。保温设备一般用保温材料包裹，但不直接通入蒸汽。

(5)降温　升降温快是培养基连续灭菌的重要特征之一。为避免培养基营养成分的破坏，保温后的培养基需要迅速降温至接近培养温度(40～45℃)。国内大多数采用喷淋冷却器，也有的采用螺旋板换热器、板式换热器、真空冷却器等。应根据培养基特性、处理量、场地特性选用合适的冷却设备。

培养基采用连续灭菌时，发酵罐应在连续灭菌开始前先进行空罐灭菌(空罐灭菌的方法基本同分批灭菌)。加热器、维持罐及冷却器也应先行灭菌。组成培养基的不同成分(耐热与不耐热、糖与氮源)可在不同温度下分开灭菌,以减少培养基受热破坏的程度。

培养基的连续灭菌具有对培养基破坏小、可以实现自动控制、提高发酵罐的设备利用率、蒸汽用量平稳等优点而被广泛应用,尤其在培养基体积较大时。但对加热蒸汽压力要求较高,一般不小于 0.45MPa。同时连续灭菌需要一组附加设备,设备投资大。

培养基灭菌选择分批灭菌还是连续灭菌,应视培养基的成分、体积,结合当地蒸汽、发酵罐、场地等情况,分析两种灭菌法的优缺点而确定。一旦确定采用连续灭菌,也要考虑到万一蒸汽压力不够时和灭菌不透时改用分批灭菌的设备余量。

(三)灭菌注意事项

1. 要保证灭菌彻底。在配料时开搅拌器,尽量将各种饼粉等的团块打碎,搅拌均匀,淀粉必须先水解等,否则影响热的传导而造成对其内部的微生物有保护作用。灭菌前先放出管道内所有冷凝水,严格检查有关罐体、管体、法兰、轴封、阀门等有无渗漏、穿孔、堵塞、死角、阀门倒装等情况。灭菌过程中应严格避免阀门漏开及漏关,阀门开关次序搞错,泡沫冒顶,轴封漏和逃液等不正常操作。

2. 重视安全生产。蒸汽压力不能超过规定,灭菌时罐盖面上的玻璃视镜必须用棉花垫盖好,以防沾着冷水导致炸裂,任何有空气或蒸汽压力的设备,需要打开罐盖检修时,必须先将罐内压力完全放去,待罐压跌到零后才可打开罐盖,严禁带压开罐盖,以防发生事故。

3. 灭菌结束后,要注意发酵罐压不得超过空气过滤器压力,防止培养基液倒流入过滤器,引起染菌。放罐后,所有种子罐及发酵罐都需检查和清洗,下罐检修时必须先拔去电动机电路的熔丝,挂上安全牌。如发现空气分过滤器冒烟,严禁下罐检修,须先放入小动物做试验,证明无一氧化碳毒气后,才可下罐。

4. 放罐后要认真做好罐内外的清洗和检修工作。冲洗用水的压力应在 3×10^5Pa 以上,要保证无死角。罐内着重检查空气环形分布管,清除管内堆积物,检查压出管、接种管(接种罐)、温度计套管及冲视镜管是否腐蚀或穿孔。冷却用蛇形管及罐夹套定期用 8×10^5Pa 的水泵试漏,罐面检查各紧靠罐体的阀门、搅拌、轴封装置等是否正常。

三、空气过滤除菌

目前用于生产抗生素的微生物大多是好气菌,因此在发酵过程中需不断通入无菌空气,以满足产生菌生理上的需要。如空气除菌不当或除菌设备失效,就会引起大面积染菌,造成生产上的极大损失。从目前国内统计资料看出,空气带菌造成大面积污染的机率最大。据日本报道总空气系统造成染菌占总染菌率的 20%,比其他任何因素都高。国内情况也基本如此,甚至更为严重些,所以搞好空气除菌,对防止染菌有极其重要的关系。

无菌空气是指自然界的空气通过除菌处理使其含菌量降低到一个极限值的净化空气。获得无菌空气的方法大致分为两类:一类是利用加热、化学药剂、射线等,使空气中微生物细胞的蛋白质变性,以杀灭各种微生物;另一类是利用过滤介质及静电除尘捕集空气中的灰尘和杂菌,以除去空气中的各种菌类。生产上往往是将两者结合在一起应用。射线灭菌法常用于无菌室、培养室、仓库等处的空气消毒,其中以紫外线照射应用最为普遍。空气消毒用化学药剂(如新洁而灭、甲醛溶液、福尔马林和硫磺等)较多。抗生素发酵生产的空气除菌主要是采用空气过滤除菌方法,本节重点讨论有关空气过滤除菌方法等问题。

(一)空气过滤除菌的工艺过程

空气过滤除菌一般是把吸气口(一般以离地面5～10m较好)吸入的空气先经过压缩前过滤,然后进入空气压缩机。从空气压缩机出来的空气(一般压力在20×10^5Pa以上,温度为120～150℃),先冷却至20～25℃除去油和水,再加热至30～35℃,最后通过总过滤器和分过滤器(亦有不用分过滤器)除菌,从而获得洁净度、压力、温度、流量都符合工艺要求的灭菌空气。有关空气净化的工艺如图8-3所示。

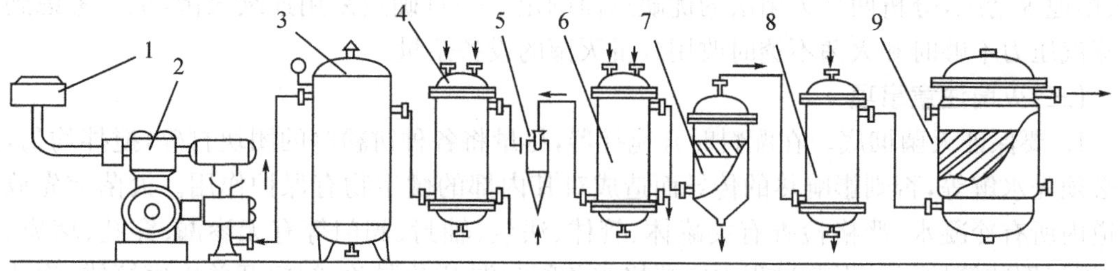

1-粗过滤;2-空压机;3-储罐;4,6-二级冷却器;5-旋风分离器;7-丝网除沫器;8-加热器;9-空气过滤

图8-3 空气过滤除菌工艺设备流程

在图8-3的工艺过程中,各种设备均围绕着两个目的:一是提高压缩前空气的质量(洁净度);另一是去除压缩空气中所带的油和水。

提高空气吸气口的高度可以减少吸入空气的微生物含量,通常以离地面5～10m为宜。吸入的空气在进入压缩机前先通过粗过滤器过滤,可以减少进入空气压缩机的灰尘和微生物,减少往复式空气压缩机活塞和汽缸的磨损,减轻介质过滤除菌的负荷。常用的粗过滤器有油浸铁丝网、油浸铁环、泡沫塑料等。

空气中的雾滴不仅带有微生物,还会使空气过滤器中的过滤介质受潮而降低除菌效率,以及使空气过滤器的阻力增加,所以要设法使进入过滤器的空气保持相对湿度在50%～60%。从空气压缩机出来的空气,温度为120℃(往复式压缩机)或150℃(涡轮式压缩机),其相对湿度大大降低,如果在此高温下就进入空气过滤器,可以减少空气中夹带的水分,使过滤介质不致受潮,但是一般的过滤介质耐受不了这样的高温,因此,压缩空气一般先通过冷却,降低温度,提高空气的相对湿度,使其达到饱和状态并处于露点以下,并使其中的水分凝结为水滴或雾沫,从而将它们分离除去。冷却去水后,再将压缩空气加热,降低其相对湿度,使其未除去的水分不致凝结出来,然后进行过滤。

空气通过往复式压缩机的汽缸后所夹带的油雾滴,同样会黏附微生物,降低过滤器的除菌效率及使过滤阻力增大,但通过冷却后可以和水一起分离除去。如果往复式压缩机采用无油润滑,可以大大降低压缩空气的油雾含量。

(二)空气过滤介质

空气过滤介质不仅要求除菌效率高,还要求高温灭菌、不易受油和水沾污而降低除菌效率、阻力小、成本低、来源充足、经久耐用及便于调换操作。常用的空气过滤介质有棉花和活性炭(用于总过滤器及分过滤器)、玻璃棉和活性炭(一级过滤用)、超细玻璃纤维纸(用于分过滤器)、石棉滤板(分过滤器)等。据测定,超细玻璃纤维纸的除菌效率最好,但易为油、水所沾污。在空气预处理较好的情况下,采用超细纸作为总过滤器及分过滤器的过滤介质,染菌率很低,但在空气预处理较差的情况下,其除菌效率往往受到影响。棉花和活性炭过滤器因介质层厚、体积大、吸油水的容量大，受油、水影响要比玻璃纤维纸好一些，但是这种过滤器调换过滤介质时劳动条件差，又因棉花是纺织工业的重要原料，故改进空气净化的前处理工艺，用超细纤维玻璃纸或其他介质来代替棉花、活性炭是有待解决的问题。

新的过滤介质还有烧结材料、多孔材料等高效滤菌材料。目前试用烧结金属板、烧结金属管作为分过滤器和总过滤器的过滤介质已取得初步成效。此外，近年来出现的微孔过滤介质（如硝酸纤维脂类和聚四氟乙烯微孔滤膜）在有预过滤情况下，能绝对过滤干燥或潮湿的空气中平均直径大于孔径（推荐用 0.2μm）的微生物，这是一类值得重视的新型过滤介质。

（三）影响介质除菌效率的因素

1. 纤维介质铺设是否均匀，纤维层的高度、密度是否合适都直接影响除菌效能，如果纤维铺设不均，密度大的部分阻力大，松的部分阻力小，就会有较多的空气从阻力小的部分通过，从而形成短路而带菌。纤维装松了，密度小，会影响过滤效果；若纤维装得过紧使密度太大，造成过滤器压力降低过大，使动力消耗增加。在铺设纤维时采用分层均匀铺平的办法较好。对于棉花介质最适合的填充率是 150～180kg/m^3，厚度在 100～150mm 较好；玻璃纤维的填充率为 130～180kg/m^3。

2. 纤维介质与过滤器壁的连接要紧密，否则空气易走短路而带菌。一方面在铺设纤维时，要注意与罐壁相接部分铺成均匀或略厚一点，靠纤维的弹性与壁密切相连。另外，还要注意过滤器壁不要形成铁锈层，氧化铁是多孔物质，带菌空气可以从中穿过造成污染。过滤器外部的保温，对减少器壁内的冷凝水很重要，若不保温，则因壁外温度低可以造成蒸汽灭菌时平常空气中有冷凝水析出，使棉花变潮湿而失效，同时加剧器壁的氧化生锈。

3. 要防止棉花、活性炭等介质出现松动翻偏等现象，影响除菌效能。要定时检查，发现异常现象要及时重新铺设灭菌。

4. 搞好空气油水分离，切实保持空气及过滤介质的干燥，是保证过滤效果和延长使用寿命的关键因素之一。使用往复式空压机，选用合理的空气净化流程，搞好无油润滑，选用高效率的油水分离设备均很重要，近几年各地使用金属丝网除雾器分离雾状水滴，效果很好。此外，在多雨潮湿季节，要缩短更换介质期限，保持介质干燥。

四、无菌检查和染菌防治

染菌对抗生素发酵生产的危害性极大，染菌后所产生的后果，亦不完全相同。例如，青霉素发酵过程中污染了杂菌，生产受极大威胁，有些细菌可分泌出破坏青霉素的物质——青霉素酶，使已经合成的青霉素破坏，导致发酵“全军覆灭”。还有许多染菌情况，有些是杂菌代谢产生一些黏稠物质或造成菌体自溶，严重影响滤速，从而降低收率，影响产品质量，增加成本；有些则是限制产生菌的生长代谢和合成能力，造成异常发酵（如 pH 不正常、发酵液转稀、菌丝质量差等），降低发酵单位。为了防止染菌，除了从根本上搞好物料、设备灭菌和空气除菌外，还必须在接种前后、种子培养过程及发酵过程中，分别进行无菌试验（亦称无菌检查），以便及时发现染菌，处理染菌。

（一）无菌试验

无菌试验是对生产菌种斜面或孢子瓶、摇瓶种子、各级种子罐和发酵液培养液，定期取样培养，定期检查是否染菌的过程。无菌试验的方法有双碟培养、斜面培养、肉汤培养、镜检等，其中以双碟培养和肉汤培养为主。

1. 双碟培养法

通常种子罐及发酵罐每隔8h取样一次(必要时种子罐每隔4h取样一次)。种子罐取样时在装有9ml肉汤的试管内加入2～5ml试样，然后在无菌室内通过无菌操作在事先铺好琼脂培养基的双碟内划线。剩下的肉汤培养物，在37℃培养6h后复划一次，即另划一双碟以作比较。发酵罐取样时，用空白试管取样5～10ml，于37℃培养6h后划碟，双碟放置37℃培养。24h内的双碟，每隔2～3h在灯光下检查一次，观察有无杂菌菌落生长。24～48h的双碟，每天检查一次，以防止生产缓慢的杂菌漏检。一般杂菌在37℃、24h内能长出来。此法的优点是比较准确，但反应较慢(因杂菌在双碟上繁殖成落菌需要有一定的时间)，并且操作较麻烦。

2. 斜面或肉汤培养法

直接用酚红肉汤取样培养，或直接用斜面取样培养。但也有先用空白无菌试管取样，再接种于肉汤或斜面培养基的。也有在中小罐接种前，无菌试验样品需做镜检。直接取样作无菌试验的方法比较简便。

对无菌试验的结果，有关管理部门对染菌的判断和统计作了如下规定：

(1)染菌罐的判断　以无菌试验的肉汤培养和双碟培养的反应为主，镜检为辅。每8h一次的无菌试验，至少用2只酚红肉汤及1只双碟同时取样。要定量或接种针蘸取法取样，不宜使用直接于发酵罐内取样的方法，因为取样多少不会影响颜色反应及深浊度的观察。无菌试验时，如果肉汤连续三次发生变色反应(由红变黄色)或产生浑浊，或双碟培养连续三次有杂菌菌落出现，即判断为染菌。有时肉汤阳性反应不够明显，而发酵样品的各项参数确有可疑的染菌反应，并经镜检等确认连续三次样品有相同类型的杂菌存在，也应判断为染菌。对于一、二级种子罐染菌也可参照上述规定判断。

对肉汤和无菌检验平板的观察及保存期的规定：发酵培养基灭菌后应取灭菌后样品，以后每隔8h取无菌试验样品一次，直至放罐。无菌试验的肉汤及双碟应保存并观察至本罐批放罐后12h，确认为无菌后方可弃去。无菌检验期间应每6h观察一次无菌试验样品，以便能及早发现染菌。

(2)染菌率统计　以发酵罐染菌批(次)为基准，染菌罐批(次)应包括染菌重消后的重复染菌批(次)在内。发酵的总过程(全周期)无论前期或后期染菌，均作“染菌”论处。

染菌率(%)＝发酵(罐)染菌批(次)/总投罐批(次)×100%

(二)防止染菌

1. 染菌原因的分析

造成染菌的因素很多，情况复杂，追查染菌的原因，可以按以下归类方法分析：

(1)从染菌的规模和时间分析。发酵出现连续染菌或大面积染菌，即大批发酵罐染菌，一般是公用系统有问题，特别是空气系统。总空气过滤器实消或效率下降，空气带菌造成发酵染菌，这种情况在各厂均或多或少出现过。

接种和中间补料设备系统有渗漏和死角，也会造成大面积染菌。因此，要按时检查、维修有关设备，如管路、阀门等部件。

部分发酵罐批染菌，发生在前期可能是灭菌不彻底或种子罐带菌所致，同时也与公用接种设备有关；染菌发生在中后期，一般与补料、加油、补氨水有关。要注意中间补料的灭菌操作和设备、管路、阀门的检查试漏等。

个别罐连续染菌时要检查该罐设备的各个部件，查找有无渗漏和死角，如降温盘管穿孔是造成染菌的多见原因之一。个别罐批偶尔染菌，原因比较复杂，要针对具体情况，视染菌时间和染菌类型，从操作到设备作出具体分析。

(2)从染菌的类型来分析。根据所染菌的类型也可以帮助分析判断染菌原因和渠道。染菌有时是同一类型，但以杂型为多。一般认为，染耐热芽孢杆菌与设备存在死角或培养基灭菌不彻底关系较大；但不是绝对的，空气带菌也常引起染芽孢杆菌。近年来各地发现氨中有产碱小芽孢杆菌的芽孢存活，不滤除会导致中期染菌，此菌繁殖较快，严重影响滤速，对提炼收率和质量危害甚大。球菌、酵母菌等不耐热杂菌在冷却中较多，可从渗漏处或空气系统带入而造成污染。

杂菌无孔不入，染菌的原因和途径也很复杂。因此不能机械孤立地认为，某种染菌现象必定是某一原因或渠道所致，应当把染菌的时间、菌型和杂菌存在的环境等方面情况联系起来，加以综合分析，由表及里，去伪存真，才能作出符合实际的正确判断，从而采取相应的有效措施，制服染菌。

2. 常见的染菌原因和防止措施

(1)空气净化系统　空气净化系统失效或减效，是引起大面积染菌的主要原因之一。使用往复式空压机时，压缩空气中带有大量油滴，如果气候潮湿，过滤介质容易被油水沾湿而失效。解决这个问题，要采用无油润滑措施，安装高效率的降温、除水装置，并对空气在进入总过滤器之前升温，使相对湿度下降，然后进入总过滤器除菌。为了保证净化效率，从空压机到总过滤器所有管道、设备都要进行绝热保温，棉花和纤维介质的铺设质量、数量要控制好，空气净化系统要制定严格的管理制度，定期检查灭菌，定期更换介质。在使用过程中要经常排放油水，在多雨或潮湿季节，更要加强管理。

(2) 设备系统　发酵罐及物料灭菌等附属设备，多数是铁制的，经常受到高温、高压和突然冷却的损害作用，极易出现腐蚀穿孔、变形和渗漏等问题。如铁制降温盘管使用久了就穿孔，铁制罐底和罐壁也很容易穿孔或渗漏，接种管道使用频率高，较容易腐蚀穿孔，这些都是容易造成污染的重要原因。还有安装不合理的管道和连接部件，也容易出现死角而引起污染，必须在安装或操作中加以注意。

(3)蒸汽供应及灭菌操作　抗生素生产需要大量的蒸汽，没有足够压力的饱和蒸汽就无法灭菌和供其他方面用气。一般总空气过滤器灭菌和培养基连消，都要求总蒸汽压力在4×10^5Pa以上，一般实消、空消和管路灭菌也要求总蒸汽压力在3×10^5Pa以上。只有充足的蒸汽，才能保证正常的灭菌。蒸汽压力不稳定，就会因为灭菌不彻底造成污染；或因为压力低、灭菌时间长而造成培养基破坏和消后体积太大。

培养基实行连续灭菌优点很多，但是一旦连消设备出了问题，也容易造成大面积染菌。故平时要注意连消设备的检查、清洗、消除堆积物等，防止穿孔或堵塞，出现死角及短路(如维持罐底阀门漏等)。由于灭菌时培养液温度很高，料液容易在管道内粘结，淀粉培养基尤其如此，因此灭菌前先将淀粉液化好为宜。

灭菌过程中蒸汽压力应保持稳定，要认真控制预热温度、塔温及维持罐内培养基温度，并且严格控制进料流量，以保证灭菌质量。

(4) 种子的无菌情况是直接影响发酵无菌的重要环节　种子制备是生产关键，种子的生长代谢能力直接关系到发酵水平的高低；同时，种子是否带菌也是影响发酵无菌的重要环节。种子岗位的许多操作都是在无菌室内进行的，无菌室内并非绝对无菌，操作稍有失误或不严谨也会引起染菌。斜面培养基、摇瓶培养基灭菌不彻底会造成种子带菌；接种操作时用的衣帽及用具灭菌不彻底也会引起染菌。操作时应尽量不谈话，准备工作应在缓冲间内做好，不要把不必要的东西带入无菌室内。

在无菌室操作时，要同时做无菌试验，打开双碟，放置20min左右，然后置37℃培养，检查菌落，一般不得超过3个。根据无菌室的菌落情况及时进行灭菌处理，保证无菌合格。

3. 染菌罐的处理

种子罐如已判断或怀疑为染菌，就不可接入发酵罐中。为了保证发酵罐按正常作业计划运转，可增加备用种子；如无备种，可采用发酵罐"倒种"的办法来补救，对于选作种子的发酵罐，其菌丝要年轻健壮，接入的数量也要恰当，既要保证移入罐的正常生长，又要尽量减少对移出罐的影响。

对于发酵罐染菌要区别情况采取适当措施，尽量减少染菌的影响和损失，大体有以下情况：

(1) 前期染菌　如果是污染危害较大的杂菌，许多品种不能继续运转而灭菌后放下水道，有的品种可重新灭菌(如红霉素发酵)，重新灭菌前应适当放出部分发酵液，并补入适量培养基，使灭菌后的糖、氮、磷等符合发酵要求，重新灭菌后再接种运转；如果污染的杂菌无大的影响，可以继续运转，但要密切注意发酵过程的代谢情况和杂菌的变化，必要时可适当降低罐温和控制补料量进行发酵。

(2) 中期染菌　发酵中期如果污染了影响较大的杂菌，出现pH下降，糖、氮消耗快，发酵液发黏，泡沫多，单位下降，甚至发臭等，要及时采取措施补救或放罐。常用的方法有：降低罐温，控制残糖量，必要时停止搅拌，降低空气流量或冷置待放。对于这种罐批应在一定滤速(一般不低于5ml/5min)时放罐，否则，难以过滤，增大提取工作量，甚至无法提取而放掉。如果中期污染某些杂菌，尚属不太严重情况，可以采取补加抑菌剂的办法，控制杂菌的生长繁殖，根据不同情况加入呋喃西林、对苯二酚、痢特灵、洁而灭或某些抗生素等。如庆大霉素发酵中期染菌，可补加少量庆大霉素粗粉；灰黄霉素发酵染菌，可补入硫酸新霉素粗粉。

染菌罐运转过程中补糖，应注意少量多次，以防突然恶化。提前放罐时，残糖太高，既造成浪费又影响提炼。

发酵染菌后情况复杂，变化异常，要随时注意代谢情况和镜检菌丝的形态变化，并特别注意测定发酵液滤速，要针对具体情况及时采取措施。有时发酵单位较高，但因染菌后滤速下降很快，延误了放罐，也会造成巨大损失。

(3)后期染菌　发酵后期发酵液内已积累大量的产物，特别是抗生素，对杂菌有一定的抑制或杀灭能力。如果染菌不多，对生产影响不大。如果染菌严重，又破坏性较大，可以提前放罐。

(4)染菌后对设备的处理　染菌后的发酵罐在重新使用前，必须在放罐后进行彻底清洗，并加热至120℃以上30min后才能使用。也可用甲醛熏蒸或甲醛溶液浸泡12h以上等方法进行处理。

4. 污染噬菌体的发现与处理

抗生素发酵较少出现污染噬菌体，但一旦污染上噬菌体，其危害性比染杂菌大得多，发酵生产出现混乱，单位降低，甚至会迫使生产全部停顿。已经受噬菌体侵害的品种有红霉素、链霉素、卡那霉素、金霉素、四环素、土霉素、多黏菌素和新生霉素。

当噬菌体侵染生产菌而大量繁殖蔓延，培养液内已长浓的菌丝，可在短时间内大量自溶变稀，泡沫上升，早期镜检时可发现菌丝染色不均匀，对美蓝亲和力特强，随即发现菌丝自溶，较短时间只剩下少量残留的菌丝片段，产生菌的代谢和抗生素的合成基本停止。使用双碟培养，可出现噬菌斑。如某厂的噬菌体侵袭红霉素发酵时，最初发现菌丝变形，单位降低，代谢异常，逐渐菌体浓度降低，pH 上升，氨、氮大量释放，接着菌体全部自溶。经用原红霉素产生菌为指示菌，做双层法平板培养，出现噬菌斑，用电子显微镜观察证实了噬菌体的存在。

发现噬菌体后，要尽快采取治理措施，通常的做法是：

(1)污染了噬菌体的发酵液，加热煮沸后放罐。

(2)全面普查和清理生产环境中的噬菌体，可采用漂白粉、新洁尔灭、甲醛等消毒剂，喷洒周围环境。

(3)生产设备要进行彻底清理检查和灭菌。

(4)更换生产菌种，因为噬菌体的专一寄生性强，换用抗噬菌体株或其他性状菌株后，原噬菌体即不起作用。平时最好有几个菌种交替使用，以达到预防效果。

(5)加强抗噬菌体菌株的选育工作，容易污染噬菌体的品种，最好使用经噬菌体诱变的高产菌株。

(6)污染严重时停产，为了全面断绝噬菌体繁殖基础，车间内可采用漂白粉消毒，无菌室内用甲醛消毒。全面普查，停产期间以生产环境不再发现噬菌体为准，时间约 1～4 周不等。

(7)平时生产中也要加强对环境中噬菌体的检测，以便早发现，早治理，防患于未然。

(8)发现污染噬菌体后要彻底消灭污染源，除了对污染料液进行灭菌外，对各种检测样液也要集中消毒，另外已提炼放出的滤渣也要集中处理，进行消毒。

(9)集中排气处要切断。

上述情况主要是对一些烈性噬菌体而言。另外，还有一类不易被发现的所谓温性噬菌体，它引起发酵单位低落的原因往往不易被发觉，电子显微镜下也很难看到，它的存在不易判断。这种噬菌体的侵袭，有时可能与正常低单位菌混淆。防治的办法，除了加强环境卫生外，主要是搞好抗噬菌体菌株的选育和更新。

【习题与思考】

1. 灭菌和消毒有何异同？
2. 培养基的灭菌通常采用哪种方法？一般的间歇灭菌条件是什么？连续灭菌呢？
3. 什么叫实消、空消？如何操作？
4. 什么的连消？请描述其一般工艺过程。
5. 培养基分批灭菌和连续灭菌各有哪些优缺点？
6. 影响空气过滤介质除菌效率的因素有哪些？
7. 简述灭菌的注意事项。
8. 培养基无菌检查的方法有哪些？
9. 试分析染菌的原因。

10. 发酵过程中不同时期染菌后，应该如何处理？

11. 如何判断噬菌体污染？污染噬菌体后应该如何处理？

12. 如何防止染菌？

任务九　发酵工艺条件的确定

【任务内容】

微生物发酵过程是有效利用微生物生长、代谢活动获取目的产物的过程。因此，微生物发酵的水平不仅取决于生产菌种自身的性能，而且要给予合适的环境条件，使菌种的生产能力充分表达出来。为了充分表达微生物细胞的生产能力，对于一定的微生物菌种而言，就是要通过各种研究方法了解其对环境条件的要求，如培养基、培养温度、pH、氧的需求等。还应深入了解生产菌的发育、生长和代谢等生物过程，为设计合理的生产工艺提供理论基础。同时，为了掌握菌种在生产过程中的代谢变化规律，通过不同检测手段获得相关参数，并根据代谢变化控制发酵条件，使生产菌的代谢沿着人们需要的方向进行，以使生产菌种处于产物合成的优化环境中，达到预期的生产水平。

由于发酵过程的复杂性，控制其过程是比较困难的，特别是像次级代谢产物这类物质的发酵，就更为困难。即使同一菌种，在同一厂家，也会因生产设备、原材料来源等的差别，使菌种的生产能力不同。因此，针对具体的发酵过程，进行优化控制正是我们发酵工艺研究的目的所在。

一、微生物发酵的操作方式

微生物发酵过程，一般有四种操作方式：分批发酵、补料分批发酵、半连续发酵和连续发酵。

1. 分批发酵

分批发酵(batch fermentation)指的是一次性投入料液，经过培养基灭菌、接种后在发酵过程中不再补入料液，直到放罐。每一个分批发酵过程都经历发酵罐的清洗、装料、灭菌、接种、生长繁殖、菌体衰老进而结束发酵，最终放罐提取产物。

分批发酵菌体培养过程中一般可粗分为四期，即适应期(停滞期)、对数生长期、生长稳定期(静止期)和死亡期(如图9-1所示)；也可细分为六期：停滞期、加速期、对数期、减速期、稳定期和死亡期。

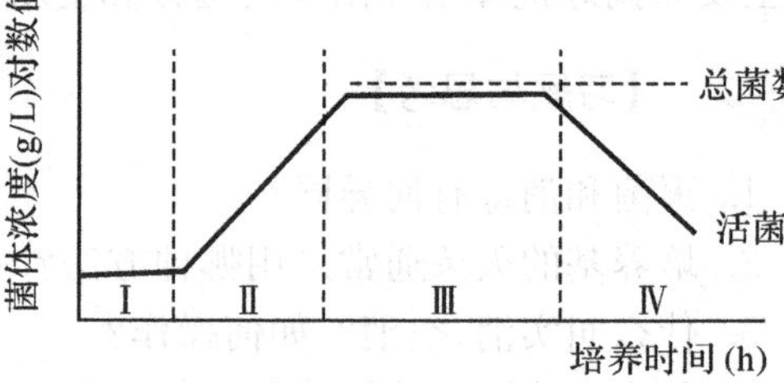

图9-1　分批发酵中微生物生长过程

分批发酵的特点是微生物所处的环境在发酵过程中不断地变化，其物理、化学和生物学参数都随时间而变化，因而是不稳定过程。这种状况在某种意义上是有好处的。由于菌体生长的最适条件与代谢产物形成的最佳条件往往是不同的，因此就可以通过代谢参数的变化观察到各个参数变化与菌体生长或产物形成之间的相关性，从而为发酵控制提供依据。

分批发酵的具体过程如图 9-2 所示。首先种子培养系统开始工作，即对种子罐用高压蒸汽进行空罐灭菌，灭菌后通入无菌空气维持罐压至一定值，之后投入已灭菌的培养基，然后接种，即接入用摇瓶等预先培养好的种子进行培养。在种子罐开始培养的同时，以同样程序进行主发酵罐的准备工作。对于大型发酵罐，一般不在罐内对培养基灭菌，而是利用专门的灭菌装置对培养基进行连续灭菌（连消）。种子培养达到一定菌体量时，即移入发酵罐中。发酵过程中要控制温度和 pH 值，对于好氧发酵还要进行搅拌和通气。发酵结束将发酵液送往提取、精制工段进行后处理。对发酵罐进行清洗后转入下一批次生产。

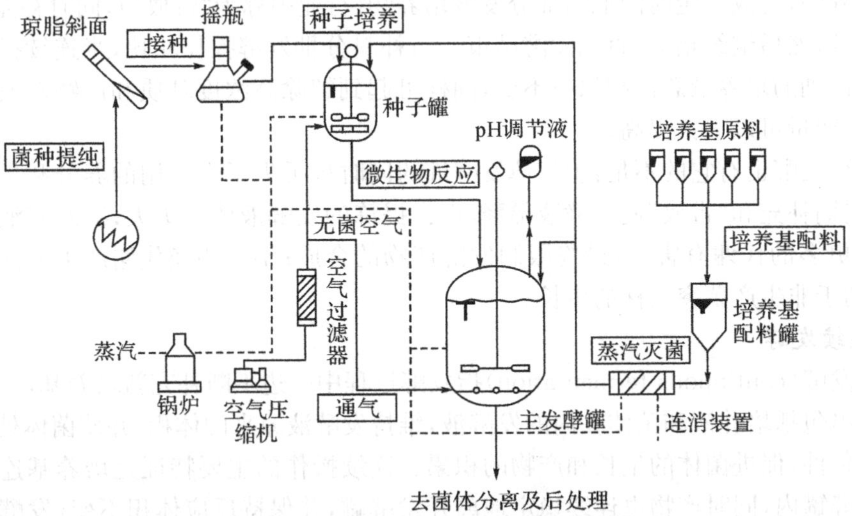

图 9-2 分批发酵一般工艺流程

分批发酵在工业生产上仍有重要地位。其优点是操作简单，周期短，染菌机会少，生产过程易控制，产品质量易掌握。但是，由于分批发酵的非生产时间长，发酵罐利用率不高，基质浓度不宜过高，因此生产效率较低。

2. 补料分批发酵

补料分批发酵（fed-batch fermentation）是指在分批式操作的基础上，开始时投入一定量的基础培养基，到发酵过程适当时期，开始连续补加碳源或（和）氮源或（和）其他必需物质，但不取出培养液，直到发酵终点，产率达最大化，停止补料，最后将发酵液一次全部放出。补料是由于随着菌体的生长，营养物质会不断消耗，加入新培养基，满足了菌体适宜生长的营养要求。

控制补料操作的形式有两种，即反馈控制和无反馈控制。无反馈控制包括定量和定时补料，而反馈控制根据反应体系中酸性物质的浓度来调节补料速率。最常见的补料物质是葡萄糖等能源和碳源物质及氨水来控制发酵液 pH 值。补料发酵需相应的补料罐，容积大小视所补料的量而定，除少数补加氨水以外，所补物料和管道也要进行灭菌，以防止由于补料操作而造成发酵染菌。

补料分批发酵比分批发酵具有更多的优越性，因而在实际的发酵生产过程中得到了广泛的应用。补料分批发酵是在发酵过程中补加培养基，可以维持适宜的基质浓度，避免快速利用碳源的阻遏效应，同时又稀释了产生的产物的浓度，可消除高浓度产物的抑制作用，也防止了后期养分不足而限制菌体的生长。它可以通过补料控制达到最佳的生长和产物合成条件,还可以利用计算机控制合理的补料速率,稳定最佳生产工艺。另外,不断的补料稀释,对降低发酵液的黏度,改善流变学性质,强化好氧发酵的供氧是十分有利的。但补料分批发酵由于不断补充新的培养基,整个发酵液体积与分批发酵相比是在不断增加,因而受发酵罐操作容积的限制;由于有物料的加入增加了染菌机会。

3. 半连续发酵

半连续发酵(semi-continuous fermentation)是指菌体和培养液一起装入发酵罐,在菌体生长过程中,每隔一定时间取出部分发酵培养物(行业中称为"带放"),同时补充同等数量的新培养基,然后继续培养,直到发酵结束。与补料分批发酵操作相比,半连续操作过程中发酵罐内得到的培养液总体积保持不变,同样可起到解除高浓度基质和产物对发酵的抑制作用,发酵产量可以大大提高。

半连续发酵也有它的不足:①放掉发酵液的同时也丢失了未利用的养分和生产旺盛的菌体;②定期补充和"带放"使发酵液稀释,送去提炼的发酵液体积更大;③发酵液被稀释后可能产生更多的代谢有害物,最终限制发酵产物的合成;④一些经代谢产生的前体可能丢失;⑤有利于非生产菌突变株的生长。

4. 连续发酵

连续发酵(continuous fermentation)指发酵过程中一边不断补充新培养基,一边以相等的流速放出包括培养液和菌体在内的发酵液,维持发酵液原来的体积,并使菌体处于恒定状态的发酵条件,促进菌体的生长和产物的积累。连续操作的主要特征是培养基连续稳定地加入到发酵罐内,同时产物也连续稳定地离开发酵罐,并保持反应体积不变,发酵罐内物质组成将不随时间而变。连续发酵使用的反应器可以是搅拌罐式反应器,也可以是管式反应器。

连续发酵的优点是通过控制稀释速率可以使发酵过程最优化,非生产时间短,生产效率高;易实现自动化,劳动强度小;灭菌次数少,测量仪器设备寿命延长。但是,如果菌种不稳定的话,长期连续培养会引起菌种退化,降低产量,长时间补料染菌机会大大增加。连续发酵目前在实际生产中应用还较少。

三、发酵过程中的主要参数控制

在微生物发酵过程中,由于生物体的变化有着许多不确定性,并受到许多环境条件的影响,因而发酵过程是一个十分复杂的生物化学反应过程,其控制过程也比较困难,特别是对抗生素等次级代谢产物的发酵控制,就更为困难。在发酵过程中,微生物细胞内同时进行着上千种不同的生化反应,并受到各种各样的调控机制的影响,它们之间相互促进,又相互制约,如果某个反应受阻,就可能影响整个代谢变化。此时,营养因素及培养环境因素微小的变化,都会改变微生物的代谢途径,使生产力受到明显的影响。为了使发酵生产能够得到最佳效果,需要采用不同的方法来测定与发酵条件和内在代谢变化有关的各种参数,以了解产生菌对环境条件的要求和菌体的代谢变化规律,并根据各个参数的变化情况,结合代谢调控的基础理论,有效地控制发酵,使产生菌的代谢变化沿着人们所需要的方向进行,以达到预期的生产水平。因此,我们必须了解与发酵有关的参数及其对发酵过程的影响,进而更好地对发酵过程加以调节和控制。

(一)基质对发酵的影响及其控制

微生物的生长发育和合成代谢产物需要吸收营养物质。发酵培养基中营养物质的种类与含量对发酵过程有着重要的影响。营养物质是产生菌代谢的物质基础,既涉及菌体的生长繁殖,又涉及代谢产物的形成。此外,它们还参与了许多代谢调控过程,因而也影响产物的形成。所以选择适当的基质(即营养物质)和控制适当的浓度,是提高发酵产物产量的重要途径。

1. 碳源的影响和控制

按被菌体利用的速度不同,碳源可分为迅速利用的碳源和缓慢利用的碳源。前者能较迅速地参与代谢、合成菌体和产生能量,并产生分解产物(如酮酸等),因此有利于菌体生长。但迅速利用的碳源对很多产物的生物合成(特别是抗生素等次级代谢产物)产生阻遏作用。缓慢利用的碳源,多数为聚合物(也有例外),可被菌体缓慢利用,有利于延长代谢产物的合成,特别有利于抗生素分泌期的延长。例如,乳糖、蔗糖、麦芽糖、糊精、饴糖、豆油、水解淀粉等分别是青霉素、头孢菌素C、盐霉素、红霉素、核黄素等发酵的最适碳源。因此选择最适碳源对提高代谢产物产量是很重要的。

在工业上,发酵培养常采用含迅速和缓慢利用的混合碳源,就是根据这个原理来控制菌体的生长和产物的合成。此外,碳源的浓度对发酵也有明显的影响。由于营养过于丰富所引起的菌体异常繁殖,对菌体的代谢、产物的合成及氧的传递都会产生不良的影响。若碳源的用量过大,则产物的合成会受到明显的抑制。反之,仅仅供给维持量的碳源,菌体生长和产物合成就都停止。因此,控制适当的碳源浓度,对工业发酵是很重要的。

控制碳源的浓度,可采用经验性方法和动力学方法。前者是在发酵过程中采用中间补料的方法来控制。这要根据不同代谢类型来确定补糖时间、补糖量和补糖方式。动力学方法是根据菌体的比生长速率、糖比消耗速率及产物的比生产速率等动力学参数来控制。

2. 氮源的影响和控制

如前所述,氮源有无机氮源和有机氮源两大类,它们对菌体代谢都能产生明显的影响。不同的种类和不同的浓度都能影响产物合成的方向和产量。如谷氨酸发酵,当NH_4^+供应不足时,使谷氨酸合成减少,α-酮戊二酸积累;过量的NH_4^+反而促使谷氨酸转变为谷氨酰胺。控制适当量的NH_4^+浓度,才能使谷氨酸产量达到最大。

氮源像碳源一样,也有迅速利用的氮源和缓慢利用的氮源。前者指的是氨基(或铵)态的氮如氨基酸(或硫酸铵等)和玉米浆等,后者指的是一些需要经过微生物胞酶的消化才能释放出氨基酸或NH_4^+的营养物质如黄豆饼粉、花生饼粉、棉籽饼粉等。它们各有自己的作用特点,速效氮源容易被菌体所利用,促进菌体生长,但对某些代谢产物的合成,特别是对某些抗生素的生物合成产生抑制或阻遏作用,降低产量。如抗生链霉菌的竹桃霉素发酵中,采用促进菌体生长的铵盐,能刺激菌丝生长,但抗生素产量明显下降。缓慢利用的氮源对延长次级代谢产物的分泌期,提高产物的产量是有好处的。但一次投入过多,也容易促进菌体生长和养分过早耗尽,以致菌体过早衰老而自溶,从而缩短产物的分泌期。综上所述,对微生物发酵来说,也要选择适当的氮源种类和浓度。

发酵培养基一般选用含有快速和慢速利用的混合氮源。如氨基酸发酵用铵盐(硫酸铵或醋酸铵)和黄豆饼粉水解物;链霉素发酵采用硫酸铵和黄豆饼粉。但也有的使用单一的铵盐或有氮源(如黄豆饼粉),此时它们被利用的情况与快速或慢速利用的碳源情况相同。为了调节菌体生长和防止菌体衰老自溶，除了基础培养基中的氮源外，还要在发酵过程中补加氮源来控制其浓度。生产上采用的方法有：

(1)补加有机氮源　根据产生菌的代谢情况，可在发酵过程中添加某些具有调节生长代谢作用的有机氮源，如酵母粉、玉米浆、尿素等。如土霉素发酵中，补加玉米浆，可提高发酵单位；青霉素发酵中，后期出现糖利用缓慢、菌浓降低、pH下降的现象，补加尿素就可改善这种状况并可提高发酵单位；氨基酸发酵中，也可补加作为氮源和pH调节剂的尿素。

(2)补加无机氮源　补加氨水或硫酸铵是工业上常用的方法。氨水既可作为无机氮源，又可调节pH，在抗生素发酵工业中，通氨是提高发酵产量的有效措施，如与其他条件相配合，有的抗生素的发酵单位可提高50%左右。当pH偏高而又需补氮时，就可补加生理酸性物质，如硫酸铵，以达到提高氮含量和调节pH的双重目的。还可补充其他无机氮源，但需根据发酵控制的要求来选择。

3. 磷酸盐的影响和控制

磷是微生物菌体生长繁殖所必需的成分，也是合成代谢产物所必需的。适合微生物生长的磷酸盐浓度为0.3～300mmol/L，但适合次级代谢产物合成所需的浓度平均仅为1.0mmol/L，提高到10mmol/L就明显地抑制其合成。相比之下，菌体生长所允许的浓度比次级代谢产物合成所允许的浓度就大得多，两者平均相差几十倍至几百倍。因此，控制磷酸盐浓度对微生物药物(特别是次级代谢产物)发酵来说是非常重要的。

磷酸盐浓度的控制主要是通过在基础培养基中采用适当的磷酸盐浓度。对于初级代谢产物发酵来说，其对磷酸盐浓度的要求不如次级代谢产物发酵那样严格。对抗生素发酵来说，常常采用生长亚适量(对菌体生长不是最适量但又不影响菌体生长的量)的磷酸盐浓度。其最适浓度取决于菌种特性、培养条件、培养基组成和来源等因素，即使同一种抗生素发酵，不同地区不同工厂所用的磷酸盐浓度也不一致，甚至相差很大。因此磷酸盐的最适浓度，必须结合当地的具体条件和使用的原材料进行实验确定。培养基中的磷含量，还可能因配制方法和灭菌条件不同，引起磷含量的变化。

除上述主要基质外，还有其他的培养基成分影响发酵。如Cu^{2+}，在以醋酸盐为碳源的培养基中，能促进谷氨酸产量的提高；Mn^{2+}对芽孢杆菌合成肽等次级代谢产物具有特殊的作用，必须使用足够的浓度才能促进它们的合成。

(二)温度对发酵的影响及其控制

微生物的生长繁殖及合成代谢产物都需要在合适的温度下才能进行。发酵所用的菌体绝大多数是中温菌，如霉菌、放线菌和一般细菌，它们的最适生长温度一般在20～40℃。在发酵过程中，需要维持适当的温度，才能使菌体生长和代谢产物的生物合成顺利地进行。

1. 影响发酵温度变化的因素

在发酵过程中，由于整个发酵系统中不断有热能产生出来，同时又有热能的散失，因而引起发酵温度的变化。产热的因素有生物热和搅拌热；散热的因素有蒸发热、辐射热和湿热。这些就是发酵温度变化的主要因素。

2. 温度的控制

温度的变化对发酵过程的影响主要表现在两个方面：一方面影响各种酶反应的速率和蛋白质的性质。在一定范围内，随着温度的升高，酶反应速率也增加，但有一个最适温度，超过这个温度，酶的催化活力就下降。但温度对菌体生长的酶反应和代谢产物合成的酶反应的影响往往是不同的。

另一方面，温度还对发酵液的物理性质产生影响，如发酵液的黏度、基质和氧在发酵液中的溶解度和传递速率、某些基质的分解和吸收速率等，都受温度变化的影响，进而影响发酵的动力学特性和产物的生物合成。

最适发酵温度指的是既适合菌体的生长，又适合代谢产物合成的温度。但菌体生长的与产物合成的最适温度往往是不一致的，如初级代谢产物乳酸的发酵，乳酸链球菌的最适生长温度为34℃，而产酸最多的温度为30℃，次级代谢产物的发酵更是如此，如在2%乳糖、2%玉米浆和无机盐的培养基中对青霉素产生菌产黄青霉进行发酵研究，测得菌体的最适生长温度为30℃，而青霉素合成的最适温度仅为24.7℃。因此需要选择一个最适的发酵温度。

最适发酵温度还随菌种、培养基成分、培养条件和菌体生长阶段而改变。例如，在较差的通气条件下，由于氧的溶解度随温度下降而升高，因此降低发酵温度对发酵是有利的，因为低温可以提高氧的溶解度、降低菌体生长速率、减少氧的消耗量，从而可弥补通气条件差所带来的不足。培养基的成分和浓度对培养温度的确定也有影响，在使用易利用或较稀薄的培养基时，如果在高温发酵，营养物质往往代谢快，过早耗尽，最终导致菌体自溶，使代谢产物的产量下降。因此发酵温度的确定还与培养基的成分有密切的关系。

发酵温度的确定，从理论上讲整个发酵过程中不应只选一个培养温度，而应该根据发酵的不同阶段，选择不同的培养温度，在生长阶段，应选择最适合菌体生长的温度，在产物合成阶段，应选择最适合产物合成的温度。这样的变温发酵所得产物的产量是比较理想的。有人试验青霉素变温发酵，其温度变化过程是，起初5h，维持在30℃，以后降到25℃培养35h，再降到2℃培养85h，最后又提高到25℃培养40h，放罐。在这样条件下所得青霉素产量比在25℃恒温培养提高14.7%。又如四环素发酵，在中后期保持稍低的温度，可延长分泌期，放罐前的24h，培养温度提高2～3℃，就能使最后这天的发酵单位增加率提高50%以上。这些都说明变温发酵产生的良好结果。

工业生产上所用的大发酵罐在发酵过程中一般不需要加热，因发酵中释放了大量的发酵热，而需要冷却的情况较多。利用自动控制或手动调整的阀门，将冷却水通入发酵罐的夹层或蛇型管中，通过热交换来降温，保持恒温发酵。如果气温较高（特别是我国南方的夏季气温），冷却水的温度又高，致使冷却效果很差，达不到预定的温度，就可采用冷冻盐水进行循环式降温，以迅速降到恒温。因此大的发酵厂需要建立冷冻站，以提高冷却能力，保证在正常温度下进行发酵

（三）pH对发酵的影响及其控制

1. pH对发酵的影响

微生物菌体的生长、发育及代谢产物的合成，不仅需要合适的温度，同时还需要在合适的pH条件下进行。发酵培养基的pH值对微生物菌体的生长及产物的合成具有重要的影响，也是影响发酵过程中各种酶活的重要因素。pH不当可能严重影响菌体的生长和产物的合成。

在发酵过程中，影响发酵液pH值变化的主要因素有：菌种遗传特性、培养基的成分和培养条件。虽然菌体的代谢过程中，具有一定的调整周围pH的能力，但这种调节能力是有一定限度的。此外，培养基中营养物质的分解代谢，也是引起pH变化的重要原因，发酵所

用的碳源种类不同，pH 变化也不一样。如在灰黄霉素发酵中，pH 的变化就与所用碳源种类有密切关系，如以乳糖为碳源，乳糖被缓慢利用，丙酮酸堆积很少，pH 维持在 6.0～7.0 之间；如以葡萄糖为碳源，丙酮酸迅速积累，使 pH 下降到 3.6，发酵单位很低。此外，随着碳源物质浓度的增加，发酵液的 pH 有逐渐下降的趋势。如在庆大霉素的摇瓶发酵中，观察到随着发酵培养基中淀粉用量的增加，发酵终点的 pH 也逐渐下降。

2. 最适发酵 pH 的确定与 pH 控制

由于发酵液的 pH 变化乃是菌体产酸或产碱等生化代谢反应的综合结果，因此同一菌种，生长最适 pH 可能与产物合成的最适 pH 是不一样的。如初级代谢产物丙酮丁醇发酵所采用的梭状芽孢杆菌，在 pH 中性时，菌种生长良好，但产物产量很低。实际发酵的最适 pH 为 5～6 时，代谢产物的产量才达到正常。次级代谢产物抗生素的发酵更是如此，如链霉素产生菌生长的最适 pH 为 6.2～7.0，而合成链霉素的最适 pH 为 6.8～7.3；又如在克拉维酸发酵研究中发现，在 pH 低时菌体生长受抑制，在高 pH 时克拉维酸要分解，控制好发酵 pH 是发酵高产克拉维酸的关键手段。研究结果表明，由于克拉维酸生产的最适 pH 和减少克拉维酸分解的 pH 各不相同，因此在分批发酵中应用了 pH 变换策略(图 9-3)，即在发酵前期，在细胞生长和产生克拉维酸期间控制 pH7.0，细胞生长良好(固形物含量高)，发酵 4 天以后，当克拉维酸产量达最高值时，变换 pH 为 6.0，以减少克拉维酸分解。最高克拉维酸浓度可保持 24h。

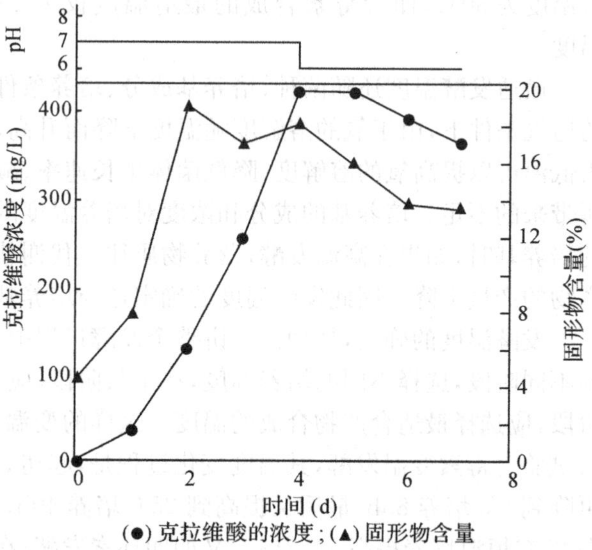

图 9-3　克拉维酸的 pH 变换发酵过程曲线

因此，应该按发酵过程的不同阶段分别控制不同的 pH 范围，使产物的产量达到最大。最适 pH 是根据实验结果来确定的。将发酵培养基调节成不同的出发 pH 进行发酵，在发酵过程中，定时测定和调节 pH，以分别维持出发 pH 值，或者利用缓冲液来配制培养基以维持一定 pH，到时观察菌体的生长情况，以菌体生长达到最大量的 pH 值为菌体生长的最适 pH。以同样的方法，可测得产物合成的最适 pH。但同一产品的最适 pH，还与所用的菌种、培养基组成和培养条件有关。如合成青霉素的最适 pH，先后报道有 7.2～7.5、7.0 左右和 6.5～6.6 等不同 pH 值，产生这样的差异，可能是所用的菌株、培养基组成和发酵工艺不同引起的。在确定最适发酵 pH 时，还要考虑培养温度的影响，若温度提高或降低，最适 pH 也可能发生变动。

在确定了发酵各个阶段所需要的最适 pH 之后，需要采用各种方法来控制，使发酵过程在预定的 pH 范围内进行。首先需要考虑和试验发酵培养基的基础配方，使它们有个适当的配比，使发酵过程中的 pH 变化在合适的范围内。利用上述方法调节 pH 的能力是有限的，如果达不到要求，就可在发酵过程中直接补加酸、碱或补料的方式来控制，特别是补料效果比较明显。过去是直接加入酸(如 H_2SO_4)或碱(如 NaOH)来控制，但现在常用的是以生理酸性物质[如$(NH_4)_2SO_4$]或碱性物质(如氨水)来控制，它们不仅可以调节 pH，还可以补充氮源。当发酵液的 pH 和氨氮含量都低时，补加氨水，就可达到调节 pH 和补充氨氮的目的；反之，pH 较高，氨氮含量又低时，就应补加$(NH_4)_2SO_4$。

目前，已比较成功地采用补料的方法来调节 pH，如氨基酸发酵采用补加尿素的方法，特别是次级代谢产物抗生素发酵，更常用此法。这种方法，既可以达到稳定 pH 的目的，又可以不断补充营养物质。特别是那些对产物合成有阻遏作用的营养物质，通过少量多次的补加可以避免它们对产物合成的阻遏作用，提高产物的产量。

(四)溶氧对发酵的影响及其控制

1. 溶氧对发酵的影响

工业发酵所用的微生物多数为需氧菌，少数为厌氧菌或兼性厌氧菌。对于需氧菌的发酵过程，发酵液中溶氧浓度的控制是重要的控制参数之一。氧在水中的溶解度很小，所以需要不断通气和搅拌，才能满足溶氧的要求。

发酵液中溶解氧浓度的高低对菌体生长、产物的合成以及产物的性质都会产生不同的影响。如谷氨酸发酵，供氧不足时，谷氨酸积累就会明显降低，产生大量乳酸和琥珀酸；在天冬酰胺酶的发酵中，前期是好气培养，而后期转为厌气培养，酶的活力就能显著提高，掌握好转变时机，颇为重要，据实验研究，当溶氧浓度下降到 45%(相对饱和度)时，就从好气培养转为厌气培养，酶的活力可提高 6 倍。这就说明控制溶氧的重要性。对抗生素发酵来说，氧的供给就更为重要。如金霉素发酵，在菌体生长期短时间停止通气，就可能影响菌体在生产期的糖代谢途径，由 HMP 途径转向 EMP 途径，使金霉素合成的产量减少。金霉素 C_6 上的氧直接来源于溶解氧，所以溶解氧水平对菌体代谢和产物合成都有重要的影响。

从上所知，需氧发酵并不是溶氧愈高愈好。适当高的溶氧水平有利于菌体生长和产物合成，但溶氧太高有时反而抑制产物的形成。因此，为了正确控制溶解氧浓度，有必要考察每一种发酵产物的临界溶氧浓度和最适溶氧浓度，并使发酵过程保持在最适溶氧浓度。最适溶氧浓度的高低与菌种特性和产物合成的途径有关。

据报道，产黄青霉的青霉素发酵，其临界溶氧浓度在 5%～10%之间，低于此值就会对青霉素合成带来不可逆的损失，时间愈长，损失愈大。而初级代谢的氨基酸发酵，需氧量的大小与氨基酸的合成途径密切相关。

2. 发酵过程的溶氧变化

发酵过程中，在一定的发酵条件下，每种产物发酵的溶氧浓度变化都有自身的规律，如图 9-4 所示，总的来说是先下降后上升。如谷氨酸和红霉素在发酵前期，产生菌大量繁殖，需氧量不断增加。此时的需氧量超过供氧量，使溶氧浓度迅速下降，出现一个低峰。产生菌的摄氧率同时出现一个高峰。过了生长阶段，进入产物合成期，需氧量有所减少，这个阶段溶氧水平相对比较稳定，但仍受发酵过程中补料、加消沫油等条件的影响。如补入糖后，发酵液的摄

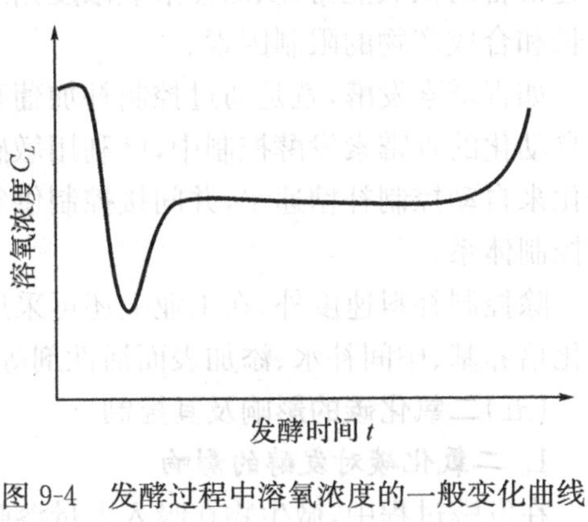

图 9-4　发酵过程中溶氧浓度的一般变化曲线

氧率就会增加，引起溶氧浓度下降，经过一段时间后又逐步回升并接近原来的溶解氧浓度；如继续补糖，又会继续下降，甚至降至临界溶氧浓度以下，而成为生产的限制因素。在发酵后期，由于菌体衰老，呼吸强度减弱，溶氧浓度也会逐步上升，一旦菌体自溶，溶氧浓度会更明显地上升。在发酵过程中，有时出现溶氧浓度明显降低或明显升高的异常变化。其原因很多，但本质上都是由耗氧或供氧方面出现了变化所引起的氧的供需不平衡所致。

在发酵过程中引起溶氧异常下降可能有下列原因：①污染好气性杂菌，大量的溶氧被消耗掉，使溶氧在较短时间内下降到零附近，如果杂菌本身耗氧能力不强，溶氧变化就可能不明显；②菌体代谢发生异常现象，需氧要求增加，使溶氧下降；③某些设备或工艺控制发生故障或变化，也能引起溶氧下降，如搅拌功率消耗变小或搅拌速度变慢，影响供氧能力，使溶氧降低。又如消沫油因自动加油器失灵或人为加量过多，也会引起溶氧迅速下降。其他影响供氧的工艺操作，如停搅拌、闷罐（关闭排气阀）等，都会使溶氧发生异常变化。

引起溶氧异常升高的原因：在供氧条件没有发生变化的情况下，耗氧量的显著减少将导致溶氧异常升高。如菌体代谢出现异常，耗氧能力下降，使溶氧上升。特别是污染烈性噬菌体，影响最为明显，产生菌尚未裂解前，呼吸已受到抑制，溶氧就明显上升，菌体破裂后完全失去呼吸能力，溶氧就直线上升。

由上可知，从发酵液中的溶解氧浓度的变化可以了解微生物生长代谢是否正常，工艺控制是否合理，设备供氧能力是否充足等问题，为查找发酵不正常的原因和控制好发酵生产提供依据。

3. 溶氧浓度的控制

发酵液中的溶氧浓度，是由供氧和需氧两方面决定的，也就是说，在发酵过程中当供氧量大于需氧量时，溶氧浓度就上升；反之就下降。因此要控制好发酵液中的溶氧浓度，需从供氧和需氧两个方面着手。

要提高供氧能力，主要是设法提高氧传递的推动力和液相体积氧传递系数 $K_{L}\alpha$ 值。氧传递的推动力 $\Delta C(\Delta C=C^{*}-C_{L})$ 主要受氧饱和度 C^{*} 的影响，而氧饱和度主要受温度、罐压及发酵液性质的影响。而这些参数在优化了的工艺条件下已经很难改变。因此，提高 $K_{L}\alpha$ 值主要靠改变与 $K_{L}\alpha$ 有关的一些因素，如搅拌、通气及发酵液的黏度等。通过提高搅拌转速或通气流速，降低发酵液的黏度等来提高 $K_{L}\alpha$ 值，从而提高供氧能力。但供氧量的大小还必须与需氧量相协调，也就是说要有适当的工艺条件来控制需氧量，使产生菌的需氧量不超过设备的供氧能力，从而使溶氧浓度始终控制在临界溶氧浓度之上，使其不会成为产生菌生长和合成产物的限制因素。

如青霉素发酵，就是通过控制补加葡萄糖的速率来控制菌体浓度，从而控制溶氧浓度。在自动化的青霉素发酵控制中，已利用敏感的溶氧电极来控制青霉素发酵，利用溶氧浓度的变化来自动控制补糖速率，并间接控制供氧速率和 pH，实现菌体生长、溶氧和 pH 三位一体的控制体系。

除控制补料速度外，在工业上还可采用调节发酵温度（降低培养温度可提高溶氧浓度）、液化培养基、中间补水、添加表面活性剂等工艺措施，来改善溶氧水平。

（五）二氧化碳的影响及其控制

1. 二氧化碳对发酵的影响

在发酵过程中，微生物在吸入大量溶解氧的同时，还不断地排出 CO_2，所以 CO_2 是微生物在生长繁殖过程中产生的代谢产物，同时它也是合成某些代谢产物的基质。发酵液中 CO_2 浓度对微生物生长和合成代谢产物具有刺激或抑制作用，如环状芽孢杆菌等的发芽孢子在开始生长（并非孢子发芽）时就需要 CO_2，人们将此现象称为 CO_2 效应。CO_2 还是大肠杆菌和链孢霉变株的生长因子，有时需含 30%的 CO_2 气体菌体才能生长。

通常，CO_2 对菌体生长有直接影响，用扫描电子显微镜观察 CO_2 对产黄青霉菌生长形态的影响，发现菌丝形态随 CO_2 含量不同而改变，当 CO_2 含量在 0%～8%时，菌丝主要呈丝状，上升到 15%～22%时则呈膨胀、粗短的菌丝，CO_2 分压再提高到 8kPa 时，则出现球状或酵母状细胞，使青霉素合成受阻。

CO_2 对微生物发酵也有影响。如青霉素生产中，排气中 CO_2 浓度高于 4%时，菌体的糖代谢和呼吸速率都下降。

2. CO_2 浓度的控制

CO_2 在发酵液中的浓度受到许多因素的影响，如菌体的呼吸强度、发酵液流变学特性、通气搅拌程度和外界压力大小等因素。设备规模大小也有影响，由于 CO_2 的溶解度随压力增加而增大，大发酵罐中的发酵液的静压可达 1×10^5 Pa 以上，又处在正压发酵，致使罐底部压强可达 1.5×10^5 Pa，因此 CO_2 浓度增大，通气搅拌如不变，CO_2 就不易排出，在罐底形成碳酸，进而影响菌体的呼吸和产物的合成。为了控制 CO_2 的影响，必须考虑 CO_2 在培养液中的溶解度、温度和通气情况。在发酵过程中，如遇到泡沫上升而引起"逃液"时，采用增加罐压的方法来消泡，会增加 CO_2 的溶解度，对菌体生长是不利的。

控制 CO_2 浓度要根据它对发酵影响情况而定，如果对产物合成有抑制作用，则应设法降低其浓度；若有促进作用，则应提高其浓度。通气和搅拌速率的大小，不但能调节发酵液中的溶解氧，还能调节 CO_2 的溶解度，在发酵罐中不断通入空气，既可维持溶解氧在临界值以上，又可随废气排出所产生的 CO_2，使之低于能产生抑制作用的浓度。因而通气搅拌也是控制 CO_2 浓度的一种方法。降低通气量和搅拌速率有利于增加 CO_2 在发酵液中的浓度，反之就会减小 CO_2 浓度。

另外，CO_2 的产生还与补料工艺控制密切相关，如在青霉素发酵中，补料会增加排气中的 CO_2 浓度和降低培养液的 pH。因为补加的糖用于菌体生长、维持菌体代谢和青霉素合成三个方面，它们都会产生 CO_2，使 CO_2 增加。

（六）泡沫的影响及其控制

泡沫的控制是发酵控制中的一项重要内容。如果不能有效地控制发酵过程中产生的泡沫，将对生产造成严重的危害。

在大多数微生物发酵过程中，由于培养基中有蛋白类表面活性剂存在，在通气条件下，培养液中就出现了泡沫。形成的泡沫有两种类型：一种是存在于发酵液表面上面的泡沫，也称为机械性泡沫，该泡沫气相所占的比例特别大，与液体有较明显的界限，如发酵前期的泡沫；另一种是发酵液中的泡沫，又称流态泡沫（fluid foam），分散在发酵液中，比较稳定，与液体之间无明显的界限。发酵过程中，起泡的方式一般认为有以下 5 种：

（1）整个发酵过程中，泡沫保持恒定的水平；

（2）发酵早期起泡后稳定地下降，以后保持恒定；

（3）发酵前期泡沫稍微降低后又开始回升；

（4）发酵开始起泡能力低，以后上升；

(5) 以上类型的综合方式。

这些方式的出现与基质的种类、通气搅拌强度和灭菌条件等因素有关。其中基质中有机氮源(如黄豆饼粉等)的种类与浓度是影响起泡的主要因素。

起泡会给发酵带来许多不利影响,如发酵罐的装料系数减少、氧传递系数减小等。泡沫过多时,影响更为严重,造成大量逃液,发酵液从排气管路或轴封逃出而增加染菌机会等,严重时通气搅拌也无法进行,菌体呼吸受到阻碍,导致代谢异常或菌体自溶。所以,控制泡沫乃是保证正常发酵的基本条件。泡沫的控制,可以采用两种途径:一种是调整培养基的成分和改变某些发酵条件,如少加或缓加易起泡的培养基成分、改变某些培养条件(如 pH、温度、通气搅拌)或改变发酵工艺(如采用分次投料)来控制,以减少泡沫形成的机会;另一种是消除已形成的泡沫,可以采用机械消沫或消沫剂消沫,用这两大类方法来消除泡沫,是公认的比较好的方法。此外,还可以采用菌种选育的方法,筛选不产生流态泡沫的菌种,来消除起泡的内在因素,已有报道用杂交方法选育出不产生泡沫的土霉素生产菌株。

1. 机械消沫

这是一种物理消沫方法,利用机械强烈振动或压力变化来使泡沫破裂。如在发酵罐内安装消沫桨,靠其高速转动时将泡沫打碎。该法的优点是节省原料,减少染菌机会。但消沫效果不理想,仅可作为消沫的辅助方法。

2. 消沫剂消沫

这是利用外界加入的消沫剂使泡沫破裂的方法。消沫剂可以降低泡沫液膜的机械强度或者降低液膜的表面黏度,或者兼有两者的作用,达到消除泡沫的目的。

常用的消沫剂,主要有天然油脂类,高碳醇、脂肪酸或酯类,聚醚类,硅酮类 4 大类。其中以天然油脂类和聚醚类(如"泡敌")在微生物药物发酵中最为常用。

(七)发酵终点的确定

确定合适的微生物发酵终点,对提高产物的生产能力和经济效益是很重要的。生产能力是指单位时间内单位罐体积所积累的产物量,其单位为 g/(L·h)。生产不能只单纯追求高生产力,而不顾及产品成本,必须把两者结合起来,既要高产量,又要低成本。

发酵过程中产物的生物合成是特定发酵阶段的微生物代谢活动,有的是随菌体生长而产生,如初级代比谢产物氨基酸等;有的代谢产物的产生与菌体生长无明显的关系,生长阶段不产生产物,直到生长末期才进入产物分泌期,如抗生素的合成就是如此。但是无论是初级代谢产物还是次级代谢产物发酵,到了末期,菌体的分泌能力都要下降,使产物的生产能力下降或停止。有的产生菌在发酵末期,营养耗尽,菌体衰老而进入自溶,释放出的分解酶还可能破坏已经形成的产物。要确定一个合理的放罐时间,需要考虑下列几个因素:

1. 考滤经济因素

实际发酵时间的确定要考虑经济因素,也就是要以能最大限度地降低成本和最大限度地取得最大生产能力的发酵时间为最适发酵时间。在生产速率较小的情况下,单位体积发酵液每小时产物的增长量很小,如果继续延长发酵时间,则平均生产能力下降,而动力消耗、管理费用支出、设备消耗等费用仍在增加,因而使发酵成本增加。所以,要从经济学观点确定一个合理的放罐时间。

2. 考虑对产品质量的影响

发酵时间长短对后步提取工艺和产品质量有很大的影响。如果发酵时间太短,势必有过多的尚未代谢的营养物质(如可溶性蛋白、脂肪等)残留在发酵液中。这些物质对后处理过程如溶媒萃取或树脂交换等不利。因为可溶性蛋白质易于在萃取中产生乳化,也影响树脂交换容量。如果发酵时间太长,菌体会自溶,释放出菌体蛋白或体内的酶,又会显著改变发酵液的性质,增加过滤工序的难度。这不仅使过滤时间延长,甚至使一些不稳定的产物遭到破坏。所有这些影响,都可能使产物的质量下降,产物中杂质含量增加。所以,要考虑发酵周期长短对产物提取工序的影响。

3. 特殊因素

在特殊发酵情况下。还要考虑个别因素。对老品种的发酵来说放罐时间都已掌握,在正常情况下可根据作业计划按时放罐。但在异常情况下,如染菌、代谢异常(糖耗缓慢等),就应根据不同情况进行适当处理。为了能够得到尽可能多的产物,应该及时采取措施(如改变温度或补充营养等),并适当提前或拖后放罐时间。

合理的放罐时间是由实验来确定的,就是根据不同的发酵时间所得的产物产量计算出发酵罐的生产力和产品成本,采用生产力高而成本又低的发酵时间,作为放罐时间。

确定放罐的指标有产物的产量、过滤速度、氨基氮的含量、菌丝形态、pH 值、发酵液的外观和粘度等。发酵终点的判断,就要综合考虑这些参数来确定。

【习题与思考】

1. 微生物发酵过程的操作方式有哪些?各自有哪些优缺点?
2. 发酵过程工艺控制参数主要有哪些?如何控制?
3. 泡沫的危害有哪些?如何控制?
4. 确定发酵终点要考虑哪些因素?

【微生物发酵制药技术应用案例】

青霉素的发酵生产

(一)天然存在的青霉素

青霉素是一族抗生素的总称,当发酵培养基中不加侧链前体时,会产生多种 N-酰基取代的青霉素混合物,它们合称为青霉素族抗生素。它们的共同结构如图 2a 所示,R 代表侧链,不同类型的青霉素有不同的侧链。用不同的菌种,或培养条件不同,可以得到各种不同类型的青霉素,或同时产生几种不同类型的青霉素。其中以苄青霉素(青霉素 G)疗效最好,应用最广。如不特别注明,通常所谓青霉素即指苄青霉素。青霉素 V 对酸稳定,在胃酸中不会被破坏,可口服给药。目前已知的天然青霉素的结构和生物活性见表 2a。

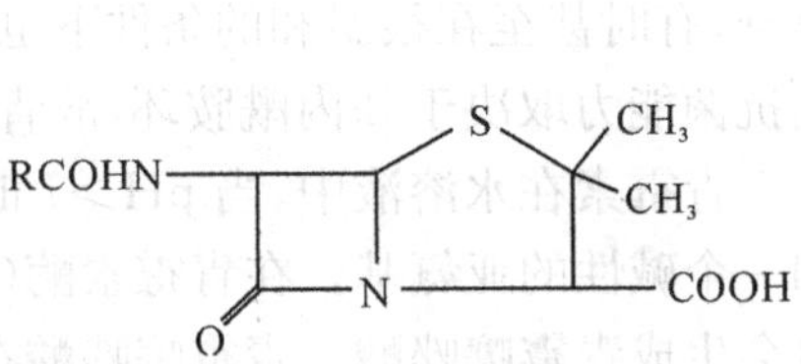

图 2a　青霉素结构

表 2a 天然青霉素的结构和生物活性

青霉素	侧链取代基 R	分子量	生物活性(U/mg 钠盐)
青霉素 G	$C_6H_5CH_2—$	334.38	1667
青霉素 X	p-$HOC_6H_4CH_2—$	350.38	970
青霉素 F	$CH_3CH_2CH{=}CHCH_2—$	312.37	1625
青霉素 K	$CH_3(CH_2)_6—$	342.45	2300
青霉素 V	$C_6H_5OCH_2—$	350.38	1595
双氢青霉素 F	$CH_3(CH_2)_4—$	314.40	1610

(二)青霉素的理化性质

1. 稳定性

固体青霉素盐的稳定性与其含水量和纯度有很大的关系。干燥纯净的青霉素盐很稳定,国产青霉素钾盐和普鲁卡因盐的有效期都规定在三年以上。并且对热稳定,如结晶的青霉素钾盐在150℃加热1.5h,效价也不降低。因此,利用此性质,结晶青霉素可进行干热灭菌。但青霉素的水溶液很不稳定,受pH值和温度的影响很大。

水溶液pH值在5～7较稳定,最稳定的pH值为6～6.5。一些缓冲液,如磷酸盐和柠檬酸盐对青霉素有稳定作用,柠檬酸盐的稳定能力比磷酸盐更好。这是由于磷酸盐对酸的缓冲能力较差,且其缓冲能力随pH值的下降而显著下降,而柠檬酸盐的缓冲能力则随pH值的下降有显著增加。在无水的非极性溶剂中青霉素很稳定,如在无水氯仿中,经350h,活性无损失。

2. 溶解度

青霉素游离酸在水中溶解度很小,易溶于有机溶剂如醋酸乙酯、苯、氯仿、丙酮和醚中。而青霉素钾、钠盐易溶于水和甲醇,可溶于乙醇,在丙醇、丁醇、丙酮、醋酸乙酯、吡啶中难溶或不溶。普鲁卡因青霉素G易溶于甲醇,难溶于丙酮和氯仿,不溶于水。

当溶剂中含有少量水分时,青霉素的碱金属盐在有机溶剂中的溶解度就大大增加。

3. 降解反应

青霉素是很不稳定的化合物,遇酸、碱或加热都易分解而失去活性,并且分子很易发生重排,有时甚至在很温和的条件下也会发生重排。分子中最不稳定的部分是β-内酰胺环,而其抗菌能力取决于β-内酰胺环,故青霉素的降解产物几乎都不具活性。

青霉素在水溶液中,当pH>7时,β-内酰胺环水解而形成青霉噻唑酸,它含有两个羧基和一个碱性的亚氨基。在青霉素酶(β-内酰胺酶)、亚硫酸铵盐和各种重金属离子的作用下,也会生成青霉噻唑酸。青霉噻唑酸在弱酸溶液中,会放出二氧化碳而形成失羧青霉噻唑酸,若再加热,反应将加快,青霉素和稀酸一起加热,也能生成失羧青霉噻唑酸。

青霉素在醇溶液中较稳定,但若有微量重金属离子存在,则会很快分解。如当有Cu^{2+}、Zn^{2+}、Sn^{2+}等离子存在时,低级醇和青霉素作用生成青霉噻唑酸相应的酯。

青霉素遇酸也很不稳定。首先可通过内酰胺环上的N原子接受一个质子,而使侧链上羰基和内酰胺环作用。当水解在pH=2左右进行时,在室温下会发生分子重排生成青霉酸,后者在碱性下[如与$Ba(OH)_2$水溶液作用],则更进一步发生分子重排生成异青霉酸。如果水解在pH=4左右进行,则会发生另一种分子重排生成青霉烯酸,它具有噁唑酮结构,在320nm有特征吸收峰。微量酮盐和汞盐的存在,会催化加速上述反应。青霉烯酸在室温下，在95%乙醇溶液中会转变成青霉酸。

4. 过敏反应

引起青霉素过敏的原因现在还不十分明了，可能是由于青霉素的降解产物（如青霉烯酸、青霉噻唑酸等）或它们与蛋白质结合的产物（即青霉噻唑蛋白），也可能是青霉素分子本身的聚合物。用葡聚糖凝胶曾从青霉素钾盐成品中分离出青霉噻唑蛋白等聚合物。对于青霉素致敏原因目前正大力开展研究，以期采取措施，消除过敏。

（三）青霉素的发酵生产

1. 青霉素生产菌种

最早发现产生青霉素的原始菌种是Fleming分离的点青霉，生产能力很低，表面培养只有几十个单位，沉没培养只能产生2U/ml青霉素，远远不能满足工业生产的要求。后来找到另一种合适深层培养的产黄青霉菌（生产能力120U/ml）及NRRL1951（生产能力100 U/ml），后者经X射线、紫外线诱变处理得到生产能力较高的变种，如NRR1951变异系谱的Q-176菌株生产能力可达1000～1500U/ml。但是由于该系菌株可分泌黄色素，影响成品质量，仍不宜用于生产。故再将此菌株通过一系列的诱变处理，得到不产生色素的变种51-20，才成为各国采用的生产菌种。

1970年以前，育种是采用诱变和随机筛选的方法。生物合成途径阻断突变株的获得，导致对生物合成途径的了解，反过来又促进了理性化筛选技术的产生和发展。产黄青霉准性循环的发现，推动了准性重组和原生质体融合技术的应用。现代基因工程的研究成果，使基因克隆技术进入青霉素产生菌育种领域。持续的菌株改良，结合发酵工艺的改进，使当今世界青霉素工业发酵水平已达85000U/ml以上。

随着菌株生产能力的提高，在固体培养基上生长的菌落有变小和变得更加隆起的趋势，在沉没培养基中呈现菌丝变短及分支增加的倾向。目前，青霉素生产菌种有形成绿色孢子和黄色孢子的两种产黄青霉菌种。

2. 菌种保存

青霉素生产菌种一般在真空冷冻干燥状态下保存其分生孢子。也可以用甘油或乳糖溶液作悬浮剂，在−70℃冰箱或液氮中保存孢子悬浮液或营养菌丝体。对冷冻营养菌丝体进行保存可避免分生孢子传代时可能造成的变异，一般来说，分生孢子传代比菌丝传代更容易发生变异。

3. 青霉素的发酵生产

（1）发酵生产流程　青霉素发酵生产的一般流程如图2b所示。种子制备阶段包括孢子培养和种子培养两个过程，孢子培养以产生丰富的孢子（斜面和孢子培养）为目的，而种子培养以繁殖大量健壮的菌丝体种子罐培养为主要目的。孢子和菌丝的质量对青霉素的产量有直接的影响，必须对其生产过程的每一环节加以严格控制。

青霉菌在固体培养基上具有一定的形态特征。开始生长时，孢子先膨胀，长出芽管并急速伸长，形成隔膜，繁殖成菌丝，产生复杂的分枝，交织为网状而成菌落。菌落外观有的平坦，有的褶皱很多。在营养分布均匀的培养基中，菌落一般都是圆形的，其边缘或整齐、或呈锯齿状、或呈扇形。在发育过程中从气生菌丝形成大梗和小梗，于小梗上着生分生孢子，排列成链状，整个形状似毛笔，称为青霉穗（青霉菌属的名称就由此得来）。分生孢子呈黄绿色、绿色或蓝绿色，成熟以后变为黄棕色、红棕色以至灰色等。分生孢子有椭圆形、圆柱形和

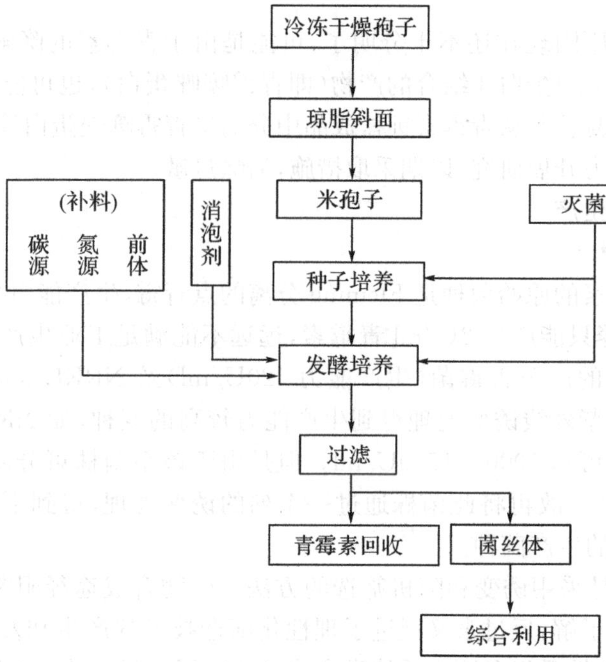

图 2b　青霉素发酵生产的一般流程

圆形，每种菌种的孢子均具一定形状，多次传代也不改变。在沉没培养时一般不产生分生孢子。

在沉没培养条件下，青霉素产生菌细胞的生长发育过程发生明显的变化，其生长特征可以划分为六个生长期：

第Ⅰ期——分生孢子发芽，孢子先膨胀，再形成小的芽管，原生质未分化，有小空胞；

第Ⅱ期——菌丝增殖，原生质的嗜碱性很强，在Ⅱ期末有类脂肪小颗粒；

第Ⅲ期——形成脂肪粒，积累贮藏物，没有空胞，原生质嗜碱性仍强；

第Ⅳ期——脂肪粒减少，形成中小空胞，原生质嗜碱性减弱；

第Ⅴ期——形成大的空胞，其中含有一个或数个中性红染色的大颗粒，脂肪粒消失；

第Ⅵ期——细胞内看不到颗粒，并出现个别自溶的细胞。

上述六个生长期中Ⅰ～Ⅳ期是年轻的菌丝，一般不合成青霉素或合成的青霉素较少，适于作发酵罐的种子；Ⅳ～Ⅴ期合成青霉素的能力最强。

研究表明，青霉素发酵开始时青霉素产量低，与菌丝发育阶段并无关系。年轻菌丝之所以无合成青霉素能力，主要由于以葡萄糖为碳源的培养基中存在着抑制青霉素合成酶形成的物质，而当青霉素合成酶已经形成后，葡萄糖及其代谢产物对青霉素的合成则不起抑制作用，如将以乳糖为碳源的培养基中培养的菌丝，移种在以葡萄糖为碳源的培养基中就能保持高的产量。曾经试验过在含有纤维二糖的培养基中用孢子接种进行发酵，菌丝处在Ⅰ～Ⅲ阶段时，青霉素产率平均可达 13.5U/mg 干菌，而当菌丝有一半以上转到Ⅳ阶段时青霉素的产率不变。

(2)工艺要点

①生产孢子的制备 将砂土孢子用甘油、葡萄糖和蛋白胨组成的培养基进行斜面培养后，移到大米或小米固体培养基上，于25℃培养7天，孢子成熟后进行真空干燥，并以这种形式低温保存备用。

②生产种子的制备 种子制备时以每吨培养基不少于200亿孢子的接种量，接种到以葡萄糖、乳糖和玉米浆等为培养基的一级种子罐内，于(27±1)℃培养40h左右，控制通风比为1∶3$m^3/(m^3 \cdot min)$，搅拌转速为250～280r/min。

一级种子长好以后，按10%接种量移种到以葡萄糖、玉米浆等为培养基的二级种子罐内，于(25±1)℃培养10～14h，便可作为发酵罐的种子。培养二级种子时，通风比为(1∶1)～(1∶5)$m^3/(m^3 \cdot min)$，搅拌转速为250～280r/min。

种子质量要求：菌丝稠密，菌丝团很少，菌丝粗壮，有中小空胞，处在第Ⅲ～Ⅳ期。在最适生长条件下，到达对数生长期时菌体量的倍增时间约为6～7h。菌种保存时间过长、上一级种子生长不良、原材料质量发生波动等，都将影响菌体生长速度，使倍增时间延长。在工业生产中，培养条件及原材料质量均应严格控制，以保持种子质量的稳定性。

③发酵生产 发酵以葡萄糖、花生饼粉、麸质水、尿素、硝酸铵、硫代硫酸钠、苯乙酰胺和碳酸钙为培养基。

对于分批发酵来说，这一过程又分为菌体生长和产物合成两个阶段。前一阶段是菌丝的快速生长。进入生长阶段的必要条件是降低菌丝生长速度，这可以通过限制糖的供给来实现。研究结果表明，在生产阶段维持一定的最低比生长率，对于抗生素的合成十分必要。因此，在快速生长期末所达到的菌丝浓度应有一个限度，以确保生产期菌丝浓度有继续增加的余地；或者在生产期控制一个与所需比生长率相平衡的稀释率，以维持菌丝浓度在发酵罐传氧能力所能允许的范围内。

发酵时的接种量约20%，发酵温度先期为26℃，后期为24℃，通气量分别为1∶(0.8～1.2)$m^3/(m^3 \cdot min)$，搅拌转速为150～200r/min。

为了使发酵前期易于控制，可从基础料中抽出部分培养基另行灭菌，待菌丝稠密不再加油时补入，即为前期补料。发酵过程中必须适当加糖，并补充氮、硫和前体。加糖主要控制残糖量，前期和中期约在0.3%～0.6%范围内，加入量主要决定于耗糖速度、pH值变化、菌丝量及培养液体积。

发酵过程的pH值，前期60h内维持在6.8～7.2，以后稳定在6.5左右。而产黄青霉绿色孢子77-5-327，在发酵过程中不出现pH值高峰，最适pH值为6.4～6.5，如pH值高于7.0或低于6.0则代谢异常，青霉素产量显著下降。

泡沫控制：前期泡沫主要是花生饼粉和麸皮水解引起的，在前期泡沫多的情况下，可间歇搅拌，不能多加油；中期泡沫可加油控制，必要时可略微降低空气流量，但搅拌应开足，否则会影响菌的呼吸；发酵后期尽量少加消泡剂。

发酵时间的长短应从以下三个方面考虑：①累计产率(发酵累计总亿产量与发酵罐容积及发酵时间之比值)最高；②单产成本(发酵过程的累计成本投入与累计总亿产量之比值)最低；③发酵液质量最好(抗生素浓度高，降解产物少，残留基质少，菌丝自溶少)。这三个方面在发酵的变化往往不同步，须根据生产全局综合考虑，进行适当的折中。

(3)影响发酵产率的因素及发酵过程控制 影响青霉素发酵产率的因素包括环境变量

和生理变量两个方面。前者如温度、pH 值、基质浓度、溶氧饱和度等;后者包括菌丝浓度、菌丝生长速度、菌丝形态等等。这些变量都必须严格控制在所要求的范围内,不适当的偏差,都将降低发酵产率。其中环境变量比较直观,容易控制;而生理变量在许多情况下不能直接测定和定量,控制也较困难。

1)基质浓度的影响 青霉菌能利用多种碳源如乳糖、蔗糖、葡萄糖、阿拉伯糖、甘露糖、淀粉和天然油脂等。乳糖是青霉素生物合成的最好碳源,葡萄糖次之,但必须控制其加入浓度,因为它的分解代谢物会抑制抗生素合成酶形成而影响青霉素的合成。可以采用连续添加葡萄糖的方法来代替乳糖。在分批发酵中,常常因为前期基质浓度过高,对生物合成酶系产生阻遏(或抑制)或对菌丝生长产生抑制(如葡萄糖和铵的阻遏或抑制,苯乙酸的生长抑制),而后期基质浓度低,限制了菌丝生长和产物合成。为了避免这一现象,在青霉素发酵中通常采用分批补料操作法,即对容易产生阻遏、抑制和限制作用的基质(葡萄糖、胺、苯乙酸等)进行缓慢流加,以维持一定的最适浓度。需特别注意的是葡萄糖的流加,因即使是超出最适浓度范围的微小波动都将引起严重的阻遏或抑制。大于最适浓度,将使抗生素生物合成速度减慢或停止;小于最适浓度,导致呼吸急剧下降,甚至引起自溶,同样使生物合成速度减慢或停止。目前,糖浓度的检测尚难在线进行,故葡萄糖的流加不是根据糖浓度控制,而是间接根据 pH 值、溶氧或 CO_2 释放率予以调节。

2)前体的影响及控制 苯乙酸或其衍生物苯乙酰胺、苯乙胺、苯乙酰甘氨酸等均可作为青霉素 G 的侧链前体。青霉菌可将前体直接结合到产物分子中,也可作为养料和能源利用,即氧化为二氧化碳和水。前体究竟通过哪个途径被菌利用,主要取决于培养条件以及所用菌种的特性。例如早期采用的 Q176 菌株,将大部分前体(71%～94%)氧化消耗掉,只有2%～10%转化为青霉素。而现代工业生产所用的菌种,前体转化率为 46%～90%,为了避免前体加入浓度过大,而对菌体产生不利影响,除基础料中加入 0.07%外,其余按需要同氮源一起补入。

前体对青霉菌的生长发育有毒性,其毒性大小取决于培养基的 pH 值和前体浓度。苯乙酰胺在碱性时毒性较大,pH=8 时即抑制菌体生长;苯乙酸在酸性(pH=5.5)时毒性较大,碱性时不抑制菌丝体生长;pH 值在中性时苯乙酰胺的毒性大于苯乙酸。前体用量大于0.1%时(除苯氧乙酸外),青霉素的生物合成均会下降,尤以苯乙酰胺更甚。一般认为发酵液中前体浓度始终维持在 0.1%为宜。

前体的氧化速率除与培养基的 pH 值有关外也与菌龄有关,苯乙酸被菌体氧化的速率,随培养基的 pH 值上升而增加。年轻的菌丝不氧化前体,而仅利用它来构成青霉素分子。随着菌龄的增大,氧化能力渐渐增加。

培养基成分对前体的氧化程度有较大的影响,合成培养基比复合培养基对前体的氧化量少。摇瓶试验中发现,在通气条件差的情况下,菌氧化前体的能力显著降低。另外,将培养在含有葡萄糖或乳糖培养基上的菌丝与不含糖的培养基上的菌丝转移到缓冲液(三天菌龄)中,对青霉菌氧化前体的能力进行测试比较,发现前者比后者减弱一半。为了尽量减少苯乙酸的氧化,生产上多用间歇或连续添加低浓度苯乙酸的方法,以保持前体的供应速率仅略大于生物合成的需要。也有人研究用蔗糖和苯乙酸钠盐压成的片剂来给青霉素摇瓶发酵进行间歇补料,这种片剂的内含物在溶液中缓慢释放,可控制其释放的时间和速度。采用这一方法进行的摇瓶试验,发酵 9 天单位高达 16150U/ml,而对照的单位仅有 6700U/ml。

3)pH值的影响及控制 青霉素发酵的最适pH值，一般认为是6.5～6.9，应尽量避免超过7.0，因为青霉素在碱性条件下不稳定，容易加速水解。在缓冲能力较弱的培养基中，pH值的变化是葡萄糖流加速度高低的指征。但在缓冲能力较强的培养基中，这种控制方法因pH反应不灵敏而不十分可靠。在青霉素发酵过程中pH值是通过下列手段控制的：如pH值过高，可加糖、硫酸或无机氮源；pH值较低可加入$CaCO_3$、NaOH、氨或尿素，也可提高通气量。也有利用自动加入酸或碱的方法，使发酵液pH值维持在最适范围内，以提高青霉素产量。

据报道，用补糖来控制pH值比用酸、碱来调节好。一种是恒速补糖，用酸或碱来控制pH值；另一种是根据pH值来补糖，即pH值上升得快就多补，pH值下降时少补，以维持pH在6.5～6.9范围内。前一种方法虽然也能控制pH值，但往往会超过控制范围，满足不了菌的代谢和合成抗生素的需要，可能导致菌的代谢向不利于抗生素合成的方向变化。

4) 温度的影响及控制 青霉素发酵的最适温度随所用菌株的不同可能稍有差异，对菌丝生长和青霉素合成来说，最适温度是不一样的，一般生长的最适温度为27℃，而分泌青霉素的适宜温度是在20℃左右。如温度过高将明显降低发酵产率，同时增加葡萄糖的消耗，降低葡萄糖至青霉素的转化得率。生产上采用变温控制法，使之适合不同发酵阶段的需要。如采用从26℃逐渐降温至22℃的发酵温度，可延缓菌丝衰老，增加培养液中的溶氧度，延长发酵周期，有利于发酵后期的单位增长。康斯坦丁尼德斯等对青霉素分批发酵进行了研究和计算，并以所得数据进行发酵试验：开始56h维持在27.2℃，然后直线下降到18.7℃维持184h，最后24h回复到27.2℃培养。采用这种变温培养方法比常温25℃培养，可增加产量16%。

5)溶氧的在线控制 对于青霉素发酵来说，溶氧浓度是影响发酵过程的重要因素。当溶氧浓度降到30%饱和度以下时，青霉素产量急剧下降；当溶氧浓度低于10%饱和度时，造成不可逆转的损失。发酵液中溶氧浓度过高，说明菌丝生长不良或加糖率过低，使呼吸强度下降同样影响生产能力的发挥。

溶氧浓度是氧传递与氧消耗的动态平衡点，而氧消耗与糖消耗成正比，故溶氧浓度也可作为葡萄糖流加控制的参考指标之一。

6)补料的影响及控制 发酵过程中除以中间补糖控制糖浓度及pH值外，补加氮源亦可提高发酵单位。经试验证实，在发酵60～70h开始分次补加硫酸铵，则在90h后菌丝氮几乎不下降，维持在6%～7%，且60%～70%的菌丝处于年轻阶段，菌丝呼吸强度维持在近30μl CO_2/(mg菌丝·h)，抗生素产率为最高水平的30%～40%；而不加硫酸铵的对照罐，在发酵中期菌丝氮为7%，以后逐渐下降，至发酵结束时呼吸强度降至16μl CO_2/(mg菌丝·h)，且抗生素产量下降至零，总产量仅为试验罐的1/2。因此，为了延长发酵周期，提高青霉素产量，经常供给氮源亦是很好的措施。在基础料中加入0.05%尿素，并在补糖时再补加二次尿素，可以扭转发酵液浓度转稀、pH值低和单位增长慢的情况。

在发酵过程中与料液一起补入表面活性剂如新洁尔灭，或聚氧乙烯、山梨糖醇酐、单油酸、单月桂酸三油酸酯等非离子表面活性剂也能增加青霉素的产量。

在青霉素发酵过程中加入少量可溶性高分子化合物如聚乙烯醇、聚丙烯酸钠、聚二乙胺或聚乙烯吡咯酮(PVP)能使青霉素产率增加38%。这些物质能够提高产量的原因是：当发酵罐使用较大的搅拌功率和较快的搅拌速率时，这些高分子化合物能使邻近搅拌桨的液体速度梯度降低，避免打断菌丝，而且在促进氧在培养基中充分溶解的同时还有利于除去二氧化碳；菌丝生长时，由于高分子化合物起分散剂的作用，菌丝不致成团，比表面积得以增加，因而增加了氧、基质传递到菌丝体内的总速度。

7)铁离子的影响及控制　三价铁离子对青霉素生物合成有显著影响，一般发酵液中铁离子超过30～40μg/ml，则发酵单位增长缓慢。因此在铁质容器罐壁涂以环氧树脂等保护层，使铁离子控制在30μg/ml以下。

【微生物发酵制药技术技能训练】

训练项目一　细菌的液体培养及菌种的保存与复苏

一、目的

1. 熟练掌握细菌培养基的配制。
2. 熟练掌握灭菌技术和细菌的液体培养技术。
3. 学会菌种的保存与复苏方法和技术。

二、内容

1. 学习训练高压蒸汽灭菌的操作及注意事项。
2. 学习训练细菌液体培养基接种技术。
3. 学习训练菌种的保存与复苏操作技术。

三、提示

1. 普通肉汤培养基

普通肉汤培养基为天然培养基。常用于培养细菌。这类培养基的化学成分很不恒定，也难以确定，但配制方便，营养丰富，所以常被采用。

2. 氨苄青霉素的用途

氨苄青霉素临床上主要用于敏感菌所致的呼吸道感染(如支气管炎、肺炎)、伤寒、泌尿道感染、皮肤软组织感染及胆道感染等。对引起小儿呼吸道、泌尿道感染的病原菌有高度抗菌活性，疗效比青霉素强。

3. 实验仪器、材料与试剂

(1)仪器

1)磁力搅拌器。

2)高压灭菌锅。

3)摇床。

4)低温冰箱(或液氮罐)。

5)无菌培养管(16或18mm)，4支。

6)无菌吸管，2支。

7)微量进样器。

8)无菌牙签。

(2)材料与试剂

1)胰蛋白胨。

2)酵母提取物。

3)NaCl。

4)氨苄青霉素贮液,50mg/ml。

5)100%甘油(或80%甘油溶液,或5% DMSO溶液)。

四、步骤

(一)肉汤液体培养基的配制

配制每升培养基,应在900ml去离子水中加入:

胰蛋白胨(bacto-tryptone)	10.0g
酵母提取物(bacto-extract)	5.0g
NaCl	10.0g

磁力搅拌至溶质完全溶解,用5mol NaOH(约0.2ml)调节pH至7.0。定容至总体积为1000ml,121℃高压(蒸汽压力为0.1MPa)灭菌20min。

若需进行选择性培养,则相应地加入抗生素或其他成分。

(二)细菌的液体培养

1. 少量培养

(1)取灭菌的16或18mm口径培养管,用无菌吸管加入3～5ml肉汤液体培养基,再加入50mg/ml氨苄青霉素3～5μl(如培养宿主菌则不加抗生素)。

(2)用无菌牙签挑取单菌落,送入培养液中,或取菌液5～10μl,转入培养液中,封好管口。

(3)37℃摇床培养100～200r/min至生长饱和,约6～12h。可培养过夜。

2. 大量培养

取500ml培养瓶,内装有已灭菌的LB液体培养基100～200ml及相应氨苄青霉素。以0.5%～1%的浓度接种菌液,100～200r/min,37℃摇床培养至OD值0.6～0.8。

(三)菌种的保存与复苏

1. 保存

大多数大肠杆菌能在保存培养基中存活数年,若在－70℃或液氮中冻存则可长期保存。

菌种保存液可采用下述2种试剂:

(1)甘油溶液(20%)。

(2)DMSO溶液(10%)。

在保种瓶中加入0.5ml保存液,0.5ml菌液,混合后储存于－70℃或液氮中即可。注意,菌种保存液加入量为菌液的30%。

2. 复苏

复苏菌种时,用接种环或灭菌牙签挑取少许冻结的菌种到平皿上,37℃培养8～12h即可。

切记,在接种过程中不得使保种瓶中的菌种化冰。

五、思考题

1. 在培养基中加入氨苄青霉素的目的是什么?

2. 高压蒸汽灭菌时应注意哪些操作事项？
3. 接种时应注意的事项有哪些？

训练项目二　土霉素的摇瓶发酵

一、目的

1. 熟悉放线菌的微生物学特性及培养方法。
2. 掌握种子制备和摇瓶发酵技术与方法。
3. 巩固常用比色分析方法的操作技术。

二、内容

1. 学习训练放线菌培养基的配制。
2. 学习训练放线菌培养的接种技术。
3. 学习训练分光光度计的操作步骤。
4. 学习定量测定中标准曲线的绘制和应用。

三、提示

1. 土霉素的化学结构和用途

土霉素是四环类抗生素，其在结构上含有四并苯的基本母核，随环上取代基的不同或位置的不同而构成不同种类的四环素类抗生素。其母核结构和命名如下图所示。

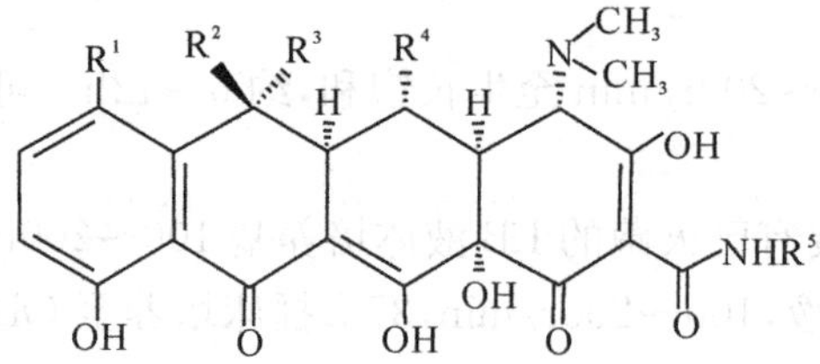

	R^1	R^2	R^3	R^4	R^5
土霉素	H	OH	CH_3	OH	H
四环素	H	OH	CH_3	H	H
金霉素	Cl	OH	CH_3	H	H
去甲基金霉素	Cl	OH	H	H	H
多西环素	H	H	CH_3	OH	H
米诺环素	$N(CH_3)_2$	H	H	H	H
美他环素	H	$=CH_2$	—	OH	$CH_2(NH)CH(COOH)(CH_2)_4NH_2$

土霉素具有广谱抗菌性，能抑制多种细菌、较大的病毒及一部分原虫。土霉素能抑制细菌的生长，在浓度高的时候也具有杀菌的作用。它的作用机制是干扰蛋白质的合成。由于它的毒副作用小，所以其在医疗上用途广泛，主要是应用于呼吸道和肠道感染。

2. 土霉素生产菌

土霉素的产生菌是龟裂链丝菌(*Actinomyces rimosus*)，属于放线菌中的链霉菌属，它们具有发育良好的菌丝体，菌丝体分支，无隔膜，直径约 0.4～1.0μm，长短不一，多核。菌丝体有营养菌丝、气生菌丝和孢子丝之分，孢子丝再形成分生孢子。而龟裂链丝菌的菌落灰白色，后期生褶皱，成龟裂状。菌丝成树枝分支，白色，孢子灰白色，柱形。

土霉素是典型的次级代谢产物，其发酵的特点之一就是分批培养过程可分为菌体的生长期、产物期和菌体期三个阶段。龟裂链丝菌的生长和土霉素的生物合成受到许多发酵条件如温度、发酵 pH 值、溶氧、接种量、泡沫等的影响。

3. 实验仪器、材料与试剂

(1)仪器

1)玻璃试管(18×180)3 支。

2)试管架 1 个。

3)移液管，1ml、2ml、10ml 各 1 支。

4)吸耳球。

5)离心机。

6)容量瓶(100ml)1 个。

7)烧杯(250ml)2 只。

8)三角瓶，250ml、500ml 各 2 只。

9)量筒，250ml、500ml、1000ml 各 1 个。

10)玻璃棒。

11)试纸。

12)玻璃漏斗。

13)电炉。

14)接种铲(针)。

15)恒温振荡培养箱。

16)生化培养温箱。

17)电子天平。

18)可见分光光度计。

(2)材料与试剂

1)材料：龟裂链丝菌(*Actinomyces rimosus*)。

2)斜面高氏一号培养基：可溶性淀粉 2%、氯化钠 0.05%、硝酸钾 0.1%、三水磷酸氢二钾 0.05%、七水硫酸镁 0.05%、七水硫酸亚铁 0.001%、琼脂 1.5%～2.0%、pH7.4～7.6。

3)摇瓶种子培养基：淀粉 3%、黄豆饼粉 0.3%、硫酸铵 0.4%、碳酸钙 0.5%、玉米浆 0.4%、氯化钠 0.5%、磷酸二氢钾 0.015%、pH7.0～7.2。

4)发酵培养基：淀粉 15%、黄豆饼粉 2%、硫酸铵 1.4%、碳酸钙 1.4%、氯化钠 0.4%、玉米浆 0.4%、磷酸二氢钾 0.01%、氯化钴 10μg/ml、消沫剂 0.01%、淀粉酶 0.1%～0.2%、pH7.0～7.2。

四、步骤

1. 斜面孢子的制备

无菌条件下，从冷藏的产生菌的斜面孢子中，刮取适量孢子涂在高氏斜面上，然后置 36.5～37℃恒温箱培养 3 天，再置 30℃恒温室培养 1 天。

2. 种子的制备

(1)摇瓶种子培养基的配制　按发酵种子培养基成分配比,配制培养基,并加淀粉酶液化后,再加入 $CaCO_3$,冷却后调 pH 值,分装,包装灭菌。

(2)接种　在超净工作台上,将长好的斜面孢子用无菌接种铲挖块约 $2cm^2$,接种于灭过菌的摇瓶种子培养基中。

(3)培养　将接种好的种子摇瓶于 30℃ 恒温室摇床上,转速为 200r/min,培养 28h 左右。

3. 发酵

(1)发酵培养基的配制　按照发酵培养基配方配制。

(2)接种　在超净工作台上,将培养 28h 的摇瓶种子接种于发酵瓶中,接种量为 10%。

(3)培养　将接种后的发酵瓶于 30℃恒温室摇床上摇 6～7 天,转速为 200r/min。

(4)发酵样的测定　发酵液状态观察:黏度、颜色、气味、菌丝形态。

发酵样品预处理:发酵瓶摇匀,将少量倒入小烧杯,测 pH。用 9mol/L 盐酸溶液调节 pH 至 1.7～2.0,搅拌 10min。取 5ml 酸化液至 7ml 离心管,离心(6000r/min)4min,取上清液,备测。

发酵样品土霉素效价的测定:采用分光光度法测定其效价。

土霉素标准曲线的绘制:

用土霉素标准样配成 1000U/ml 的标准液,用 2ml 移液管分别取标准液 0.4ml、0.8ml、1.0ml、1.2ml、1.4ml、1.6ml、1.8ml 于试管中,加 0.01mol/L 盐酸共 10ml,再加 0.05g/ml 三氯化铁溶液 10ml,摇匀,静置 20min,另取样同上,加 0.01mol/L 盐酸使全量为 20ml,摇匀,作为空白,在 480nm 波长下测定吸光度值(OD 值),以土霉素效价为纵坐标,以吸光度值为横坐标绘制标准曲线。

发酵液效价的测定:吸取滤液稀释适宜倍数(使稀释后效价在标准曲线范围内),用移液管取 1ml 稀释液于试管中,准确加入 0.01mol/L 盐酸,使全量为 10ml,再加入 0.05g/ml 三氯化铁溶液 10ml,使全量为 20ml,另取 1ml 稀释液,加入 0.01mol/L 盐酸 19ml,使全量为 20ml,摇匀,放置 20min,作为空白,在 480nm 波长下测两种液体的吸光度。

五、思考题

1. 画出土霉素发酵工艺流程图。
2. 土霉素发酵结束后,发酵液进行酸化处理的目的是什么?

参考文献

[1] 李艳.发酵工程原理与技术.北京:高等教育出版社,2007
[2] 陈坚,堵国成,李寅,华兆哲.发酵工程实验技术.北京:化学工业出版社,2003
[3] 郭勇.生物制药技术(第二版).北京:中国轻工业出版社,2007
[4] 陈电容,朱静照.生物制药工艺学.北京:人民卫生出版社,2009
[5] 齐香君.现代生物制药工艺学.北京:化学工业出版社,2004
[6] 邓开野.发酵工程实验.广州:暨南大学出版社,2010
[7] 万海同.生物与制药工程实验.杭州:浙江大学出版社,2008

项目三　酶工程制药技术

学习目标

知识目标

- 掌握酶的催化特性、反应条件对酶活力影响一般规律和酶活力测定方法；
- 掌握酶和细胞的固定化方法；
- 掌握包埋法的操作技术；
- 掌握生物转化法生产甾体类药物一般工艺和改善转化效率的方法；
- 熟悉酶的分类；
- 熟悉酶催化有机化学的类型；
- 熟悉有机相中酶催化的特点；
- 了解酶催化技术在手性药物生产中的应用。

能力目标

- 能够对酶催化反应进行条件优化；
- 能够测定酶的活力；
- 掌握细胞或酶常见固定化操作；
- 能够设计微生物转化的一般工艺流程。

任务十　酶和酶催化基本知识

【任务内容】

一、酶的催化特性

酶(enzyme)是活细胞产生的一类具有催化功能的生物大分子。酶的化学本质是蛋白质，也就是说几乎所有的酶都是蛋白质(已发现少数有催化活性的 RNA 分子)。酶在生命活动中起着关键作用，可以说，没有酶，也就没有生命。

酶是一种催化剂，它能改变一个化学反应的速率，但不改变反应的性质、反应的方向和反应的平衡点，而且在反应的前后，酶本身并没有量的改变。但是，酶作为一种生物催化剂，它又与一般催化剂不同，它比一般催化剂更优越，对化学反应的催化作用更有显著的特点：

(1)催化效率高。酶能在温和的条件下，例如，接近生理的温度、压力和近中性的 pH 条件下催化化学反应。在可比较的情况下，相对其他类型的化学催化剂，酶的催化效率可达 $10^4 \sim 10^{10}$ 倍。例如，H_2O_2 催化分解下列反应：

$$2H_2O_2 \xrightarrow{\text{催化剂}} 2H_2O + O_2$$

亚铁离子(Fe^{2+})催化反应速率为 5.6×10^{-4} mol/(mol·s),过氧化氢酶催化反应速率可达 3.5×10^{6} mol/(mol·s)。可见,在同样情况下,酶的催化能力比 Fe^{2+} 高 10^{10} 倍。

(2)专一性强。酶对底物具有选择性——专一性或特异性(specificity)。一种酶只能作用于某一种或某一类结构和性质相似的物质,称为底物专一性。通常把被酶作用的物质(反应物)称为该酶的底物(substrate)。一般无机催化剂对其作用物没有严格的选择性,如 HCl 可催化糖、脂肪、蛋白质等多种物质水解,而蔗糖酶(sucrase)只能催化蔗糖水解,蛋白酶(proteinase)催化蛋白质水解,它们对其他物质则不具有催化作用。在底物专一性方面,有的酶显示"绝对"专一性,不过,更多的酶表现相对专一性,即容许底物分子上有小的变动。底物专一性的一个重要特征就是酶对底物的立体异构体和顺反异构体都具有高的选择能力,表现立体化学专一性(stereochemical specificity)和顺反专一性(*cis-trans* specificity),也就是说,当酶作用的底物和形成的产物具有立体异构体或顺反异构体时,酶能够加以识别,并选择性地催化其中之一进行反应或催化其中之一形成。例如,以延胡索酸水合酶催化延胡索酸(反丁烯二酸)生成苹果酸的反应。

酶还具有反应专一性。酶通常只能选择性地催化一种或一类相同类型的化学反应,作用一种或一类极为相似的物质,且几乎不产生副反应。以谷氨酸可能进行的几种反应为例:

① L-谷氨酸＋$NAD(P)^+ \longrightarrow$ α-酮戊二酸＋NH_3＋NAD(P)H

② L-谷氨酸＋草酰乙酸$\longrightarrow$ α-酮戊二酸＋L-天冬氨酸

③ L-谷氨酸$\longrightarrow$ γ-氨基丁酸＋CO_2

④ L-谷氨酸$\longrightarrow$D-谷氨酸

在上述反应中,如果用吡哆醛和铜为催化剂,则反应②～④都能加速。但如果用酶催化,则不同的反应需要用不同的酶:反应①需用谷氨酸脱氢酶,反应②需用谷草转氨酶等。酶的这种性质称为酶的反应专一性。

酶催化反应的专一性在当前手性药物合成工业中极具应用价值。

(3)酶催化反应条件温和。一般非酶催化(化学催化剂催化)作用往往需要高温、高压和极端的 pH 条件。而酶催化作用一般都在常温、常压、pH 接近中性的条件下进行。因此,应用酶催化进行药物的生产,有利于节能降耗、减少设备投资、优化工作环境和改善劳动条件。

需要我们注意的是,酶作为催化剂在制药工业中的应用也有一些缺点:

(1)操作参数的范围较窄。在温和的条件下反应显然是一个优点,但有时也会成为缺点。如果某一反应在给定的温度或 pH 条件下反应较慢的话,也只能在较小的范围内改变条件。过高的温度、极端的 pH 值及过高的盐浓度等都可能会导致蛋白质变性。

(2)酶在水中表现出最高的催化活性。由于水的沸点高、蒸发热大,因而不适合于作为大部分有机反应的溶剂。另外,大部分有机化合物仅能微溶于水。因此,人们非常希望将酶催化反应的环境由水中改为有机溶剂中,但改为有机溶剂时通常酶的活性要降低约一个数量级。

(3)有些酶催化反应需要天然辅助因子。尽管有些酶(氧化还原酶类、合成酶类)能催化许多非天然底物,但却几乎专一性地依赖于天然的、作为氧化还原电子载体(如 NADH、NADPH)或化学能(如 ATP)的辅助因子。这些辅助因子大部分较不稳定,而且价格很贵,不可能以化学计量使用。而且它们还不能找到相对廉价的人工替代品来代替。尽管在辅助因子的再循环方面已取得了很大的研究进展，但这仍然是限制酶在制药工业生产中大规模应用的主要瓶颈。

(4)酶易被抑制。许多酶促反应易于被底物或产物抑制。这种现象使得酶在较高的底物、或较高的产物浓度下不能工作，因而限制了反应的效率。通过连续补料的方法使底物浓度保持在较低的水平可以较容易地避免底物抑制的问题；而产物的抑制问题比较复杂，可以采用物理方法逐渐去除产物、或在反应中加入另一些步骤，例如化学方法除去产物。这两种方法通常都比较困难。

二、影响酶催化反应的主要因素

在酶反应系统中，底物(S)在酶(E)作用下生成产物(P)，于不同时间测定反应体系中产物的生成量，以生成的产物浓度([P])对时间(t)作图，即得到如图 10-1 所示的反应过程曲线。不同时间的反应速度就是时间为不同值时曲线的斜率。

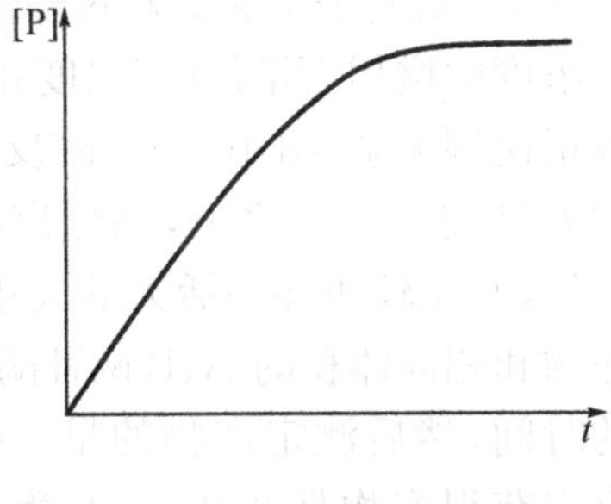

图 10-1 酶反应过程曲线

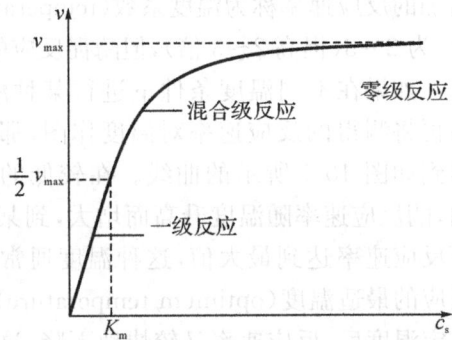

研究酶反应速率一般都以反应的初速率(initial velocity)为研究对象。因为随着酶反应时间的延长，底物浓度降低，产物积累，一部分酶失活等因素，都将导致酶反应速度逐渐下降。只有在反应的初始阶段，上述因素的影响才可忽略不计。通常以酶反应过程曲线的直线部分(一般底物浓度的变化在 5%以内)来计算酶反应的初速率。酶反应的初速率愈大，意味着酶的催化活力愈高。

酶催化反应速度受诸多因素影响，这些因素主要有底物浓度、酶浓度、温度、pH、抑制剂、激活剂等。

(一)底物浓度的影响

酶和底物是构成酶反应系统最基本的因素，它们决定了酶反应的基本性质，其他各种因素必须通过它们才能产生影响，因此，酶和底物之间的动力学关系是整个酶反应动力学的基础。

如果酶促反应的底物只有一种(称单底物反应)，当其他条件不变、酶的浓度也固定的情况下，增加底物浓度，酶催化的化学反应速率与底物的浓度间得到一条典型的曲线(图 10-2)。

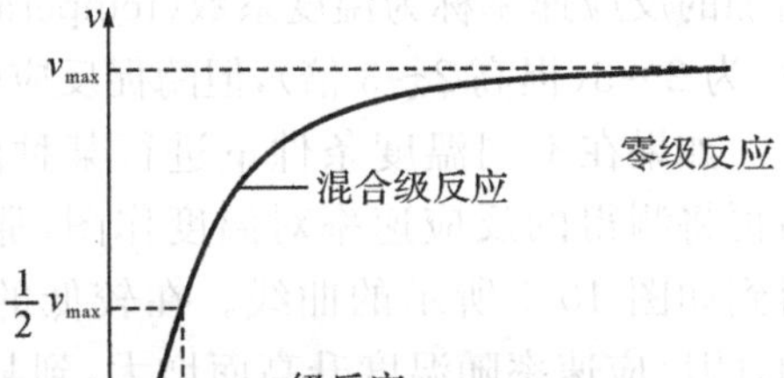

图 10-2 酶催化反应速率与底物浓度的关系

由图 10-2 可见，底物浓度对酶促反应速率的影响是非线性的。实验发现底物浓度的改变，对酶反应速度的影响比较复杂，在底物浓度较低时，反应速率随底物浓度的增加而急剧增加，反应速率与底物浓度呈正比关系，表现为一级反应。随着底物浓度的增加，反应速率的增加率逐渐变小，即反应速率不再与底物浓度成正比，表现为混合级反应；当底物浓度达到相当大的某一定值后，再继续增大底物浓度，反应速度不再增加，趋于恒定，即反应速率与底物浓度无关，表现为零级反应，此时的速率为最大速率(v_{max})，底物浓度即出现饱和现象。

为了说明上述底物浓度与酶反应速率的定量关系，L. Michaelis 和 M. L. Menten 做了大量实验研究，积累了足够的实验数据，提出了酶催化反应动力学的基本原理，推导出了著名的酶催化反应的基本动力学方程，即米氏方程：

$$v=\frac{v_{max}[S]}{K_m+[S]}$$

式中：v 是在一定底物浓度[S]时的反应速率，[S]为底物浓度，K_m 称为米氏常数，以浓度单位(mol/L)表示，v_{max}是在底物浓度饱和时的最大反应速率。按照米氏方程，如果已知 K_m 和 v_{max}，便能确定酶促反应速率与底物浓度之间的定量关系。

(二)酶浓度的影响

在酶催化反应中，酶先要与底物形成中间复合物(ES)，当底物浓度大大超过酶浓度时，反应速率随酶浓度的增加而增加(当温度和 pH 不变时)，两者成正比例关系(图 10-3)。酶反应的这种性质是酶活力测定的基础之一，在分离提纯上常被应用。例如，要比较两种酶活力的大小，可用同样浓度的底物和相同体积的 A、B 两种酶制剂一起保温一定的时间，然后测定产物的量。如果酶制剂 A 催化反应获得产物是 0.2mmol，酶制剂 B 催化反应获得产物是 0.6mmol，这就说明酶制剂 B 的活力比酶制剂 A 的活力大 3 倍。

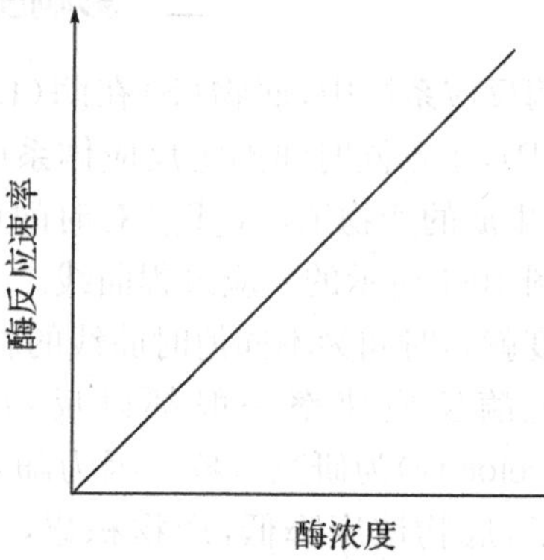

图 10-3 酶浓度与反应速率的关系

(三)温度的影响

酶促反应同其他大多数化学反应一样，受温度的影响较大。温度高时，反应速率加快，温度降低时，反应速率减慢。温度每升高 10℃所增加的反应速率称为温度系数(temperature coefficient，一般用 Q_{10} 表示)。一般化学反应的 Q_{10} 为 2～3(提高 2～3 倍)，但酶促反应的 Q_{10} 仅为 1～2。

如果在不同温度条件下进行某种酶反应，然后再将测得的反应速率对温度作图，那么一般可得到如图 10-4 所示的曲线。在较低的温度范围内，酶反应速率随温度升高而增大，到某一个温度下反应速率达到最大值，这种温度通常就称为该反应的最适温度(optimum temperature)。但超过一定温度后，反应速率又较快地下降，这主要是因为酶是生物大分子，温度升高时，酶活性受到影响，甚至引起变性而失活。

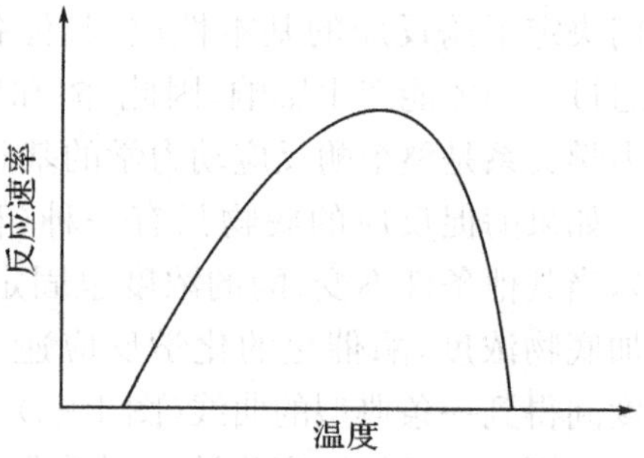

图 10-4 温度与酶催化反应速率的关系

最适温度不是酶的特征物理常数，因为一种酶的最适温度不是一成不变的，它要受到酶的纯度、底物、激活剂、抑制剂以及酶促反应时间等因素的影响。因此，对同一种酶来讲，应说明是在什么条件下的最适温度。

(四)pH的影响

酶的活性受 pH 值的影响较大。在一定 pH 值下酶表现最大活力,高于或低于此 pH 值,活力均降低。酶表现最大活力时的 pH 值称为酶的最适 pH(optimum pH)。典型的酶活力-pH 曲线有如钟罩形(图 10-5)。

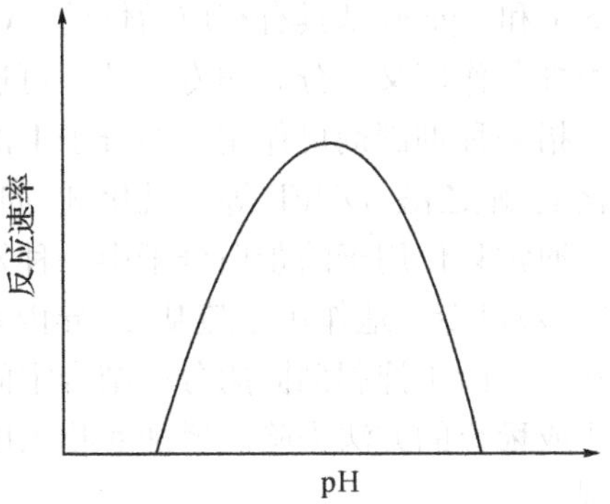

图 10-5 pH 与反应速率的关系

pH 对酶活力的影响,究其原因可能有三方面:一是 pH 的变化影响酶活性部位催化基团的解离状态,从而影响底物反应生成产物;二是 pH 的变化影响酶活性部位结合基团的解离状态,从而影响与底物的结合;三是 pH 的变化会影响底物的解离状态,从而影响底物分子与酶的结合,或者结合后影响反应的进行。

不同的酶其最适 pH 不同,同一种酶的最适 pH 可因如底物的种类及浓度、所用的缓冲液种类等反应条件的改变而发生变化,因此最适 pH 不是酶的特征性常数。在优化一种酶催化反应工艺条件时,实验确定最适 pH 是必需步骤。

(五)激活剂的影响

凡能提高酶的活性、加速酶促反应进行的物质都称为激活剂或活化剂(activator)。酶的激活与酶原的激活不同,酶激活是使已具活性的酶的活性增高,使活性由小变大。酶原激活是使本来无活性的酶原变成有活性的酶。

有些酶的激活剂是金属离子和某些阴离子,如许多激酶需要 Mg^{2+},精氨酸酶(arginase)需要 Mn^{2+},羧肽酶(carboxypeptidase)需要 Zn^{2+},唾液淀粉酶(ptyalin)需要 Cl^- 等。有些酶的激活剂是半胱氨酸、巯基乙醇、谷胱甘肽、维生素 C 等小分子有机物。有的酶还需要其他蛋白质激活。

激活剂的作用是相对的,一种酶的激活剂对另一种酶来说,也可能是一种抑制剂。如氰化物是细胞色素氧化酶的抑制剂,却是木瓜蛋白酶的激活剂。

(六)抑制剂的影响

酶的必需基团(包括辅因子)的性质受到某种化学物质的影响而发生改变,导致酶活性的降低或丧失,这时酶蛋白一般并未变性,有时可用物理或化学方法使酶恢复活性,这就是抑制作用(inhibition)。这些能降低或抑制酶活性但并不使酶变性的物质称为抑制剂(inhibitor)。

抑制剂的结构和性质特点:①在化学结构上(包括分子大小、形状、官能团等),与被抑制的底物分子或底物的过渡状态相似;②能够与酶的活性中心以非共价或共价的方式形成比较稳定的复合体或结合体。某些酶的抑制剂是正常细胞代谢物,它抑制某一特殊酶,作为代谢途径中正常调控的一部分。例如,色氨酸抑制色氨酸合成途径中催化第一步反应的酶(邻氨基苯甲酸合成酶)的催化活性,从而调节色氨酸的合成。酶的抑制剂可以是外源物质,如药物或毒物。

酶抑制作用具有两种主要类型:不可逆的(irreversible)或可逆的(reversible)。

(1)不可逆抑制(irreversible inhibition) 这类抑制作用通常指抑制剂与酶活性中心必

需基团或靠近活性部位的氨基酸残基形成共价键，永久地使酶失活。敏感的氨基酸残基包括Ser和Cys残基具有相应活性的—OH和—SH基。根据不同抑制剂对酶的选择性不同，这类抑制作用又可分为非专一性不可逆抑制与专一性不可逆抑制两类。非专一性不可逆抑制是指一种抑制剂可作用于酶分子上的不同基团或作用于几类不同的酶，属于这一类的有烷化剂（碘乙酸、DNFB等）、酰化剂（如酸酐、磺酰氯等）等。专一性不可逆抑制是指一种抑制剂通常只作用于酶蛋白分子中一种氨基酸侧链基团或仅作用于一类酶，如有机汞（对氯汞苯甲酸）可专一地作用于巯基，二异丙基氟磷酸（DIPF）和有机磷农药专一地作用于丝氨酸羟基等。由于抑制剂同酶分子结合牢固，这类抑制剂无法用透析、超过滤、凝胶过滤等物理方法或稀释的方法去除。增加底物浓度也不能解除抑制，因此在动力学上表现为非竞争性抑制。

（2）可逆抑制（reversible inhibition） 这类抑制作用是指抑制剂与酶蛋白以非共价键结合，具有可逆性，可用透析、超滤、凝胶过滤等方法将抑制剂除去，抑制剂去除后，酶活性完全恢复。这类抑制剂与酶分子的结合部位可以是活性中心，也可以是非活性中心。根据抑制剂与酶结合的关系，可逆抑制作用可分为三种类型：竞争性抑制、非竞争性抑制和反竞争性抑制。一个典型的竞争性抑制是丙二酸对琥珀酸脱氢酶的抑制作用；某些含金属离子（Cu^{2+}、Ag^{+}、Hg^{2+}等）的化合物、EDTA（乙二胺四乙酸）等与酶活性中心以外的—SH基等基团反应，酶分子的空间构象改变，引起非竞争性抑制；反竞争性抑制比较少见。

在酶催化反应中，底物抑制和产物抑制是比较常见的现象，会影响反应效率，通常可以通过改进反应体系（如采用双水相体系、水-有机溶剂两相体系等）或者底物的添加方式（如采用流加）来减少抑制作用。

三、酶活力单位和酶活力测定

酶活力（enzyme activity）也称为酶活性，是指酶催化一定化学反应的能力，通常以一定的条件下，酶所催化的反应初速率来表示。外界条件相同的情况下，反应初速率越大，意味酶活力越高，反之活力越低。酶的催化反应初速率通常以单位时间（t）内底物（S）的减少量或产物（P）的增加量表示。

（一）酶活力单位

酶活力的高低是以酶活力的单位数来表示的。为此，首先需要对酶的活力单位下一个确切的定义。由于测定方法和使用习惯不一样，在实际使用时不同的作者所定义的酶活力单位并不一样。同一种酶往往有多种不同的酶活力单位定义，其酶活力数值有很大差异，因此，用酶活力单位表达酶活力也就失去了彼此参比的意义，这在酶的使用和研究过程中需要注意。

1961年国际生化联合会酶委员会规定：在最适条件下（最适底物、25℃、最适pH、最适缓冲液的离子强度），每分钟催化1μmol的底物转化为产物的酶量定义为1个酶活力单位。这个单位称为国际单位（IU）。例如，糖化酶（glucoamylase）活力测定时，在40℃、pH4.6的条件下，每分钟催化可溶性淀粉水解生成1μmol葡萄糖的酶量定义为1个酶活力单位。国际上另一个常用的酶活力单位是卡特（Kat）。两种酶活力单位之间可以互相换算，即：

$$1\text{Kat}=1\text{mol/s}=60\text{mol/min}=60\times10^{6}\,\mu\text{mol/min}=6\times10^{7}\,\text{IU}$$

需要注意的是，国际单位虽然可以作为统一的标准进行活力的比较，但是这种单位在实际应用时，往往显得太繁琐。因此，一般都还是采用各自规定的单位。

为了比较酶制剂的纯度和活力高低，常常采用比活力这个概念。酶的比活力是酶纯度的一个指标，是指每毫克酶蛋白所具有的酶活力，单位是 U/mg，比活越高则酶越纯。

（二）酶活力的测定

酶活力一般采用测定酶促反应初速率的方法来测定，因为此时干扰因素较少，速率保持恒定。反应速率的单位是浓度/单位时间，可用底物减少或产物增加的量来表示。酶活力的测定可以采用化学分析和仪器分析方法进行。对测定方法的要求是快速、简便、准确。

酶活力的测定均包括两个阶段。首先是将酶和底物混合，在一定的条件下反应一段时间，然后再测定反应物中底物或产物的变化量。一般包括如下几个步骤：

（1）配制底物溶液　根据酶催化的专一性，选择适宜的底物，并配制成一定浓度的底物溶液。所使用的底物要求达到酶催化反应所要求的纯度。在测定酶活力时，所使用的底物溶液一般要求新鲜配制，有些反应所需的底物溶液也可预先配制后置于冰箱保存备用。

（2）确定反应条件　根据酶的动力学性质，确定酶催化反应的温度、pH、底物浓度、缓冲液种类和浓度、激活剂浓度等反应条件。温度可以选择在室温（25℃）、体温（37℃）、酶反应最适条件或其他选用的温度；pH 应是酶催化反应的最适 pH；底物浓度应足够大等。反应条件一旦确定，在整个反应过程中应尽量保持恒定不变。因此，反应应该在恒温槽中进行，pH 的保持恒定是采用一定浓度和一定 pH 的缓冲溶液。有些酶催化反应，要求一定浓度的激活剂等条件，应适量添加。

（3）进行催化反应　将一定的酶液和底物溶液混合均匀，在一定的条件下进行酶催化反应，准确计时。

（4）测定并计算酶活力　在预定的时间取出适量的反应液，应用各种生化检测技术，测定产物生成量或底物减少量，然后计算得到酶活力。由于底物浓度一般都很高，反应过程底物减少量很少，其变化不易测准，而产物浓度从无到有，变化量明显，有利于测定，所以多用产物来测定。

为了准确地反映酶催化反应的结果，应尽量采用快速、简便的方法，立即测出结果。若不能及时测出结果的，则要终止反应，然后再测定。

终止酶反应的方法很多，通常使用的有：①预定的反应时间一到，立即去除适宜的反应液，置于沸水浴中加热使酶失活而终止反应；②加入适量的酶变性剂，如三氯醋酸等，使酶变性失活而使反应终止；③加入酸或碱溶液，使反应液的 pH 迅速远离催化反应的最适 pH，而使反应终止；④将取出的反应液立即置于低温冰箱、冰粒堆或冰溶液中，使反应液的温度迅速降低至 10℃以下而终止反应。在实际使用时，要根据酶的特性，反应底物和产物的性质，以及酶活力的测定方法等加以选择。

四、酶分类与命名

（一）酶的分类命名法

为了更有效地研究酶、应用酶，人们曾提出了各种分类命名法，但现在普遍接受的是国际生化联合会酶委员会推荐的系统分类命名法。

国际通用的系统分类法是以酶所催化的反应为分类基础的，共分六大类：

(1)氧化还原酶类(Oxidoreductases)　$RH+R'(O_2) \longrightarrow R+R'H(H_2O)$

(2)转移酶类(Transferases)　$RG+R' \longrightarrow R+R'G$

(3)水解酶类(Hydrolases)　$RR'+H_2O \longrightarrow RH+R'OH$

(4)裂解(裂合)酶类(Lyases)　$RR' \longrightarrow R+R'$

(5)异构酶类(Isomerases)　$R \longrightarrow R'$

(6)合成酶类(Ligases 或 Synthetases)　$R+R'+ATP \longrightarrow RR'+ADP(AMP)+Pi(PPi)$

在每一大类中,再根据更具体的酶反应(包括底物)性质进一步分成若干亚类和亚亚类。例如,在氧化还原酶类中,根据氢或电子供体的性质可分成20个亚类,在每个亚类中根据受体的性质又再分成若干个亚亚类。

(二)命名与标记

由于酶的命名历来相当混乱,为了改变这种状况,由国际生化联合会酶委员会推荐采用一套酶的系统分类命名法。

国际上已公认一种酶的命名(enzyme nomenclature)系统,按照这套系统,按酶催化的反应和作用的底物将酶分成上述六个大类,然后再细分。这个系统将所有的酶根据其催化反应的类型安置到六种主要类型的某一种中,每种酶各有一个独自的国际生化联合会酶委员会公布的酶分类编号,酶的标记是用四个数字(标码)(EC number)标记每一种酶。如醇脱氢酶的标码是EC1.1.1.1,已糖激酶的标码是EC2.7.1.1。其中,EC表示酶委员会系统(Enzyme Commission),前三个数字依次分别表示酶所属大类、亚类和亚亚类,根据这三个数字可以判断出酶的催化类型和催化性质,第四个数字表示该酶在亚亚类中占有的位置。

因此,有了四个数字就能确定其具体的酶。每个酶都有一个系统名和一个推荐的俗名。由系统名可以确定每个酶催化的反应和它的分类号,它一般由酶催化的底物名字加上该酶所属大类的名称组成,如果是双底物反应,两个底物都列出,中间用一个冒号分开。例如葡萄糖氧化酶是一个推荐的俗名,它催化的反应是:

$$\beta\text{-D-葡萄糖}+O_2 \longrightarrow \beta\text{-D-葡萄糖酸-}\delta\text{-内酯}+H_2O_2$$

上述葡萄糖氧化酶的系统名为:β-D-葡萄糖:O_2 氧化还原酶。它的分类编号为1.1.3.4,编号中第一个数字1代表它所属的大类氧化还原酶的分类编号,第二个数字1代表亚类,第三个数字3表示亚亚类(小类),第四个数字4表示该酶在亚亚类中的具体流水编号。若要查酶的分类编号,可查阅有关资料。

每一种酶同时采用系统命名和习惯命名两种系统命名,在形式上很相似,都包括两部分:底物和作用类型,即都取"××底物+××反应类型+酶"的形式,其中,酶以词尾"-ase"表示。在系统命名中这两部分都要求十分详尽,而且要严格按照国际理论和应用化学委员会规定的命名规则命名。如果是双分子反应,那么两种底物的名称都必须列入,并在两者间加冒号":"隔开。这种命名在描写酶的催化性质上清楚、确切,但是太繁琐,不便。习惯命名中这两部分都可简化,适于日常使用。例如,催化下述两种反应的酶按系统命名与习惯命名两种系统进行命名时分别为:

$$\text{醇}+NAD^+ \longrightarrow \text{醛(或酮)}+NADH+H^+$$

系统命名　醇:NAD氧化还原酶(alcohol:NAD oxidoreductase)

习惯命名　醇脱氢酶(alcohol dehydrogenase)

$$ATP + D\text{-己糖} \longrightarrow D\text{-己糖-6-磷酸} + ADP$$

系统命名　ATP：D-己糖 6-磷酸转移酶(ATP：D-hexose 6-phosphotransferase)

习惯命名　己糖激酶(hexokinase)

催化水解作用的酶在名称上不标明反应类型，由它们底物名称加上后缀"-ase"命名。如尿酶(urease)是催化尿素(urea)水解的酶，果糖 1,6-二磷酸酶(fructose 1,6-diphosphatase)是水解果糖 1,6-二磷酸的酶，水解蛋白质的酶叫蛋白酶(proteinase)，水解淀粉的酶叫淀粉酶(amylase)。有些酶，在酶的名称前面加上来源，如胃蛋白酶(pepsin)、胰淀粉酶(amylopsin)等以区别同一类酶。

五、酶的来源

酶作为生物催化剂普遍存在于动物、植物和微生物中，可直接从生物体中分离提纯，理论上讲也可以用化学方法合成。酶的生产方法可分化学合成法、提取法和发酵法。

1. 化学合成法

化学合成法技术上可行，但在实际应用中由于受试剂、设备和成本等多种因素的限制，难以进行大规模生产。

2. 提取法

提取法是最早采用且沿用至今的方法，动物酶制剂多从动物脏器中提取，如凝乳酶是从小牛第四胃中提取的皱胃酶；植物酶制剂可从植物种子、果实等中提取，如木瓜蛋白酶是从木瓜中提取的。但动、植物酶制剂受季节、地区、数量和经济成本的限制，也不适合于大规模生产。

3. 发酵法

发酵法是 20 世纪 50 年代以来酶生产的主要方法。它是利用细胞，主要是微生物细胞的生命活动而获得人们所需的酶。工业生产上一般都以微生物为主要来源，目前在千余种被使用的商品酶中，大多数都是利用微生物生产的。

利用微生物生产酶制剂的优点：①微生物种类繁多，酶的品种齐全，凡是动植物体内存在的酶，几乎都能从微生物中得到；②微生物繁殖快、生产周期短、培养简便，并可以通过控制培养条件来提高酶的产量，一般来说，微生物的生长速率比农作物快 500 倍，比家畜快 1000 倍；③微生物具有较强的适应性，通过各种遗传变异手段能培育出新的高产菌株；④微生物培养法简单，其原料多为农副产品，来源丰富，价格低廉，经济效益高。

对酶的生产菌应有的要求：①繁殖快，产酶量高，产生的酶容易与其他发酵杂质分离；②产酶性能稳定，不易变异退化，一旦出现退化现象，经过复壮处理，可以使其恢复原有的产酶特性，不易受噬菌体侵袭；③能利用廉价的原料，对工艺条件没有特别苛刻的要求，易于培养；④不是致病菌，不产生毒素，确保酶生产和应用的安全。

微生物种类繁多，目前常用的产酶微生物主要有以下几类：

(1)大肠杆菌(*Escherichia coli*)　大肠杆菌细胞可以用于生产多种酶。例如，大肠杆菌谷氨酸脱羧酶，用于测定谷氨酸含量或用于生产 γ-氨基丁酸；大肠杆菌天冬氨酸酶，用于催化延胡索酸加氨生产 L-天冬氨酸；大肠杆菌青霉素酰化酶，用于生产新的半合成青霉素或头孢霉素；大肠杆菌产半乳糖苷酶，用于分解乳糖或其他 β-半乳糖苷；大肠杆菌生产的限制性核酸内切酶、DNA 聚合酶、DNA 连接酶、核酸外切酶等，以及作为酶表达的宿主菌，在基因工程等方面广泛应用。大肠杆菌产生的酶一般都属于胞内酶，需要经过细胞破碎才能分离得到。

(2)枯草芽孢杆菌(*Bacillus subtilis*) 枯草芽孢杆菌是应用最广泛的产酶微生物之一，可以用于生产 α-淀粉酶、蛋白酶、β-葡聚糖酶、5′-核苷酸酶、碱性磷酸酶等。例如，枯草杆菌 BF76S8 是国内用于生产 α-淀粉酶的主要菌株，枯草杆菌 AS1.398 用于生产中性蛋白酶和碱性磷酸酶。枯草杆菌生产的 α-淀粉酶和蛋白酶等都是胞外酶，而其产生的碱性磷酸酶存在于细胞间质之中。

(3)黑曲霉(*Aspergillus niger*) 黑曲霉可用于生产多种酶，例如糖化酶、α-淀粉酶、酸性蛋白酶、果胶酶、葡萄糖氧化酶、过氧化氢酶、核糖核酸酶、脂肪酶、纤维素酶、橙皮苷酶、柚苷酶等。黑曲霉生产的酶既有胞外酶也有胞内酶。

(4)米曲霉(*Aspergillus oryzae*) 米曲霉中糖化酶和蛋白酶的活力较强，米曲霉在我国传统的酒曲和酱油曲的制造中广泛应用。此外，米曲霉还可以用于生产氨基酰化酶、磷酸二酯酶、果胶酶、核酸酶 P 等。

(5)青霉(*Penicillium*) 青霉属菌种类很多，其中产黄青霉(*Penicillium chrysogenus*)用于生产葡萄糖氧化酶、苯氧甲基青霉素酰化酶(主要作用于青霉素)、果胶酶、纤维素酶等。桔青霉(*Penicillium citrinum*)用于生产 5′-磷酸二酯酶、脂肪酶、葡萄糖氧化酶、凝乳蛋白酶、核酸酶 S、核酸酶 P_1 等。

(6)木霉(*Trichoderma*) 木霉属微生物是生产纤维素酶的重要菌株。木霉生产的纤维素酶包含 C_1 酶、C_X 酶和纤维二糖酶等。此外，木霉中含有较强的 17α-羟化酶，常用于甾体转化。

(7)根霉(*Rhizopus*) 根霉可用于生产糖化酶、α-淀粉酶、蔗糖酶、碱性蛋白酶、核糖核酸酶、脂肪酶、果胶酶、纤维素酶、半纤维素酶等。根霉有强的 11α-羟化酶，是用于甾体转化的重要菌株。

(8)毛霉(*Mucor*) 毛霉常用于生产蛋白酶、糖化酶、α-淀粉酶、脂肪酶、果胶酶、凝乳酶等。

(9)链霉菌(*Streptomyces*) 链霉菌是一种放线菌，是生产葡萄糖异构酶的主要微生物。还可以用于生产青霉素酰化酶、纤维素酶、碱性蛋白酶、中性蛋白酶、几丁质酶等。此外，链霉菌还含有丰富的 16α-羟化酶，可用于甾体转化。

(10)酿酒酵母(*Saccharomyces cerevisiae*) 酿酒酵母主要用于酒精、酒类的生产，市售的面包酵母(Baker's yeast)大多也属于酿酒酵母。酿酒酵母的主要酶系是能将葡萄糖发酵产生酒精。酵母细胞中具有多种多样的酶，据报道，从面包酵母中分离提纯的酶已有 100 多种，其中许多可用于生物催化反应，并具有工业价值。酿酒酵母目前已用于转化酶、丙酮酸脱羧酶、醇脱氢酶等的生产。

(11)假丝酵母(*Candida*) 假丝酵母可以用于生产脂肪酶、尿酸酶、尿囊素酶、转化酶、醇脱氢酶等。假丝酵母具有较强的 17α-羟化酶，可用于甾体转化。

另外，较常见的应用于酶催化反应的微生物还有链孢霉(*Fusarium*)、假单胞菌(*Pseudomonas*)、红球菌(*Rhodococcus rhodochrous*)和棒状杆菌(*Corynebacterium*)等。

六、酶催化的有机化学反应

近年来，酶催化技术已成功地用于光学活性氨基酸、有机酸、多肽、甾体、抗生素等药物的生产，这是有机合成化学领域的一项重要进展。本节主要介绍几个典型的酶催化有机化学反应。

(一)水解反应

在所有类型的酶催化反应中，水解反应是比较简单和容易进行的一类反应。水解酶种类繁多，主要有酯酶、脂肪酶、蛋白酶、糖苷键水解酶(淀粉酶、纤维素酶和溶菌酶等)。这类酶对底物专一性不太严格，故对有机合成来说是一类特别有用的酶。另外在水解酶的催化下，可在低水活度的溶剂体系中进行酯或酰胺的合成反应(即水解反应的逆反应)。酶催化广泛地应用于酯、内酯、苷、酰胺和内酰胺等化合物的水解，由于它的水解作用具有对映体选择性，因此酶催化水解反应广泛用于手性化合物的拆分。

1. 酯水解反应

$$R-\overset{\overset{O}{\|}}{C}-OR' + H-OH \xrightleftharpoons{H^+} R-\overset{\overset{O}{\|}}{C}-OH + R'OH$$

例如：

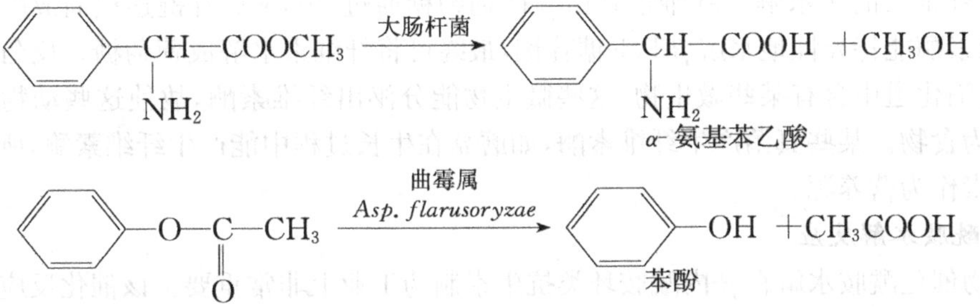

许多蛋白水解酶能选择性地水解由L-氨基酸形成的酯，对D-氨基酸所形成的酯则不起催化作用，可以将消旋化的氨基酸酯进行酶法拆分。

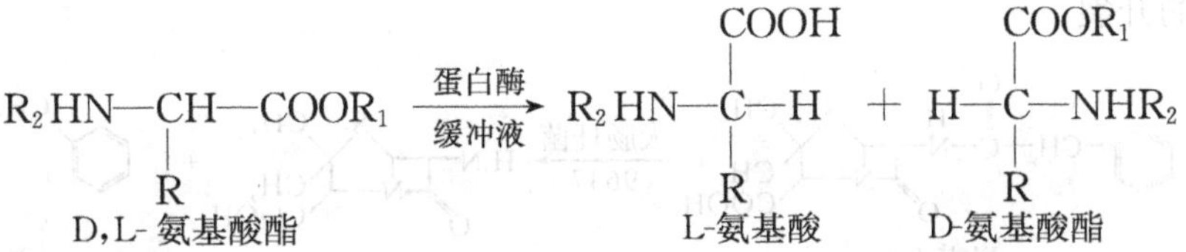

2. 肽键水解反应

多肽链的完全水解，一般是应用酸催化水解法。但为了从多肽链中得到某一个肽链片段，可应用肽链内切酶选择性水解多肽链。同时亦可利用肽链外切酶，选择性地将多肽链C-端氨基酸残基水解下来。

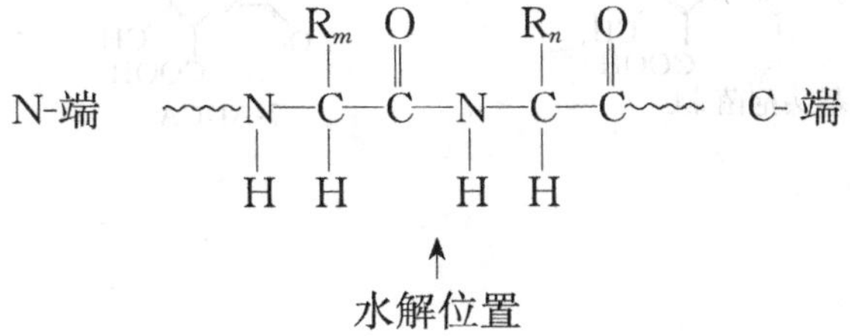

3. 糖苷键水解反应

(1)淀粉的酶水解　天然淀粉由直链淀粉和支链淀粉组成。直链淀粉是由 α-D-葡萄糖分子通过 α-1,4-糖苷键连接而成的链状化合物。支链淀粉是由多个 1,4-糖苷键直链通过 1,6-糖苷键连接而成的树枝状化合物。淀粉水解酶中,最重要的是直链淀粉水解酶(amylase)。淀粉水解酶主要包括 α-淀粉酶、β-淀粉酶、葡萄糖淀粉酶和 α-1,6-糖苷酶四种,各种酶的水解位点如下:

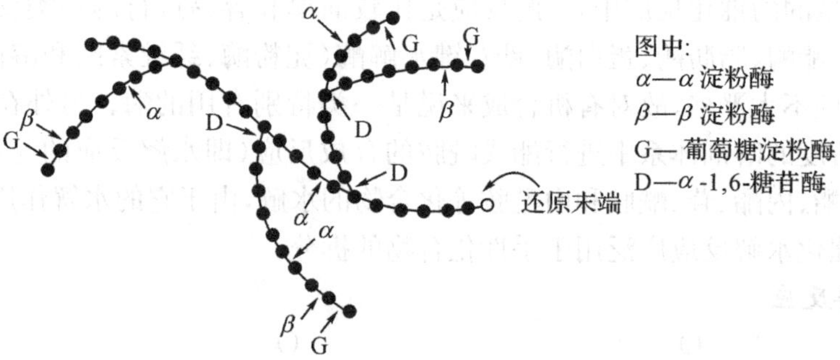

蔗糖(1-α-D-葡萄糖-2-β-D-果糖苷)是二糖的典型代表。应用 α-葡萄糖苷酶可以将蔗糖水解成葡萄糖和果糖。

(2)纤维素的酶水解　纤维素是由 β-D-葡萄糖通过 β-1,4-糖苷键连接而成的长链大分子,纤维素酶能特异性地水解 β-1,4-糖苷键,最终可将纤维素水解成葡萄糖。反刍动物(牛、羊等)的消化道中含有某些微生物,这些微生物能分泌出纤维素酶,故使这些动物能利用纤维素作为食物。某些真菌产生纤维素酶,如蘑菇在生长过程中能产生纤维素酶,所以可以利用纤维素作为营养源。

4. 酰胺水解反应

生物催化酰胺水解在 β-内酰胺环类抗生素制药工业上非常重要。该催化反应能将青霉素和头孢菌素水解获得合成各种新青霉素和新头孢菌素的重要母核 6-氨基青霉烷酸(6-APA)、7-氨基头孢烷酸(7-ACA)和 7-氨基去乙酰氧基头孢烷酸(7-ADCA),而不引起 β-内酰胺环的开裂。

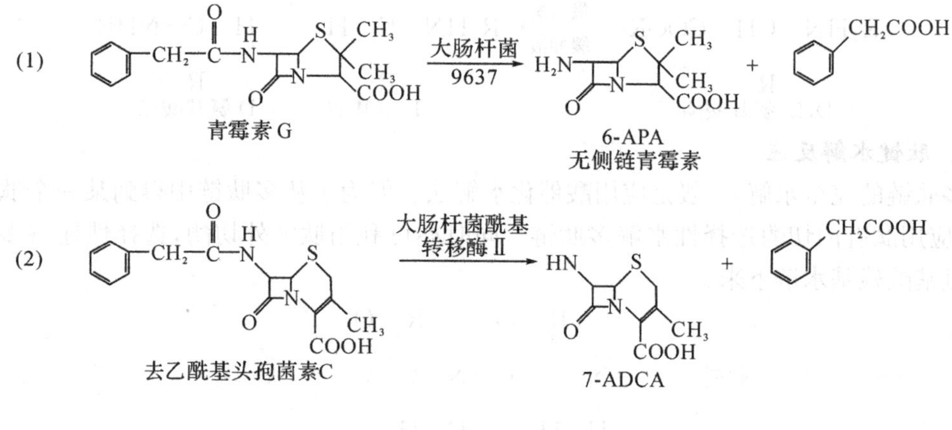

5. 内酰胺水解反应

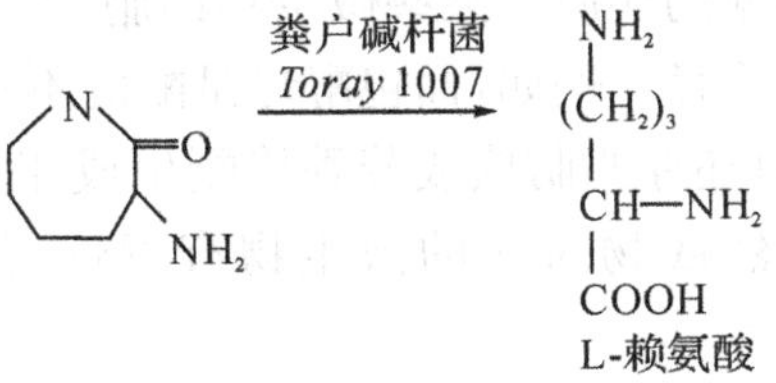

(二)氧化还原反应

1. 氧化反应

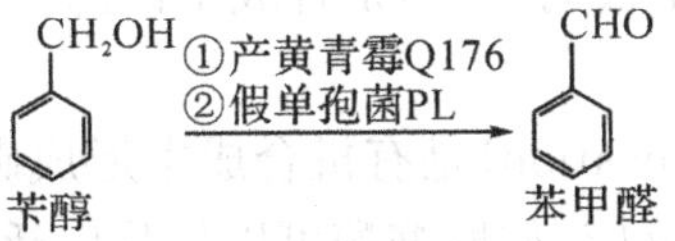

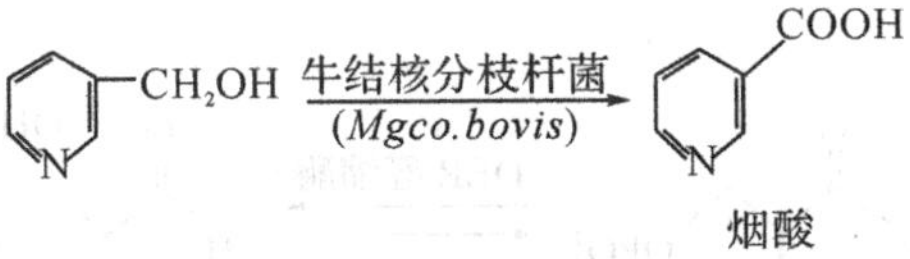

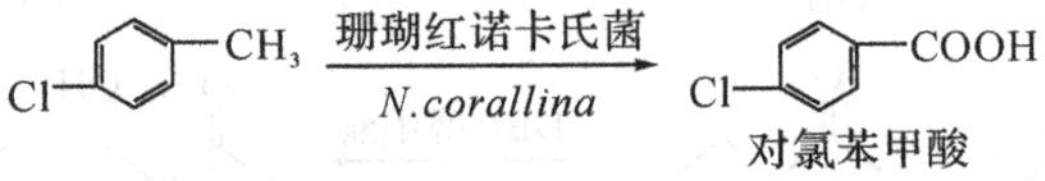

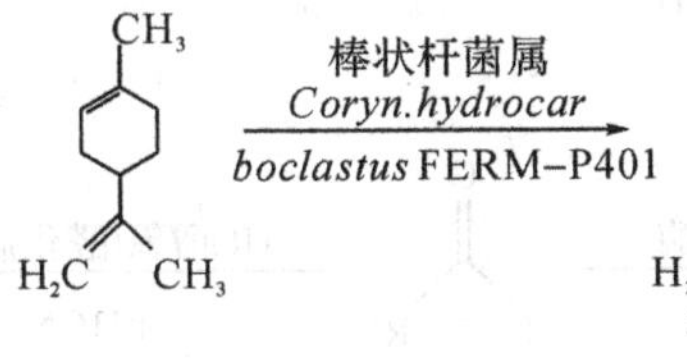

2. 还原反应

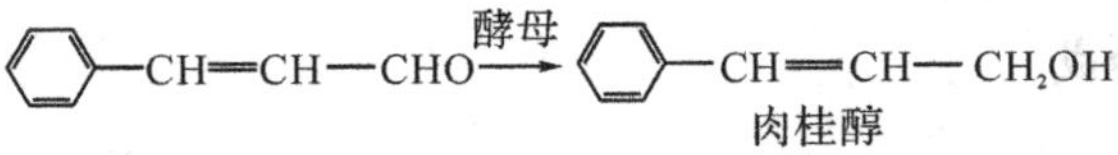

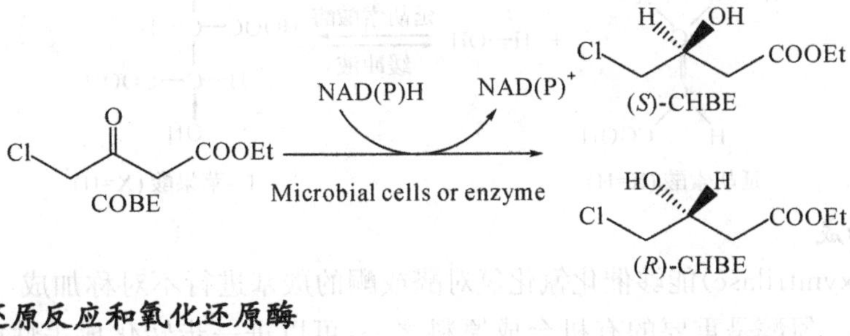

3. 氧化还原反应和氧化还原酶

(1)酶催化氧化还原反应特点　整个反应过程是分步进行的,每步反应都由相应的酶催化;反应过程中碳原子和氢原子的氧化、电子的迁移和质子的传递等过程,可以是非同步进行的;反应过程中能量的释放或吸收也是分步进行的。

(2)氧化还原酶　氧化还原酶在组成上比水解酶要复杂得多。氧化还原酶由酶蛋白和辅因子组成。常见的辅因子包括:辅酶,如 NAD^+、$NADP^+$ 和 FAD、FMN 等;金属离子,如

Fe 和 Cu 等。这些辅因子都直接参与了氧化还原反应。

(3)微生物细胞催化醛和酮的还原　某些微生物细胞含有能够接受非天然底物的脱氢酶、必需的辅因子和再生代谢途径。例如，面包酵母是酮的不对称还原中应用最广泛的一种微生物。不同种属的酵母可以还原脂肪族或芳香族酮生成相应构型的醇，产物具有很高的光学纯度。由于大多数非天然底物对活的微生物有毒性，故仅能使用低浓度(0.1%～0.3%)的底物。

(三)缩合反应

通过缩合反应，形成新的碳-碳键。由于生物转化反应的高度立体选择性，它所催化新的 C—C 键在有机不对称合成中极为重要，是合成手性药物的重要方法。

1. 醇醛缩合

醇醛缩合反应(aldol condensation)是有机合成中形成碳-碳键的重要方法之一，该反应是一种广义碱催化的醇醛缩合反应，如醛缩酶可以催化广泛的底物，且具有高度的立体专一选择性。

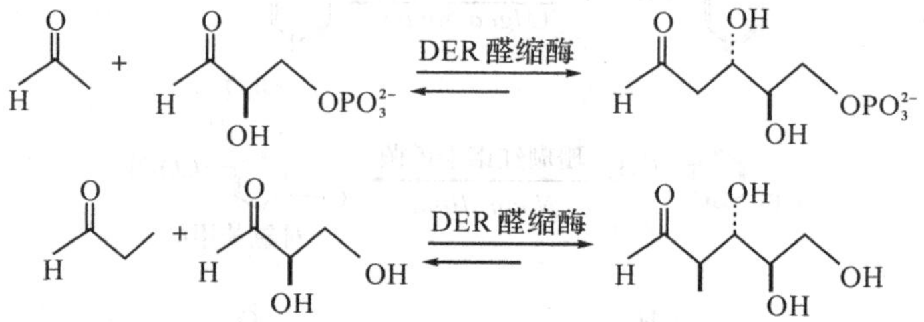

2. 氰醇缩合

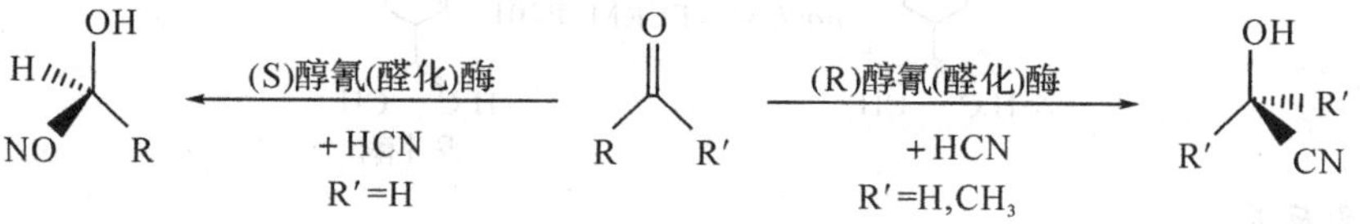

(四)加成反应

1. C═C 双键加成

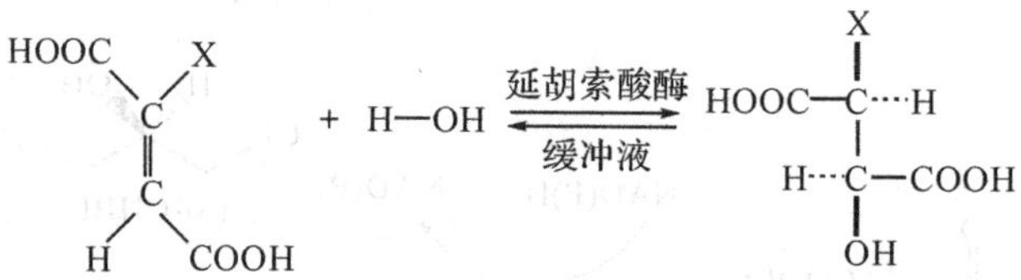

2. 羰基加成

醇氰酶(oxynitrilase)能够催化氰化氢对醛或酮的羰基进行不对称加成，得到手性氰醇(cyanohydrin)。氰醇是重要的有机合成原料之一，可以进一步转化成手性的 α-羟基酸或酯、酮醇和醇胺等。根据醇氰酶对羰基潜手性面的识别性质不同，可以分为两类：(*R*)-醇氰酶，主要存在于蔷薇科的种子(杏仁、李子、樱桃)中，它催化氰化氢对羰基进行不对称加成，生成(*R*)-醇氰醇；(*S*)-醇氰酶，主要在谷子、接骨木、檀香木、亚麻、三叶草和木薯中存在，它催化的加成产物为(*S*)-氰醇。

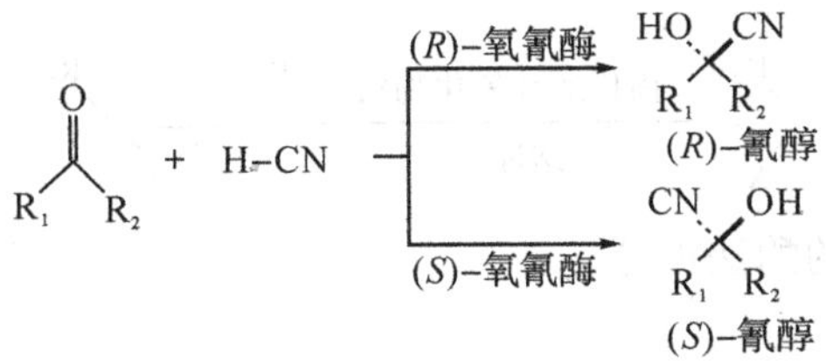

R_1	R_2	产物构型	光学纯度/%
Pb	H	*R*	94
p-MeO—Ph	H	*R*	93
n-C_3H_7—	H	*R*	92
(*E*)-$CH_3CH{=}CH$—	H	*R*	69
C_2H_5—	Me	*R*	76
n-C_4H_9—	Me	*R*	98
$(CH_3)_2CHCH_2CH_2$—	Me	*R*	98
$CH_2{=}C(CH_3)$—	Me	*R*	94
Cl—$(CH_2)_3$—	Me	*R*	84

(五)卤化和脱卤反应

1. 卤化反应

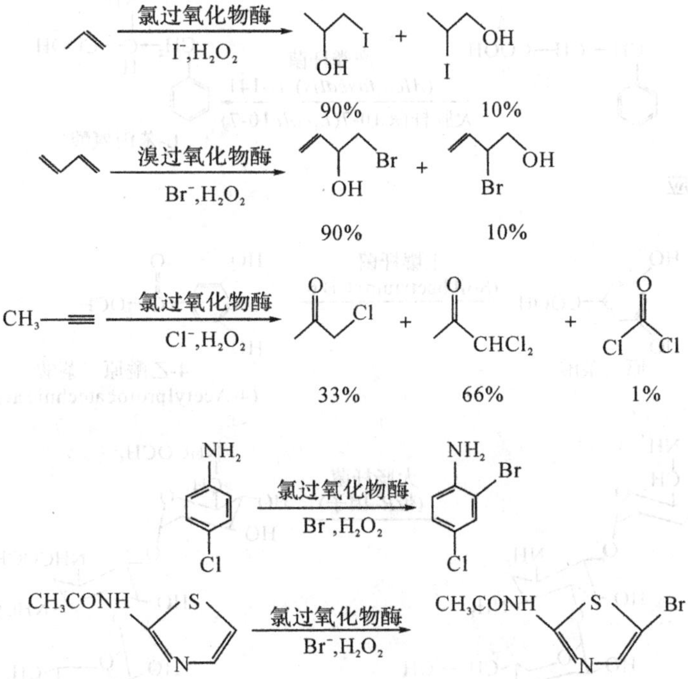

2. 脱卤反应

(1)卤代醇环氧化物酶催化的环氧化反应

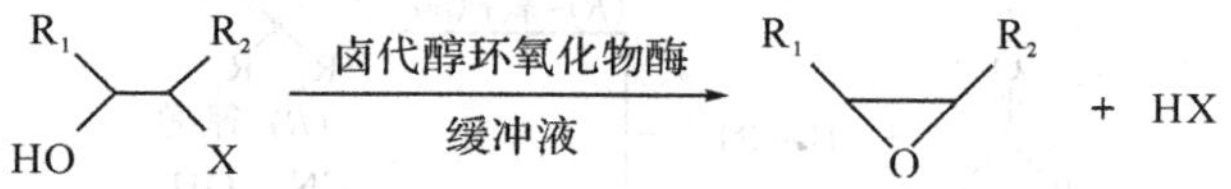

(2)消旋化 2-氯丙酸的酶法拆分

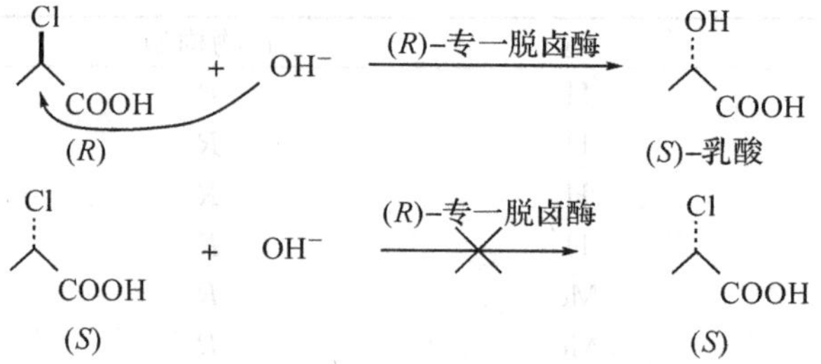

(六)胺化反应

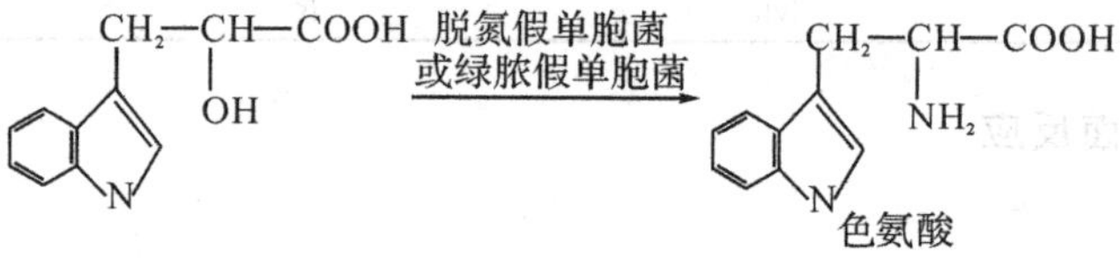

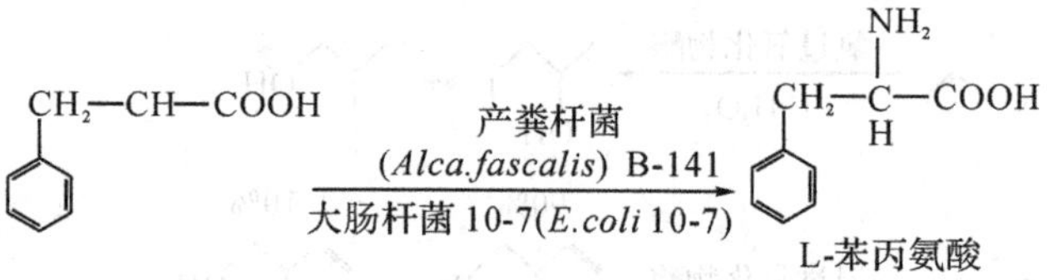

(七)酯化反应

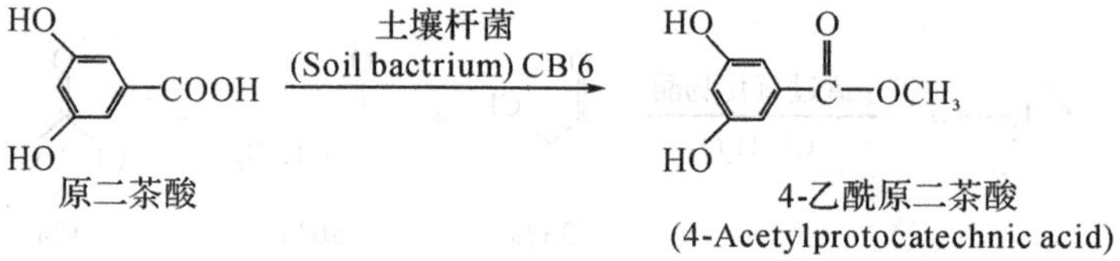

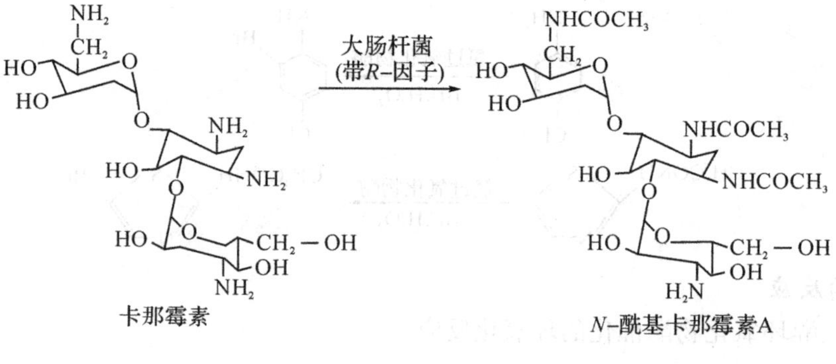

(八)降解反应

1.　脱羧反应

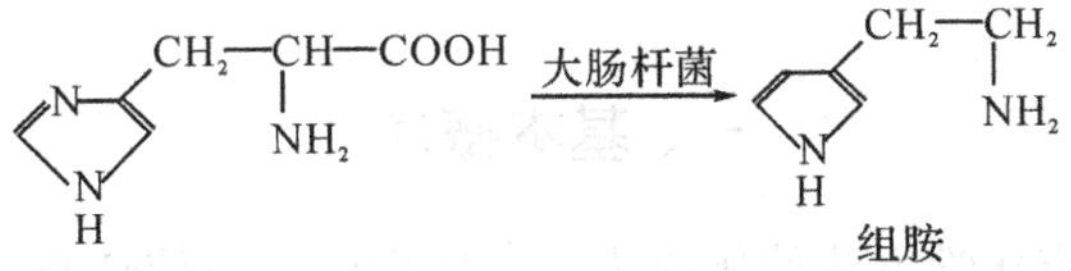

组胺
(histamine)

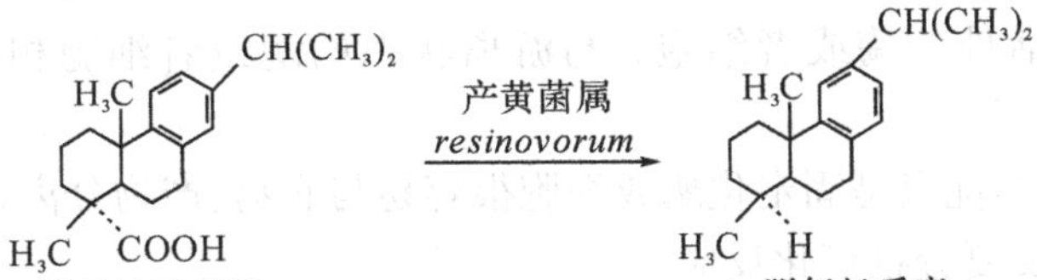

脱氢松香亭酸
(Dehydroabietic acid)

脱氢松香亭

2.　脱水反应

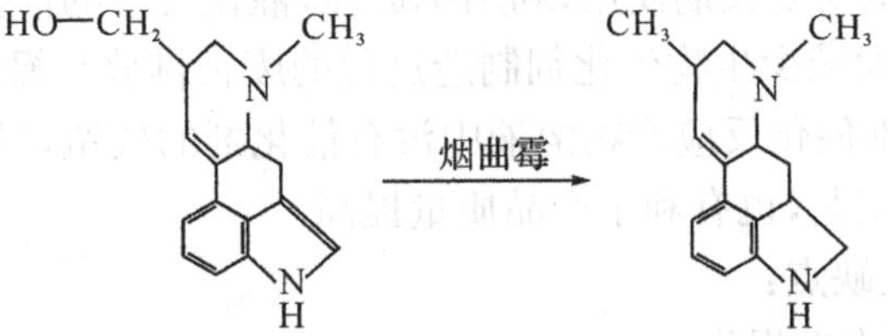

麦角醇

组氨酸

尿酸
(Urocanic acid)

【习题与思考】

1. 酶催化的特性有哪些?
2. 影响酶活力的因素有哪些?
3. 酶活力一般由什么表示,如何测定?
4. 酶可以分为哪几类?
5. 酶的主要来源是哪个途径?该来源途径有何优点?
6. 酶催化有机化学反应类型有哪些?

任务十一　酶和细胞的固定化技术

【任务内容】

一、基本概念

固定化是指用物理或化学方法使酶成为不溶性衍生物或使细胞成为不易从载体上流失的形式。因此，所谓固定化酶或者细胞，是指通过物理或化学方法把酶或者细胞束缚在一定空间内仍具有生物活性的酶或者细胞。与游离状态的酶或者细胞相比，固定化具有下列优点：

① 固定化的基本优点是固定化酶或细胞很容易与底物、产物分离，并可反复使用，可以在较长时间内进行反复分批催化反应；

② 固定化酶或细胞有一定的机械强度，可以在柱式反应器中连续使用，在连续反应体系中可以实现自动化操作，生物催化反应过程能够严格控制，生产效率大大提高，适用于工业化大规模生产；

③ 固定化酶或细胞反复长期使用，利用率提高，催化反应的催化剂消耗很少，不仅使催化成本降低，而且能大大减少生物催化剂制造过程的废物排放与操作污染；

④ 固定化酶或细胞催化反应产物溶液中没有催化剂的残留，最终产物不会被催化剂污染，简化了产物的提纯工艺，也有利于产品质量提高。

固定化也存在一些缺点：

① 固定化时，酶活力有损失；

② 生产过程中需要有固定化工序和装置，增大了生产成本，工厂初始投资增加。

固定化方法通常按照固定化时采用的化学反应的类型进行分类。一般将酶或细胞的固定化分为 4 种基本方法：吸附法、共价结合法、交联法和包埋法，如图 11-1 所示。

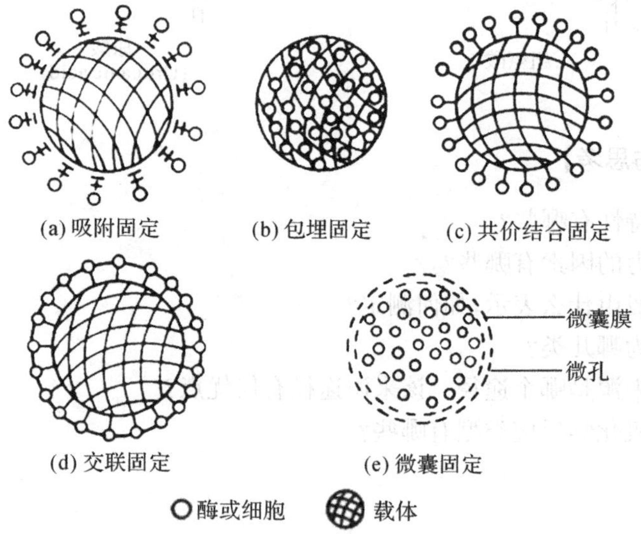

图 11-1　酶或细胞的固定化形式

二、吸附法

利用各种吸附剂将酶吸附在其表面上，从而使其固定化的方法成为物理吸附法，如图11-1(a)所示。吸附法是固定化法中最简单的方法，载体和生物催化剂酶之间的作用力是非共价作用力，主要是静电作用力，如范德华力、离子键和氢键作用力，由于酶和载体间这种相互作用力较弱，因此吸附法酶活性损失少。

吸附法所用的固相载体很多，无机载体有多孔玻璃、活性炭、硅藻土、硅胶、酸性白土、漂白土、高岭石、氧化铝、硅胶、膨润土、羟基磷灰石、磷酸钙、金属氧化物、陶瓷等；天然及合成高分子载体有淀粉、白蛋白、羧甲基纤维素(CMC)、二乙氨乙基纤维素(DEAE-纤维素)、Sephadex、离子交换树脂、大孔树脂等；此外还有具有疏水基的载体(丁基或己基-葡聚糖凝胶)可以疏水性吸附酶，以及以单宁作为配基的纤维素衍生物等载体。载体一般为粉末状、颗粒状。

吸附法的固定化过程为：在适当的 pH 值、适当的离子作用力等条件下，将酶与具有吸附性能的载体混合，经过一定的作用时间，收集吸附了酶的固定化载体，进行洗涤，除去未吸附的游离酶。

采用吸附法制备固定化酶，操作简单，条件温和，不会引起酶变性失活，载体廉价易得，而且可反复使用。但由于靠物理吸附作用，结合力较弱，酶或细胞与载体结合不牢固而容易脱落，所以使用受到一定限制。

三、共价结合法

通过共价键将酶与载体结合的方法称为共价结合法，如图11-1(c)所示。该方法可以分为两类，一类是将载体有关基团活化，然后与酶有关基团发生偶联反应。这是将酶共价结合到载体上的最主要的方法。另一类是在载体上接上一个双功能试剂，然后将酶偶联上去。共价结合法所采用的载体主要有纤维素、琼脂糖凝胶、葡聚糖凝胶、甲壳质、氨基酸共聚物、甲基丙烯醇共聚物等。酶分子中的许多氨基酸功能基团如 N 端—NH_2、赖氨酸 ε-NH_2、—COOH、—SH、—OH(包括酚羟基)等可与载体共价结合。酶与载体的共价结合一般有以下两个步骤：①载体材料的选择及载体材料上的功能基团的活化；②酶和载体进行偶联反应，形成共价键。

共价结合法与吸附法相比，其优点是酶与载体结合牢固，得到的固定化酶稳定性好、利于连续使用，一般不会因底物浓度高或存在盐类等原因而轻易脱落，是目前应用和报道最多的一类方法。但是该方法反应条件苛刻，操作复杂，而且由于采用了比较激烈的反应条件，会引起酶蛋白高级结构变化，破坏部分活性中心，易使酶变性失活。共价结合法往往不能得到比活力高的固定化酶，酶活回收率一般为30%左右，甚至底物的专一性等酶的性质也会发生变化。为了减少酶在偶联过程中失活，反应条件要严格控制，或应用可逆抑制剂，或底物封闭，避免偶联试剂影响酶的活性构型和相应基团。

四、包埋法

用包埋法制备固定化酶时，根据载体材料和方法不同，包埋法可分为网格型和微囊型两种。

1. 网格型包埋法

网格型包埋法是指通过物理学方法固定在高分子凝胶细微网格中的方法，如图 11-1(b)所示。与吸附法和共价结合法不同，酶分子或细胞在溶液中是游离态的，只是被凝胶网格结构限制在一定大小的范围内运动。控制凝胶的孔隙大小，使网格结构足够紧密，酶分子或细胞不能泄漏出去，反应底物和产物能自由进出。

通常采用的包埋材料为惰性材料，如淀粉、魔芋粉、明胶、琼脂、海藻酸盐和角叉莱胶等天然高分子化合物以及聚丙烯酰胺、聚乙烯醇和光敏树脂等合成高分子化合物。具体的制备方法如下：

(1)琼脂凝胶包埋法　将一定量的琼脂加到一定体积的水中，加热使之溶解，然后冷却至 48～55℃，加入一定量的酶液，迅速搅拌均匀后，趁热将混悬液分散在预冷的甲苯或四氯乙烯溶液中，形成球状固定化胶粒，分离后洗净备用。也可将混悬液摊成薄层，待其冷却固定后，在无菌条件下，将固定化胶层切成所需的形状。由于琼脂凝胶的机械强度较差，而且氧气、底物和产物的扩散较困难，故其使用受到限制。

(2)海藻酸钙凝胶包埋法　称取一定量的海藻酸钠，溶于水，配制成一定浓度的海藻酸钠溶液，经杀菌冷却后，与一定体积的酶溶液混合均匀，然后用注射器或滴管将悬液滴到一定浓度的氯化钙溶液中，形成球状固定化胶粒，如 11-2 所示。

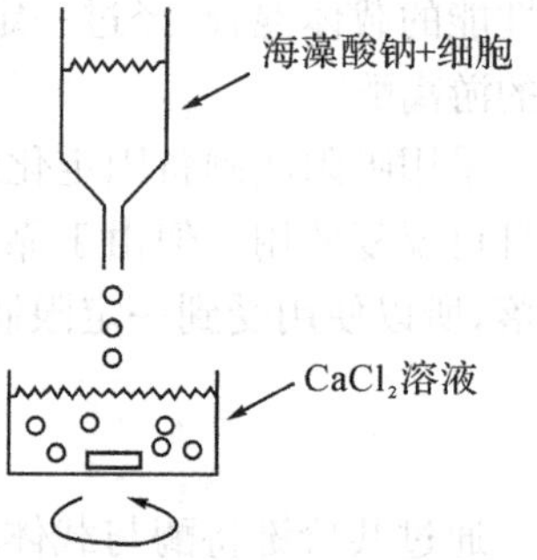

图 11-2　凝胶包埋固定化操作

海藻酸钙凝胶包埋法制备固定化酶的操作简单，条件温和，无毒性，通过改变海藻酸钠的浓度可以改变凝胶的孔径，适合于多种酶的固定化。但磷酸盐会使凝胶结构破坏，在使用时应控制好磷酸盐的浓度，并要在反应液中保持一定浓度的钙离子，以维持凝胶结构的稳定性。

(3)角叉莱胶包埋法　将一定量的角叉莱胶悬浮于一定体积的水中，加热溶解、灭菌后，冷却至 35～50℃，与一定量的酶液混匀，趁热滴到预冷的氯化钾溶液中，或者先滴到冷的植物油中，成型后再置于氯化钾溶液中，制成小球状固定化胶粒，也可按需要制成片剂或其他形状。

角叉莱胶还可以用钾离子以外的其他阳离子，如 NH_4^+、Ca^{2+} 等，使之凝聚成型。角叉莱胶有一定的机械强度，若使用浓度较低，强度不够时，可用戊二醛等交联剂再交联处理，进行双重固定化。

角叉莱胶对酶无毒害，通透性能较好，是一种良好的固定化载体。

(4)明胶包埋法　配制一定浓度的明胶悬浮液，加热溶化、灭菌后冷却至 35℃以下，与一定浓度的酶溶液混合均匀，冷却后制成所需形状。若机械强度不够，可用戊二醛等双功能交联剂强化。由于明胶是一种蛋白质，故明胶包埋法不适用于蛋白酶的固定化。

(5)聚丙烯酰胺凝胶包埋法　先配制一定浓度的丙烯酰胺和甲叉双烯酰胺的溶液，与一定浓度的酶溶液混合均匀，再加入一定量的过硫酸钙和四甲基乙二胺(TEMED)，混合后让其静置聚合，获得所需形状的固定化胶粒。用聚丙烯酰胺凝胶制备的细胞机械强度高，可通过改变丙烯酰胺的浓度调节凝胶的孔径，适用于多种酶的固定化。然而由于丙烯酰胺单体对某些酶有一定的毒害作用，在聚合过程中，应尽量缩短聚合过程，以减少酶与丙烯酰胺单体的接触时间。

(6)光交联树脂包埋法　选用一定分子量的光交联树脂预聚物，例如分子量为1000～3000的光交联聚氨酰预聚物等，加入1%左右的光敏剂，加水配制成一定浓度，加热至50℃左右使之溶解，然后与一定浓度的酶液混合均匀，摊成一定厚度的薄层，用紫外光照射3min左右，即可交联固定化，然后在无菌条件下，切成一定形状。

2. 微囊型包埋法

微囊型包埋法是用直径几十到几百微米、厚约25nm的半透膜将生物催化剂包埋固定化的方法，如图11-1(e)所示。与网格型包埋法相似，酶分子或细胞是游离的，但被限制在高分子半透膜的一定空间内。半透膜能容许小分子底物和产物自由出入膜内外，大分子蛋白质和酶蛋白不能透过微胶囊。由于微囊的比表面积大，因此物质交换可以进行得十分迅速，另一方面半透膜还能阻止蛋白质分子渗漏和进入。许多材料可用于制备微胶囊，其中尼龙膜和硝酸纤维素比较常用。

制备微囊型固定化生物催化剂的方法有下列几种：

(1)界面沉淀法(interfacial precipitation)　又称为相分离法(phase separation method)、界面凝聚法(interfacial coacervation)，即利用某些高聚物在水相和有机相的界面上溶解度降低而凝聚，形成皮膜而将酶或细胞包埋的方法。例如，先将酶水溶液或细胞悬浮液在含有硝酸纤维素的乙醚溶液中乳化、分散，然后再加入苯甲酸丁酯，促使硝酸纤维素在酶液液滴周围凝聚，最后用Tween 20破乳化后就可得到包含酶或细胞的火棉胶微囊。此法工艺条件温和，酶失活少，形成的皮膜表面积和质量的比值高，酶或细胞的包埋容量大(蔗糖酶可达1500mg/g聚合物)，稳定性好，控制沉淀条件还可调节皮膜的孔径。此法容易放大，因此，一般认为有很大的工业应用潜力。缺点是要完全除去膜上残留的有机溶剂很麻烦。常用膜材料有硝酸纤维素、聚苯乙烯和聚甲基丙烯酸甲酯等。

(2)界面聚合法(interfacial polymerization method)　是利用亲水性单体和疏水性单体在界面发生聚合的原理，在含酶或细胞的微滴界面，通过加成或缩合反应形成水不溶性多聚体制成微囊包埋酶或细胞的一种方法。例如，尼龙膜包埋酶的制备，将亲水单体和疏水单体，如酶和己二胺的水溶液与含癸二酰氯的氯仿或甲苯有机溶剂，加以混合后，再加Span乳化，这样两种单体，己二胺和癸二酰氯，就在水相和有机相的界面上聚合，形成包埋酶的尼龙膜珠粒，用Tween 20破乳化后，即得到所要的微囊包埋酶。除尼龙膜外还有聚酰胺、聚脲等形成的微囊。此法制备的微囊大小能随乳化剂浓度和乳化时的搅拌速度控制，制备过程所需时间短。但在包埋过程中由于发生化学反应会引起酶失活。

(3)二级乳化法　酶溶液或细胞悬浮液先在高聚物(常用乙基纤维素、聚苯乙烯等)有机相中乳化分散，再在水相中分散形成次级乳化液，当有机高聚物溶液固化后，每个固体球内包含着多滴酶溶液或细胞悬浮液。此法制备比较容易，但膜比较厚，会影响底物扩散。

微囊型固定化生物催化剂通常直径为几微米到几百微米的球状体，颗粒比网格型要小得多，比较有利于底物和产物扩散，但是反应条件要求高，制备成本也高。底物扩散进入膜内和产物扩散到膜外需要精确控制，若反应中产物累积太快，有可能导致半透膜破裂。另一个问题是，若固定化酶或细胞的密度与反应溶液主体的密度相近，固定化酶或细胞会漂浮于液面上，会对反应器的结构、流体动力学参数等产生影响。

五、交联法

交联法是利用双功能或多功能试剂在酶分子间或酶分子与惰性蛋白间、或酶分子与载体间进行交联反应以共价键制备固定化酶的方法。常用的试剂有戊二醛、1,6-亚己基二异氰酸酯、甲苯双异氰酸盐、双重氮联苯胺和乙烯-马来酸酐共聚物等。

交联法可以不需要载体，通过酶（或细胞）相互交联而形成一个复杂的三维结构（图11-3）。一般是使用双功能或多功能试剂，如戊二醛、甲苯双异氰酸盐等使细胞或酶分子之间形成共价键而交联。此法与共价结合法一样也是利用共价键固定酶。参与交联反应的酶蛋白的功能团有 N 末端的 α-氨基、赖氨酸 ε-氨基、酪氨酸的酚基、半胱氨酸的巯基和组氨酸

图 11-3　交联生物催化剂的复杂三维结构

的咪唑基等。作为交联剂的有形成希夫碱的戊二醛，形成肽键的异氰酸酯，发生重氮偶合反应的双重氮联苯胺或 N,N'-乙烯双马来亚胺等。最常用的交联剂是戊二醛，其反应式如下（E 表示酶或微生物）：

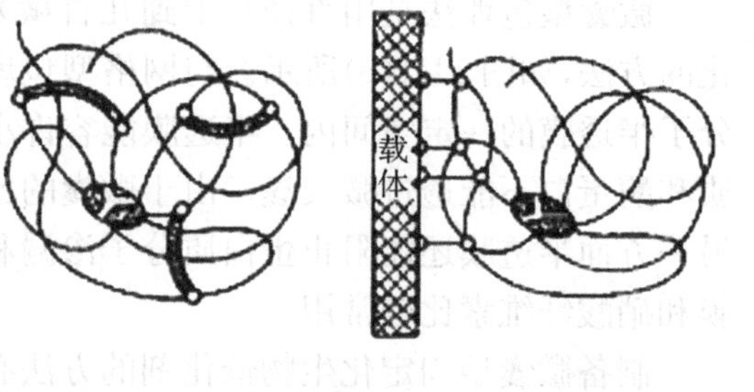

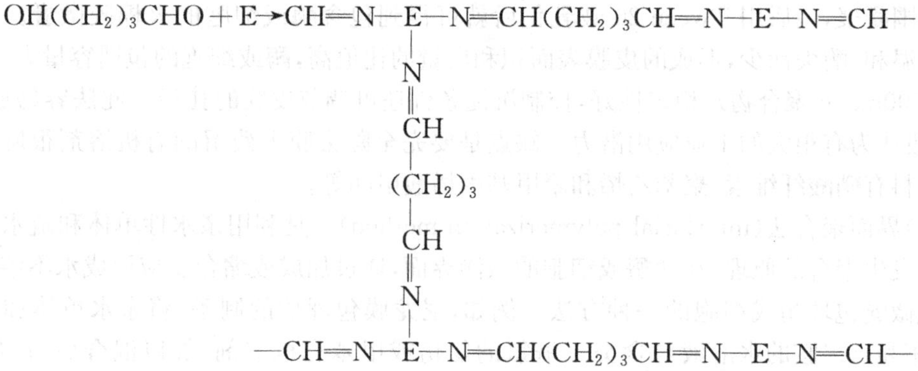

$$OH(CH_2)_3CHO + E \rightarrow CH=N-E-N=CH(CH_2)_3CH=N-E-N=CH-$$

$$
\begin{array}{c}
N \\
\parallel \\
CH \\
(CH_2)_3 \\
CH \\
\parallel \\
N
\end{array}
$$

$$-CH=N-E-N=CH(CH_2)_3CH=N-E-N=CH-$$

交联反应可发生在酶分子间，也可发生于分子内。分子间交联和分子内交联的比例与酶的浓度及交联试剂的浓度有关，也和 pH 与离子强度有关。一般来说，酶浓度低时，主要形成分子内交联，交联后酶通常仍保持溶解状态。酶浓度升高，分子间交联的比例上升，形成的固定化酶往往变为不溶态。

仅通过酶分子间交联形成的固定化酶（即无其他物质参与），颗粒一般很小，而且机械性能不佳。克服这一缺点的办法之一是先将酶吸附于载体上，或者包埋于凝胶或微囊内，然后再用双功能或多功能试剂进行交联做成固定化酶网膜或酶网颗粒，这种固定化酶的空间位阻效应也较小。另一办法是酶先与 AE-纤维素、或部分水解的尼龙及其他带伯氨基的载体等混合，然后再用交联试剂进行交联。

交联法虽然操作简便，但交联反应条件往往比较激烈，许多酶易在固定化过程中失活，固定化的酶活回收率一般较低，对于活细胞和大多数蛋白酶，交联试剂的毒性是这种方法应用的一大限制。尽可能降低交联剂浓度和缩短反应时间有利于固定化酶比活力的提高。当不用外加载体仅用自身酶分子交联时，在交联反应系统中常添加白蛋白、明胶等辅助惰性蛋

白作为空间间隔，以避免酶分子之间可能过于接近。若选择适当的双功能或多功能试剂的功能基团及其链长，选择适当的反应条件，会有利于建立某种分子内交联、或有利于亚基的固定及四级结构的维持，能进一步提高固定化酶的稳定性。交联细胞往往利用自身的细胞壁及杂蛋白作为载体，又称原位固定化(immobilization *in situ*)，在这种情况下，交联反应常可提高固定化生物催化剂的结构刚性而增进其稳定性，甚至能提高对小分子底物的催化活性。

交联法固定化酶的优点是可以做到无外加载体或很少载体，用于催化反应时传质阻力小，有利于提高催化效率。缺点是机械性能不好，颗粒很细，不利于从反应液中分离生物催化剂，这是其应用的一个限制。交联法最常用于增强其他固定化方法，可以减少其他固定化酶体系的酶泄漏，例如吸附法和交联法联合使用，交联法和包埋法联合使用。交联法的原理被用于交联酶晶体中，酶处于晶体状态再交联将不会影响酶的活性，同时会增强酶的稳定性，并能提高其抵抗蛋白酶水解的能力。

上述几种方法没有一种方法是十全十美的，各有利弊。各种固定化方法的优缺点比较见表 11-1。

表 11-1　各种固定化方法的优缺点比较

方　法	优　点	缺　点
吸附法	制作条件温和、简便，成本低，载体再生、可反复使用	结合力较弱，对 pH、离子强度、温度等因素敏感，酶易脱落，酶装载容量一般较小
共价结合法	载体与偶联方法可选择性大。酶的结合力强，非常稳定	偶联条件激烈，易引起酶失效，成本高，某些偶联试剂有一定的毒性
网格型包埋法	包埋材料、包埋方法可选余地大，固定化酶的适用面广，包埋条件较温和	仅可用于低分子量的底物，不适用于柱系统，常有扩散限制问题，不是所有单体材料与溶剂都适用于各种酶
微囊型包埋法	颗粒比网格型包埋法要小得多，比较有利于底物和产物扩散	操作条件要求高，制备成本也高，催化反应时底物扩散进入膜内和产物扩散到膜外需要精确控制
交联法	可用的交联试剂多，技术简易。酶的结合力强，稳定性较高	交联条件较激烈，机械性能较差

【习题与思考】

1. 什么叫固定化酶？应用固定化酶有哪些优点？
2. 固定化的方法有哪些？各有什么优缺点？

任务十二　非水相酶催化

【任务内容】

随着现代生物催化技术、特别是非水相酶催化技术的突飞猛进，生物催化技术已在化工、医药、食品、材料等各个领域获得了越来越广泛的应用，为国民经济的发展和人民生活的改善发挥了巨大的作用。可以预言，在新的世纪里，面对矿石资源日益枯竭、环境污染不断加剧的形势，催化效率高、反应条件温和(常温、常压、中性 pH)和专一性强的生物催化过程势必将逐渐取代一些高温高压、强酸强碱、高消耗、重污染以及无选择性的传统化学工艺，或者替代其中的一个步骤，此可谓“化学-酶一体化”。也就是说一个目标产品的合成过程将由化学转化和生物转化两种方法优化组合而成。由于酶固有的立体专一性，生物催化技术特别适用于解决化学合成的医药和农药中普遍存在的无效、甚至有害对映体的手性转换问题，非水相生物催化技术的突破则为许多水不溶性底物的生物转化、尤其是人工合成的外消旋混合物的对映选择性反应提供了广阔前景。

但是在过去的很长一段时期内，人们一直错误地认为酶只能在水溶液中才能充分体现其催化功能，若与有机溶剂接触，就会变性失活。另一方面，由于大多数有机化合物在水中很难溶解，有些还不稳定，因此化学合成大多使用有机溶剂作为反应介质，从而忽略了对高度专一性生物催化剂的应用。直到 20 世纪 80 年代，美国麻省理工学院的克利巴诺夫(Klibanov)成功地在利用酶有机介质中的催化作用，获得酯类、肽类、手性醇等多种有机化合物，明确指出酶可以在几乎无水的有机溶剂中发挥催化作用，并且所表现出的催化性能(如活力、选择性、稳定性)与在常规水溶液介质中的性能截然不同，这彻底地突破了酶只能在单一的水溶液介质中应用的局限，非水相酶催化反应研究蓬勃兴起。

一、有机相中酶催化特性

与在传统的水溶液介质中相比，酶在有机相中进行催化反应具有如下优点：①增加疏水性底物的溶解度，提高反应效率；②可以使原本在水相中很难进行的反应顺利进行，比如酯、肽的合成等；③可以减少在水相中极易发生的副反应，如酸酐的水解、卤代物的水解等；④可以控制底物的专一性；⑤由于酶不溶于有机溶剂，可以采用简单的固定化方法(如吸附法)，酶不容易从固定化载体上脱落；⑥酶的回收容易，产物分离纯化简单；⑦在有机溶剂中酶的热稳定性提高；⑧有机相酶反应中无微生物污染；⑨酶有可能用于无溶剂体系中。酶在有机相中催化反应也具有明显的缺点，那就是酶的活性通常要比在水相中低。

二、有机相中酶催化反应的条件及其控制

1. 酶的选择

要进行酶在有机介质中的催化反应，首先要选择好所使用的酶。不同的酶具有不同的结构和特性，同一种酶，由于来源的不同和处理方法(如纯度、冻干条件、固定化载体和固定化方法、修饰方法和修饰剂等)的不同，其特性也有所差别，所以要根据需要通过试验进行选择。

在酶催化反应时，通常酶所作用的底物浓度远远高于酶浓度，所以酶催化反应速率随着酶浓度的升高而升高，两者成正比。

在有机介质中进行催化反应，对酶的选择不但要看催化反应速率大小，还要特别注意酶的稳定性、底物专一性、对映体选择性、区域选择性、键选择性等。

2. 底物浓度控制

底物的浓度对酶催化反应速率有显著影响，一般说来，在底物浓度较低的情况下，酶催化反应速率随底物浓度的升高而增大。当底物达到一定浓度以后，再增加底物浓度，反应速

率的增大幅度逐渐减少,最后趋于平衡,逐步接近最大反应速率。

酶在有机介质中进行催化,要考虑底物在有机溶剂和必需水层中的分配情况。疏水性强的底物虽然在有机溶剂中溶解度大,浓度高,但难于从有机溶剂中进入必需水层,与酶分子活性中心结合的底物浓度较低,而降低酶的催化速率;如果底物亲水性强,在有机溶剂中的溶解度低,也使催化速率减慢。所以应该根据底物的极性,结合有机溶剂的选择,控制好底物的浓度。

此外,有些底物在高浓度时,会对反应产生不利影响,即产生高浓度底物对酶反应的抑制作用。要采用适宜的方法,使底物浓度维持在一定的范围内。例如,脂肪酶在叔丁醇介质中催化苯酐酸甲酯的氨解反应,氨是底物之一,如果采用直接通入氨气的方法,则不但操作不方便,反应较难控制,而且过高浓度的氨对酶分子有不利影响,如果采用氨基甲酸作为氨的供体,可以使反应体系中持续维持较低的氨浓度,有利于催化反应的进行。

3. 有机溶剂的选择

不同的有机溶剂由于极性不同,对酶分子结构以及底物和产物的分配有不同的影响,从而影响酶催化反应速率,同时还会影响酶的底物专一性、对映体选择性、区域选择性和键选择性等。

有机溶剂是影响酶在有机介质中催化的关键因素之一,在使用过程中要根据具体情况进行选择。

有机溶剂的极性选择要适当,极性过强($\lg P<2$)的溶剂会夺取较多的酶分子表面结合水,影响酶分子的结构,并使疏水性底物的溶解度降低,从而降低酶反应速率,在一般情况下不选用;极性过弱($\lg P\geqslant 5$)的溶剂,虽然对酶分子必需水的夺取较少,疏水性底物在有机溶剂中的溶解度也较高,但是底物难于进入酶分子的必需水层,催化反应速率也不高。所以通常选用 $2\leqslant \lg P\leqslant 5$ 的溶剂作为催化反应介质。

在与水混合的有机介质中,水与有机溶剂混合在一起,组成均一的单相反应体系。在此反应体系中,有机溶剂的含量对酶的催化作用也有显著影响。例如,在与水混溶的二氧六环介质中,辣根过氧化物酶(HRP)催化对苯基苯酚的聚合反应,随着二氧六环的含量增加,聚合得到的聚合物的分子量逐渐增大,在二氧六环的含量为 85%时,聚合物的分子量达到 25000,而二氧六环的含量为 60%时,获得的聚合物分子量仅为 3000 左右,两者相差 8 倍多。通过进一步优化反应条件并进行控制,经过酶的催化作用聚合得到的聚合物分子量还可以提高。

4. 水含量的控制

酶分子的构象主要由静电作用力、范德华力、疏水作用以及氢键等作用构成一个复杂的网络来维持,水分子直接或间接地参与这些非共价作用力的形成或维持,其作用类似于润滑剂和增塑剂。酶与底物的结合是一个双方诱导契合过程,在相互作用过程中酶和底物都要作微小的构象变化。因此酶必须有一定的“柔性”,以使酶能趋向于最佳催化状态所需的构象变化。有机溶剂缺乏提供形成多种氢键的能力,不具备像水那样的调节功能。有机溶剂的介电常数一般较低,这往往会导致蛋白质带电基团之间更强的静电作用,使蛋白质的“刚性(rigidity)”增加,因而酶在脱水溶剂中比在水溶液中的活性低。事实上,酶之所以在有机溶剂中表现出催化活性,是因为它们能牢固地结合一些“必需水”(essential water),并保持它在催化反应中起调节作用。一定量的水对维持酶催化所需的正确构象是必需的,酶在真正的完全无水的介质中是没有催化活性的。

有机介质中,水的含量对酶分子的空间构象和酶催化反应速率有显著影响,其主要原因是水含量会影响酶分子的空间构象,从而影响酶活力。图 12-1 是水含量和催化活性的关系。从曲线可以看到,水含量低时,酶催化反应速率随水含量的升高而增大;在体系的水含量达到最适水含量时,酶催化反应速率达到最大;超过最适水含量,反应速率又降低。所以要通过试验确定反应体系的最适水含量。

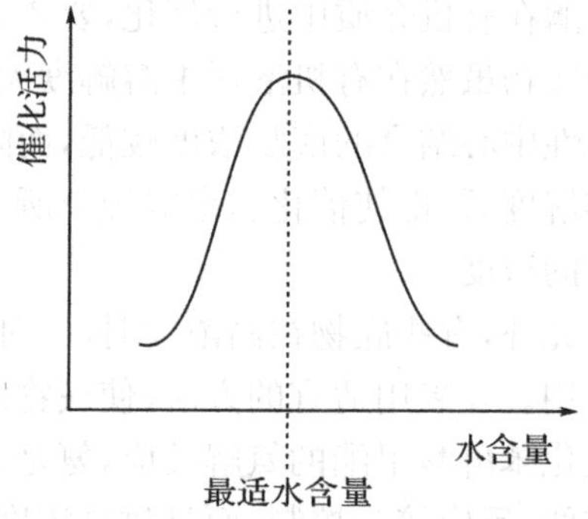

图 12-1　有机相中酶活性与含水量的关系

5. 温度的控制

温度是影响酶催化作用的主要因素之一。一方面,随着温度的升高,化学反应速率加快,另一方面,酶是生物大分子,过高的温度会引起酶变性失活。两种因素综合的结果,在某一个特定的温度条件下,酶催化反应速率达到最大,这个温度称为酶反应的最适温度。

在微水有机介质中,由于水含量低,酶的热稳定性增强,所以其最适温度高于在水溶液中的催化最适温度。但是温度过高,同样会使酶的催化活性降低,甚至引起酶的变性失活,因此,需要通过试验,确定有机介质中酶催化的最适温度,以提高酶催化反应速率。

要注意的是酶与其他非酶催化剂一样,温度升高时,其立体选择性降低。这一点在有机介质的酶催化过程中显得特别重要,因为手性化合物的拆分是有机介质酶催化的主要应用领域。必须通过试验,控制适宜的反应温度,使酶催化反应在较高的反应速率以及较强的立体选择性下进行。

6. pH 的控制

在水溶液反应介质中,pH 影响酶活性中心基团和底物的解离状态,直接影响酶的催化活性,因此 pH 对酶的催化反应速率有很大影响。在某一特定的 pH 时,酶的催化反应速率达到最大。这个 pH 称为酶催化反应的最适 pH。在有机介质中,pH 对酶催化的影响也有相同的规律。研究结果表明,酶在有机介质中催化的最适 pH 通常与在水溶液中催化的最适 pH 相同或者接近。因为在有机介质中,与酶分子基团结合的必需水维持酶分子的空间构象,而且只有在特定的 pH 和离子强度条件下,酶的活性中心上的基团才能达到最佳的解离状态,从而保持其催化活性。

在有机介质中,酶的催化活性与酶在缓冲溶液中的 pH 和离子强度有密切关系。研究表明,酶分子从缓冲溶液转到有机介质后,酶分子保留了原有的 pH 印记。也就是说,将溶解在一定 pH 和离子强度缓冲液中的酶进行冷冻干燥,获得的酶制剂投入有机介质中,酶分子在有机介质中保持了原有 pH 状态下的解离状态。因此可以通过调节缓冲溶液 pH 和离子强度的方法对有机介质中酶催化的 pH 和离子强度进行调节控制。

虽然酶分子从缓冲液转到有机介质时,其 pH 状态保持不变,但是在酶进行冷冻干燥过程中,pH 状态却往往有所变化。例如,希令(Hilling)等人发现,酵母乙醇脱氢酶在磷酸缓冲液中进行冷冻干燥的过程,pH 急剧下降,酶活性大量丧失;而在 Tris 缓冲液和甘氨酰甘氨酸缓冲液中进行冷冻干燥时,pH 没有明显变化,酶活力也比较稳定。这表明,缓冲液对冷冻干燥过程中 pH 和酶活力的变化有明显影响。所以在酶的冷冻干燥过程中，除了要选择好缓冲液以外，通常还要加入一定量的蔗糖、甘露醇等冷冻干燥保护剂，以减少冷冻干燥对酶活力的影响。

三、非水相酶催化反应的应用

1. 酯合成和醇、酸、酯的拆分

（1）糖酯的酶催化合成　糖酯是一类生物表面活性剂，可采用生物催化的酯化或转酯反应来制备。对于高沸点反应物醇和酸参与的酯化反应可采用蒸馏法除去酯化反应时生成的水。6-*O*-酰基-1-烷基吡喃葡萄糖苷是生物可降解的非离子型表面活性剂，工业上合成时，采用热稳定性脂肪酶催化脂肪酸和烷基吡喃葡萄糖苷缩合而成（图 12-2）。为了使反应进行完全，反应过程中生成的水通过减压蒸馏（70℃，10^{-3} MPa）除去，底物分子中 R_1 基团的改变会影响酶催化反应的产率，见表 12-1。

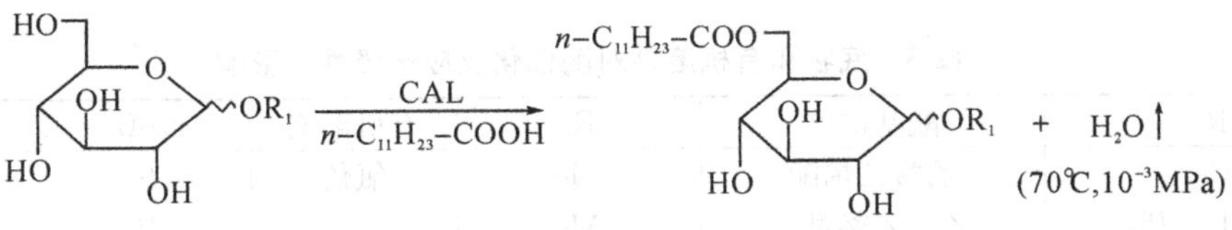

图 12-2　糖酯的酶催化合成

表 12-1　糖苷取代基 R_1 对酶催化反应产率的影响

R_1	6-*O*-单酯产率	二酯产率	R_1	6-*O*-单酯产率	二酯产率
H	<5	0	*i*-Pr	93	4
Me	53	4	*n*-Pr	96	17
Et	93	5	*n*-Bu	94	22

（2）醇的顺、反立体异构体拆分　开链二萜醇类化合物香叶醇和橙花醇是香料添加剂，互为顺反异构体，顺式（*Z*）构型为香叶醇，反式（*E*）构型为橙花醇，这两者可以用猪胰脂肪酶（PPL）作催化剂，在乙醚溶剂中以酸酐为酰基供体，通过选择性酯化反应将香叶醇转化为香叶醇酯，醇和酯很容易分离，发现长链酸酐将有利于香叶醇的酯化，见图 12-3。

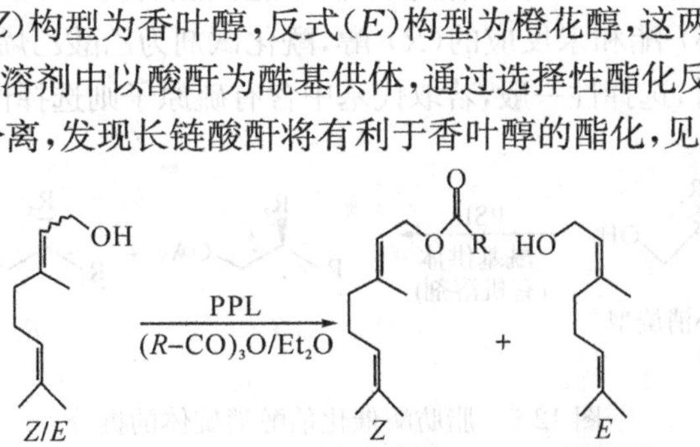

图 12-3　用猪胰脂肪酶（PPL）催化萜烯醇的立体选择性酯化

表 12-2　用猪胰脂肪酶（PPL）催化萜烯醇的酯化选择率

R	香叶醇酯/%	橙花醇酯/%	选择率（*E*）
n-C_3H_7—	85	16	11
n-C_5H_{11}—	66	7	13
n-C_7H_{15}—	72	7	15

(3)潜手性二醇的不对称酯化　手性1,3-二醇衍生物是一类手性合成源，可用于磷脂、血小板活化因子(PAF)、PAF-拮抗剂、肾素抑制剂等的合成，获得这些手性源的简单方法是先从简单的丙二酸衍生物制备2-取代-1,3-丙二醇，然后潜手性2-取代-1,3-丙二醇可以通过假单胞菌脂肪酶的酯化反应生成两种不同的单酯衍生物，见图12-4。当底物分子中R取代基和反应体系有机溶剂改变时，酶催化反应的选择性将发生改变，见表12-3。该表中最后三个反应表明当反应温度降低时，反应选择性增加。

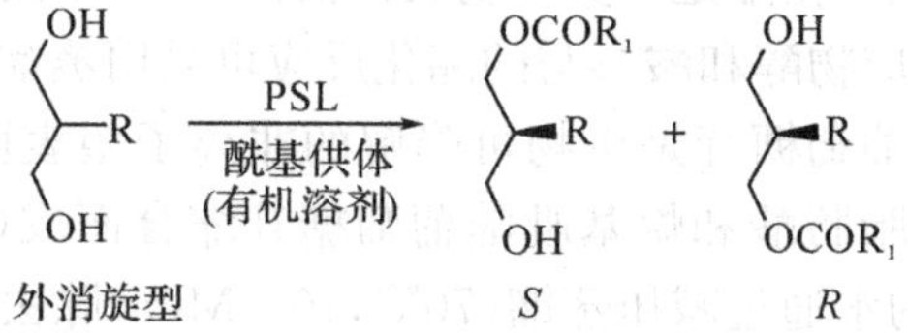

图12-4　潜手性2-取代-1,3-丙二醇的不对称酯化

表12-3　底物和有机溶剂对酶催化反应选择性的影响

R	酰基供体	R_1	有机溶剂	构型	e. e. %
Me	乙酸乙烯酯	Me	氯仿	*S*	>98
—CH_2—Ph	乙酸乙烯酯④	Me	—	*R*	>94
1-萘甲基	乙酸乙烯酯④	Me	—	*R*	86
—O—CH_2—Ph	乙酸乙烯酯	*n*-$C_{17}H_{35}$	异丙醚	*S*	92
—O—CH_2—Ph	乙酸异丙烯酯	Me	氯仿	*S*	96
—O—CH_2—Ph	乙酸乙烯酯④	Me	—	*S*	90①
—O—CH_2—Ph	乙酸乙烯酯④	Me	—	*S*	92②
—O—CH_2—Ph	乙酸乙烯酯④	Me	—	*S*	94③

①25℃；②17℃；③18℃；④酰基供体作为溶剂。

(4)伯醇消旋体的拆分　在有机溶剂中，假单胞菌脂肪酶(PSL)通过酯化反应可以拆分伯醇类消旋体，产生(*S*)-酯和未反应的(*R*)-醇，酰化试剂为乙酸乙烯酯或酸酐，见图12-5。当取代基为烷基或芳基时，选择性一般，若取代基中含有硫原子则选择性显著增加(表12-4)。

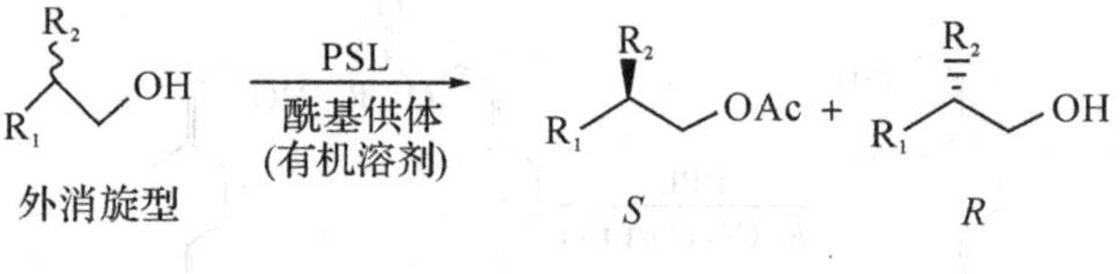

图12-5　脂肪酶催化伯醇消旋体的拆分

表12-4　不同取代基选择性情况

酰基供体	溶剂	R_1	R_2	酯/e. e. %	醇/e. e. %	选择率(*E*)
醋酐	苯	Me	Ph	8	28	12
醋酐	苯	Et	*n*-C_4H_9	17	36	2
乙酸乙烯酯	氯仿	Me	$(CH_2)_2SPh$	>98	>98	>100
乙酸乙烯酯	氯仿	Me	$(CH_2)_2SO_2Ph$	>98	>98	>100

(5)仲醇消旋体的拆分　丙烯醇的环氧化是重要的不对称合成反应，在手性合成中有着广泛的应用。烯醇类消旋体在有机溶剂中用 PSL 拆分，然后再进行环氧化可得到特定立体构型的 α-羟基环氧乙烷。研究发现，含有烯烃、炔烃甚至丙二烯结构的仲醇消旋体底物可用脂肪酶催化下的酰基转移反应得到产物手性酯和手性仲醇(图 12-6)，拆分反应的对映体选择率较高(表 12-5)。

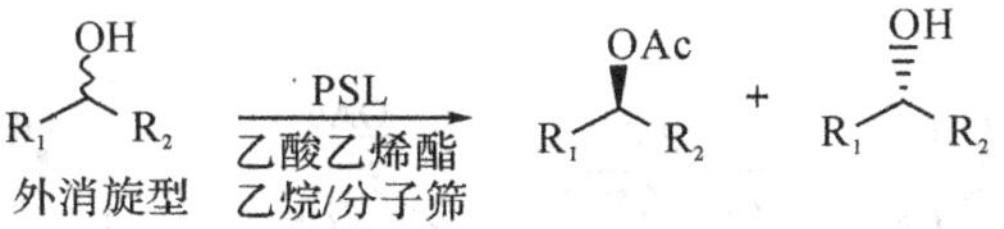

图 12-6　脂肪酶催化仲醇消旋体的拆分

表 12-5　不同取代基的对映体选择性数据

R_1	R_2	选择率(E)
Me	Ph-(C$=$CH$_2$)—	>20
CH$_2$$=$CH—	(E)-Ph—CH$=$CH—	>20
CH$_2$$=$CH—	Ph—C≡C—	>20
HC≡C—	(E)-Ph—CH$=$CH—	>20
Me	(E,E)-Me—(CH$=$CH)$_2$—	10～20
Me	n-Bu—C≡C—	>20
CH$_2$$=C=$CH—	ph—CH$_2$—	>20
Et	n-Bu—C≡C—	>20
Me	Me$_3$Si—C≡C—	>20

光学活性环氧烷烃可以通过光学活性的卤代醇在碱性条件下制备，光学活性的卤代醇可由 PSL 催化消旋体卤代醇选择性酯化法拆分生成(S)-酯和未反应的(R)-醇(图 12-7)。底物分子中取代基 R、X 结构会影响 PSL 催化反应的选择性(表 12-6)。

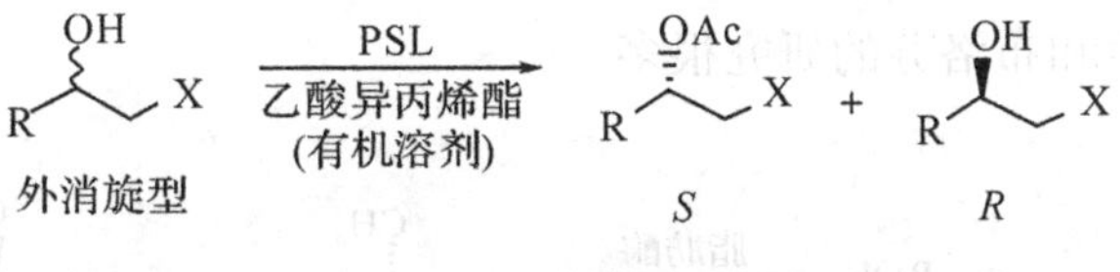

图 12-7　脂肪酶催化卤代仲醇消旋体的拆分

表 12-6　不同取代基的选择性情况

R	X	溶剂	选择率(E)	R	X	溶剂	选择率(E)
Ph	Cl	异丙醚	100	3,4-(MeO)$_2$C$_6$H$_3$—	Cl	异丙醚	>180
2-萘基	Br	异丙醚	95	TsOCH$_2$—①	Cl	己烷	>100
4-BrC$_6$H$_4$—	Br	异丙醚	140	TsOCH$_2$—①	n-C$_3$H$_7$—	己烷	26
4-MeOC$_6$H$_4$—	Br	异丙醚	80	TsOCH$_2$—①	n-C$_9$H$_{19}$—	己烷	21

①Ts=4-MeC$_6$H$_4$SO$_2$—。

(6)α-氰醇的拆分　光学纯氰醇是合成农药拟除虫菊酯的原料，同时还是合成 α-羟基

酸、α-羟基醛和氨基醇的重要中间体。若采用微生物脂肪酶对氰醇酯进行不对称水解，只能得到光学纯未水解的氰醇酯，而水解产物氰醇在水溶液中会自发消旋。在 pH>4 条件下，水溶液中存在着氰醇与醛和氢氰酸的可逆反应，然而在有机溶剂中氰醇是稳定的，可以分离纯化得到高光学纯度和高产率的氰醇。用这种方法可以拆分消旋体，分别得到两种对映异构体氰酯和氰醇（图 12-8），反应中溶剂性质和底物分子结构影响酶催化反应的选择性（*E*）（表 12-7）。

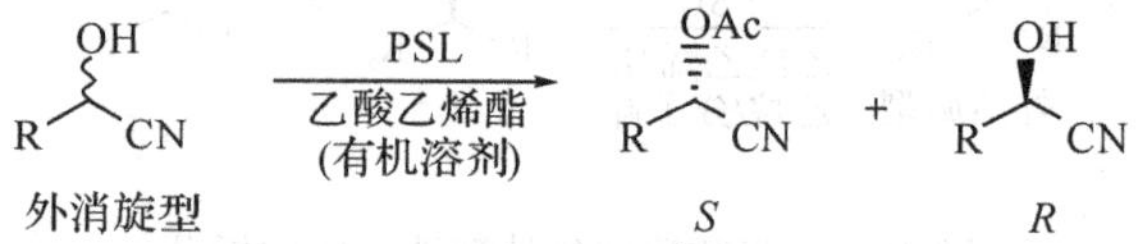

图 12-8　脂肪酶催化 α-氰醇的拆分

表 12-7　反应中溶剂性质和底物分子结构对酶催化反应选择性的影响

R	溶剂	酯/e. e. %	氰醇/e. e. %	选择率(*E*)
$Ph(CH_2)$—	—	90①	98②	24
1-萘甲氧基	—	91①	96②	28
$Ph(CH_2)OCH_2$—	—	55③	95③	12
n-C_3H_7—	CH_2Cl_2	55	33	5
Ph	CH_2Cl_2	68	80	13
$Ph(CH_2)_2$—	CH_2Cl_2	95	86	100
苯并[1,3]间二氧杂环戊烯-5-基	CH_2Cl_2	92	98	110
4-OHC_6H_4—	CH_2Cl_2	79	50	14

①转化率 22%～25%；②转化率 56%～59%；③转化率 63%。

（7）酸消旋体的拆分　2-芳基丙酸类非甾体消炎药是手性化合物，其药理活性往往只源自一种对映体，如(*S*)-萘普生(naproxen)在体内的消炎活性是(*R*)-型的 28 倍。因此利用脂肪酶催化不对称酯化反应进行拆分而获得单一对映体的研究广泛开展，见图 12-9。文献检索结果表明，对萘普生和布洛芬的研究很多。

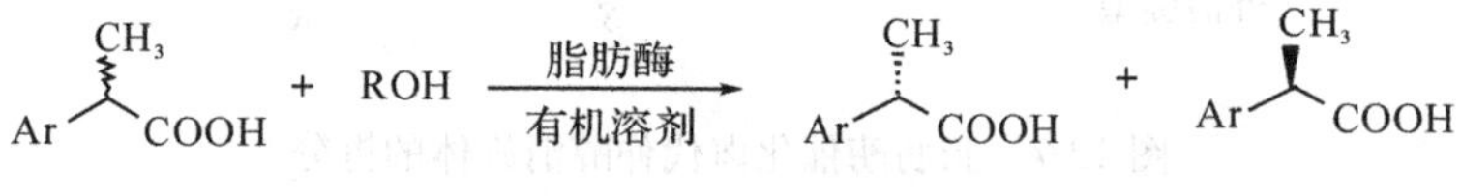

图 12-9　脂肪酶催化酯合成反应拆分 2-芳基丙酸类药物

2. 酰胺化反应和手性胺的拆分

酶催化的酰胺化反应具有手性识别作用，可用于消旋体胺的拆分。枯草杆菌蛋白酶在有机溶剂中能催化消旋体 α-甲基苄胺与丁酸三氟乙酯进行立体选择性转酰基反应，从而拆分消旋体（图 12-9）。有机溶剂对反应的选择性影响很大，若用极性溶剂取代亲脂性溶剂可使反应的选择性增加 5 倍多（表 12-8）。

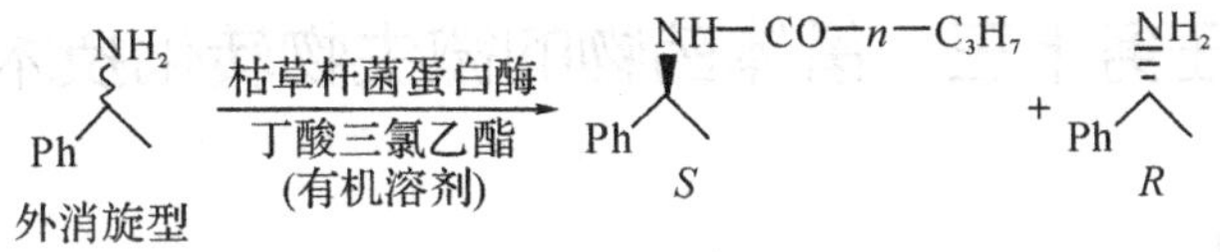

图 12-10　蛋白酶催化 α-甲基苄胺的拆分

表 12-8　极性溶剂和亲脂性溶剂对反应选择性的影响

溶　剂	选择率(E)	溶　剂	选择率(E)
辛烷	1.4	四氢呋喃	3.5
丁醚	1.8	2-甲基-2-丁醇	4.1
吡啶	2.5	3-甲基-3-戊醇	7.7

3. 多肽合成反应

多肽是由氨基酸残基通过肽键(酰胺键)连接而成的一类化合物，具有广泛的生物学活性，一些甜味剂、毒素、抗生素也为多肽类化合物。化学法合成多肽需要经过以下 4 个步骤：①保护非反应性基团；②活化羧基；③形成肽键；④脱保护基团。多肽化学合成法中，尤其是在活化步骤中，存在着氨基酸消旋化的可能，另外化学法合成的终产物中含有多种相似序列的多肽，因而产物分离纯化困难。解决这些问题的最好办法是模仿生物体，利用特异性酶来催化多肽的合成。例如，二肽化合物 Asp-Phe-OMe，即阿司帕坦(aspartame)，又称阿斯巴甜，是一种低热量甜味剂，最经济的合成方法是采用酶-化学法合成。Z-保护的天冬氨酸与苯丙氨酸甲酯在热稳定性嗜热菌蛋白酶催化下缩合，见图 12-11。产物以不溶盐的形式及时脱离反应体系，推动反应朝着产物生成方向进行。

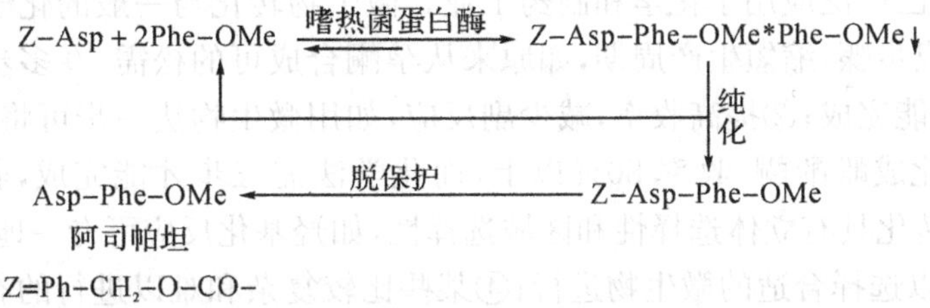

图 12-11　蛋白酶催化合成阿司帕坦

【习题与思考】

1. 有机相中酶催化有哪些优缺点？
2. 哪些因素会影响有机相中的酶催化？
3. 有机相中酶催化有哪些应用？

任务十三　甾体药物的微生物转化技术

【任务内容】

一、微生物转化及其特点

微生物转化是利用微生物进行底物的转化反应，其实质是化学反应被微生物细胞中的酶催化。微生物转化过程与发酵过程不同，一般只包括一步或少数几步酶催化反应，既可使用生长细胞，也可使用静息细胞(有生命、不生长、保持多种酶活性)。

早在20世纪30年代人们已经发现微生物具有转化某些化合物的能力。例如，酿酒酵母可将苯甲醛转化为生产麻黄素的中间体乙醛苯甲醇，弱氧化醋酸菌能将山梨醇氧化成山梨糖，某些棒状杆菌能将脱氢表雄酮转化为雄烯二酮，然后又经酵母作用变为睾酮。但微生物转化取得巨大成功的是始于20世纪50年代的甾体转化，并建立了工业规模的甾体激素转化操作技术。1952年美国Upjohn药厂的Peterson和Murray首先发现黑根霉能使孕酮一步转化为11α-羟基孕酮，即11α-羟基化反应，得率可达到85%，而原化学合成工艺需要10步化学反应才能完成，且得率很低。从此改造了步骤多、得率低、价格昂贵的可的松化学合成工艺，解决了可的松合成中最大的难题，开创了微生物转化甾体化合物的先例。此后，科学家不断发现多种微生物对甾体化合物的转化有着惊人的能力，利用微生物转化很容易取代许多化学方法都难以完成的化学反应。因此甾体激素的微生物转化与化学合成结合被认为是20世纪杰出的科学研究成果。

随着生物技术的快速发展，微生物转化技术拓展到了其他种类生理活性物质的合成上，如抗生素、维生素、手性药物、胆固醇抑制剂、某些氨基酸以及生物碱等的合成。现代微生物的生物转化技术已广泛应用于化学和制药工业。微生物转化与一般的化学过程比较，其优点有：①减少合成步骤，缩短生产周期，如原来从孕酮合成可的松需30多步反应，而用微生物法只要3步就能完成；②提高收率，减少副反应，如用微生物法一步可将19-羟基-雄甾-4-烯-3,17二酮转化成雌酚酮，收率80%以上，而化学法需三步才能完成，收率仅为15%～20%；③微生物转化具有立体选择性和区域选择性，如羟基化反应可专一地在11位羟基化，α位或β位都可以选择合适的微生物进行；④某些比较复杂和难以进行的有机化学反应，若改用微生物转化法，往往可以非常专一、迅速地完成；⑤反应条件温和，避免或减少使用强酸、强碱和一些有毒原料。

二、微生物转化的一般过程

微生物转化的一般过程包括以下几步：

(1)微生物菌体的获得。选择优良的菌种，使其在合适的环境中生长，达到足够量的菌体。这些菌体是催化底物转化反应的催化剂。

(2)转化体系的构建。微生物转化反应体系可以直接应用微生物发酵液，也可以是静息细胞悬浮于缓冲液而形成的体系，还可以是双水相体系或者水/非水溶剂两相体系。因此，在进行大规模转化反应前要通过实验研究优选转化反应体系。

(3)加入底物。对于大部分难溶于水的底物来说，底物的加入时间与方法会显著影响转化效率。因此，底物加入的时间与方法是重要的考虑因素。

(4)保温反应。在合适的环境条件下进行保温，直至转化反应完成。

(5)监测反应过程。间歇取样并监测底物与产物水平、pH、细胞量、能源和其他参数。

(6)终止反应。当样品分析表明产物积累停止，则移去活性细胞，停止反应。

(7)产物分离。微生物转化的溶剂主要是水，产物在水中浓度相对较低，通过过滤、萃取、浓缩和结晶等技术分离和纯化得到产物。

三、微生物转化生产甾体药物

(一) 甾体药物

甾体化合物(steroids)又称类固醇，是一类含有环戊烷多氢菲核的化合物，结构如图13-1。组成环戊烷多氢菲的骨架的各环分别以A、B、C、D表示，A、B和D环的各个碳原子以逆时针方向编号，C环的各个碳原子以顺时针方向编号，核上碳原子编号以后，再编号角上基团的碳原子，然后再编号侧链碳原子。一般在C-10和C-13上常有甲基，在C-3、C-11和C-17上可能有羟基或酮基，A环及B环上可能有双建，C-17上有长短不一的侧链。空间位置以α和β表示，α表示取代基在分子平面的下方，β表示取代基在分子平面的上方。在化学结构式中β与核上碳原子相连的是实线，α则为虚线。

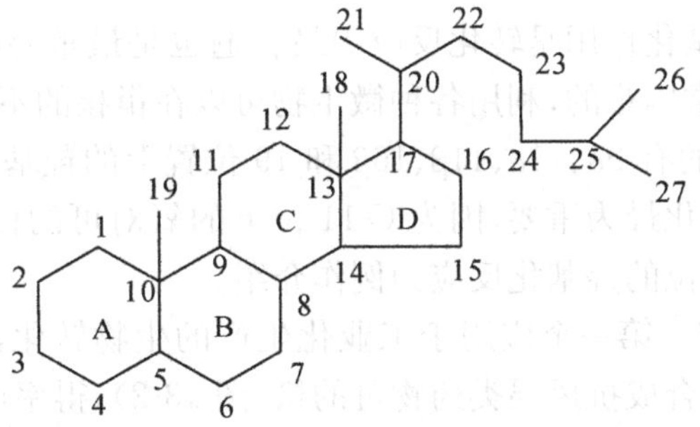

图13-1　甾体化合物结构

甾类药物对有机体起着非常重要的调节作用，如肾上腺皮质激素能治疗或缓解胶原性疾病、过敏性休克等难治或危险的疾病，也是治疗爱迪森病等内分泌疾病不可或缺的药物。各种性激素是医治雄性器官衰退和某些妇科疾病的主要药物，是治疗乳腺癌、前列腺癌的辅助治疗剂，也是近年来需求量很大的口服避孕药的主要成分。甾类药物因具有多种生理活性和医疗用途而得到迅速发展，成为医药工业中不可缺少的一类药物。甾类药物的发现及成功合成被誉为半个多世纪来医药工业取得最引人注目的两大进展之一(另一是发现抗生素)。

(二)转化反应类型

甾体化合物广泛存在于动、植物体内，但从自然界获取的这些天然结构的化合物，往往活性极低，必须对其进行结构改造，以增强其治疗活性，并克服毒副作用。甾体化合物结构十分复杂，含有几个不对称中心，尤其是它的活性高低多取决于取代基，而且往往是特定位点的取代基，如C-11β上的羟基(—OH)、C-1，2的双键等，因此天然甾体化合物的结构改造方法往往采用化学合成和微生物转化相结合的工艺路线，其中微生物转化在整个生产工艺中占有重要地位。

微生物对甾体化合物的转化多种多样的，对甾体每一位置(包括甾体母核和侧链)上的原子或基团都有可能进行生物转化(图 13-1)。目前在甾体激素药物生产中，比较重要的微生物转化反应主要有羟基化、脱氢、边链降解等，见表 13-1。

表 13-1　工业上重要的甾体药物微生物转化反应

反应类型	反应底物和产物	微生物
11α-OH	黄体酮→11α-黄体酮	黑根霉
11β-OH	化合物 S→氢化可的松	新月弯孢霉 蓝月犁头霉
16α-OH	9α-氟氢可的松→9α-16α-羟基氢可的松	玫瑰产色链霉菌
19-OH	化合物 S→19-羟甲基化合物 S	球墨孢霉 芝麻丝核菌
C-1,2 脱氧	氢化可的松→氢化泼尼松	简单节杆菌
A 环芳构化反应	19-去甲基睾丸素→雌二醇	睾丸素假单胞杆菌
水解反应	21-醋酸妊娠醇酮→去氧皮质醇	中毛棒杆菌
侧链降解	胆甾醇→ADD	分枝杆菌

1. 羟基化反应

微生物对载体的羟基化作用是转化反应中最普遍也是最重要的氧化作用，因为利用化学合成法进行加氧是非常困难的，利用各种微生物可以在甾核的不同位置进行羟基化反应。在甾体药物生产中重要的有 9α、11α、11β、16β 和 19 位置上的羟基化反应，在甾体的羟基化中第 11 位碳原子的羟基化最为重要，因为 C-11 位上的氧对可的松类药物的疗效是不可缺少的。这里主要以 C-11 位的羟基化反应为例作介绍。

(1) 11α-羟基化反应　第一个应用于工业化生产的生物转化，就是采用黑根霉在孕酮中的 11α 位引入羟基，以合成抗风湿类药物可的松(图 13-2)，得率可达 80%以上。

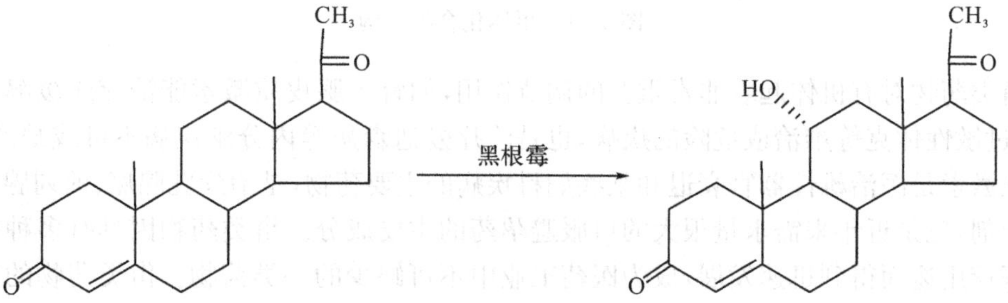

图 13-2　孕酮的 11α-羟基化

许多霉菌具有 11α-羟基化能力，其中根霉和曲霉属的菌种的 11α-羟基化能力普遍存在，而且转化率较高。

(2) 11β-羟基化反应　1952 年，Peterson 首先发现微生物的 11β-羟基化，即通过弗氏链霉菌将化合物 S(11-脱氧皮质醇)一步发酵转化成为氢化可的松(图 13-3)。目前微生物的 11β-羟基化反应已成为甾体化合物在工业上采用发酵生产的代表。

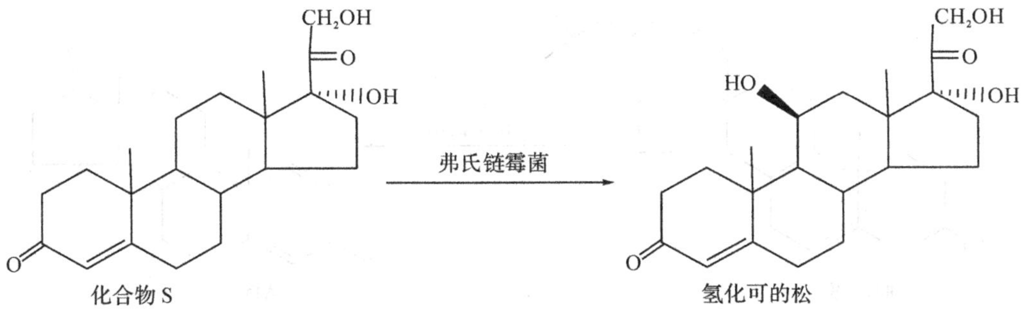

图 13-3 化合物 S 的 11-β 羟基化反应

2. 脱氢反应

微生物能够对甾体母核不同位置上进行脱氢反应，主要有 C-1，2 位、C-3，4 位、C-9，11 位等。不同微生物其脱氢能力不同，一般是细菌的脱氢能力高于真菌，尤其是某些棒状杆菌和分支杆菌中的脱氢酶活性最高，转化率可达 90%。而经过我国科研工作者自己选育和改造的简单节杆菌的 1，2 位脱氢反应转化率高达 97%以上，已达国际领先水平。由于所有高效皮质激素都含有 C-1，2 位双键，微生物在甾核上的 C-1，2 位脱氢作用是甾体药物工业上最有价值的一种反应。在 C-1，2 位间形成不饱和双键后，其生物活性较母体增强数倍。如氢化可的松经简单节杆菌脱氢后，可得到氢化泼尼松，反应如图 13-4 所示。

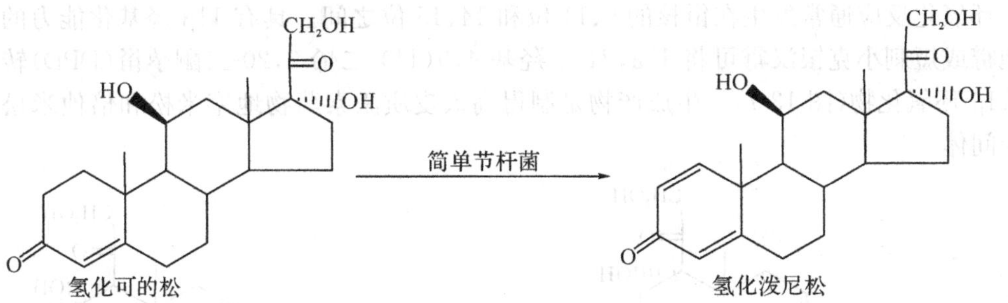

图 13-4 氢化可的松的 C-1，2 脱氢反应

3. 侧链降解

微生物对甾体化合物侧链的降解作用，能产生 C-19 或侧链上带有 2～3 个碳原子的甾体化合物，这就为甾体的合成提供了丰富和廉价的天然甾醇类原料，在工业上的重要性仅次于羟基化反应。能进行甾体侧链降解的微生物种类很多，如诺卡氏菌、简单节杆菌、分枝杆菌及棒状杆菌、淡紫青霉等。例如，胆甾醇经微生物降解侧链得到 1，4-二烯-3，17-二酮-雄甾（ADD），产率为 100%（图 13-5）。采用这种发酵法比薯芋皂苷以化学合成法制造 ADD 要减少十几步反应。

4. 芳构化反应

芳构化反应主要发生在甾体的 A 环。通过微生物的作用可使甾体 A 环上的碳原子脱氢形成双键而变为芳香化结构。一些雌性激素如雌二醇都可以通过这种反应制得。19-去甲基睾丸素经睾丸素假单胞菌的作用可转变成雌二醇和雌酮（图 13-6）。

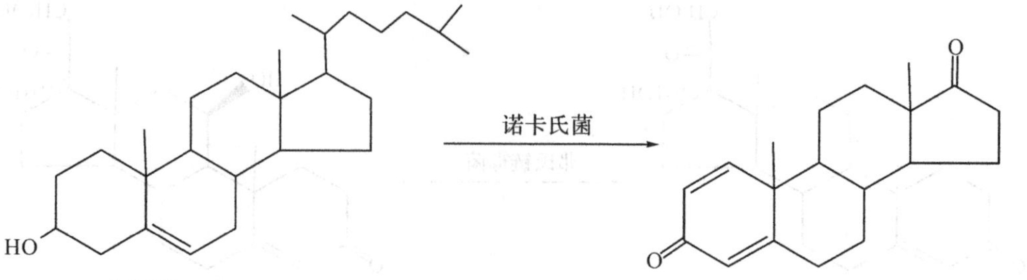

图 13-5　胆甾醇的侧链降解反应

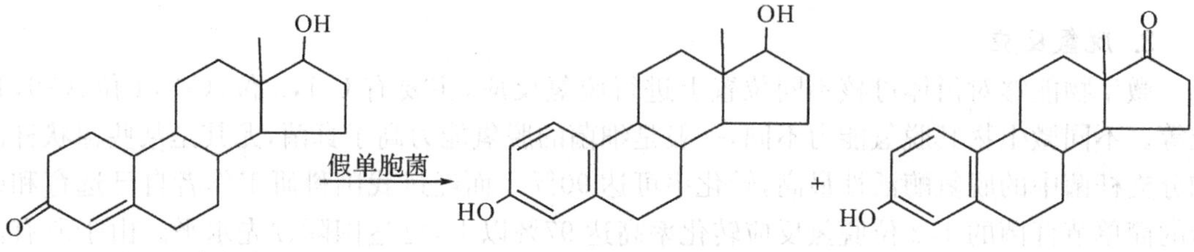

图 13-6　19-去甲基睾丸素的 A 环芳构化反应

5. 环氧化反应

环氧化反应通常发生在甾核的 9、11 位和 14、15 位之间。具有 11β-羟基化能力的新月弯孢霉或短刺小克银汉霉可将 17α,21-二羟基-4,9(11)-二烯-3,20-二酮孕甾(DPD)转化为 9β,11β-环氧化物(图 13-7)。生成产物是制得高效皮质激素药物地塞米松和倍他米松的重要中间体。

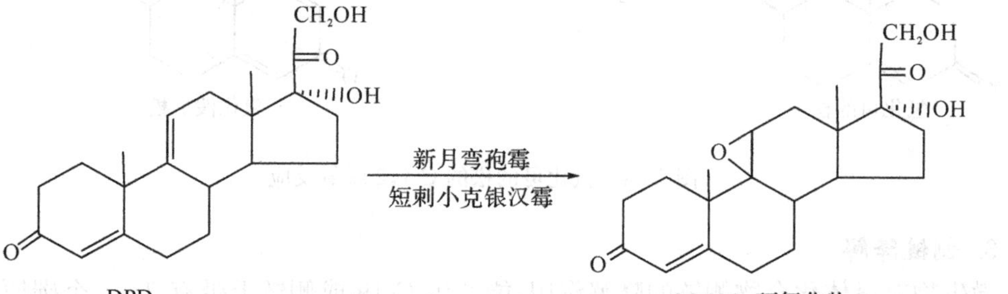

图 13-7　孕甾的环氧化反应

6. 还原反应

微生物催化还原反应有多种形式，有的是甾类化合物的醛或酮基被还原成伯醇或仲醇基，有的是甾体母核 A 环中双键被加氢还原成饱和键等。还原反应可以发生在甾体母核的碳原子上(3 位或 7 位)，也可发生在侧链上(20 位)。如酵母菌可以催化双酮睾丸素的 C-17 位羟基脱氧而转化成睾丸素(图 13-8)。

7. 水解反应

微生物促进水解法应包括脱酰化反应、环氧化物的水解反应等。如中毛棒杆菌能将 2-醋酸妊娠醇酮转变成去氧皮质酮(图 13-9)。

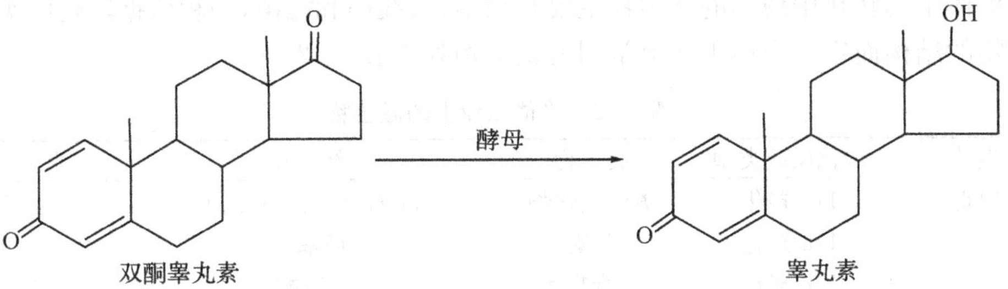

图 13-8 双酮睾丸素的还原反应

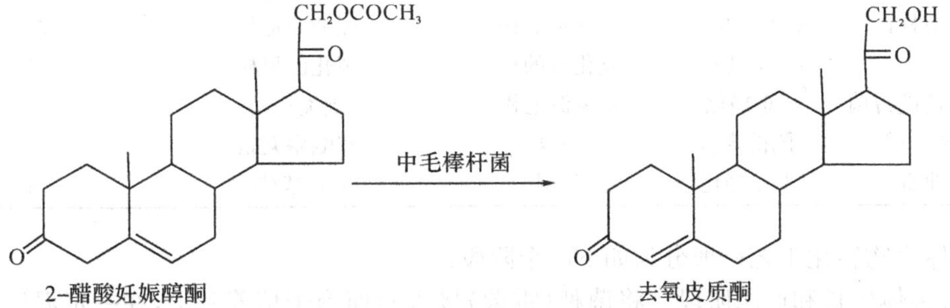

图 13-9 2-醋酸妊娠醇酮的水解反应

(三) 微生物转化工艺

1. 一般工艺流程

甾体药物的生产主要是利用从动、植物中提取的甾类原料对其结构进行改造,这种结构改造需要经过比较复杂的化学反应过程。目前,大多数是利用化学合成和微生物转化相结合的工艺路线。其中多数基团的改造和合成采用的都是化学合成法,只有关键的某一步或某两步采用了微生物转化法,微生物转化代替原来的化学合成可以大大缩短合成路线,并提高产物收率和产物质量。在甾体药物的工业生产中微生物转化的一般工艺流程如图 13-10 所示。

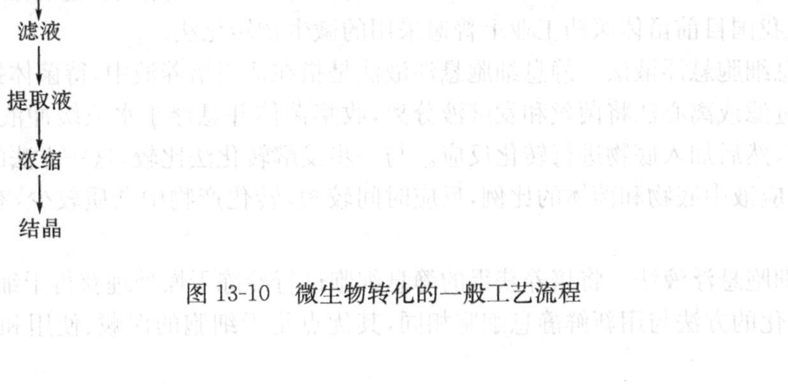

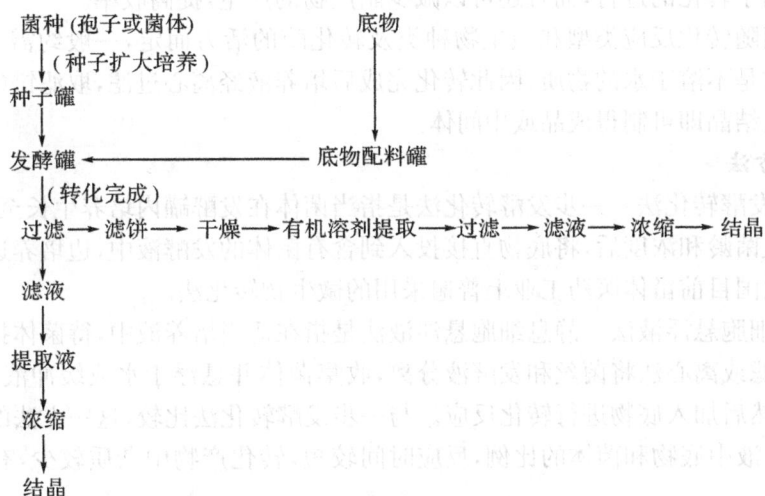

图 13-10 微生物转化的一般工艺流程

在甾体生物转化中使用的微生物主要有细菌、放线菌和霉菌，菌种依据转化的类型和所用的底物的结构而定。甾体工业上常用的微生物列于表 13-2 中。

表 13-2 甾体工业上的微生物

微生物	转化反应类型	底物	产物	收率
黑根霉	11α-羟化	奥氏氧化物	11-羟基奥氏氧化物	45%～50%
	11α-羟化	孕酮	11-羟基孕酮	90%～94%
	11α-羟化	化合物 S	皮质酮	70%
蓝色犁头霉	11β-羟化	醋酸化合物 S	氢化可的松	70%
新月弯孢霉	11β-羟化	化合物 S	氢化可的松	80%
简单节杆菌	C-1,2 脱氢	醋酸可的松	醋酸泼尼松	97%
	C-1,2 脱氢	氢化可的松	氢化泼尼松	97%
玫瑰产色链霉菌	16-羟化	氟氢泼尼松	确炎舒松	—
淡紫青霉	侧链降解	孕酮	双酮睾丸素	—
棕曲霉	11α-羟化	孕酮	11-羟基孕酮	64%

甾体生物转化工艺一般分为如下两个阶段：

(1)菌体生长和产酶阶段　将菌种(霉菌)接入斜面孢子培养基上，在一定温度下培养 3～5 天(细菌只需进行斜面活化)，然后接入摇瓶、种子罐进行扩大培养。种子培养好后转入发酵罐，在适当培养基和培养条件(温度、搅拌、通风量、pH)下进行培养。细菌生长阶段一般为 12～24h，真菌约为 24～72h。在这个阶段重要的是创造各种良好条件使微生物尽快生长和繁殖，在尽可能短的时间内繁殖大量的菌体并产酶。为提高转化酶的活力，有时可以采取添加诱导剂，减少代谢阻遏物或抑制有害酶的形成等方法。

(2)甾体转化阶段　将被转化的底物加入到培养液中进行生物转化。这一阶段需要控制好适合转化反应的各种条件，如最适 pH、温度、搅拌和较大通风量等。必要时还可以加入酶的激活剂(针对参与转化作用的酶)和抑制剂(针对产生副反应的酶)。控制转化的最适条件不仅有利于转化的进行，而且还可以减少副产物的产生，提高收率。

转化时间随转化反应类型和微生物种类及转化酶的活力而定，一般约需 12～72h。转化的产物多数是不溶于水的物质，因此转化完成后培养液经离心过滤，取滤饼(或滤液)用溶媒抽取、浓缩、结晶即可制得成品或中间体。

2. 转化方法

(1)一步发酵转化法　一步发酵转化法是指当菌体在发酵罐内培养生长至适当时期，待菌体达到一定菌龄和浓度后，将底物直接投入到含有菌体的发酵液中，边培养边转化。这种转化方法是我国目前甾体医药工业上普遍采用的微生物转化法。

(2)静息细胞悬浮液法　静息细胞悬浮液法是指在适当培养液中，待菌体扩大培养到一定时间，用过滤或离心法将菌丝和发酵液分离，收集菌体并悬浮于水或缓冲液中，获得静息细胞悬浮液，然后加入底物进行转化反应。与一步发酵转化法比较，这一方法的优点是可自由地改变反应液中底物和菌体的比例，反应时间较短，转化产物中杂质较少，有利于产物的分离提取。

(3)干细胞悬浮液法　将培养获得的静息细胞进行冷冻干燥处理获得干细胞粉末，用干细胞悬液转化的方法与用新鲜静息细胞相同，其优点是干细胞的保藏、使用和运输方便，此外不需要保持无菌条件就可以进行生物转化。

(4)孢子悬浮液法 应用真菌的分生孢子和子囊孢子也可进行生物转化。悬浮在培养基中的孢子能用作生物转化活性相对稳定的来源,但孢子不允许发芽。真菌产孢子能力随培养条件而改变,可以选择产生较多孢子的条件。收集孢子可以这样进行:用稀的表面活性剂如用 0.01%Tween 80 洗涤培养物表面,在洗涤表面时用无菌杆或针轻柔地刮下孢子,然后离心收集孢子。得到的孢子糊状物保藏在−20℃,某些孢子在冷冻下可保藏几年,有些只能稳定几个月,还有的必须直接使用,根据孢子保藏的稳定性而定。

利用孢子悬浮液进行生物转化,方法类似于静息细胞。

(5)混合培养法 该法是将两种或两种以上不同转化类型的微生物混合在一起培养,利用它们各自的转化能力,将底物的不同部位进行转化。例如氢化泼尼松的生产,将原料化合物 S 加入到新月弯孢霉和节杆菌的混合培养液中,新月弯孢酶的 11β-羟基化作用先将底物转化为氢化可的松,然后利用节杆菌的 C-1,2 脱氢作用,进一步转化生成氢化泼尼松,如图 13-11 所示。这种方法比单菌分别培养副产物少,收率高,可省略中间物的提取工序和设备,简化了生产工艺。

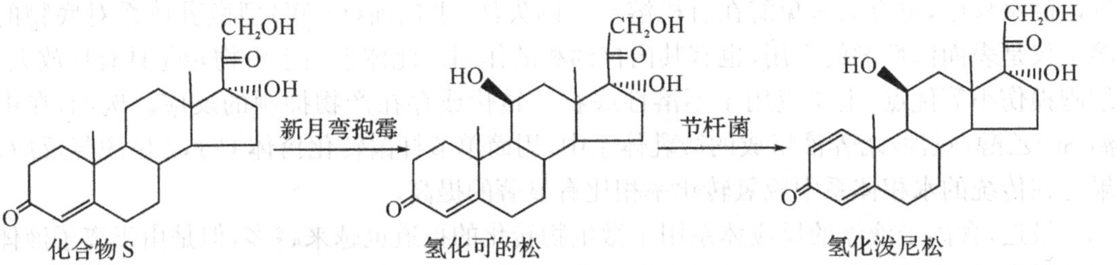

图 13-11 氢化泼尼松的生物催化合成反应

(6) 固定化细胞转化法 固定化技术在生物转化反应中的应用,具有有利于生物催化剂与产物的分离、细胞的重复使用、避免含酶细胞的频繁制备、提高生产效率等许多优点,一直是生物催化领域的研究内容。对甾体药物固定化细胞转化技术研究得最多和最有效的是固定化活细胞包埋技术。通常的固定化载体有聚丙烯酰胺(PAA)、聚氨基甲酸乙酯(PU)、海藻酸盐凝胶、二氧基硅氧烷、葡聚糖凝胶、聚乙烯醇(PVA)等。但是,大多数甾体化合物在水中溶解度很低,溶解度范围为 10^{-5}~10^{-4}mol/L,固定化后不利于水不溶性甾体底物与产物的扩散和传质,目前在实际工业生产中应用不多,固定化细胞转化技术水平有待突破。

3. 改善甾体微生物转化的技术手段

(1)改进底物加入方法 对于甾体这类非水溶性底物,传质问题成为提高微生物转化反应效率的限制性因素。在实践中常用的有这样几种底物加入方法来减少或者消除传质限制:将不溶性底物磨成细小的粉末加入;将不溶底物溶在与水互溶的有机溶剂中,常用的溶剂有较低分子量的乙醇、丙酮、*N*,*N*-二甲基甲酰胺、二甲基亚砜;可用表面活性剂来分散底物。

(2)采用双水相转化体系 双水相体系具有生物相容性好、传质限制小等优点,近年来越来越多地应用于生物转化反应。例如,在双水相体系胆固醇侧链降解制备 4-烯-3,17-二酮-雄甾(AD)和1,4-二烯-3,17-二酮雄甾(ADD)的研究中,采用聚乙二醇/葡聚糖双水相体系,菌体在上层的聚乙二醇(富集)相有较高的转化活力,转化速率最高达1.0mg/(g·h)。

(3)采用水/有机溶剂两相体系　采用该体系有利于简化产物的分离过程,由于甾体化合物在有机介质中溶解度与在水相中相比大大提高,因此可提高投料浓度,可减少底物和产物对酶的抑制作用,从而提高转化率。两相体系的组成可以采用有机介质(水不溶性)/发酵液或有机介质(水不溶性)/缓冲液。Beoren 等在辛烷/发酵液(1∶1)组成的两相体系中采用脱氢黄杆菌由醋酸雄烯制备4-雄烯-3,17 二酮,研究发现采用发酵液作为第二相将更有利于微生物的转化,其原因在于发酵液利于辅酶的再生。在该体系中获得高达98%的转化率,产物形成速率是水介质中的6倍。两相体系中不同的有机介质对菌体和酶活力的保留有很大的影响。

(4)采用微乳体系　微乳液(microemulsion,ME)是一种由水、油和双亲性物质组成的、光学透明、热力学稳定的溶液体系。微乳对疏水有机物和极性的无机盐都有良好的溶解能力,而且微乳是高度分散体系,这为大量溶解反应物并使反应物充分接触细胞提供了有利条件。微乳体系作为酶促反应的反应介质具有许多特殊的生物学特性:微乳相界面张力低、液滴小、比表面积大、传质速率快、可有效提高反应速率;油包水(W/O)型微乳使酶溶解在微乳内的水核中,可有效避免酶在有机溶剂中的失活;水包油(O/W)型微乳体系对底物的增溶不仅是表面活性剂的作用,也有其内核油相的作用。此体系用于生物转化具有易放大、对细胞损伤小等优点,主要应用于不溶性底物的转化或存在产物抑制的反应。例如,在由吐温-80/乙醇/豆油/培养液组成的微乳体系中,用简单节杆菌转化甾体C-1,2位脱氢反应,结果与在传统的水相体系中脱氢转化率相比有显著的提高。

最近,含离子液体的反应体系用于微生物转化的报道也越来越多,但是由于离子液体价格较昂贵、回收利用困难和生物相容性问题等限制因素,目前还处于实验研究阶段。

【习题与思考】

1. 什么叫微生物转化?微生物转化生产甾体药物反应类型有哪些?
2. 简述微生物转化的一般过程。

【酶工程制药技术应用案例】

一、酶法生产半合成抗生素

半合成抗生素是将发酵得到的抗生素通过结构改造而获得的具有新的特性和功能的一类抗生素。最典型的两类半合成抗生素是青霉素类和头孢菌素类。青霉素类和头孢菌素类抗生素同属于β-内酰胺类抗生素,可以通过青霉素酰化酶的作用,改变其分子结构中与氨基相连的侧链基团而获得新型β-内酰胺类抗生素。青霉素酰化酶可催化青霉素或头孢菌素的水解,生成6-氨基青霉烷酸(6-APA)或7-氨基头孢霉烷酸(7-ACA),也可以催化水解反应的逆反应,使6-APA或7-ACA的氨基酰化生成新的β-内酰胺类抗生素。青霉素类抗生素的合成路线如图3a所示,头孢菌素类抗生素的合成路线只要把6-APA改成7-ACA即可,在工业上已经应用固定化酶法生产。

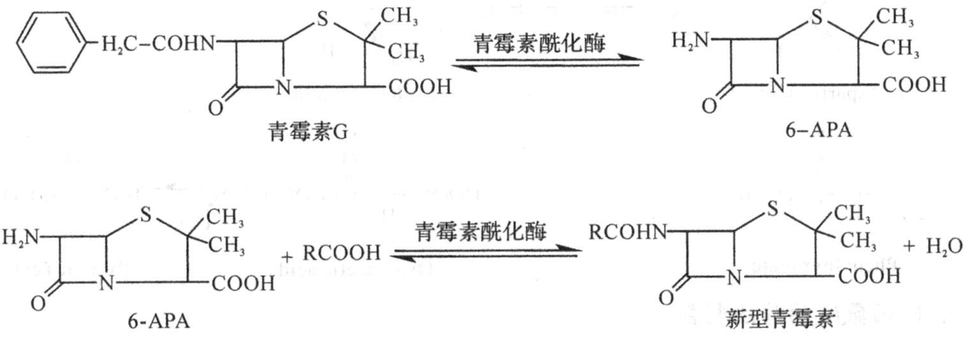

图 3a　酶法合成青霉素类药物

二、酶法生产氨基酸

(一) L-氨基酸的酶法生产

L-氨基酸是一类重要的生理活性物质。可以配制成人体必需的八种氨基酸为主要成分的复合氨基酸输液，用于疾病治疗和营养增强；可以合成多种氨基酸类抗生素，同时能制备多种短肽及多肽类药物，如谷胱甘肽等；还可以作为其他药物前体，如 L-天冬氨酸(L-Asp)的镁盐和钾盐可用于治疗胃病，L-丙氨酸目前是合成维生素 B_6 的主要原料，谷氨酰胺是治疗胃炎的良药等。

本部分内容主要介绍几个 L-氨基酸的酶法生产技术。

1. L-苯丙氨酸的酶法制备

L-苯丙氨酸(L-Phe)，又称 L-*α*-氨基化肉桂酸，学名 L-2-氨基-3-苯基丙酸。其分子式为 $C_9H_{11}NO_2$，分子量为 165.19，等电点为 pH5.48。苯丙氨酸纯品为白色粉末，有苦味，微溶于醇，不溶于苯，熔点 283℃，比旋光$[\alpha]_D^{25}=-34.4(c=1, H_2O)$。25℃时在水中溶解度是 2.97g/100g水。

结构式为：

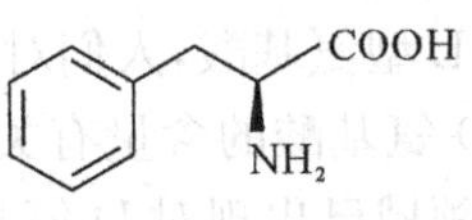

苯丙氨酸酶法合成的底物是经化学合成得到的苯丙酮酸及其盐，另外一个底物是天冬氨酸(氨基供体)，以经过筛选和诱变获得高产天冬氨酸转氨酶的微生物菌株为催化剂，将苯丙酮酸转氨得到 L-苯丙氨酸。其工艺路线如下：

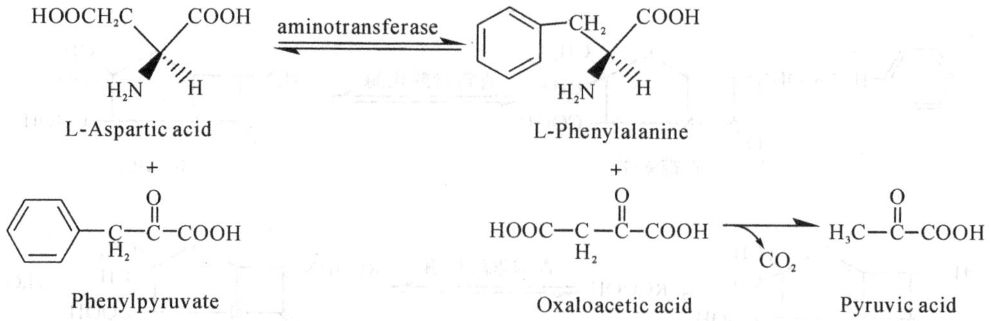

2. L-丙氨酸的酶法制备

L-丙氨酸(L-Ala)，又称 L-α-氨基丙酸，其分子式为 $C_3H_7NO_2$，分子量为 89.09。丙氨酸纯品为白色粉末，熔点 297℃(分解)。25℃时在水中溶解度是 16.51g/100g 水，不溶于乙醇，比旋光$[\alpha]_D^{20}=+14.6(c=1,5\text{mol/L}$ 盐酸)。丙氨酸具有特殊的甜味，其甜度为蔗糖的 1.2 倍、甘氨酸的 1.6 倍，是最甜的氨基酸。

结构式为：

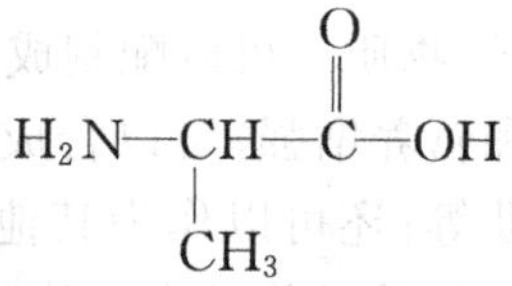

研究较多的酶法制备 L-丙氨酸的方法是 L-天冬氨酸酶法脱羧制备 L-丙氨酸，是目前国内外生产 L-丙氨酸的主要工艺路线。工艺路线如下：

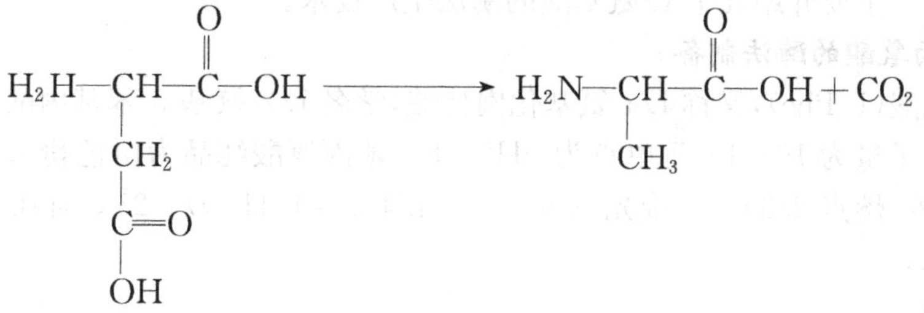

(二)酶法制备 D-氨基酸

氨基酸广泛存在于自然界中，有 D 型氨基酸和 L 型氨基酸两种异构体。它们在生物体内发挥着不同的生理作用。相对于 L 型氨基酸，人们对 D 型氨基酸的认识要迟得多。近代研究表明，人体的一些疾病与体内 D-氨基酸的含量有关，因此 D-氨基酸对研究某些疾病和衰老机制十分重要。近年来在药物领域已出现对 D-氨基酸品种需求快速增长的势头，迫切需要一种通用且高效的制备方法来满足这种需求。因此，D-氨基酸的制备目前已成为国内外的一个研究热点。目前，在 D-氨基酸的生产上发展较快的有日本和欧洲，而我国在这一方面的研究水平有待于进一步提高。

目前酶法制备 D-氨基酸的方法是海因酶转化法。海因酶是一类能催化海因或 5-取代海因(5-monosubstituted，5-SuH)的海因环水解反应的酶。利用海因酶，以各种消旋化的 5-取代海因为原料，可生产各种光学纯的 D-氨基酸。

三、酶催化法制备手性 2-芳基丙酸类药物

2-芳基丙酸类非甾体抗炎药(non-steroid anti-inflamming drugs, NSAIDs)是一类重要的消炎镇痛药,可用化学通式 $ArCH(CH_3)COOH$ 表示。目前已经发现具有解热、消炎镇痛作用的 2-芳基丙酸类药物有几十种,大多数已经工业化生产。常见的品种有:萘普生(Naproxen)、布洛芬(Ibuprofen)、氟比洛芬(Flurbiprofen)、酮基布洛芬(Ketoprofen)、舒洛芬(Suprofen)等等(见图 3b)。它们广泛用于治疗结缔组织的炎症,如关节炎和上呼吸道感染等。以酮基布洛芬为例,其消炎镇痛作用比阿司匹林强 150 倍,解热作用强 100 倍,临床上用于治疗慢性类风湿关节炎、变形关节炎、外伤和术后疼痛。

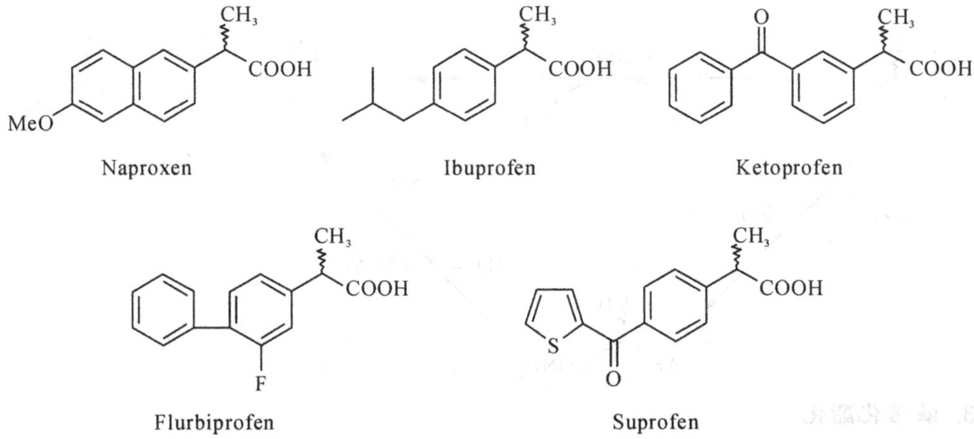

图 3b 几种 2-芳基丙酸类药物的化学结构式

2-芳基丙酸类抗炎药中的 2-碳原子上有一个不对称手性中心。研究表明,其药效与立体构型有很大关系,(*S*)-异构体通常比(*R*)-异构体的疗效高,如(*S*)-萘普生疗效比其(*R*)-异构体高 28 倍,(*S*)-布洛芬疗效比其(*R*)-异构体高 160 倍。其中,酮基布洛芬特别引起人们的兴趣,因为药理研究发现,酮洛芬中起消炎止痛作用的成分主要是其(*S*)-对映体,而(*R*)-异构体对牙周病的骨质疏松有治疗作用,可添加于牙膏。因此,对酮洛芬消旋体进行拆分,尤其具有意义:既可获得两个具有不同用途的单一对映体药,还可获得新药专利。常见的 2-芳基丙酸类药物的活性、毒性和用途见表 3a。

表 3a 常见的 2-芳基丙酸类药物的活性、毒性和用途的比较

名称	活性、毒性比较	用途
萘普生	*S*-活性是 *R*-的 28 倍,*R* 异构体对肝脏有很大的毒性	非麻醉消炎镇痛药物
布洛芬	*S*-活性是 *R*-的 160 倍,作用和用途相同	镇痛药物
酮洛芬	左旋无活性,但对牙周病的骨质疏松有治疗作用,消旋体对小肠和盲肠黏膜有毒害作用	消炎镇痛,抗风湿
非诺洛芬	*S*-活性是 *R*-的 35 倍,作用相同	消炎解热镇痛,并具有较强的抗前列腺素作用
氟比洛芬	消炎 *S*-是 *R*-的 500～1000 倍,镇痛作用相同,*R*-没有前列腺素抑制作用	消炎镇痛

近年来，有许多研究者对2-芳基丙酸类药物酶法制备进行大量研究。主要酶催化法是以微生物或酶立体选择性水解(酯、酰胺和腈)、酯化和芳烃氧化等。

1. 微生物或酶立体选择性水解2-芳基丙酸酯

对2-芳基丙酸酯的催化不对称水解反应研究较多。2-芳基丙酸酯经脂肪酶催化水解，可得(*S*)-2-芳基丙酸，反应式如下：

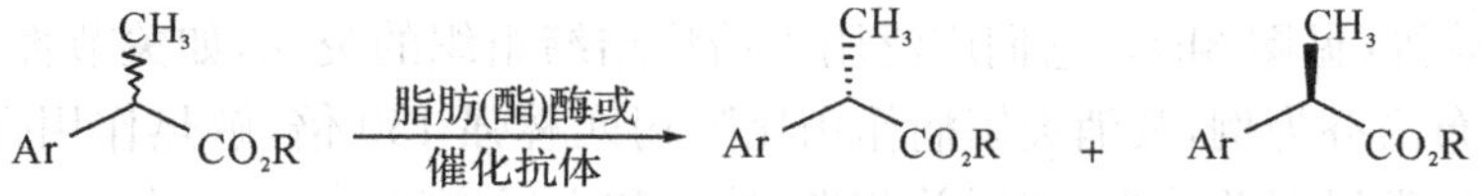

2. 腈、酰胺的酶水解

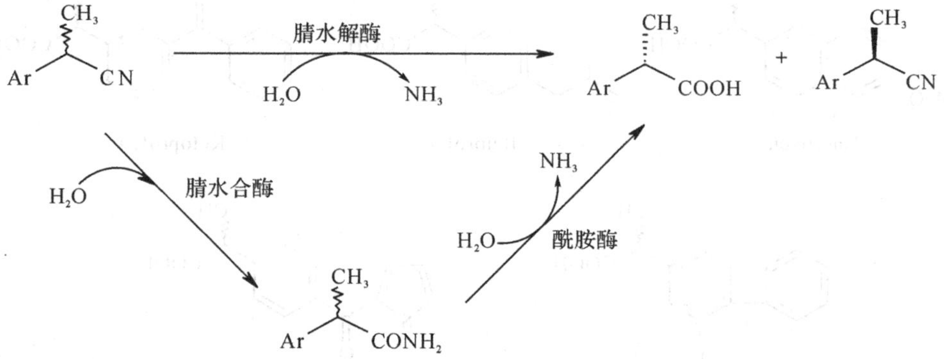

3. 酶催化酯化

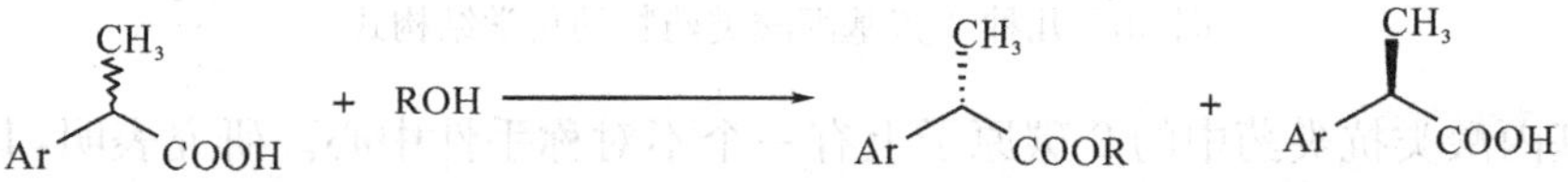

众所周知，如果水被微水有机溶剂取代，脂肪酶就可以立体选择性地催化酯水解的逆反应——酯合成反应。在有机溶剂中进行的酯化反应具有如下优点：①增加了2-芳基丙酸类药物及其衍生物的溶解度；②避免了化学水解引起的产品酸光学纯度下降；③增加了酶的刚性，促进稳定性；④通过改变溶剂体系，可以增加酶的立体选择性；⑤酶与底物或产物易于分离；⑥由于事先不必酯化，简化了拆分步骤。

4. 酶催化氧化

对映纯的2-芳基丙酸还可经芳烃的氧化制备。商品化的脱氢酶一般价格昂贵，辅酶的再生非常麻烦，而且不一定具备我们所希望的选择性，因此在大规模生产时通常只使用微生物细胞作催化剂。所以关键是能否选育出高效、专一的微生物菌种。

四、酶催化法制备药物中间体——手性羧酸和手性醇

手性羧酸和手性醇含有羧基、羟基等活泼基团，很容易用于合成多种结构更加复杂的药

物，因此是合成手性药物的重要中间体。本部分内容主要介绍最近几年用酶催化方法制备手性羧酸和手性醇的一些研究成果。

（一）手性羧酸的酶法制备

1. (S)-(+)-2,2-二甲基环丙烷甲酸

(S)-(+)-2,2-二甲基环丙烷甲酸是合成西司他丁的一个关键手性中间体。西司他丁(cilsatatin)是第一个应用于临床的肾脱氢二肽酶抑制剂。西司他丁与亚胺培南(imipenem)以1∶1比例制成复合剂泰能(tienam)，为碳青霉烯类抗生素，该药既有极强的广谱抗菌活性，又有β-内酰胺酶抑制作用，其对革兰阳性菌、革兰阴性菌、需氧菌和厌氧菌都有较强的抗菌作用，特别适用于多种菌联合感染以及需氧菌和厌氧菌的混合感染，是目前临床应用最广泛的抗生素之一。

酶法制备(S)-(+)-2,2-二甲基环丙烷甲酸(*S*-DMCPA)是以外消旋的2,2-二甲基环丙烷甲酸乙酯(*R*,*S*-DMCPE)为底物，通过脂肪酶催化不对称水解制备得到高光学纯度(S)-(+)-2,2-二甲基环丙烷甲酸(*S*-DMCPA)。该路线将化学合成与手性生物催化技术有机结合，通过技术集成，建立一条得率高、成本低和环境友好的绿色合成工艺，制备过程中不使用有毒、有害原料和溶剂。研发的生物拆分新工艺与文献报道的化学拆分工艺和以2,2-二甲基环丙烷甲腈为底物的生物拆分路线相比优势明显，尤为关键的是新工艺中避免了使用腈类化合物，从而在制备过程中彻底革除了剧毒化合物——氰化物，使合成工艺更加符合“绿色化”要求。

具体技术路线如下：

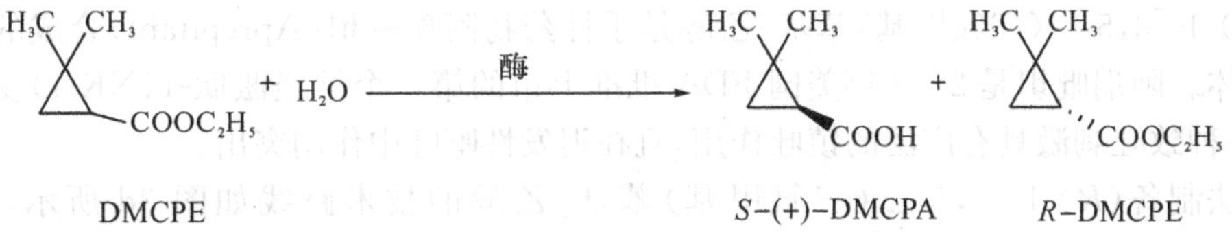

当脂肪酶Novozyme 435用量为16g/L，底物DMCPE浓度为65mmol/L时，以1mol/L pH7.2的磷酸缓冲液为反应介质，30℃反应64h，产率达45.6%，ee值为99.2%，并且固定化酶Novozyme 435具有较好的操作稳定性，能够回收重复利用。

2. (S)-α-乙基-2-氧-1-吡咯烷乙酸

手性羧酸α-乙基-2-氧-1-吡咯烷乙酸是合成促智药乙拉西坦(Etiracetam)的前体。乙拉西坦化学名为α-乙基-2-氧-1-吡咯烷乙酰胺，它是比利时联合化学公司(UCB)研发的具有吡咯烷酮结构的促智药。其对东莨菪碱引起的记忆缺损的治疗活性高，同时具有抗惊厥和抗癫痫作用，其*S*-异构体(左乙拉西坦)有生物活性，而*R*-异构体没有活性。左乙拉西坦(Levetiracetam，LEV，商品名Keppra®)，其化学名为(S)-α-乙基-2-氧-1-吡咯烷乙酰胺，是目前报道的唯一具有预防癫痫发生的独特性能的抗癫痫药物，而且可以用于单独治疗，不与其他抗癫痫药物发生相互作用，因此成为最有前景的新型抗癫痫药之一，已经在欧美广泛使用。我国已经于2007年获准在国内上市，应用于临床，造福于患者。我国是左乙拉西坦原料药主要出口国之一，市场前景很广。

酶催化制备工艺过程是采用改进的合成工艺获得外消旋α-乙基-2-氧代-1-吡咯烷基乙酸酯，应用微生物细胞催化外消旋羧酸酯的不对称水解拆分，获得高光学纯S型产物，未水解的R型底物进行消旋化后再拆分，以实现高效率制备。主要技术路线如图3c所示。

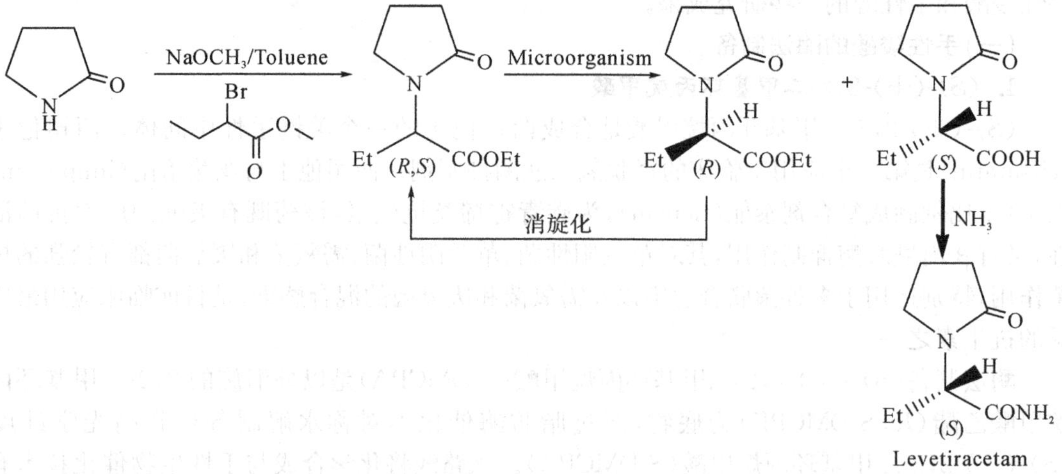

图3c 化学-酶法合成左乙拉西坦技术路线

产酶菌种是从土壤分离得到的耐酪氨酸冢村氏菌(*Tsukamurella tyrosinosolvens*)E105，转化工艺条件为:反应温度30℃、反应时间36h，干细胞浓度31g/L、底物浓度为12g/L以及缓冲液初始pH为7.3。结果为:产率可达53.1%，e.e.值大于99%。

(二)手性醇的酶法制备

1. (*R*)-1-[3,5-二(三氟甲基)苯基]乙醇

(*R*)-1-[3,5-二(三氟甲基)苯基]乙醇是手性药物阿瑞吡坦(Aprepitant)合成的关键手性中间体。阿瑞吡坦是2003年美国FDA批准上市的第一个神经激肽-1(NK-1)受体拮抗剂，对各种致吐刺激具有广泛的镇吐作用，且在迟发性呕吐中作用突出。

酶法制备(*R*)-1-[3,5-二(三氟甲基)苯基]乙醇的技术路线如图3d所示，它是以1-[3,5-二(三氟甲基)苯基]乙酮为底物，应用产羰基还原酶的微生物细胞为催化剂，催化不对称合成获得高光学纯度的产物R构型醇。

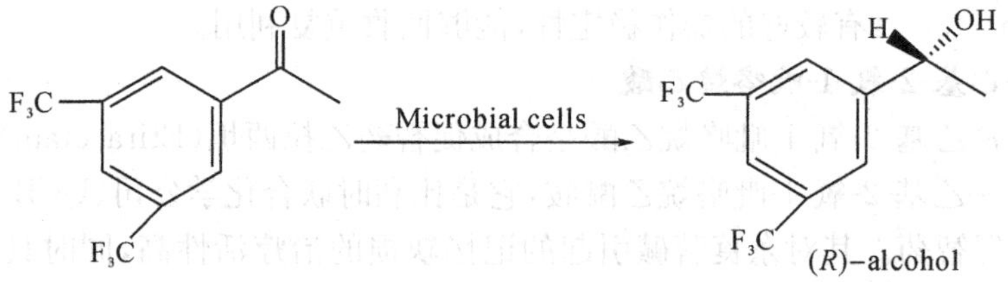

图3d 酶法制备(*R*)-1-[3,5-二(三氟甲基)苯基]乙醇的技术路线

产酶菌种是从土壤中筛选获得的一株产羰基还原酶的菌株棘孢木霉(*Trichoderma asperellum*)。工艺条件为:干细胞浓度60g/L，初始底物浓度为50mmol/L，6%(v/v)的辅助底物乙醇，在pH6.0、30℃下，振荡反应33h。结果为:(*R*)-1-[3,5-二(三氟甲基)苯基]乙醇产率为76.4%，ee值为98.2%。

2. 手性4-氯-3-羟基丁酸乙酯

4-氯-3-羟基丁酸乙酯(ethyl 4-chloro-3-hydroxybutyrate,CHBE)是一种重要的有机中间体,分子中有多功能基团,其手性单一对映异构体 *R* 和 *S*-CHBE 均是非常有前景的重要的手性砌块,还可经由氯基的置换、还原等反应,导入其他基团得到所需的手性药物中间体。

用微生物酶法制备手性CHBE可采用微生物酶法催化4-氯乙酰乙酸乙酯(COBE)不对称还原而获得,技术路线如图3e所示。应用不同的微生物细胞就可以获得不同构型(*R* 或者 *S* 构型)的产物,这里以制备 *S*-CHBE 为例进行介绍。产酶微生物为出芽短梗霉(*Aureobasidium pullulans*)CGMCC 1244,反应体系是水/有机溶剂两相体系,相体积比为1∶1,振摇速度为180r/min,反应温度为30℃,pH为7.0,反应6h后,产率和ee值分别为94.8%和97.9%,有机相产物浓度可达58.2g/L。

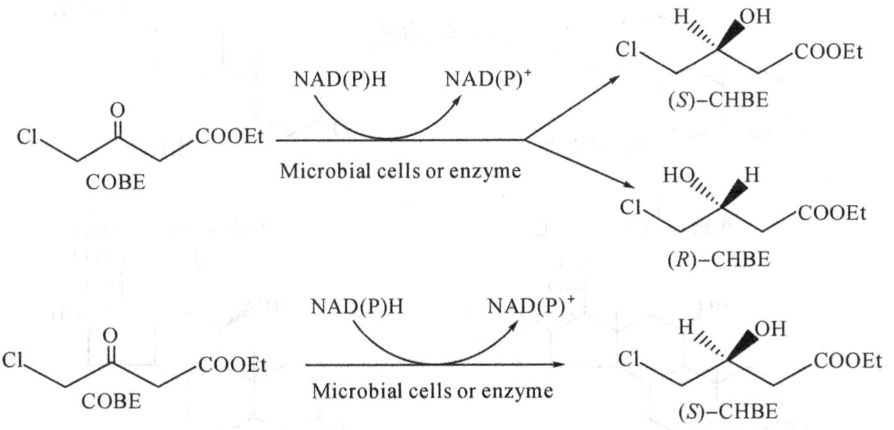

图3e 微生物酶法制备手性CHBE技术路线

五、甾体药物的生物转化生产

甾体药物种类众多,但其生产工艺中微生物转化过程却有其共同的特点。下面以3种典型肾上腺皮质激素药物氢化可的松、醋酸可的松和醋酸泼尼松的生产为例(图3f),说明甾体微生物的转化过程。

1. 氢化可的松生产的生物转化工艺

氢化可的松生产的生物转化工艺是利用蓝色犁头霉的11α-羟基化能力将21-醋酸化合物S转化为氢化可的松,蓝色犁头霉能产生11β-羟基化酶,但专一性不强,同时也能产生11α-羟基酶、7α-羟基化酶和6β-羟基化酶。

将蓝色犁头霉菌接种到土豆斜面培养基上,28℃下培养28～32h。待培养液的pH达到4.2～4.2,菌体浓度达35%以上,镜检无杂菌且菌丝粗壮时即可转入发酵罐。

发酵培养基同种子培养基。种子液接入后,28℃通气培养约10h,即菌体生长末期,发酵液pH下降至3.5～3.8,菌体浓度达到17%～35%,无杂菌。用20%氢氧化钠溶液调节pH至5.5～6.0,然后投入0.25%(体积分数)的醋酸化合物S的乙醇溶液,进行生物转化大约24h。在转化过程中,定期取样检查,作比色分析。反应接近终点达到放灌要求后即可放料。转化后的发酵液过滤或离心除去菌丝体，滤液用醋酸丁酯萃取数次，合并提取液再经减压、浓缩、冷却、过滤、干燥得到氢化可的松粗品。粗品再经甲醇-二氯乙烷混合溶媒分离，用甲醇或乙醇重结晶精制，即可得到氢化可的松精品。

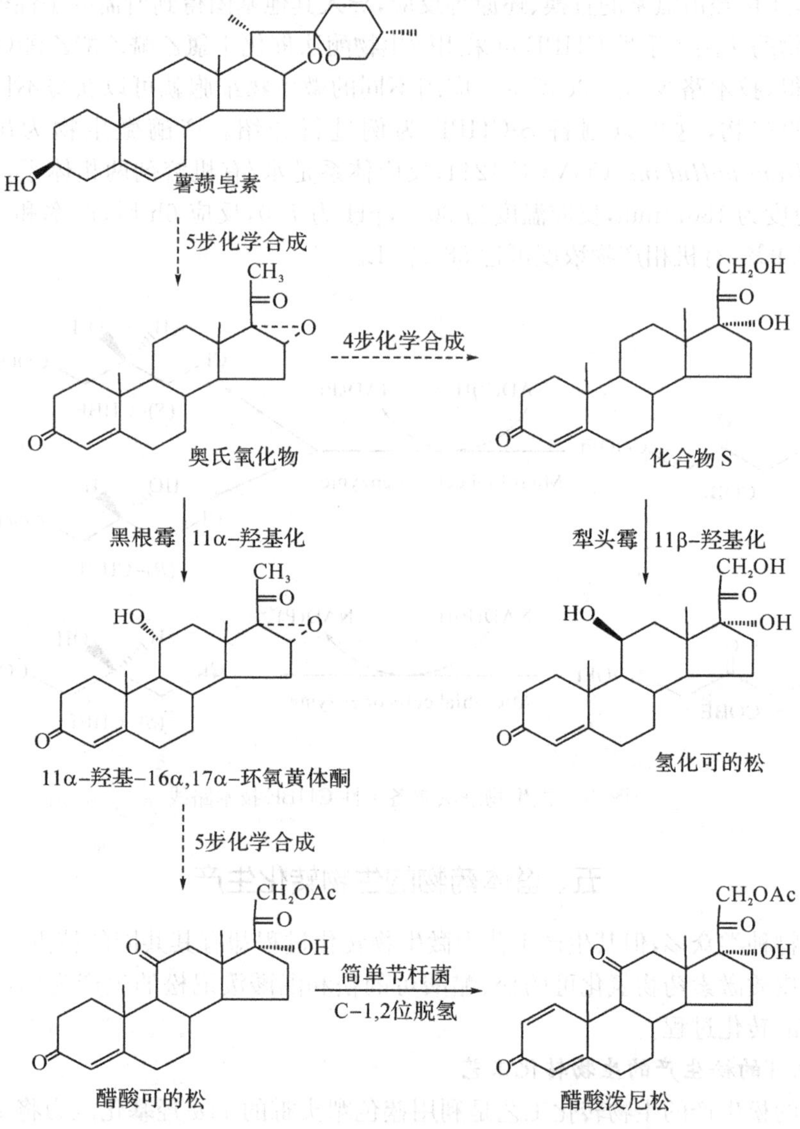

图3f 肾上腺皮质激素药物的生物转化合成路线

2. 醋酸泼尼松生产的生物转化工艺

醋酸泼尼松生产的生物转化工艺是利用简单节杆菌的C-1,2脱氢作用，在醋酸可的松的C-1,2位间脱去两个氢原子形成双键而合成的。简单节杆菌产生脱氢酶，专一性很高，醋酸泼尼松转化率可达97%。

简单节杆菌的斜面培养基为：玉米浆2%，葡萄糖1.5%，淀粉1%，NaCl 0.5%，碳酸钙0.3%，硫酸铵2%，琼脂2%，pH6.4～6.8；种子和发酵培养基为：玉米浆0.55%，葡萄糖0.5%，蛋白胨0.25%，磷酸二氢钾0.1%，pH7.4～7.6。

转化工艺采用三级培养,生产流程如下:

斜面(32℃,48h)→一级种子培养(28～32℃,28～30h)→二级种子培养(28～32℃,28～30h)→发酵(28～32℃,5～10h)→转化醋酸可的松(31～33℃,72h)→离心→醋酸乙酯抽取

发酵 ↑ 投料4%

醋酸乙酯抽取 ↓ 结晶,成品

转化反应结束后,将发酵液离心甩干,滤饼烘干粉碎,用醋酸乙酯或氯仿抽取,然后用丙酮结晶精制,得到醋酸泼尼松精品。

3. 醋酸可的松生产的生物转化工艺

黑根霉的11α-羟化反应是醋酸可的松生产的中间步骤,它以奥氏氧化物为底物,将其氧化生成11α-羟基-16α,17α-环氧黄体酮。

黑根霉的孢子培养基,可采用一般的复合培养基,如含有5%牛肉浸膏和0.5%蛋白胨的琼脂斜面培养基,在察氏或其他培养基上则生长不旺盛。将黑根霉接种到培养基上,28℃培养5h左右。然后用无菌生理盐水制成孢子悬浮液,接入到种子罐内,搅拌,通风培养。

将3%葡萄糖,2.5%玉米浆,0.1%硫酸铵的发酵培养基,灭菌后冷却至28～32℃,接入种子液。控制罐温度为28～30℃,罐压0.5～0.7kg/cm^2,搅拌,通风培养23h,投入奥氏氧化物(悬浮在丙二醇液中)继续发酵40～43h。

转化完毕后,将发酵液过滤,滤饼烘干粉碎,用丙酮抽取数次,然后浓缩,冷却结晶得11α-羟基-16α,17α环氧黄体酮粗品。粗品以甲苯-氯仿混合溶媒分离,重结晶即得精品。

【酶工程制药技术技能训练】

训练项目三 固定化技术

一、目的

1. 掌握包埋法固定化酶的操作技术。
2. 熟悉固定化蔗糖酶催化蔗糖水解的原理和方法。

二、内容

1. 学习训练凝胶包埋法固定化细胞/酶的操作技术。
2. 学习训练一般酶活力的定义和测定方法。
3. 学习训练DNS法测定还原糖含量的方法。

三、原理

1. 海藻酸钙包埋法的原理。所谓固定化酶,系指在一定空间内呈闭锁状态存在的酶,能连续地进行反应,反应后的酶,可以回收重复使用。

包埋法以其方法简单而广为应用,包埋法中,海藻酸钠是最常用的载体,它是一种从海藻中提取来的天然高分子。

把海藻酸钠溶液滴入含有高价离子如Ca^{2+}、Co^{2+}、Zn^{2+}、Mn^{2+}、Ba^{2+}、Al^{3+}、Fe^{2+}等的溶液中形成颗粒状凝胶,如果上述海藻酸钠溶液中含有细胞或酶,则成胶后就成为固定化细胞或固定化酶,海藻酸钙凝胶由于具有良好的物料通透性和机械强度,因而在细胞和酶的固

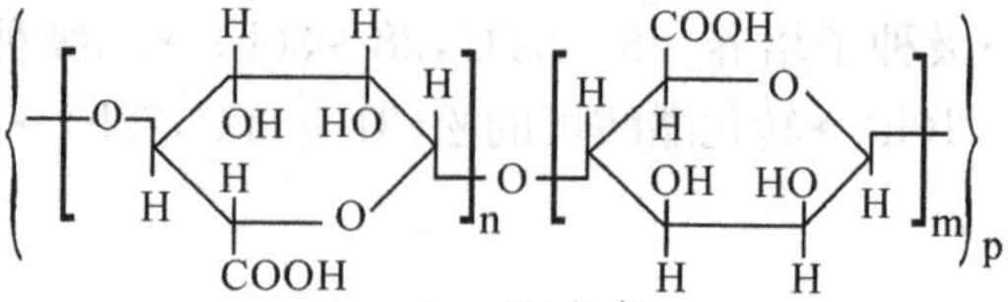

(n+m)p=100左右

定化中有广泛的应用。

2. 葡萄糖含量测定。DNS 即二硝基水杨酸法是利用碱性条件下，二硝基水杨酸(DNS)与还原糖发生氧化还原反应，生成 3-氨基-5-硝基水杨酸，该产物在煮沸条件下显棕红色，且在一定浓度范围内颜色深浅与还原糖含量成比例关系的原理，用比色法测定还原糖的含量。因其显色的深浅只与糖类游离出还原基团的数量有关，而对还原糖的种类没有选择性，故 DNS 方法适用在多糖(如纤维素、半纤维素和淀粉等)水解产生的多种还原糖体系中。

3. 实验仪器、材料与试剂

(1)仪器

1)1ml 和 5ml 移液管各 3 支。

2)50ml 注射器 1 只。

3)500ml 烧杯 2 只。

4)三角玻璃漏斗(15cm)1 只。

5)滤纸(9cm)2 张。

6)刻度试管(25ml)6 支。

7)电炉 1 台。

8)磁力搅拌器 1 台。

9)可见分光光度计。

(2)材料与试剂

1)蔗糖酶：应用活性干酵母作为蔗糖酶的粗酶。

2)海藻酸钠。

3)2.0% $CaCl_2$ 溶液：称取 4.0g $CaCl_2$，用 200ml 水溶解备用。

4)DNS 溶液：称取 3,5-二硝基水杨酸(10±0.1)g，置于约 600ml 水中，逐渐加入氢氧化钠 10g，在 50℃水浴中(磁力)搅拌溶解，再依次加入酒石酸甲钠 200g、苯酚(重蒸)2g 和无水亚硫酸钠 5g，待全部溶解并澄清后冷却至室温，用水定容至 1000ml，过滤。贮存于棕色试剂瓶中，于暗处放置 7 天后使用。

5)乙酸缓冲液(0.2mol/L，pH4.5)。

6)5%蔗糖溶液。

7)葡萄糖标准液：准确称取干燥恒重的葡萄糖 1g，加少量蒸馏水溶解后，移入容量瓶中，定容至 1000ml。

四、步骤

1. 酶的固定化

称 2.0g 海藻酸钠于烧杯中加热使之完全溶解于 60ml 的蒸馏水中，至沸腾完全溶解后，逐渐冷却至40℃左右，加入预先制备好的含有1g活性干酵母的混悬液40ml，搅拌均匀。

用注射器抽取海藻酸钠-酶混合物（注射器不装针头），将混合物缓慢滴入2.0%$CaCl_2$溶液（200ml）中，装$CaCl_2$溶液的烧杯于磁力搅拌器上搅拌，滴完后硬化20～30min，倾去$CaCl_2$溶液，用适量蒸馏水洗涤2～3次，制备得到固定化的蔗糖粗酶，称重。

2. 葡萄糖标准曲线的绘制

分别取葡萄糖标准液（1mg/ml）0、0.2、0.4、0.6、0.8、1.0ml于25ml试管中，分别准确加入DNS试剂2ml，沸水浴加热2min，流水冷却，用水补足到15ml刻度。在540nm波长下测定吸光度。以葡萄糖浓度为横坐标，吸光度为纵坐标，绘制标准曲线。

3. 酶活力的测定

（1）游离酶（粗酶）活力测定：准确称取活性干酵母0.2g投入到250ml三角瓶中，加入5%蔗糖溶液40ml、乙酸缓冲液10ml，置于25℃恒温摇床150r/min振荡10min，加入1mol/L NaOH溶液10ml终止反应，混合液离心（3500r/min）10min，取上清液，测定葡萄糖含量。

（2）固定化酶活力测定：将上述制备得到的固定化粗酶总重量的五分之一投入到250ml三角瓶中，加入2%蔗糖溶液40ml、乙酸缓冲液10ml，置于25℃恒温摇床150r/min振荡10min，加入1mol/L NaOH溶液10ml终止反应，混合液过滤，取上滤液，测定葡萄糖含量。

（3）样品葡萄糖含量测定：样品液适当稀释，使糖浓度为0.1～1.0mg/ml，取稀释后的糖液1.0ml于15ml刻度试管中，加DNS试剂2.0ml，沸水煮沸2min，冷却后用水补足到15ml刻度，在540nm波长下测定吸光度。从标准曲线查出葡萄糖mg/ml数。求出样品中糖含量。

（4）酶活定义：在上述测定条件下，反应1min使5%蔗糖溶液生产1mg葡萄糖所需的酶量为1单位。

（5）固定化酶活力回收率计算

酶活力回收率（%）＝固定化酶活力/游离酶活力×100

五、思考题

1. 什么是固定化酶？
2. 常用的固定酶的方法有哪些？海藻酸钙包埋法的优缺点有哪些？

训练项目四　大蒜细胞SOD的提取和活力测定

一、目的

1. 掌握蛋白质和酶的提取与分离的基本原理、操作方法。
2. 熟悉超氧化物歧化酶（SOD）抗氧化酶活力的测定方法。

二、内容

1. 学习训练酶的简单提取操作。
2. 学习训练抗氧化酶的活力测定。
3. 学习训练离心机的操作使用和注意事项。

三、提示

1. 超氧化物歧化酶介绍

超氧化物歧化酶(SOD)是一种具有抗氧化、抗衰老、抗辐射和消炎作用的药用酶。它可催化超氧阴离子自由基(O_2^-)进行歧化反应,生成氧和过氧化氢。大蒜蒜瓣和悬浮培养的大蒜细胞中含有较丰富的SOD,通过组织或细胞破碎后,可用pH7.8磷酸缓冲液提取出。由于SOD不溶于丙酮,可用丙酮将其沉淀析出。

2. SOD酶活力测定原理

测定SOD活性一般为间接方法,是利用各种呈色反应来测定SOD的活力。核黄素在有氧条件下能产生超氧阴离子自由基(O_2^-),当加入氮蓝四唑(NBT)后,在光照条件下,与超氧自由基反应生成单甲臜(黄色),继而还原生成二甲臜,它是一种蓝色物质,在560nm波长下有最大吸收。当加入SOD时,可以使超氧自由基与H^+结合生成H_2O_2和O_2,从而抑制了NBT光还原的进行,使蓝色二甲臜生成速度减慢。通过在反应液中加入不同量的SOD酶液,光照一定时间后测定560nm波长下各液光密度值,抑制NBT光还原相对百分率与酶活性在一定范围内呈正比,以酶液加入量为横坐标,以抑制NBT光还原相对百分率为纵坐标,在坐标纸上绘制出两者相关曲线,根据SOD抑制NBT光还原相对百分率计算酶活性。找出SOD抑制NBT光还原相对百分率为50%时的酶量作为一个酶活力单位(U)。

需要注意的是酶液提取时,为了尽可能保持酶的活性,应尽可能在冰浴中研磨,在低温中离心。肾上腺素容易被氧化,故操作时要尽量快。

3. 实验仪器、材料与试剂

(1)仪器

1)恒温水浴锅。

2)冷冻高速离心机。

3)可见分光光度计。

4)研钵。

5)玻棒。

6)烧杯(100ml)3只。

7)量筒(50ml)1个。

(2)材料与试剂

1)材料:新鲜蒜瓣。

2)0.05mol/L磷酸缓冲液(pH7.8):参照附录配制。

3)氯仿-乙醇混合液:氯仿∶无水乙醇=3∶5。

4)丙酮:用前需预冷至4~10℃。

5)130mmol/L L-蛋氨酸(MET)溶液:称取1.94g L-蛋氨酸,用50mmol/L磷酸缓冲液(pH7.8)溶解,定容至100ml,充分混匀(现用现配)。低温保存,可使用1~2天。

6)750μmol/L氮蓝四唑(NBT)溶液:称取61.3mg NBT,用蒸馏水溶解,定容至100ml,充分混匀(现用现配)。低温避光保存,可使用2~3天。

7)100μmol/L Na_2-EDTA溶液:称取37.2mg Na_2-EDTA,用蒸馏水溶解,定容至100ml,使用时稀释100倍。低温避光保存,可使用8~10天。

8)20μmol/L核黄素溶液:称取75.3mg核黄素,用蒸馏水溶解,定容至100ml,使用时稀释100倍。低温避光保存，即用黑纸将装有该液的棕色瓶包好，现用现配。

四、步骤

1. 组织细胞破碎

称取5g大蒜蒜瓣，置于研钵中研磨。

2. SOD的提取

破碎后的组织中加入2～3倍体积的0.05mol/L磷酸缓冲液(pH7.8)，继续研磨20min，使SOD充分溶解到缓冲液中，然后5000r/min离心15min，取上清液。

3. 除杂蛋白

上清液加入0.25体积的氯仿-乙醇混合液搅拌15min，5000r/min离心15min，得到的上清液为粗酶液。

4. SOD的沉淀分离

粗酶液中加入等体积的冷丙酮，搅拌15min，5000r/min离心15min，得SOD沉淀。将SOD沉淀溶于0.05mol/L磷酸缓冲液(pH7.8)中，于55～60℃热处理15min，得到SOD酶液。

5. SOD活力测定

用5支玻璃管进行测定。按照表3b所列内容加入各种溶液(注意：最后加入核黄素溶液)。其中3支为测定管，2支为对照管。混匀后将1支对照管置于暗处，其他各管置于4000lx日光灯下反应15min后，立即置于暗处终止反应。以避光管作为空白参比调零，分别测定560nm处其他各管吸光度。

表3b　测定SOD活性时各试剂加入量

试剂(酶)	用量/ml	终浓度(比色时)	试剂(酶)	用量/ml	终浓度(比色时)
50mmol/L磷酸钠缓冲液(pH7.8)	1.7		20μmol/L核黄素溶液	0.3	2.0μmol/L
130mmol/L MET溶液	0.3	13mmol/L	酶液	0.1	对照2支管以缓冲液代替
750μmol/L NBT溶液	0.3	75μmol/L			
100μmol/L Na_2-EDTA溶液	0.3	10μmol/L	总体积	3.0	

(1)数据记录　按照表3c记录测定数据。

表3c　酶活力测定数据表

重复次数	样品质量 m/g	提取液体积 V/ml	吸取样品液体积 V_S/ml	506nm处吸光度		样品中SOD活性/U	
				OD_C	OD_S	计算值	平均值±标准偏差
1							
2							
3							

(2)酶活力计算　显色反应后，分别记录样品管反应混合液的吸光度值(OD_S)和对照管反应混合液的吸光度值(OD_C)。以每分钟每克植物组织(鲜重)的反应体系对氮蓝四唑

(NBT)光化还原的抑制为50%为一个SOD活力单位(U)。

$$SOD=\frac{(OD_C-OD_S)\times V}{0.5\times OD_C\times V_S\times t\times m}$$

式中:OD_C 为对照管反应混合液的吸光度;OD_S 为样品管反应混合液的吸光度;V 为样品提取液总体积(ml);V_S 为测定时所取样品提取液体积(ml);t 为光照反应时间(min);m 为样品质量(g)

也可以每分钟反应体系对氮蓝四唑(NBT)光化还原的抑制为50%时所需的酶量为一个SOD活力单位(U)。

五、思考题

1. 丙酮使用前为什么要预冷?
2. 离心机使用时需要注意什么?

参考文献

[1] 孙志浩.生物催化工艺学.北京:化学工业出版社,2004

[2] 郭勇.生物制药技术(第二版).北京:中国轻工业出版社,2007

[3] 陈电容,朱静照.生物制药工艺学.北京:人民卫生出版社,2009

[4] 王普,孙立明,何军邀.响应面法优化热带假丝酵母104菌株产羰基还原酶发酵培养基.生物工程学报,2009,25(6):863-868

[5] Jun-Yao He, Zhi-Hao Sun, Wen-Quan Ruan, Yan Xu. Biocatalytic synthesis of ethyl (S)-4-chloro-3-hydroxy-butanoate in an aqueous-organic solvent biphasic system using *Aureobasidium pullulans* CGMCC 1244. Process Biochem, 2006, 41: 244-249

[6] 王普,祝加男,何军邀.脂肪酶Novozyme 435选择性催化2,2-二甲基环丙烷甲酸乙酯合成S-(+)-2,2-二甲基环丙烷甲酸.催化学报,2010,31(6):651-655

[7] 袁帅.生物催化制备左乙拉西坦关键手性中间体[学位论文].杭州:浙江工业大学,2010

[8] 万海同.生物与制药工程实验.杭州:浙江大学出版社,2008

[9] 李玲.植物生理学模块实验指导.北京:科学出版社,2009

项目四　基因工程制药技术

学习目标

知识目标

- 掌握重组DNA的基本过程；
- 掌握基因工程药物的一般生产过程；
- 熟悉克隆载体和各种工具酶；
- 了解基因工程制药的研究动态。

能力目标

- 会进行细菌质粒的提取操作；
- 会使用PCR仪；
- 会用凝胶电泳分离DNA；
- 能够理解相关专业术语。

任务十四　基因工程制药基本知识

【任务内容】

自1972年DNA重组技术诞生以来，生命科学进入了一个崭新的发展时期。以基因工程为核心的现代生物技术已应用到农业、医药、化工、环境等各个领域。基因工程技术的迅速发展为医药工业发展开辟了广阔的前景，以DNA重组技术为基础的基因工程技术改造和替代传统医药工业技术已成为重要的发展方向。

可用于医药目的的蛋白质或活性多肽都是由相应的基因合成的，而基因工程技术最大的好处在于它有能力从极端复杂的机体细胞内取出所需要的基因，将其在体外进行剪切拼接、重新组合，然后转入适当的细胞进行表达，从而生产出比原来多数百、数千倍的目的蛋白质。所以利用基因工程技术生产药品的优点在于：利用基因工程技术可大量生产过去难以获得的生理活性蛋白；可以发现、挖掘更多的内源性生理活性物质；利用基因工程技术可获得新型化合物，扩大药物筛选来源；可以通过基因工程和蛋白质工程进行改造或去除内源性生理活性物质作为药物使用时存在的不足之处，如：白细胞介素-2的第125位半胱氨酸是游离的，有可能引起—S—S—键错配而导致活性下降，如将此半胱氨酸改为丝氨酸或丙氨酸，白细胞介素-2的活性及热稳定性均有提高。

基因工程技术在医药工业中最重要的应用是通过DNA重组，从而能方便、有效、大量地生产以前由于材料来源困难或制造技术问题无法生产的药物，主要包括①生理活性物质，如重组人胰岛素、重组人生长激素、重组人促卵泡激素、干扰素、集落刺激因子、白细胞介素、肿瘤坏死因子、重组链激酶、重组组织型纤维酶原激活剂等；②基因工程疫苗，如基因工程亚单位疫苗、基因工程载体疫苗、核酸疫苗、基因缺失活疫苗、蛋白质工程疫苗等；③基因工程抗体，如鼠单克隆抗体的人源化、完全人源性抗体、双特异性抗体等。

我国基因工程制药产业起步较晚，基础较差。自 20 世纪 70 年代末以来，开始应用 DNA 重组技术、淋巴细胞杂交瘤技术、细胞培养、克隆表达等技术，开发新产品和改造传统制药工艺。十几年来，在国家重大科研计划，特别是国家"863"高技术计划的优先支持下，这一领域得到了迅速发展，缩短了我国与世界先进国家的差距。"863"计划在生物技术领域内研究的三个主题之一是新型药物、疫苗和基因治疗，重点是利用现代生物技术手段，开发出化学合成法难以生产的医药产品，如预防、诊断和治疗肝炎、肿瘤、传染病和心血管疾病的生物技术医药产品。1989 年，我国批准了第一个在我国生产的基因工程药物——重组人干扰素 α1b，标志着我国生产的基因工程药物实现了零的突破，它源于中国人基因，其 20 多种指标达到国际先进水平。从此以后，我国基因工程制药产业从无到有，不断发展壮大。

基因工程技术在医药工业中的应用非常广泛，利用基因工程技术开发药物已成为当前最为活跃和迅猛发展的领域。随着人类基因组计划的完成，以及基因组学、蛋白质组学、生物信息学等研究的深入，为医药生物技术开拓了一个新的领域，基因工程制药将有更多领域获得突破性进展，为保障人类健康做出更大的贡献。

一、基因工程药物生产的基本过程

基因工程技术是将重组对象的目的基因插入载体，拼接后转入新的宿主细胞，构建工程菌，实现遗传物质的重新组合，并使目的基因在工程菌内进行复制和表达的技术。主要流程(图 14-1)如下：

(1)DNA 的制备，包括从供体生物的基因组中分离或人工合成，以获得带有目的基因的 DNA。

(2)在体外通过限制性核酸内切酶分别将分离(或合成)得到的外源 DNA 和载体分子进行定点切割，使之片段化或线性化。

(3)在体外将含有外源基因的不同来源的 DNA 片段通过 DNA 连接酶连接到载体分子上，构建重组 DNA 分子。

(4)将重组 DNA 分子通过一定的方法引入受体细胞进行扩增和表达，从培养细胞中获得大量细胞繁殖群体。

(5)筛选和鉴定转化细胞，剔除非必需重组体，获得引入的外源基因稳定高效表达的基因工程菌或细胞，即将所需要的阳性克隆挑选出来。

(6)将选出的细胞克隆的基因进一步分析研究，并设法使之实现功能蛋白的表达。

基因工程技术使得很多从自然界中很难或不能获得的蛋白质得以大规模合成。20 世纪 80 年代以来，以大肠杆菌作为宿主，表达真核 cDNA、细菌毒素和病毒抗原基因等，为人类获取大量有医用价值的多肽或蛋白质开辟了一条新途径。

基因工程药物制造的主要程序是(图 14-2)：目的基因的克隆，构建 DNA 重组体，将 DNA 重组体转入宿主菌构建工程菌，工程菌的发酵，外源基因表达产物的分离纯化，产品的

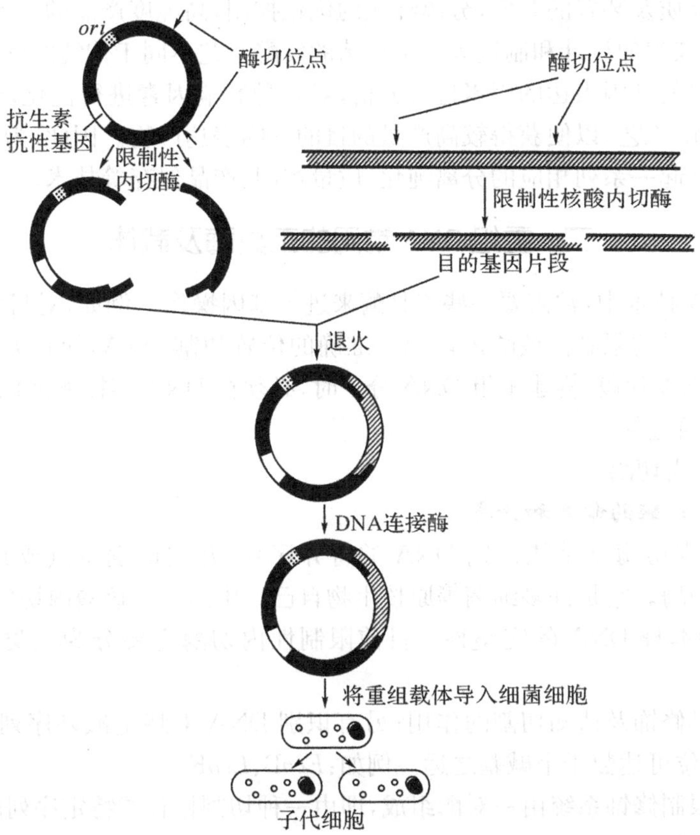

图 14-1 基因重组基本过程

检验等。

获得目的基因 → 组建重组质粒 → 构建基因工程菌 → 培养工程菌(上游阶段) → 产物分离纯化(下游阶段) → 除菌过滤 → 半成品检定 → 成品检定 → 包装

图 14-2 制备基因工程药物的一般程序

基因工程药物生产过程可分为上游和下游两个阶段，上游阶段是研究开发必不可少的基础，主要包括分离目的基因和构建工程菌(细胞)。工作主要在实验室内完成，获得目的基因后用限制性内切酶或连接酶将目的基因插入合适的质粒载体或噬菌体中并转入大肠杆菌或其他宿主菌，以便大量复制目的基因，对目的基因要进行限制性内切酶和核苷酸序列分析。获到目的基因后，最重要的是使目的基因表达，基因的表达系统有原核和真核生物系统，选择表达系统要考虑的关键是保证表达的蛋白质的功能，其次要考虑表达量的多少和分离纯化的难易。将目的基因与表达载体重组，转入合适的表达系统，获得稳定高效表达的基因工程菌(细胞)。

下游阶段是将实验室成果产业化、商品化，是从工程菌(细胞)的大规模培养一直到产品的分离纯化、质量控制。它主要包括工程菌大规模发酵最佳参数的确定，新型生物反应器的研制，高效分离介质及装置的开发，分离纯化的优化控制，高纯度产品的制备技术，生物传感器等一系列仪器仪表的设计和制造等。工程菌的发酵工艺不同于传统的抗生素和氨基酸发酵，需要对影响目的基因表达的因素进行分析，对各种影响因素进行优化，建立适于目的基因高效表达的发酵工艺，以便获得较高产量的目的基因表达产物。因此，为了获得合格的目的产物，必须建立起一系列相应的分离纯化、质量控制、产品保存等技术。

二、重组 DNA 常用的工具酶及载体

在重组 DNA 技术中，常需要一些工具酶来进行基因操作。例如，对目的基因进行处理时，需利用序列特异的限制性核酸内切酶在准确的位置切割 DNA，使较大的 DNA 分子成为一定大小的 DNA 片段，构建重组 DNA 分子时，必须在 DNA 连接酶催化下 DNA 片段才能与克隆载体共价连接。

（一）限制性内切酶

1. 限制性内切酶的命名和分类

所谓限制性内切酶就是能识别 DNA 的特异序列，并在识别位点或其周围切割双链 DNA 的一类内切酶。它是许多细菌等原核生物自己产生的一类核酸内切酶，能分解外来侵入的 DNA，保持本身 DNA 的完整性。目前限制性内切酶主要分为三类：Ⅰ型、Ⅱ型、Ⅲ型酶。

Ⅰ型酶：兼具修饰及认知切割的作用；另有识别 DNA 上特定碱基序列的能力，通常其切割位距离认知位可达数千个碱基之远。例如：*Eco*B、*Eco*K。

Ⅱ型酶：其限制修饰系统由一对酶组成，即由一种切割核苷酸特定序列的限制酶和一种修饰同样序列的甲基化酶组成。此类酶分子量较小，仅需要 Mg^{2+} 作为辅助因子，不需要 ATP，识别的序列多为短的回文序列，识别位点严格专一，并在识别位点内将链切断。例如：*Eco*RⅠ、*Hin*dⅢ。

Ⅲ型酶：与Ⅰ型限制酶类似，同时具有修饰及认知切割的作用。可认知短的不对称序列，切割位与认知序列约距 24～26 个碱基对。例如：*Eco*P Ⅰ、*Hin*f Ⅲ。

在基因工程中，实用性较高的限制酶是Ⅱ型酶。目前已从各种不同微生物中发现 1200 种以上的Ⅱ型酶，搞清识别位点有 300 多种，商品供应的有上百种，实验室常用的有 20 多种。通常所说的限制酶就是指Ⅱ型酶，它具有识别与切割 DNA 链上同一个特异性核苷酸序列，并产生特异性的 DNA 片段的功能。

Ⅱ型限制性内切酶的命名原则是根据分离出此酶的微生物学名。一般取三个字母，第一个大写字母来自微生物的属名，第二、三个小写字母为种名。如果该微生物有不同的品系和变种，则要写上品系或变种的第一个字母，即限制酶命名中的第四个字母代表株。如 *Eco*R Ⅰ，*E* 表示 *Escherichia* 属，*co* 表示 *coli* 种，R 表示 RY13 株，Ⅰ表示第一个被发现的核酸内切酶。

2. 限制性内切酶的识别与切割序列

限制性内切酶的反应温度一般是 37℃，少数酶耐热。所有Ⅱ型酶都需要 Mg^{2+} 作辅助因子，Mg^{2+} 浓度一般为 9mmol/L。几乎所有的Ⅱ型酶的反应 pH 都是 7.2～7.6。催化反应一般是在 37℃保温 4h，时间延长则酶量增加，可以避免部分消化，对结果无影响。如果市售酶制剂不纯，混有核酸外切酶，则限制酶的用量不能过高。Ⅱ型酶的识别序列具有 180°

的旋转对称，识别序列为回文结构，即以识别序列的正中为假想轴心，识别序列成反向重复，双链的切口是对称的。大部分内切酶的识别序列为4～6bp，如*Eco*R Ⅰ的识别序列为GAATTC，也有识别序列为6bp以上的，如*Not* Ⅰ的识别序列为GCGGCCGC，但没有4bp以下的。它们对dsDNA的两条链同时切割，产生平端和粘端两种不同的切口：①形成平头末端：在回文对称轴上同时切割DNA的两条链，则产生平末端，如*Hae*Ⅲ(GG↓CC)和*Eco*R Ⅴ(GAT↓ATC)。产生平末端的DNA可任意连接，但连接效率较粘性末端低。②形成粘性末端：识别位点为回文对称结构的序列经限制酶切割后，产生的末端为匹配粘端，亦即粘性末端，这样形成的两个末端是相同的，也是互补的。若在对称轴5′侧切割底物，DNA双链交错断开产生5′突出粘性末端，如*Eco*R Ⅰ。

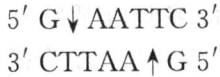

5′ G↓AATTC 3′

3′ CTTAA↑G 5′

若在3′-侧切割，则产生3′突出粘性末端，如*Pst* Ⅰ。

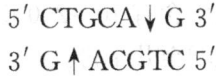

5′ CTGCA↓G 3′

3′ G↑ACGTC 5′

限制性内切酶在分子生物学和基因工程技术中占有举足轻重的地位，其应用之广，超过了任何其他工具酶(见表14-1)。如在DNA重组、组建新质粒、制备DNA的放射性探针、DNA的序列分析、DNA甲基化碱基的识别与切割等方面的研究都离不开限制酶，因而它是重组DNA技术中最关键的工具酶。

表14-1 重组DNA技术中常用的其他工具酶

工具酶种类	功　能
DNA连接酶	催化DNA中相邻的5′磷酸基与3′羟基间形成磷酸二酯键，使DNA切口封合，连接DNA片段
DNA聚合酶Ⅰ	合成双链cDNA中第二条链；缺口平移制作探针；DNA序列分析；填补3′末端
Klenow片段	cDNA第二链合成；双链DNA3′末端标记
反转录酶	合成cDNA；替代DNA聚合酶Ⅰ进行填补，标记或DNA序列分析
多聚核苷酸激酶	催化DNA 5′羟基末端磷酸化，或标记探针
碱性磷酸酶	切除DNA5′末端磷酸基
末端转移酶	在3′羟基末端进行同系多聚核苷酸加尾
DNA甲基化酶	修饰限制酶识别位点，使其免受切割

(二)重组DNA常用载体及其选择

外源DNA不易直接进入受体细胞，它需要与某种工具重组后才能导入受体细胞内，以进行克隆和保存或者表达外源DNA中的遗传信息。这种将外源DNA携带进入受体细胞的工具称为载体。它实际是具一定特性的DNA，是供插入目的基因并将其导入宿主细胞内表达或复制的运载工具。理想的载体应具备以下几个条件：分子量小，拷贝数高；安全；能进入宿主细胞；能在宿主细胞中独立复制；有筛选标记；对多种限制性酶有单一或较少的酶切位点。

一般常用的载体有质粒、噬菌体和病毒。天然的质粒、噬菌体和病毒都需经过人工改造才能成为合乎上述条件的基因工程载体。质粒和噬菌体常用于原核生物为宿主的分子克隆；动物病毒则常用于真核细胞为宿主的分子克隆。另外还有一种人工构建的穿梭载体，既含有原核细胞的复制元件，又含有真核细胞的复制元件，目的基因导入真核细胞时，一般是先在原核细胞中复制，再引入真核细胞中表达，因为目的基因的克隆与鉴定在原核细胞中操作比在真核细胞中容易得多。

1. 质粒

质粒是一种存在于宿主细胞中染色体外的裸露环状 DNA 分子，大小只有普通细菌染色体 DNA 的百分之一。质粒能够“友好”地“借居”在宿主细胞中。含有复制起始位点，能在相应的宿主细胞内进行自我复制，但不会像病毒那样进行无限制地复制，导致宿主细胞的崩溃。一般来说，质粒的存在与否对宿主细胞的生存没有决定性的作用，但是质粒的复制则只能在宿主细胞内完成。根据每个寄主细胞中质粒拷贝数的多少，把质粒分为严紧型复制质粒(拷贝数少，为 1～5 个)与松弛型复制质粒(拷贝数多，可达 10～200 个拷贝)。因此，作为载体的质粒应该是松弛型的，它的复制与染色体不同步，蛋白质合成终止，质粒仍可复制，这些质粒的复制是在寄主细胞的松弛控制之下的，每个细胞中含有 10～200 份拷贝，如果用一定的药物处理，抑制寄主蛋白质的合成还会使质粒拷贝数增至几千份。

pBR322 质粒是最早应用于基因工程的载体之一(图 14-2)，其 DNA 分子中含有单个 *Eco*R Ⅰ位点，可在此插入外源基因，并含有抗四环素、抗氨苄西林的基因，还含有一个复制起始点及与 DNA 复制调节有关的序列，且它的分子量较小，不仅易于自身 DNA 的纯化，而且即便克隆了一段大小达 6kb 的外源基因，其 DNA 大小也在符合要求的范围内。

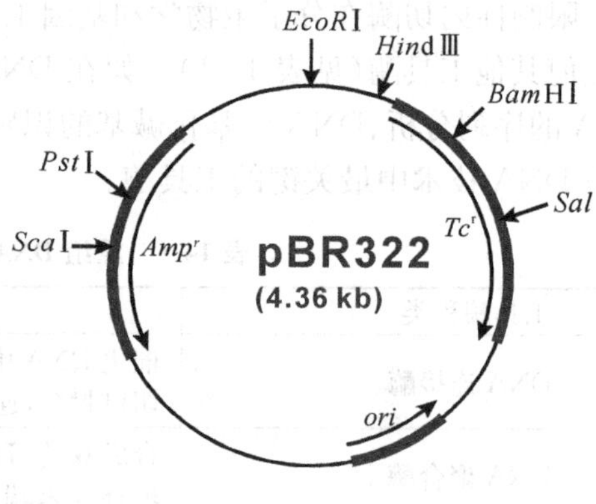

图 14-2　pBR322 结构图

2. λ噬菌体

噬菌体是比细菌还小得多的微生物，和病毒侵犯真核细胞一样，噬菌体侵犯细菌，也可以认为是细菌里的“寄生虫”。它本身是一种核蛋白，核心是一段 DNA，结构上有一个蛋白质外壳和尾巴，尾巴上的微丝可以把噬菌体的 DNA 注入细菌内。

λ噬菌体是线性双链 DNA，全长 48kb，两端各有 12 个碱基的单链突出端，是天然的粘性末端，称为 COS 区，此 COS 区在感染细菌后借粘性末端连接而使噬菌体环化，在细菌内大量繁殖。噬菌体的中间部分基因约占全基因组的 30%，不是裂解生长所必需，此区域的缺乏或被取代，对噬菌体的感染和生长都没有严重影响，可作为外源 DNA 片段的克隆部位。当成熟噬菌体颗粒的外壳蛋白包装 DNA 时，只有 DNA 分子大小合适才能组装成成熟的病毒颗粒，即重组后的 DNA 分子是基因组全长的 75%～105%。这也意味着噬菌体在包装时对重组的外源 DNA 长度进行了一次筛选，分子过大或过小的外源 DNA 都不能被包装入噬菌体。

λ噬菌体主要用于建立基因文库和 cDNA 文库，分插入型(外源 DNA 插入噬菌体)和置换型(外源 DNA 置换了噬菌体部分基因片段)两种载体。图 14-3 表示了λ噬菌体的体外包装。

3. 粘粒及其他人工改建载体

为增加克隆载体插入外源基因的容量并适应重组 DNA 技术的需要，人们还设计出粘

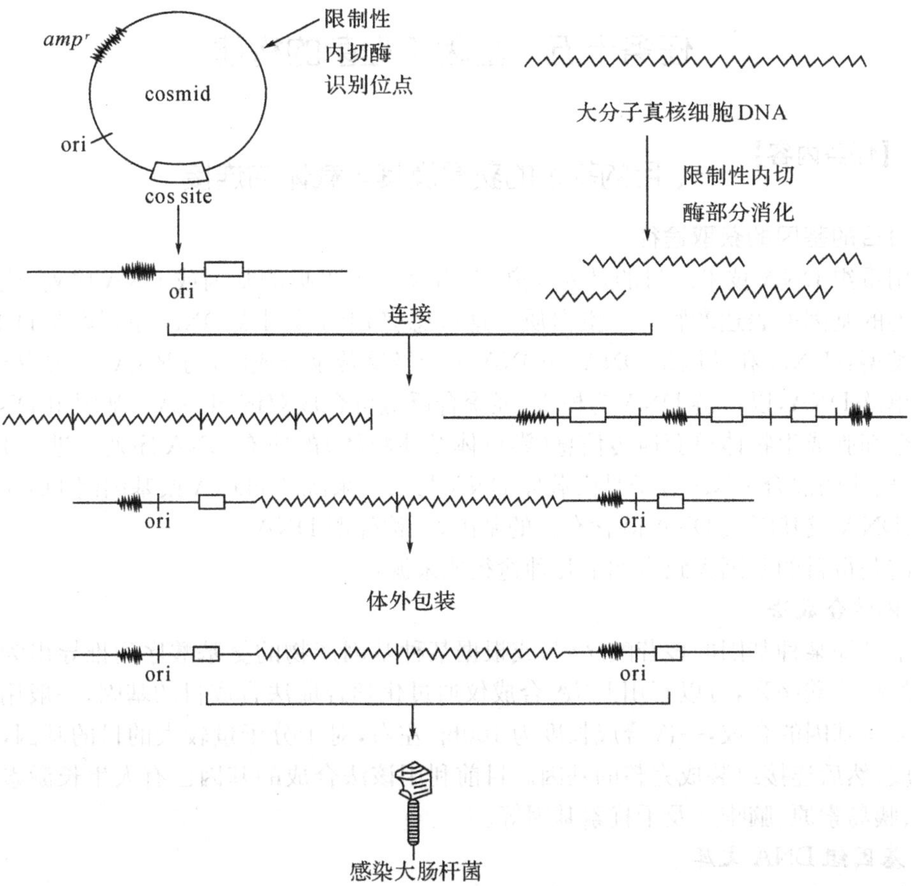

图 14-3　λ 噬菌体的体外包装

粒载体及其他人工改建载体。

粘粒又叫柯斯质粒，是将 λ 噬菌体的 COS 区粘性末端与 pBR322 质粒组合的杂种载体系列。兼有 λ 噬菌体和质粒两方面的优点，可以克隆 31～45kb 的外源 DNA 大片段，而且能被包装成为具有感染能力的 λ 噬菌体颗粒，主要用于建立真核细胞基因组文库的载体。

为适应真核细胞重组 DNA 技术的需要，特别是为满足真核基因表达或基因治疗的需要，还发展了一些用动物病毒 DNA 改造的载体，如腺病毒载体、逆转录病毒载体及用于昆虫细胞表达的杆状病毒载体等。

【习题与思考】

1. 解释基因工程的概念。
2. 基因工程制药有哪些优点？
3. 简述基因工程制药的一般工艺。
4. 基因工程操作中常用的工具酶有哪些？
5. 载体一般需要具有哪些功能？

任务十五　基因工程菌的构建

【任务内容】

一、目的基因的获得及其与载体的连接

（一）目的基因的获取途径

应用重组 DNA 技术的目的是为分离、获得某一感兴趣的基因或 DNA 序列，或是为获得感兴趣的基因的表达产物——蛋白质。这些感兴趣的基因或 DNA 序列就是目的基因，有两种类型：cDNA 和基因组 DNA。cDNA 是指经反转录合成的，与 RNA（通常指 mRNA）互补的单链 DNA，以单链 DNA 为模板、经聚合反应可合成双链 cDNA。基因组 DNA 是指代表一个细胞或生物体整套遗传信息（染色体及线粒体）的所有 DNA 序列。进行 DNA 克隆时，所构建的嵌合 DNA 分子是由载体 DNA 与某一来源的 cDNA 或基因组 DNA 连接而成的。cDNA 或基因组 DNA 既含有目的基因，又称外源 DNA。

目前获得目的基因大致有如下几种途径或来源：

1. 化学合成法

如果已知某种基因的核苷酸序列，或根据某种基因产物的氨基酸序列推导出为该多肽链编码的核苷酸序列，可以利用 DNA 合成仪通过化学合成法合成目的基因，一般用于小分子活性多肽基因的合成，一次合成长度为 100bp 左右，对于分子量较大的目的基因，可通过分段合成，然后连接组装成完整的基因。目前利用该法合成的基因已有人生长激素释放抑制因子、胰岛素原、脑啡肽及干扰素基因等。

2. 基因组 DNA 文库

分离组织或细胞染色体 DNA，利用限制性核酸内切酶将染色体 DNA 切割成基因水平的许多片段，其中即包含有人们感兴趣的基因片段。将它们与适当的克隆载体拼接成重组 DNA 分子，继而转入受体菌扩增，使每个细菌内都携带一种重组 DNA 分子的多个拷贝。不同细菌所包含的重组 DNA 分子内可能存在不同的染色体 DNA 片段，这样生长有全部细菌所携带的各种染色体片段就代表了整个基因组。存在于转化细菌内，由克隆载体所携带的所有基因组 DNA 的集合称基因组 DNA 文库。基因组 DNA 文库就像图书馆库存万卷书一样，涵盖了基因组的全部基因信息，也包含人们感兴趣的基因。与一般图书馆不同的是，基因组 DNA 文库没有图书目录，建立基因文库后需结合适当筛选从众多转化子菌落中选出含有某一基因的菌落，再行扩增，将重组 DNA 分离、回收，获得目的基因的无性繁殖系——克隆。建立基因文库的一般过程如图 15-1 所示。

3. cDNA 文库

以 mRNA 为模板，利用反转录酶合成与 mRNA 互补的 DNA（cDNA），再复制成双链 cDNA 片段，与适当载体连接后转入受体菌，即获得 cDNA 文库。与上述基因组 DNA 文库类似，由总 mRNA 制作的 cDNA 文库包含了细胞表达的各种 mRNA 信息，自然也含有人们感兴趣的编码 cDNA。然后，采用适当方法从 cDNA 文库中筛选出目的 cDNA，当前发现的大多数蛋白质的编码基因几乎都是这样分离的。cDNA 文库构建见图 15-2 所示。

4. 聚合酶链式反应（PCR）

聚合酶链式反应（polymerase chain reaction，PCR）技术可以将微量目的 DNA 片段扩

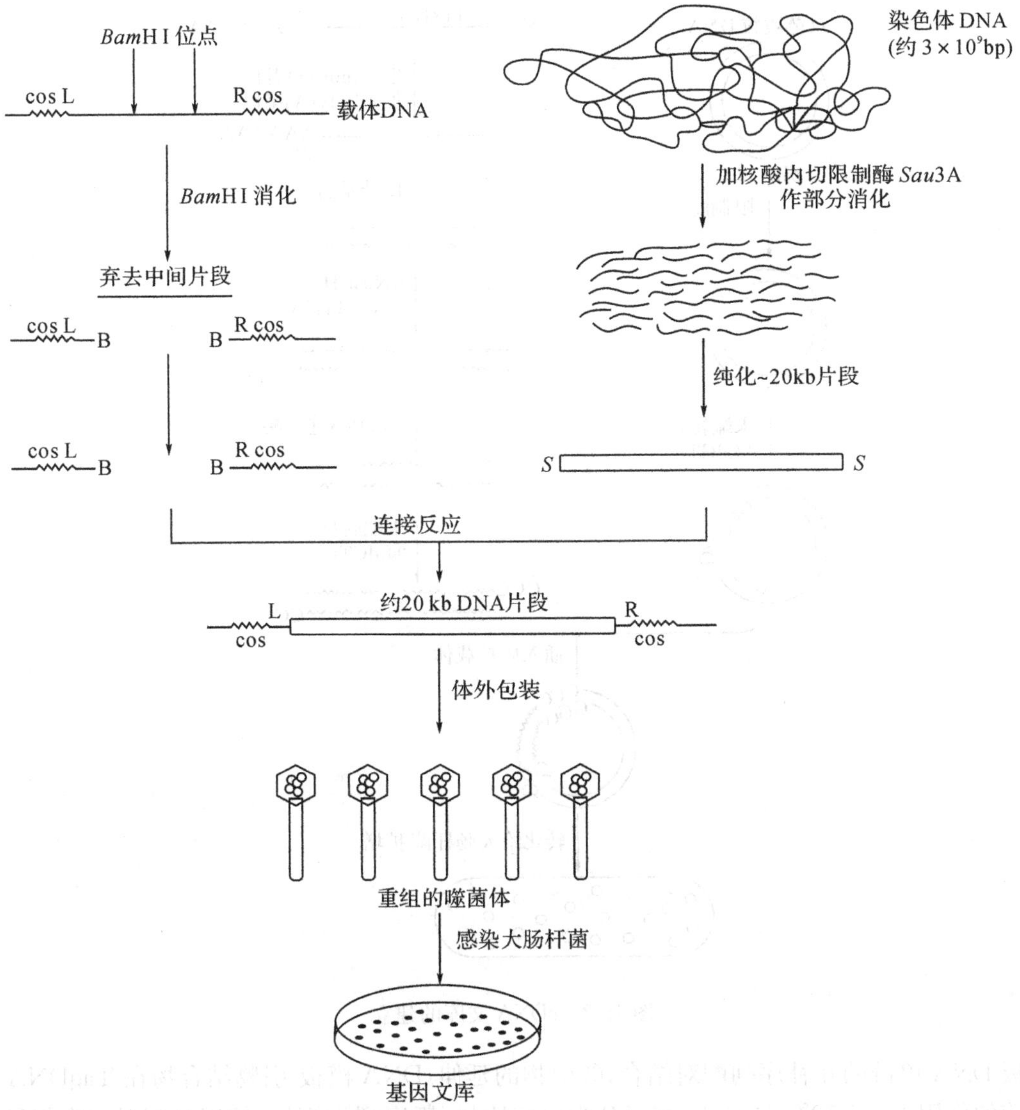

图 15-1 基因组文库的建立

增 100 万倍以上。其基本工作原理是：以拟扩增的 DNA 为模板，以一对分别与模板 5′末端和 3′末端相互补的寡核苷酸片段为引物，在 DNA 聚合酶的作用下，按照半保留复制的机制沿着模板链延伸直至完成新的 DNA 合成。反应一旦启动，即可自动重复这一过程，可使目的 DNA 片段得到大量扩增。如图 15-3 所示，组成 PCR 反应体系的基本成分包括：模板 DNA、特异性引物、耐热性 DNA 聚合酶（如 TaqDNA 聚合酶）、dNTP 以及含有 Mg^{2+} 的缓冲液。

PCR 由变性—退火（复性）—延伸三个基本反应步骤构成：①模板 DNA 的变性：模板 DNA 经加热至 94℃左右一定时间后，使模板 DNA 双链或经 PCR 扩增形成的双链 DNA 解离，使之成为单链，以便它与引物结合，为下轮反应做准备；②模板 DNA 与引物的退火（复性）：模板 DNA 经加热变性成单链后，温度降至 40～60℃左右（一般较 Tm 低 5℃），引物与

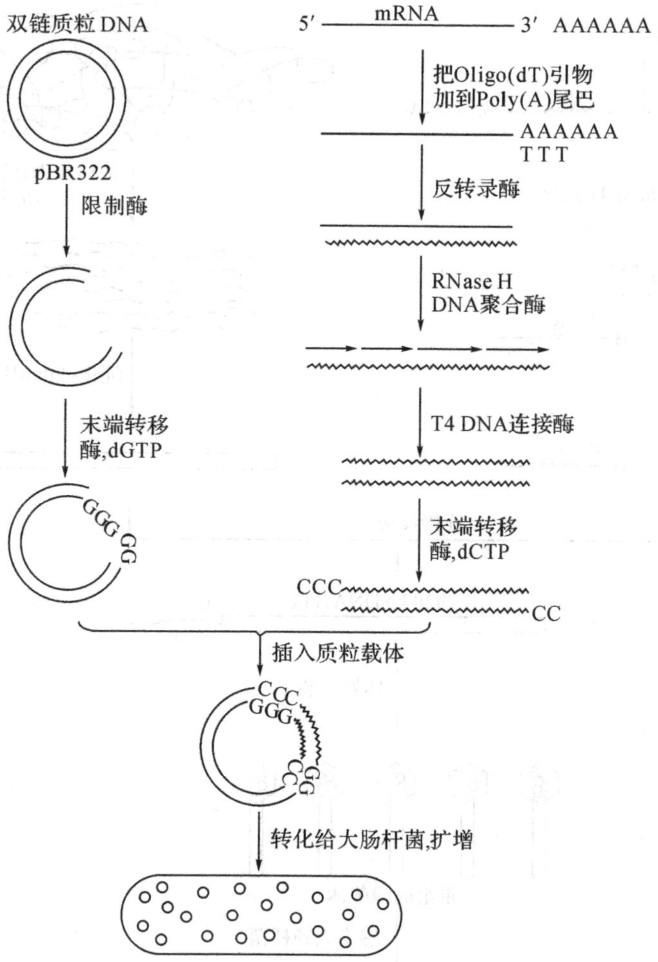

图 15-2　cDNA 文库的建立

模板 DNA 单链的互补序列配对结合;③引物的延伸:DNA 模板-引物结合物在 TaqDNA 聚合酶的作用下,于 72℃左右,以 dNTP 为反应原料,靶序列为模板,按碱基配对与半保留复制原理,合成一条新的与模板 DNA 链互补的半保留复制链。重复循环变性—退火—延伸三过程,就可获得更多的“半保留复制链”,而且这种新链又可成为下次循环的模板。每完成一个循环需 2～4min,2～3h 就能将待扩目的基因扩增放大几百万倍。

(二)目的基因与载体的连接

通过不同途径获取含目的基因的外源 DNA,选择或改建适当的克隆载体后,下一步工作是将外源 DNA 与载体 DNA 连接在一起,即 DNA 的体外重组。与自然界发生的基因重组不同,这种人工 DNA 重组是靠 DNA 连接酶将外源 DNA 与载体共价连接的。这种连接是指在一定条件下,由 DNA 连接酶催化两个双链 DNA 片段相邻的 5′端磷酸与 3′端羟基之前形成磷酸二酯键的过程。把目的基因插入载体,这两种 DNA 分子连接起来得到的产物常称为重组体。在体外,相邻的 5′端磷酸与 3′端羟基间磷酸二酯键的形成,可由两种不同的 DNA 连接酶催化,它们是 T4 噬菌体 DNA 连接酶和大肠杆菌 DNA 连接酶。

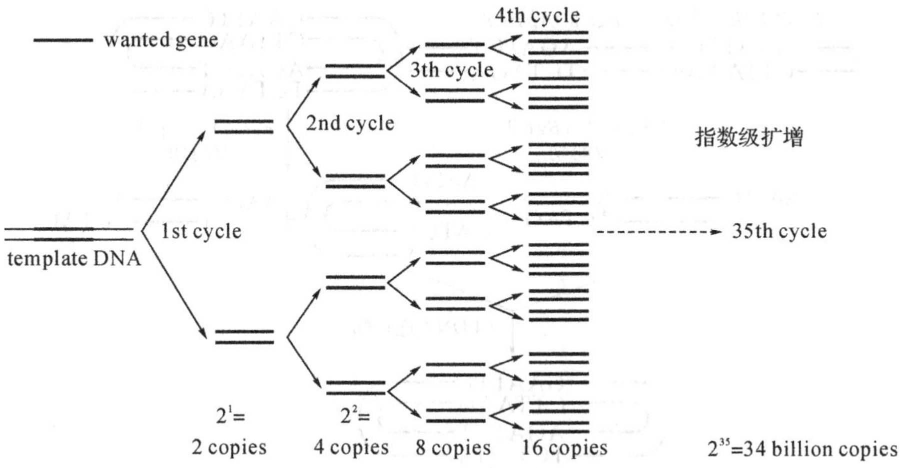

图 15-3 PCR 反应对目的基因的扩增

目的基因与载体之间的连接大致有以下 3 种方法：两个两端均为粘端的 DNA 片段间的连接；两个两端均为平端的 DNA 片段间的连接；一端为粘端，另一端为平端的 DNA 片段间的连接。应根据目的基因与载体本身的酶切位点特性而采用相应方式。在基因工程中，T4 噬菌体 DNA 连接酶是首选的连接酶，因为它不仅能完成粘端 DNA 片段间的连接，而且也能完成平端 DNA 片段间的连接；而大肠杆菌 DNA 连接酶对粘端 DNA 片段间的连接有效，对平端 DNA 片段之间的连接几乎无效，即使有效，条件也十分复杂。

1. 粘端连接

当用相同一种或相同两种限制酶，分别酶切目的基因和载体，可产生相同的粘性末端时，可采用这种方式连接。

(1)同一限制性内切酶切位点连接

由同一限制性内切酶切割的不同 DNA 片段具有完全相同的末端。只要酶切割 DNA 后产生单链突出(5′突出及 3′突出)的粘性末端，同时酶切位点附近的 DNA 序列不影响连接，那么，当这样的两个 DNA 片段一起退火时，粘性末端单链间进行碱基配对，然后在 DNA 连接酶催化作用下形成共价结合的重组 DNA 分子，如图 15-4 所示。

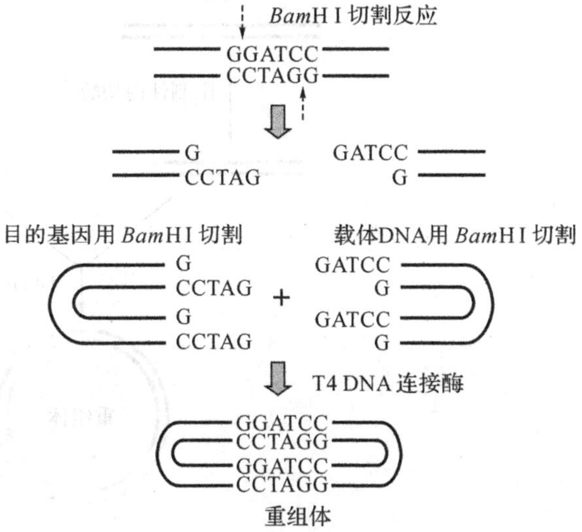

图 15-4 同一限制性内切酶切位点连接

(2)不同限制性内切酶切位点连接

由两种不同的限制性核酸内切酶切割的 DNA 片段，具有相同类型的粘性末端，即配伍末端，也可进行粘性末端连接。例如，*Eco*R Ⅰ 和 *Bgl* Ⅱ 切割 DNA 后均可产生 5′突出的 GATC 粘性末端，彼此可相互连接，见图 15-5。

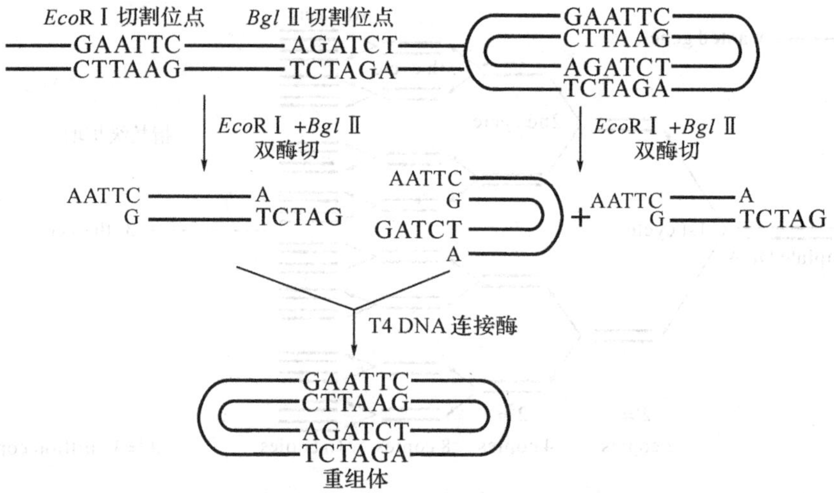

图 15-5　不同限制性内切酶切位点连接

2. 平端连接

DNA 连接酶可催化相同和不同限制性核酸内切酶切割的平端之间的连接，如图 15-6 所示。原则上讲，限制酶切割 DNA 后产生的平端也属配伍末端，可彼此相互连接；若产生的粘性末端经特殊酶处理，使单链突出处被补齐或削平，变为平端，也可施行平端连接。

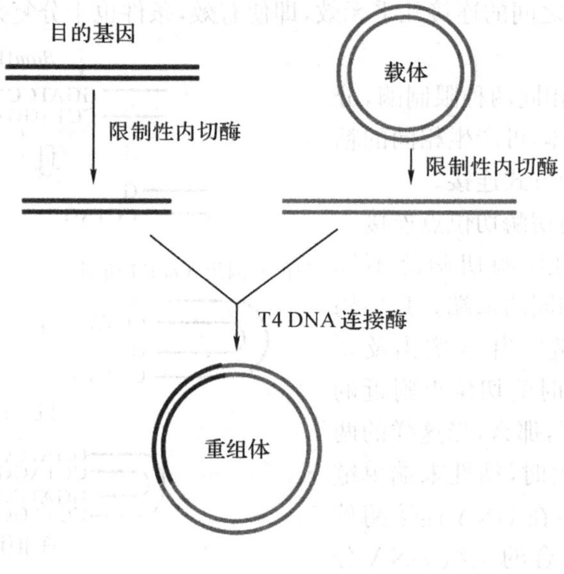

图 15-6　DNA 分子间的平端连接示意图

3. 同聚物加尾连接

同聚物加尾连接是利用同聚物序列，如多聚 A 和多聚 T 之间的退火作用完成的(图 15-7)。在末端转移酶作用下，在 DNA 片段末端加上同聚物序列，制造出粘性末端，而后进行粘性末端连接。这是一种人工提高连接效率的方法，属于粘性末端连接的一种特殊形式。

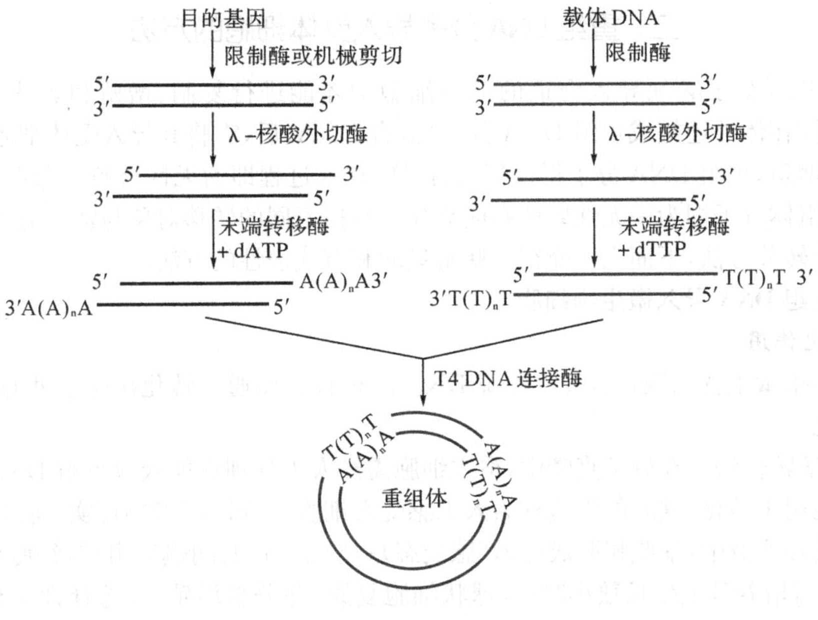

图 15-7 DNA 分子间同聚物加尾连接

4. 人工接头连接

对平端 DNA 片段或载体 DNA,可在连接前将磷酸化的接头或适当分子连到平末端,使产生新的限制性核酸内切酶位点,再用识别新位点的限制性核酸内切酶切除接头的远端,产生粘性末端,这也是粘性末端连接的一种特殊方式,如图 15-8 所示。

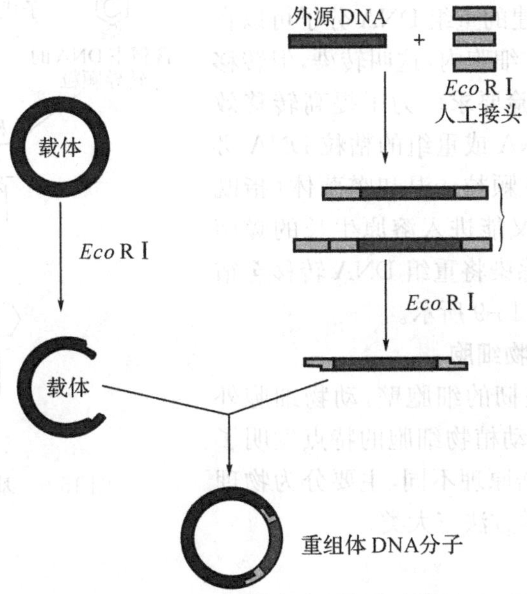

图 15-8 DNA 分子间的人工接头连接

二、重组 DNA 分子导入受体细胞的方法

重组 DNA 分子必须导入合适的宿主细胞中才能进行复制、增殖和表达。所以外源 DNA 与载体在体外连接成重组 DNA 分子(嵌合 DNA)后,需将其导入受体细胞,随着受体细胞生长、增殖,重组 DNA 分子得以复制、扩增,这一过程即为无性繁殖。筛选出的含目的 DNA 的重组体分子即为一无性繁殖系或克隆。根据不同的转移对象与宿主类型,目前已发展出许多种转移方法,下面主要介绍一些常见的和有代表性的方法。

(一)重组 DNA 导入微生物细胞

1. 转化作用

转化是指微生物细胞直接吸收外源 DNA 的过程。而通过转化接受了外源 DNA 的细胞称为转化子。

(1)化学转化法　在分子克隆中,宿主细胞需经人工处理成能吸收重组 DNA 分子的敏感细胞才能用于转化,这时的细胞称为人工感受态细胞。Cohn(1972)证实,将细菌置于 0℃的氯化钙低渗溶液中,细胞膨胀成球形(感受态);经 42℃短时间热冲击后,细胞可吸收外源 DNA;在丰富培养基上生长数小时后,球状细胞复原,并分裂增殖;在选择性平板上即可选出转化子。

(2)电击转化法　除化学法转化细菌外,还可采用高压脉冲电击转化法。电击法不需要预先诱导细菌的感受态,只是依靠短暂的电击来促使 DNA 进入细菌。

2. 转染与转导作用

λ 噬菌体载体所构建的重组 DNA 分子可以直接感染进入 *E. coli* 寄主细胞内,这叫转染,但转移效率很低,难以达到实验要求。为了提高转移效率,重组的 λ 噬菌体 DNA 或重组的粘粒 DNA 必须包装成完整的噬菌体颗粒。温和噬菌体(指既能进入溶菌生长周期,又能进入溶原生长的噬菌体)通过颗粒的释放和感染将重组 DNA 转移至宿主内,这称为转导,见图 15-9 所示。

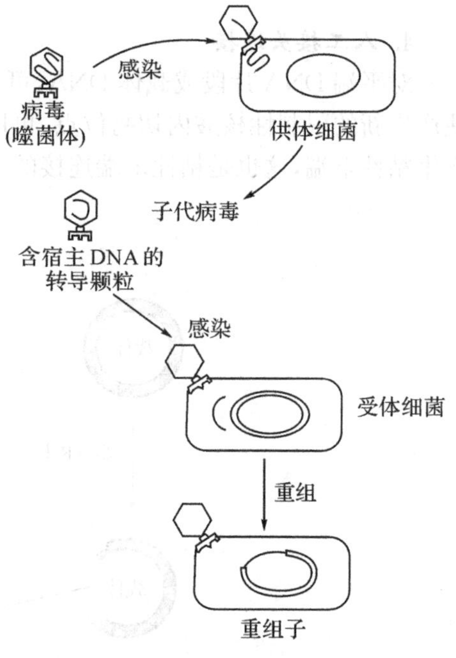

图 15-9　基因一般转导过程

(二)基因导入动植物细胞

植物细胞外层为坚韧的细胞壁,动物细胞外层无细胞壁。人们根据动植物细胞的特点发明了多种基因转移技术,根据原理不同,主要分为物理方法、化学方法和生物学方法三大类。

1. 物理方法

(1)显微注射　是利用显微操作仪通过显微操作将外源基因直接注入细胞核内的方法,它常用于制备转基因动物。注射时首先用口径约 100μm 的细玻璃管吸住受精卵细胞,然后再用口径为 1～2μm 的细玻璃针刺入细胞核将 DNA 注入。

(2)基因枪　是将外表附有DNA的高速运动的微小金属颗粒射向靶细胞,金属颗粒穿过细胞壁和细胞膜,同时将DNA分子引入受体细胞,这种颗粒直径为0.2～0.4μm,由钨或金制成。基因枪技术可应用于动物细胞、真菌、植物的组织。

(3)电穿孔　是指在高压电脉冲的作用下使细胞膜上出现微小的孔洞,外界环境中的DNA穿孔进入细胞,而最终进入细胞核内部的方法。该方法既适合于贴壁生长的细胞,也适用于悬浮生长的细胞,既可用于瞬时表达,也可用于稳定转染。对于不同的细胞需要采用不同的电击电压和电击时间。

2. 化学方法

(1)磷酸钙共沉淀法　是通过使DNA形成DNA-磷酸钙沉淀复合物,然后粘附到培养的哺乳动物细胞表面,从而迅速被细胞所捕获的方法。

(2)脂质体法　通过脂质体包裹DNA并将其载入细胞。此方法简单,实验结果可靠,可重复性强,目前市场上已有多种脂质体转染试剂出售。这些试剂都是基于合成的阳离子脂质形成一薄层脂质体,它与DNA形成复合物,这些复合物迅速被细胞吸收的原理,应用这种方法,已成功地将外源DNA在多种不同的细胞中进行了有效表达。

(3)二乙胺乙基葡萄糖转染技术　二乙胺乙基葡聚糖是一种高分子量的多聚阴离子试剂,它能促进哺乳动物细胞捕获外源DNA,但其机理还不清楚,可能是由于葡聚糖与DNA形成复合物而抑制了核酸酶对DNA的作用,也可能是葡聚糖与细胞结合而引发了细胞的内吞作用。

3. 生物学方法

(1)反转录病毒感染　通过反转录病毒感染可以将基因转移并整合到受体细胞核基因组中,它是各种转移方法中最有效的方法之一,具有转移率高、感染病毒概率高和高度整合的特点,尤其适用于多细胞发育阶段的胚胎。但反转录病毒载体容量有限,只能转移小片段DNA(≤10kb),因此,转入的基因很容易缺少其相邻的调控序列。

(2)原生质体融合法　植物细胞和微生物细胞具有坚韧的细胞壁,首先需要用酶将其去除后制得原生质体,然后再将外源基因与原生质体混合,在聚乙二醇作用下经短暂的共培养即可将外源基因导入细胞内。

在实际工作中,常将以上几种方法综合应用,如动物转基因的常用方法是:通过微注射法使相关DNA进入合子或尚未受精的卵细胞,用具有逆转录酶的病毒感染进行外源基因的导入,以及用微注射法将已在体外培养并被转染外源DNA的胚胎干细胞注入到胚泡中去等。

三、重组体的筛选和克隆基因的表达

(一)重组体的筛选

当重组DNA分子通过转化或转染等手段导入宿主细胞后,必须从大量的宿主细胞群体中筛选出人们所需要的阳性重组子,并对其进行进一步鉴定与分析。为了提高筛选效率,减轻工作量,降低成本,建立一个好的筛选模型十分重要,因此,在进行基因克隆实验设计时首先必须考虑重组子的筛选方案,根据目的基因的特性,选择合适的载体与宿主细胞。

通过转化、转染或感染,重组体DNA分子被导入受体细胞,经适当涂布的培养基培养得到大量转化子菌落或转染噬菌斑。因为每一重组体只携带某一段外源基因,而转化或转染时每一受体菌又只能接受一个重组体分子，所以设法将众多的转化菌落或菌斑区分开来，并鉴定哪一菌落或噬菌斑所含重组 DNA 分子确实带有目的基因，即可得到目的基因的克隆，这一过程即为筛选。根据载体体系、宿主细胞特性及外源基因在受体细胞表达情况的不同，可采取不同的筛选方法。

1. 抗生素抗性基因插入失活法

很多质粒载体都带有一个或多个抗生素抗性基因标记，如 amp^R、tet^R，在这些抗药性基因内有酶的识别位点，当用某种限制性酶消化并在此位点插入外源目的 DNA 时，抗药性基因不再被表达，称为基因插入失活。因此，当此插入外源 DNA 的重组质粒载体转化宿主菌并在药物选择平板上培养时，根据对该药物由抗性转变为敏感，便可筛选出重组体。通过有无抗生素培养基对比培养，还可区分单纯载体或重组载体（含外源基因）的转化菌落，见图 15-10。

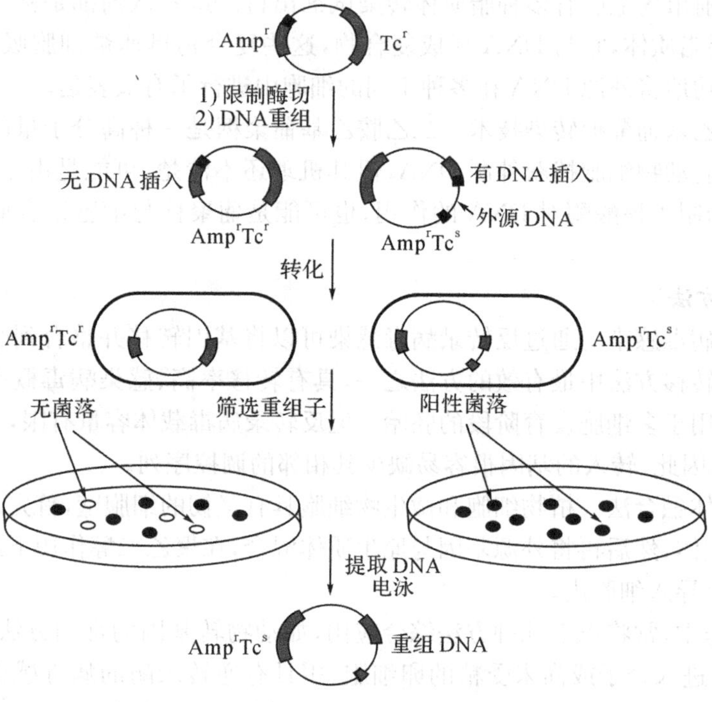

图 15-10　抗生素抗性基因插入失活法筛选重组体

2. 标志补救

若克隆的基因能够在宿主菌表达，且表达产物与宿主菌的营养缺陷互补，那么就可以利用营养突变菌株进行筛选，这就是标志补救。

利用 α 互补筛选携带重组质粒的细菌也是一种标志补救选择方法。许多载体都带有一个来自大肠杆菌的 lac 操纵子 DNA 片段，其中含有编码 β 半乳糖苷酶 N 端的一个片段（但无酶活力）而宿主细胞可编码半乳糖苷酶 C 端部分片段（也无酶活力），但两者之间可以实现基因内互补，从而融为一体，形成有活性的酶，因此这样的菌在有诱导物 IPTG 和生色底物 X-gal 存在下形成蓝色菌落，然而，当外源 DNA 片段插入到质粒的多克隆位点后，使编码 β 半乳糖苷酶 N 端片段失活，因此，带有重组质粒的细菌将产生白色菌落（图 15-11）。

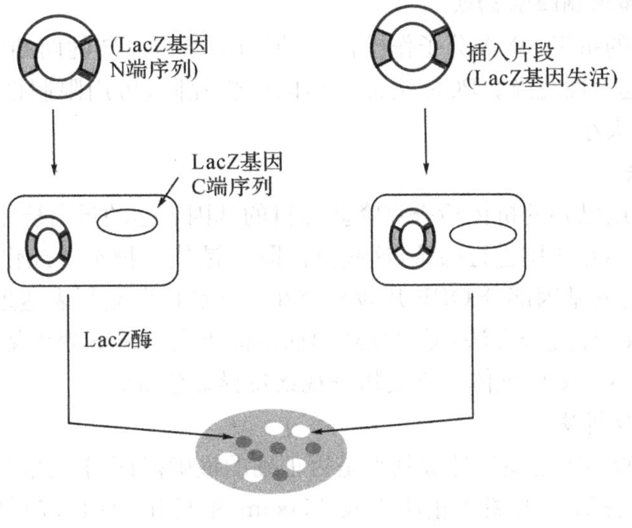

图 15-11　α 互补法筛选重组体

3. 放射性标记核酸探针杂交筛选(Southern 印迹杂交)

两种待杂交 DNA 之一(如目的基因片段)是已知的并事先用放射性同位素标记的,则可用它作为分子探针来识别或探知另一种 DNA(如重组质粒 DNA)中与其同源的部分(插入质粒 DNA 中的目的基因),从而可筛选出带有目的基因的重组子来。

如图 15-12 所示,一般利用琼脂糖凝胶电泳分离经限制性内切酶消化的 DNA 片段,将胶上的 DNA 变性并在原位将单链 DNA 片段转移至尼龙膜或其他固相支持物上,经干烤或者紫外线照射固定,再与相对应结构的标记探针进行杂交,用放射自显影或酶反应显色,从而检测特定 DNA 分子的含量。

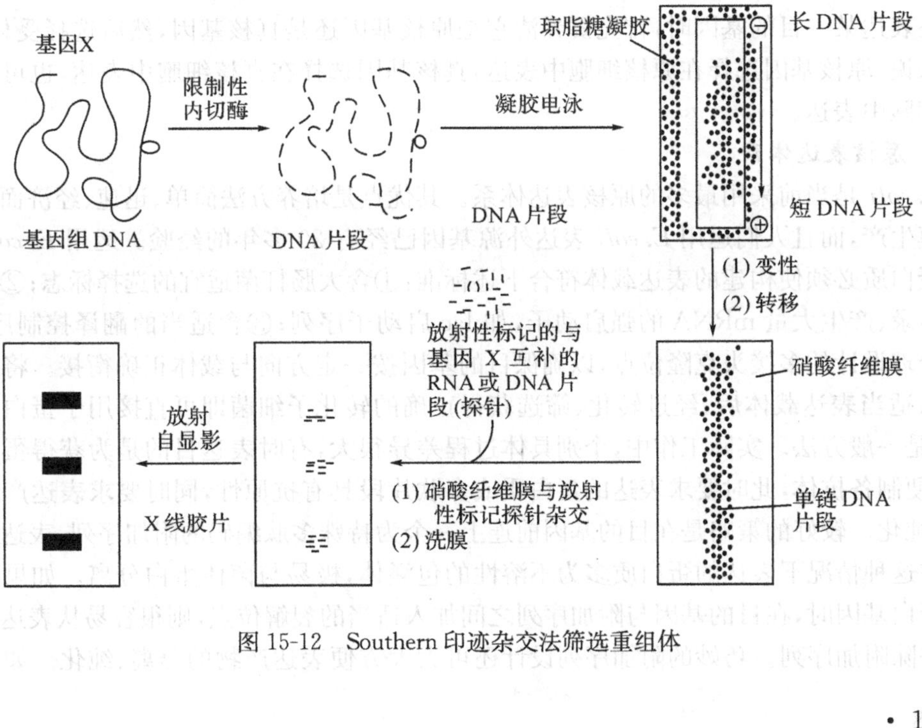

图 15-12　Southern 印迹杂交法筛选重组体

4. PCR筛选和限制酶酶切法

提取转化子中的重组DNA分子作模板，根据目的基因已知的两端序列设计特异引物，通过PCR技术筛选阳性克隆。PCR法筛选出的阳性克隆，可用限制性内切酶酶切法进一步鉴定插入片段的大小。

5. 免疫学方法

免疫学方法是用已知的抗体检查克隆菌株目的基因表达的蛋白抗原。应用特异抗体与目的基因表达产物相互作用进行筛选，这些抗体既可是从生物本身纯化出目的基因表达蛋白抗体，也可是从目的基因部分ORF片段克隆在表达载体中获得表达蛋白的抗体。

如Western blot印迹杂交法：提取克隆菌株菌体蛋白→SDS聚丙烯酰胺凝胶电泳→转印NC膜→特异抗体→酶标抗体→酶底物→观察特异显色带。

6. DNA序列分析法

对DNA序列的测定是验证外源基因是否正确的最确凿证据。测序技术主要有Sanger等(1977)创立的双脱氧链末端终止法以及Maxam和Gilbert(1977)创立的化学降解法，DNA序列自动分析仪的出现大大加快了测序速度。

(二)克隆基因的表达

经分离获得特异序列的基因组DNA或cDNA克隆，即基因克隆，这是进行重组DNA技术操作的基本目的之一。此外，采用重组DNA技术还可进行目的基因的表达，实现生命科学研究、医药或商业目的，亦即基因工程的最终目标。它涉及正确的基因转录、mRNA翻译及适当的转录后、翻译后加工过程。这些过程的进行在不同的表达体系中是不一样的，克隆的目的基因正确而大量表达有特殊意义的蛋白质已成为重组DNA技术中一个专门的领域，这就是蛋白质表达。在蛋白质表达领域，表达体系的建立包括表达载体的构建、受体细胞的建立及表达产物的分离、纯化等技术和策略。基因工程的表达系统包括原核表达体系和真核表达体系。

在表达某一目的基因时，首先要弄清它是原核基因还是真核基因，然后选择受体细胞。一般来说，原核基因选择在原核细胞中表达，真核基因选择在真核细胞中表达，也可选择在原核细胞中表达。

1. 原核表达体系

*E. coli*是当前采用最多的原核表达体系。其优点是培养方法简单、迅速、经济而又适合大规模生产，而且人们运用*E. coli*表达外源基因已经有20多年的经验。运用*E. coli*表达有用蛋白质必须使构建的表达载体符合下述标准：①含大肠杆菌适宜的选择标志；②具有能调控转录、产生大量mRNA的强启动子，如lac启动子序列；③含适当的翻译控制序列；④含有合理设计的多接头克隆位点，以确保目的基因按一定方向与载体正确衔接。将目的基因插入适当表达载体后，经过转化、筛选获得正确的转化子细菌即可直接用于蛋白质的表达，这是一般方法。实际工作中，个别具体过程差异很大，有时表达目的是为获得蛋白质抗原，以便制备抗体，此时要求表达的蛋白质或多肽片段具有抗原性，同时要求表达产物易于分离、纯化。较好的策略是在目的基因前连上一个为特殊多肽编码的附加序列，表达融合蛋白。在这种情况下表达的蛋白质多为不溶性的包涵体，极易与菌体蛋白分离。如果在设计融合蛋白基因时，在目的基因与附加序列之间加入适当的裂解位点，则很容易从表达的杂合分子去除附加序列。巧妙的附加序列设计还可大大方便表达产物的分离、纯化。如果表达

的蛋白质是为用于生物化学、细胞生物学研究或临床应用，除要符合分离、纯化方便条件外，更重要的是考虑蛋白质的功能或生物学活性。此时，表达的可溶性蛋白质往往具有特异的生物学功能；如果表达的是包涵体形式，还需在分离后进行复性或折叠。

大肠杆菌表达体系，尚有一些不足之处：①由于缺乏转录后加工机制，只能表达克隆的cDNA，不宜表达真核基因组DNA；②由于缺乏适当的翻译后加工机制，表达的真核蛋白质不能形成适当的折叠或进行糖基化修饰；③表达的蛋白质常常形成不溶性的包涵体，欲使其具有活性尚需进行复杂的复性处理；④很难表达大量的可溶性蛋白。

2. 真核表达体系

与原核表达体系比较，真核表达体系除与原核表达体系有相似之处外，一般还常有自己的特点。真核表达载体通常含有选择标记、启动子、转录翻译终止信号、mRNA加poly(A)信号或染色体整合位点等。真核表达体系大多是穿梭载体，有两套复制原点及选择标记，分别在大肠杆菌和真核细胞中作用。

真核表达系统包括酵母、昆虫及哺乳类动物细胞三类表达体系。如哺乳类动物细胞，不仅可表达克隆的cDNA，而且还可表达真核基因组DNA。哺乳类动物细胞表达的蛋白质通常总是被适当修饰，而且表达的蛋白质会恰当地分布在细胞内一定区域并积累。当然，操作技术难、费时、不经济是哺乳类动物细胞表达体系的缺点。

在基因表达的翻译加工方面，与原核细胞相比，真核细胞具有明显的优点，例如，蛋白质中二硫键的精确形成、糖基化、磷酸化、寡聚体的形成等在真核细胞中可进行；原核细胞中无加工系统。但在基因工程生产蛋白质方面，真核表达体系也有明显不足，除了基因转移较困难外，外源基因整合到细胞染色体上的位置与拷贝数等因素不易控制，真核细胞中的表达水平也要比原核细胞低得多，而且成本高，操作条件严格而复杂。因此，对不需要精确翻译后加工的产物来说，即真核基因在原核细胞中表达的产物的生物学活性与在真核细胞中无差别时，通常选择原核细胞进行表达。但当外源基因在大肠杆菌中较高水平表达时，表达产物多以无活性的不可溶的包涵体形式存在，虽然比较稳定，但须经一系列处理后才能获得有活性的产物，这也是应该注意的问题。

由于真核基因与原核基因结构及调控方式的不同，真核基因在原核细胞中表达存在以下困难：①原核细胞RNA聚合酶不能识别真核启动子，因此必须使用原核启动子；②从真核DNA转录的mRNA缺乏结合原核核蛋白体的SD序列；③真核基因常含有内含子，而原核细胞缺乏真核细胞的转录后加工系统，不能将内含子切除，因此，真核基因在原核细胞中表达时应使用cDNA；④原核细胞缺乏真核细胞特有的蛋白质修饰系统，如糖基化，因此，当影响产物活性时，应选用真核细胞表达真核基因；⑤真核蛋白质有时会被原核蛋白酶降解，小分子蛋白更是如此，为此可试将目的基因与细菌的结构基因相连，构建成融合基因或选用相应蛋白酶缺陷的菌株做受体细胞；⑥很多真核蛋白前体具有信号肽序列，它可被真核细胞的信号肽酶所识别并切除，从而成为成熟的真核蛋白。但真核蛋白前体的信号肽序列不能被原核细胞所识别、加工，因此用于在原核细胞中表达的真核基因，必须删除自身的信号肽编码序列。

【习题与思考】

1. 目的基因获得方法有哪些？

2. 简述基因组文库和 cDNA 文库的构建方法。
3. 载体与目的基因的链接方式有哪些?
4. 重组 DNA 转化哺乳动物细胞有哪些方法?
5. 重组子的筛选有哪些方法?
6. 试比较原核和真核表达系统的优缺点。

任务十六　基因工程药物的发酵生产

【任务内容】

由于基因工程菌株(细胞)含有带外源基因的重组载体,因此其培养和发酵工艺技术与通常采用单纯微生物细胞的工艺有许多不同之处。基因工程菌株(细胞)培养与发酵的目的是希望其外源基因能够高水平表达,获得大量的外源基因产物。而外源目的基因的高效表达,不仅涉及与宿主、载体、克隆基因之间的关系,还与其所处的环境条件密切相关。因此,有必要对影响外源基因表达的各种因素进行研究和分析,优化基因工程菌的培养与发酵工艺条件,实现外源基因的高效表达。

一、基因工程菌株的培养与发酵

(一)基因工程菌(细胞)培养的特点

许多研究结果表明,基因工程菌(细胞)在培养传代过程中及发酵生产过程中经常表现出不稳定性,这种不稳定性包括了质粒的不稳定性和表达产物的不稳定性。质粒不稳定分为分裂不稳定和结构不稳定。质粒的分裂不稳定是指工程菌分裂时出现一定比例不含质粒子代菌的现象。质粒的结构不稳定是指外源基因从质粒上丢失或碱基重排、缺失所致工程菌性能的改变。不含质粒的菌与带质粒的菌相比具有一定的生长优势,因而能在培养中逐渐取代含质粒菌而成为优势菌,减少基因表达的产率。此外,基因工程菌不稳定的另一个现象是表达产物的不稳定。比如,人干扰素工程菌在表达干扰素时,随着培养时间的延长,干扰素活性反而下降。因此,表达产物不稳定也应该是值得重视的问题

为了提高工程菌培养中质粒的稳定性,工程菌的培养一般采用两阶段培养法,第一阶段先使菌体生长至一定密度,第二阶段是外源基因的表达。由于第一阶段外源基因未表达,从而减小了重组菌与质粒丢失菌的比生长速率的差别,增加了质粒的稳定性。在发酵过程中施加选择性压力(如添加抗生素、培养基营养缺陷)等,以抑制丢失重组质粒的非生产菌的生长,也是工程菌培养中提高质粒稳定性常用的方法。

采用适当的操作方式可使工程菌生长速率具有优势,并使工程菌和质粒丢失菌生长竞争趋于极端化。可调控的环境参数为温度、pH、培养基组分和溶解氧浓度。有些含质粒的菌对发酵环境的改变比不含质粒的菌反应慢,因而间歇改变培养条件以改变两种菌的比生长速率,可以改善质粒的稳定性。通过间歇供氧和改变稀释速率都可以提高质粒的稳定性。

(二)培养方式

1. 分批培养

分批培养(batch culture)是一种间歇培养方式,除了进气、排气和补加酸碱调节 pH 外,

在培养过程中与外界没有其他的物料交换。这种方式在实际生产中应用较少，通常采用补料分批培养。

2. 补料分批培养

补料分批培养(fed-batch culture)也是一种间歇培养方式，与分批培养不同之处在于，在培养过程中需要往发酵液中补加新鲜的营养成分。在分批培养中，为保持基因工程菌生长所需的良好微环境，延长其生长对数期，获得高密度菌体，通常把溶氧控制和流加补料措施结合起来，根据基因工程菌的生长规律来调节补料的流加速率。

3. 连续培养

连续培养(continuous culture)是在连续流加培养基的同时连续放出发酵液。由于重组菌的不稳定性，进行连续培养难度较大。为解决基因工程菌连续培养的不稳定性，将工程菌的生长阶段和基因表达阶段分开，进行两阶段连续培养。优化诱导水平、稀释率和细胞比生长速率这3个参数，可以保证在第一阶段培养时质粒稳定，在第二阶段可获得最高表达水平或最大产率。

4. 透析培养

透析培养(dialysis culture)是利用膜的半透性原理使代谢产物和培养基分离，通过去除培养液中的代谢产物来解除其对生产菌的不利影响。采用膜透析装置是在发酵过程中用蠕动泵将发酵液打入罐外的膜透析器的一侧循环，其另一侧通入透析液循环。例如，在补料分批培养中，大量醋酸在透析器中透过半透膜降低了培养基中醋酸浓度，从而获得高菌体密度。

5. 固定化培养

基因工程菌经固定化培养(immobilization culture)后，解决了质粒的不稳定性问题，该培养方式对分泌型菌更为有利。例如，重组大肠杆菌进行固定化后，质粒的稳定性和目的产物的表达量都得到了很大提高。

(二)基因工程菌发酵条件

1. 培养基的影响

培养基的组成既要提高工程菌的生长速率，又要保持重组质粒的稳定性，使外源基因能够高效表达。常用的碳源有葡萄糖、甘油、乳糖、甘露醇、果糖等。常用的氮源有酵母提取物、蛋白胨、酪蛋白水解物、玉米浆和氨水、硫酸铵、硝酸铵、氯化铵等。另外，培养基中还应加一些无机盐、微量元素、维生素、生物素等。对营养缺陷型菌株还要补加相应的营养物质。

碳源对菌体生长和外源基因表达有较大的影响。使用葡萄糖和甘油作为碳源，菌体的比生长速率及呼吸强度相差不大；但以甘油为碳源，菌体的生长速率较大；而以葡萄糖为碳源，菌体产生的副产物较多。葡萄糖对比 lac 启动子来说，使用乳糖作碳源较为有利，乳糖同时还具有诱导作用。

在各种有机氮源中，酪蛋白水解更有利于产物的合成与分泌。培养基中色氨酸对 trp 启动子控制的基因表达有影响。

无机磷在许多初级代谢的酶促反应中是一个效应因子，过量的无机磷会刺激葡萄糖的利用、菌体生长和氧的消耗。由于启动子在低磷酸盐时才被启动，因此必须控制磷酸盐的浓度。当菌体生长到一定密度，磷酸盐被消耗至较低浓度时，目的蛋白才开始表达。通常，起始磷酸盐浓度应控制在0.015mol/L，浓度过低影响细菌生长，浓度过高则影响外源基因表达。

2. 接种量的影响

接种量是指移入的种子液体积和培养液体积的比例。它的大小影响发酵的产量和发酵周期，接种量小，延长菌体延迟期，不利于外源基因的表达，采用大接种量，由于种子液中含有大量水解酶，有利于对基质的利用，可以缩短生长延迟期，并使生长菌能迅速占领整个培养环境，减少污染机会。但接种量过高往往又会使菌体生长过快，代谢产物积累过多，反而会抑制后期菌体的生长，所以接种量的大小取决于生产菌种在发酵中的生长繁殖速率。

3. 温度的影响

温度对基因表达的调控作用可发生在复制、转录、翻译或小分子调节分子的合成等水平上。在复制水平上，可通过调控复制来改变基础拷贝数，影响基因表达；在转录水平上可通过影响 RNA 聚合酶的作用或修饰 RNA 聚合酶来调控基因表达；温度也可在 mRNA 降解和翻译水平上影响基因表达，温度还可能通过细胞内小分子的量而影响基因表达，也可通过影响细胞内 ppGpp 量调控一系列基因表达。

对于一些温度敏感型质粒，温度较低时质粒拷贝数较少，升温后质粒大量复制，拷贝数就处于失控状态，对菌体生长有很大影响。对含此类质粒的工程菌，通常在发酵前期控制较低温度，使外源基因不过量表达，重组质粒稳定地遗传，到后期升温，以大量增加质粒拷贝数，使外源基因高表达。

温度还影响蛋白质的活性和包涵体的形成。

4. 溶解氧的影响

溶解氧是工程菌发酵培养过程中影响菌体代谢的一个重要参数，对菌体的生长和产物的生成影响很大。菌体在生长繁殖过程中，进行耗氧的氧化分解代谢，及时供给饱和氧是很重要的。发酵时，随溶解氧浓度的下降，细胞生长减慢，尤其在发酵后期，下降幅度更大。外源基因的高效转录和翻译需要大量的能量，促进了细胞的呼吸作用，提高了对氧的需求，因此只有维持较高水平的溶解氧浓度（≥40%）才能提高带有重组质粒细胞的生长，利于外源蛋白产物的形成。

采用调节搅拌转速的方法，可以改善培养过程中的氧供给，提高活菌产量。在发酵前期采用较低转速，满足菌体生长；在培养后期，提高转速才能满足菌体继续生长的要求。这样既可以满足工程菌生长，获得高活菌数，又可以避免发酵培养全过程采用高转速，节约能源。

5. pH 的影响

pH 对细胞的正常生长和外源蛋白的高效表达都有影响，所以应根据工程菌的生长和代谢情况，对 pH 进行适当的调节。如采用两阶段培养工艺，培养前期着重于优化工程菌的最佳生长条件，培养后期着重于优化外源蛋白的表达条件，细胞生长期的最佳 pH 范围一般在 6.8～7.4，外源蛋白表达的最佳 pH 为 6.0～6.5。

总之，工程菌发酵工艺对异源蛋白的表达关系重大，最佳化工艺是获得最快周期、最高产量、最好质量、最大消耗、最大安全性、最周全的废物处理效果、最佳速率与最低失败率等指标的保障。

二、基因工程药物的分离纯化

基因重组蛋白的分离和纯化主要分为两个方面：①目标产物的初级分离，主要是在细胞培养后，将细胞从培养液中分离出来，然后再破碎细胞释放产物、溶解包涵体、复原蛋白以除去大部分杂质；②目标产物的纯化，是在分离的基础上，用各种具有高选择性的精密仪器，使产物按要求进行纯化。

基因工程产物的分离纯化过程有下列特点：①产物大多处于细胞内，提取前需将细胞破碎，环境组分复杂，增加了很多困难；②产物浓度较低，杂质多，而最后成品要求达到的纯度高，故提取较困难，且收率低，常需好几步操作并需采用高分辨力的精制方法；③产物都是大分子蛋白，通常不稳定，遇热、极端 pH、有机溶剂和剪切力等易引起产物失活。

(一) 影响基因工程产物分离纯化工艺的主要因素

1. 产物活性、纯度和杂质

活性的测定可以指导和评价整个分离纯化工艺中各单元的操作，是分离纯化工作的前提。纯度和杂质分析可以评价分离纯化单元操作的效率，也是作为质量控制的要求，需要灵敏的分析手段，通常采用的方法为 SDS-PAGE、HPLC、毛细管电泳、等电点聚焦、肽谱分析和氨基酸分析等。

2. 产物表达形式和表达水平

不同宿主本身具有不同的蛋白质合成、转运和后加工机制，因此基因表达产物通常以不同形式存在。真菌和动物细胞一般以分泌的形式表达，产物表达水平在 1～100mg/L 之间，差别很大。*E. coli* 由于本身的特点，其表达基因产物的形式有胞内不溶性表达（包涵体）、胞内可溶性表达、细胞周质表达等多种。

3. 产物本身的分子特性

蛋白产物分子的理化参数和生物学特性等，对分离纯化工艺的设计分别具有各种不同的影响和意义。此外，真核表达系统中，糖基化可能会引起产物分子特性的改变，而糖基化程度的不同，则会引起分子理化性质的改变。

4. 产物的用途和需求量

产物的用途决定了产品所要达到的纯度，如体外诊断试剂允许存在一定量的杂质，一般要求纯度在 80%以上，而用作体内治疗的产品应具有较高的纯度，一般应达到 98%以上。因此，体外诊断试剂的纯化工艺较为简单，主要是分离去除影响蛋白产物保存期的蛋白水解杂质，而体内治疗产品的纯化工艺就较复杂，要求毒素、免疫原和其他残余的有害物质都应分离去除。最后，产品的需求量则决定了工艺应具有的规模。

(二)基因工程菌发酵产物的分离和纯化技术

基因工程菌发酵产物的分离技术主要有离心、过滤、沉淀、膜分离、萃取等技术；纯化技术主要有离子交换层析、凝胶过滤层析、亲和层析等技术。具体内容将在本教材项目六中作详细介绍。

(三)各种不同形式表达产物的分离纯化

1. 包内不溶性表达产物——包涵体

大肠埃希菌表达系统表达的真核生物异体蛋白有些以不溶性形式产生并聚焦形成蛋白质聚合物，即包涵体。包涵体可以较容易地与胞内可溶性蛋白杂质分离，重组蛋白的纯化也较易完成。但是，包涵体中重组蛋白产物经过了一个变性复性过程，较易形成蛋白产物的错误折叠和聚合体。包涵体的分离及其中重组蛋白的纯化步骤通常包括：细菌收集与破碎，包涵体的分离、洗涤与溶解，变性蛋白的纯化，重组蛋白的复性，天然蛋白的分离等。

(1)菌体细胞的收集与破碎　发酵完毕，离心收集的湿菌体细胞可采用物理、化学和酶学三种方法进行破碎，使包涵体释放出来。物理方法包括超声波破碎、高压匀浆和加砂研磨。前者适于中小规模，后两者通常用于工业生产规模。化学方法最常用的是碱解和表面活性剂。碱可有效地释放菌体中的蛋白质，但可引起目的蛋白的不可逆变性。表面活性剂包括离子型和非离子型，前者活性较强，在破菌的同时将包涵体一起溶解，不利于后期的纯化。酶解法常用溶菌酶溶解菌体细胞壁，适于中小规模。破碎前菌体细胞可用酸或热处理，或暴露于非极性溶剂(苯酚、甲苯)中，有利于提高蛋白质的数量。

(2)包涵体的分离、洗涤与溶解　菌体细胞破碎后，包涵体释放出来，通过离心法进行液固相分离，使包涵体与上清液中的碎片及蛋白质分开。与包涵体一起被离心沉淀的杂质包括可溶性杂蛋白、RNA 聚合酶的四个亚基、细胞外膜蛋白、16S 和 23S rRNA、质粒 DNA 以及脂质、肽聚糖、脂多糖等。可先用 TE 缓冲液反复洗涤以除去可溶性蛋白、核酸及外加溶菌酶。在包涵体溶解前，为使其杂质含量降至最低水平，常用低浓度弱变性剂(如尿素)或温和的表面活性剂(如 Triton X-100)等处理，可去除其中的脂质和部分膜蛋白，使用浓度以不溶解包涵体中的目的蛋白为原则。此外，硫酸链霉素沉淀和酶提取可去除包涵体中部分核酸，从而降低包涵体溶解后提取液的黏度，以利于色谱分离。

包涵体的溶解是在变性条件下进行的，目的是为了将蛋白产物变成一种可溶形式，以利于分离纯化。溶解包涵体需要打断包涵体中蛋白质分子内和分子间的非共价键、离子键和疏水作用，使多肽伸展。溶解包涵体的试剂包括尿素、盐酸胍、SDS、碱性溶剂和有机溶剂等。从保护蛋白质生物活性和安全性等方面考虑，一般很少使用碱性溶剂和有机溶剂。变性剂尿素和盐酸胍是通过离子间的相互作用使蛋白质变性并破坏高级结构，但分子内共价键和二硫键仍保持完整，而去污剂 SDS 主要是破坏蛋白质肽链之间的疏水作用。

此外，还有一种用离子交换树脂溶解包涵体的方法，溶解了的蛋白质能够折叠形成活性构象，然后选择合适的 pH 和盐浓度洗脱可清除 90%左右吸附的发菌体杂蛋白。

(3)变性蛋白的纯化　变性蛋白的纯度是影响复性效果的重要因素，虽然在洗涤和溶解包涵体时杂质已被大量去除，但要获得高纯度的重组变性蛋白，仍须对包涵体抽提物进一步分离纯化。

(4)重组蛋白的复性　采用适当的条件使伸展的变性重组蛋白重新折叠成为可溶性的具体生物活性的蛋白质，即为复性。为了获得高产率的复性蛋白，重折叠时应考虑下列因素：蛋白质浓度、杂质含量、重折叠速度、氧化还原剂的用量和比例、重折叠配体的掺入以及温度、pH 和离子强度等。

2. 分泌型表达产物

分泌型表达产物通常体积大、浓度低，必须在纯化以前进行浓缩处理，以尽快缩小溶液体积。浓缩的方法包括沉淀和超滤等。沉淀包括中性盐、有机溶剂和高分子聚合物等方法。超滤是目前最常用的蛋白质溶液浓缩方法。其优点是不发生相变化，也不需要加入化学试剂，能耗低，目前已有多种截留不同分子量的膜供应。超滤中的横流过滤效率高，较适于数十升以上体积的较大规模使用。蛋白产物经浓缩后便可进一步分离纯化。

3. 胞内可溶性表达产物

某些基因能在大肠埃希菌胞内表达可溶性的融合蛋白，表达量占细胞总可溶性蛋白的5%～20%，有的高达 40%。这种表达方式可避免无活性的不可溶包涵体的形成，使外源蛋白在大肠埃希菌细胞中能正确折叠从而获得特定空间结构和生物学功能，并以可溶性形式表达。同时，可大大简化纯化工艺，降低成本，获得高纯度高活性的目的蛋白。

经细胞破碎后的可溶性离心上清液，如果有可以利用的单克隆抗体或相对特异性的亲和配基，可选用亲和层析分离法。对具有极端等电点的蛋白质，采用离子交换分离能去除大部分杂质，也可获得较好的纯化效果。

4. 大肠埃希菌细胞周质表达蛋白

周质表达蛋白是介于细胞内可溶性表达和分泌型表达之间的一种表达形式，它可以避开细胞内可溶性蛋白和培养基中蛋白类杂质，在一定程度上有利于蛋白产物的分离纯化。为了获取周质蛋白，大肠埃希菌细胞经低浓度溶菌酶处理后，一般用渗透压休克的方法获取。由于周质中蛋白仅有为数不多的几种分泌蛋白，同时又无蛋白水解酶的污染，因此通常能够回收到高质量的蛋白产物。

【习题与思考】

1. 基因工程菌培养有哪些特点？在培养过程中哪些方法可以提高质粒的稳定性？
2. 常用的基因工程菌发酵方式有哪几种？
3. 影响基因工程菌发酵的因素有哪些？如何控制？
4. 简述包涵体的分离纯化过程。

【基因工程制药技术应用案例】

重组干扰素的生产

干扰素(interferon，IFN)是人体细胞分泌的一种活性蛋白质，具有广泛的抗病毒、抗肿瘤和免疫调节活性，是人体防御系统的重要组成部分。根据其分子结构和抗原性的差异分为α、β、γ、ω等4种类型。α型干扰素又依据其结构的不同再分为α1b、α2a、α2b等亚型，其区别表现在个别氨基酸的差异上。如人干扰素α2a的第23位氨基酸为赖氨酸残基，而α2b的第23位为精氨酸残基。早期，干扰素是用病毒诱导人白血球或白细胞产生的，产量低、价格昂贵，不能满足需要。现在可以利用基因工程技术并在大肠杆菌中发酵、表达来进行生产。

(一)基因工程菌的组建

在干扰素重组DNA成功以前，人们对于干扰素的结构一无所知，因此不可能人工合成基因。在人染色体上的干扰素基因拷贝数极少(大约只有1.5%)，加工上又有技术困难，所以不能直接分离干扰素基因，而是通过分离干扰素mRNA，再以干扰素mRNA为模板，通过反转录酶等使其形成cDNA。干扰素cDNA的获得是将产生干扰素的白细胞的mRNA分级分离，然后将不同部分的mRNA注入蟾蜍的卵母细胞，并测定合成干扰素的抗病毒活性，结果发现12S mRNA的活性最高，因此用这部分mRNA合成cDNA。将cDNA克隆到含有四环素和氨苄青霉素抗性基因的质粒pBR322中，转化大肠杆菌K12，得到几千个重组子克隆，每个克隆都用粗提的干扰素的mRNA去进行杂交，把得到的杂交阳性克隆中的重组质粒DNA放到一个无细胞蛋白质合成系统中进行翻译，对每一个翻译体系的产物进行抗病毒的干扰素活性检测。经过多轮筛选获得了产生干扰素的cDNA。最后将干扰素

cDNA克隆导入大肠杆菌表达载体中，转化大肠杆菌进行高效表达。图4a是基因工程菌的构建流程图。

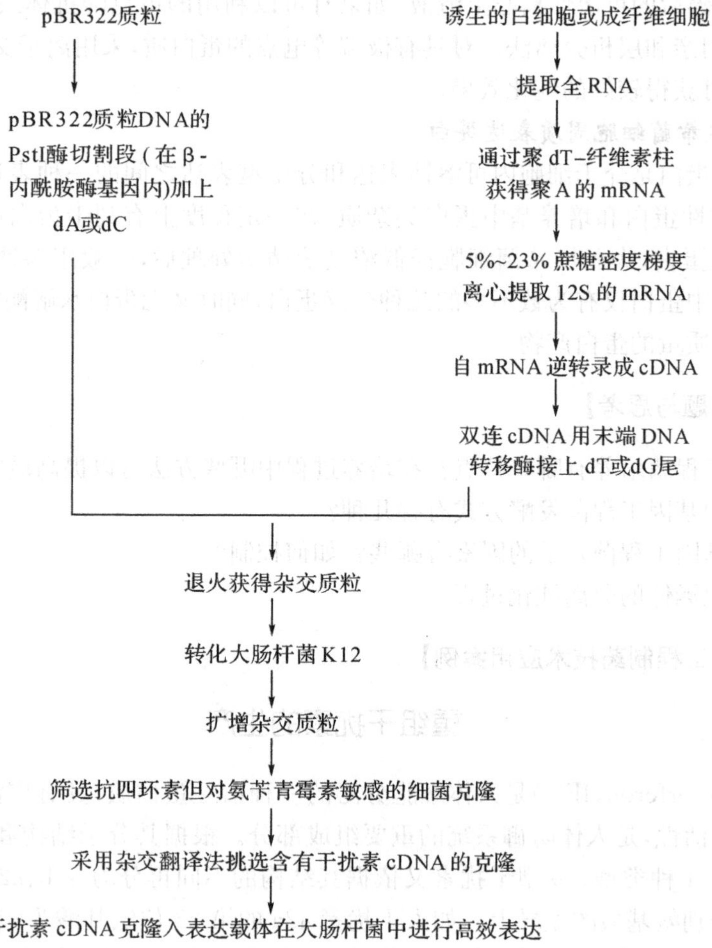

图4a　组建干扰素工程菌流程图

(二)基因工程干扰素的制备

下面以基因工程人干扰素α2b为例说明干扰素的生产过程。

1. 发酵

人干扰素α2b基因工程菌为SW-IFNα-2b/E. coli DN5α，质粒用PL启动子，含氨苄青霉素抗性基因。种子培养基含1%蛋白胨、0.5%酵母提取物、0.5% NaCl。分别接种人干扰素α2b基因工程菌到4个装有250ml种子培养基的1000ml三角瓶中，30℃摇床培养10h，作为发酵罐种子使用。用15L发酵罐进行发酵，发酵培养基的装量为10L，发酵培养基由1%蛋白胨、0.5%酵母提取物、0.01% NH_4Cl、0.05% NaCl、0.6% Na_2HPO_4、0.001% $CaCl_2$、0.3% KH_2PO_4、0.01% $MgSO_4$、0.4%葡萄糖、50mg/ml氨苄青霉素、少量消泡剂组成，pH6.8。搅拌转速500r/min，通气量为1∶1v/v. min，溶氧量为50%。30℃发酵8h，然后在42℃诱导2～3h即可完成发酵。同时每隔不同时间取2ml发酵液，1000r/min离心除去上清液，称量菌体湿重。

2. 产物的提取与纯化

发酵完毕冷却后4000r/min离心30min，除去上清液，得湿菌体1000g左右。取100g湿菌体重新悬浮于500ml 20mmol/L磷酸缓冲液(pH7.0)中，于冰浴条件下进行超声破碎。然后4000r/min离心30min。取沉淀部分，用100ml含8mol/L尿素、20mmol/L磷酸缓冲液(pH7.0)、0.5mmol/L二巯基苏糖醇的溶液，室温搅拌抽提2h，然后15000r/min离心30min。取上清液，用20mmol磷酸缓冲液(pH7.0)稀释至尿素浓度为0.5mol/L，加二巯基苏糖醇至0.1mmol/L，4℃搅拌15h，15000r/min离心30min除去不溶物。

上清液经截流量为10000分子量的中空纤维超滤器浓缩，将浓缩的人干扰素α2b溶液经过Sephadex G50分离，层析柱2cm×100cm，先用20mmol/L磷酸缓冲液(pH7.0)平衡，上柱后用同一缓冲液洗脱分离，收集人干扰素α2b部分，经SDS-PAGE检查。

将Sephadex G50柱分离的人干扰素α2b组分，再经DE-52柱(2cm×50cm)纯化人干扰素α2b组分，上柱后用含0.05、0.1、0.15mol/L NaCl的20mmol/L磷酸缓冲液(pH7.0)分别洗涤，收集含人干扰素α2b的洗脱液。

全过程蛋白质回收率为20%～25%，产品不含杂蛋白，DNA及热原物质含量合格。

【基因工程制药技术技能训练】

训练项目五　碱裂解法抽提质粒DNA

一、目的

1. 掌握碱裂解法抽提质粒DNA的原理和方法。
2. 掌握紫外吸收光谱法测定核酸含量的原理和方法。

二、内容

1. 学习训练细胞的培养操作及相关设备的使用。
2. 学习训练质粒DNA的提取。
3. 学习训练紫外分光光度计的使用和核酸含量的测定。

三、提示

1. 质粒相关知识

质粒是存在于染色体外的小型双链环状DNA，大小在1～200kb之间，能在宿主菌中自主复制。宿主细胞中质粒的拷贝数各不相同，一种是低拷贝数的，每个细胞仅含有一个或几个质粒分子，称为“严紧型”复制的质粒，另一类是高拷贝的质粒，拷贝数可达到20个以上，这种类型称为“松弛型”复制的质粒。质粒能编码一些遗传性状，如抗药性(氨苄青霉素、四环素等抗性)，利用这些抗性可以对宿主菌或重组菌进行筛选。质粒作为基因工程载体必须具备以下条件：①复制子(ori)：一段具有特殊结构的DNA序列；②有一个或多个便于检测的遗传表型，如抗药性、显色表型反应等；③有一个或几个限制性内切酶位点，便于外源基因片段的插入；④适当的拷贝数。制备质粒载体是分子生物学的常规技术。

2. 碱裂解法提取质粒的原理

碱裂解法是一种应用最为广泛的制备质粒DNA的方法，根据共价闭合环状质粒DNA与线性染色体DNA在拓扑学上的差异来分离它们。在pH值介于12.0～12.5这个狭窄的范围内，线性的DNA双螺旋结构解开而被变性，尽管在这样的条件下，共价闭环质粒DNA的氢键会被断裂，但两条互补链彼此相互盘绕，仍会紧密地结合在一起。当加入pH4.8的乙酸钾高盐缓冲液恢复pH至中性时，共价闭合环状质粒DNA的两条互补链仍保持在一起，因此复性迅速而准确，而呈线性的染色体DNA的两条互补链彼此已完全分开，复性就不会那么迅速而准确，它们缠绕形成网状结构，通过离心，染色体DNA与不稳定的大分子RNA、蛋白质-SDS复合物等一起沉淀下来而被除去。

3. 实验仪器、材料与试剂

(1)仪器

1)高速冷冻离心机。

2)Eppendorf离心管10根。

3)移液器(20～200μl、200～1000μl各1支)。

4)旋涡振荡器。

5)移液管(2ml)2支。

6)高压灭菌器。

7)恒温振荡器。

8)生化培养箱。

9)冰箱。

(2)材料与试剂

1)LB培养液：10g蛋白胨，5g酵母粉，10g NaCl，用双蒸水定容至1000ml，高压灭菌后4℃保存。

2)LB平板培养基：在LB液体培养基中加入琼脂粉15g，高压灭菌，冷却至45℃左右时倒平皿，4℃保存。

3)LA平板培养基：待LB液体培养基冷却至45℃左右加入Amp (100μg/ml)，摇匀后倒平皿，4℃保存。

4)溶液Ⅰ：50mmol/L 葡萄糖，25mmol/L Tris-HCl (pH8.0)，10mmol/L EDTA (pH8.0)，配制200ml。取葡萄糖1.982g，双蒸去离子水160ml，0.5mol/L EDTA 4ml，1mol/L Tris-HCl(pH8.0) 5ml，定容至200ml，高压灭菌后4℃保存。

5)溶液Ⅱ：0.2mol/L NaOH，1%SDS。配制100ml，现用现配。

10mol/L NaOH溶液2ml，双蒸去离子水80ml，10%SDS 10ml，最后用双蒸去离子水定容至100ml，室温保存。

6)溶液Ⅲ：5mol/L 乙酸钾60ml，冰醋酸11.5ml，双蒸去离子水28.5ml，定容至100ml。

7)5mol/L 乙酸钾：乙酸钾98.14g，溶解于160ml双蒸去离子水中，搅拌溶解后定容至200ml。

8)3mol/L 乙酸钠(NaAc)(pH5.2)：取乙酸钠($CH_3COONa \cdot 3H_2O$) 204.1g，溶解于200ml双蒸去离子水中，用冰醋酸调pH5.2，双蒸去离子水定容至500ml，高压灭菌后4℃保存。

9)10mol/L NaOH 溶液：NaOH 晶体 40g，加水至 100ml。

10)10%SDS：称取 SDS 10g，溶解于 80ml 水中，68℃助溶，加数滴 1mol/L HCl 溶液调 pH7.2，定容至 100ml。

11)0.5mol/L EDTA(pH8.0)：$Na_2EDTA \cdot 2H_2O$ 18.61g，H_2O 70ml，边搅拌边加入 NaOH 固体调节 pH，pH 接近 8.0 时才充分溶解，大约需 NaOH 2g。最后加水至 100ml。

12)TE 缓冲液(pH8.0)：10mmol/L Tris-HCl(pH8.0)与 1mmol/L EDTA(pH8.0)。

四、步骤

1. 细菌的培养

(1)配制 LB 液体，在琼脂糖平板培养基上划线培养出单菌落(37℃，16～20h)。

(2)在灭菌过的 10ml 玻璃培养管中加入 3ml LA 液体培养基、以及 3μl Amp(100 μg/ml)，挑取单菌落至培养基中。将培养管置于摇床中，37℃振摇过夜(200～250r/min，16～18h)。

2. 质粒的提取

(1)吸取 1.5ml 菌液至 1.5ml Eppendorf 离心管中，3000r/min 离心 3min，弃上清液。

(2)加上 1.5ml 菌液，重复操作(1)。

(3)用移液器尽可能除去上清液，加入 150μl 溶液Ⅰ，用旋涡振荡器充分悬浮菌体。

(4)加入 250μl 溶液Ⅱ，缓慢地上下翻转离心管约 10 次，混合均匀。室温下放置 5min。

(5)加入 200μl 溶液Ⅲ，上下翻转离心管约 10 次，混合均匀，冰浴 10min。4℃，14000 r/min离心 5min。

(6)用移液器将上清液转移到新的 1.5ml Eppendorf 离心管中，加入 1 倍体积酚/氯仿抽提，14000r/min 离心 5min。

(7)重复步骤(6)1 次。

(8)移取上清液(400～500μl)，加入 2 倍体积无水乙醇、0.1 倍体积 3mol/L 醋酸钠，置于－20℃冰箱 30min。

(9)14000r/min 离心 10min，尽量去掉酒精。

(10)用 0.5ml 70%酒精洗 DNA 沉淀 1 次，离心 2min，尽量去掉酒精，风干 10min。

(11)加 50μl TE 缓冲液溶解 DNA 沉淀，然后加入 1μl RNase，37℃过夜，－20℃保存。

3. DNA 浓度测定

(1)标准曲线的制作　分别用蒸馏水将 DNA 标准品配制成浓度为 5、10、20、30、40、50μg/ml 的 DNA 溶液，于 260nm 处测定光吸收值，在电脑中用软件制作标准曲线。

(2)样品测定　取 20μl 质粒 DNA 置一干净的离心管中，加入 2980μl 蒸馏水稀释。然后用紫外分光光度计测定 260nm 和 280nm 处的光吸收值。计算 DNA 浓度，并通过 OD_{260}/OD_{280} 比值评估样品纯度。

五、思考题

1. 在质粒提取过程中，如何避免染色体 DNA 污染？为什么？
2. 紫外吸收法测定核酸含量和纯度的原理是什么？

训练项目六　重组子的α互补筛选

一、目的

掌握基因工程技术中重组子的筛选基本原理和方法。

二、内容

1. 学习训练质粒的转化操作。
2. 学习训练重组子的筛选过程。

三、提示

1. 实验原理

蓝白筛选是通过插入失活 lacZ 基因，破坏重组子与宿主之间的 α-互补作用来鉴别重组子与非重组子的筛选方法，是携带 lacZ 基因的许多载体的筛选优势。这些载体包括 M13 噬菌体、pMC 质粒系列、pEGM 质粒系列等。它们的共同特点是载体上携带一段细菌 lacZ 基因的 α 肽编码序列，其编码产物为 β-半乳糖苷酶的 α 肽。当无外源 DNA 插入时，质粒表达 α 肽。突变型 Lac-*E. coli* 可表达该酶的 ω 肽。单独存在的 α 及 ω 肽均无 β-半乳糖苷酶活性，只有宿主细胞与克隆载体同时共表达这两个肽时，宿主细胞内才有 β-半乳糖苷酶活性，在含有底物 X-gal(5-溴-4-氯-3-吲哚-β-D-半乳糖苷)的诱导剂 IPTG(异丙基硫代-β-D-半乳糖苷)条件下，菌落呈蓝色，这就是 α-互补。如果 LacZ 基因由于插入外源基因而失活，结果无 α 肽表达，转化菌落无 α-互补，缺乏 β-半乳糖苷酶活性，在含有 X-gal 培养板上为白色菌落，而载体自身环化后转化的细菌为蓝色菌落。由于这种颜色标志，重组子与非重组子的区别一目了然，可以很容易将之区分。

2. 实验仪器、材料与试剂

(1)仪器

1)恒温摇床。
2)冷冻离心机。
3)恒温培养箱。
4)量筒。
5)移液器(0～10μl、20～200μl、200～1000μl 各 1 支)。
6)冰箱。
7)微波炉。

(2)材料与试剂

1)材料：受体菌 DH5α，含 lacZ 的重组质粒。
2)LB 固体培养基。
3)LB 液体培养基。
4)0.1mol/L $CaCl_2$ 溶液。
5)抗生素母液。
6)0.5mol/L IPTG。
7)100mg/ml X-gal。

四、步骤

1. 将大肠杆菌 DH5α 在 LB 平板上划线,37℃培养 16～20h(或过夜);

2. 从平板上挑取一个 2～3mm 大小的单菌落移至 2～5ml LB 液体培养基中,37℃强烈振荡过夜;

3. 取一三角瓶将菌液按 1∶100 稀释接种,37℃强烈振荡培养 3h,此时细菌 OD＝0.2～0.4,为对数生长期或对数生长期前期;

4. 将培养物置冰上 10min 后转移至离心管中,4000r/min,4℃离心 5min;

5. 弃上清,加入 10ml(50ml 原培养物)冰浴冷的 0.1mol/L $CaCl_2$ 溶液,致敏悬浮细胞,置于冰上 10min;

6. 4000r/min,4℃离心 5min 回收细胞,弃上清,每 50ml 原培养物再加入 2ml 冰冷的 0.1mol/L $CaCl_2$溶液,悬浮细胞;

7. 按每份 200μl 分装细胞,若不 24h 内进行转化,可在感受态细胞中加入终浓度为 10%的灭菌甘油,置于－70℃冰箱保存;

8. 加 10μl 含 40ng 的 DNA 溶液至 200μl 感受态细胞中,温和混匀,置于冰上 30min;

9. 42℃热冲击 90s,迅速放回冰上,将细胞冷却 1～2min,加入 800μl LB 培养基,37℃,225r/min 振荡培养 45～90min,让细菌中的质粒表达抗生素抗性蛋白;

10. 微波炉融化 LB 固体培养基,待冷却至 50℃左右时,根据载体的抗性加入相应的抗生素,如 Km 母液至终浓度 50μg/ml 或 Amp 母液至终浓度 60μg/ml,摇匀。趁热倒平板,每板 20ml 左右,室温下凝固 10～15min;

11. 取 200μl 转化混合物,加入 5μl IPTG(0.5mol/L)和 30μl X-gal (100mg/ml),混匀,加到抗性平板上,用烧过灭菌的涂布器涂匀,涂布器应凉下来后再用,否则容易烫死细菌;

12. 室温放置至液体被琼脂全部吸收,培养皿用石蜡膜封好后,37℃倒置培养过夜。待出现蓝色时取出放在 4℃冰箱中,使其颜色更加明显。

五、思考题

转化时一定要设不加质粒只含感受态宿主菌的负对照和加入已知抗性的质粒的正对照,以便分析结果。如果负对照长出菌落说明什么?若正对照没长出来,有哪些原因?

参考文献

[1] 陶兴无. 生物工程概论. 北京:化学工业出版社,2005
[2] 廖湘萍. 生物工程概论. 北京:科学出版社,2004
[3] 贺淹才. 基因工程概论. 北京:清华大学出版社,2008
[4] 陈电容,朱静照. 生物制药工艺学. 北京:人民卫生出版社,2009
[5] 郭勇. 生物制药技术(第二版). 北京:中国轻工业出版社,2007
[6] 俞俊棠等. 生物工艺学(上、下),北京:化学工业出版社,2003
[7] 吴梧桐. 生物制药工艺学(第二版). 北京:中国医药科技出版社,2006
[8] 顾觉奋主编. 分离纯化工艺原理. 北京:中国医药科技出版社,2002

项目五　细胞工程制药技术

学习目标

知识目标

- 掌握细胞融合技术的原理，了解细胞融合在生物制药领域的应用；
- 掌握动物培养基的制备和动物细胞培养方法，熟悉动物细胞形态，了解动物细胞大规模培养的工艺流程；
- 掌握植物细胞培养流程，了解植物细胞培养的方法。

能力目标

- 能够用聚乙二醇进行细胞融合；
- 会配制动物细胞培养基，能够对动物细胞进行贴壁和悬浮培养；
- 会配制植物细胞培养基成分的母液，能进行植物细胞培养基配制、分装和灭菌，能够对植物外植体进行消毒和灭菌，能够诱导出愈伤组织，会建立植物细胞的悬浮培养系。

任务十七　细胞工程概念和细胞融合技术

【任务内容】

一、细胞工程概念

细胞工程(cell engineering)是应用细胞生物学和分子生物学方法，借助工程学的试验方法或技术，在细胞水平上研究改造生物遗传特性和生物学特性，以获得特定的细胞、细胞产品或新生物体的有关理论和技术方法的学科。

广义的细胞工程包括所有的生物组织、器官及细胞离体操作和培养技术，狭义的细胞工程则是指细胞融合和细胞培养技术。

二、细胞融合技术

20世纪30年代，科学家们相继在肺结核、天花、水痘、麻疹等疾病患者的病理组织中观察到多核细胞。20世纪70年代，科学家们在蛙的血细胞中也看到了多核细胞现象，但是受当时科学发展水平的限制，人们对这一现象没有给予足够的重视。1962年，日本科学家发现日本血凝型病毒能引起艾氏腹水瘤细胞融合的现象。1965年，英国科学家进一步证实了灭活的病毒在适当的条件下也可以诱发动物细胞融合。后来科学家又成功诱导了不同种动物的体细胞融合，并且能将杂种细胞培养成活。细胞融合技术不断改进，现在已广泛应用于细胞学、遗传学、免疫学、病毒学等多种学科的研究工作中。

(一)诱导细胞融合的方法

细胞融合(cell fusion)是指在自然条件下或用人工方法(生物的、物理的、化学的)使两个或两个以上的细胞合并形成一个细胞的过程。诱导细胞融合的方法有三种：生物方法(病毒)、化学方法(聚乙二醇)、物理方法(电融合法和激光)。某些病毒如仙台病毒、副流感病毒和新城鸡瘟病毒的被膜中有融合蛋白(fusion protein)，可介导病毒同宿主细胞融合，也可介导细胞与细胞的融合，因此可以用紫外线灭活的此类病毒诱导细胞融合。而化学和物理方法可造成膜脂分子排列的改变，去掉作用因素之后，质膜恢复原有的有序结构，在恢复过程中便可诱导相接触的细胞发生融合。

1. 仙台病毒法

仙台病毒又称日本血凝性病毒，引起细胞融合的有效部位在于它的细胞膜成分，特别是磷脂成分，而与核酸活性无关。两个原生质体或细胞在病毒黏结作用下彼此靠近。

通过病毒与原生质体或细胞膜的作用使两个细胞膜间互相渗透，胞质互相渗透，两个原生质体的细胞核互相融合，两个细胞融为一体，进入正常的细胞分裂途径，分裂成含有两种染色体的杂种细胞。

2. 聚乙二醇(PEG)法

PEG 的作用机理是 PEG 分子具有轻微的负极性，故可以与具有正极性基团的水、蛋白质和碳水化合物等形成 H 键，从而在质膜之间形成分子桥，其结果是使细胞质膜发生粘连进而促使质膜融合；另外，PEG 能增加类脂膜的流动性，也使细胞的核、细胞器发生融合成为可能。

PEG 诱导融合的优点是融合成本低，不需特殊设备；融合子产生的异核率较高；融合过程不受物种限制。其缺点是融合过程繁琐，PEG 可能对细胞有毒害。

3. 电融合法

电融合法(electrical mediated cell fusion or electrofusion)是 20 世纪 80 年代出现的细胞融合技术，在直流电脉冲的诱导下，细胞膜表面的氧化还原电位发生改变，使异种细胞黏合并发生质膜瞬间破裂，进而质膜开始连接，直到闭合成完整的膜，形成融合体。

电融合法的优点是融合率高、重复性强、对细胞伤害小；装置精巧、方法简单，可在显微镜下观察或录像观察融合过程；免去 PEG 诱导后的洗涤过程，诱导过程可控性强。

当原生质体置于电导率很低的溶液中时，电场通电后，电流即通过原生质体而不是通过溶液，其结果是原生质体在电场作用下极化而产生偶极子，从而使原生质体紧密接触排列成串。原生质体成串排列后，立即给予高频直流脉冲就可以使原生质膜击穿，从而导致两个紧密接触的细胞融合在一起。

纵观细胞融合的发展历史，该技术的不断改进首先体现在融合技术的发展历史上，从致癌活病毒到灭活病毒再到化学物质，其次体现在新方法上，再者体现在融合对象的不断拓展上。现在的细胞融合一般是采用化学方法和物理方法结合起来进行的。

(二)细胞融合的意义

细胞融合不受种属的限制，可以实现种间生物体细胞的融合，使远缘杂交成为可能，因而是改造细胞遗传物质的有力手段。

(1)从理论上说,任何细胞都有可能通过体细胞杂交而成为新的生物资源,这对于种质资源的开发和利用具有深远的意义。

(2)融合过程不存在有性杂交过程中的种性隔离机制的限制,为远缘物种的遗传物质交换提供了有效途径。

(3)体细胞杂交产生的杂种细胞含有来自双亲的核外遗传系统,在杂种的分裂和增殖过程中双亲的叶绿体、线粒体DNA也可以发生重组,从而产生新的核外遗传系统。

(4)淋巴细胞杂交瘤和单克隆抗体的制备。

总之,细胞融合的意义在于从此打破了仅仅依赖有性杂交重组基因创造新种的界限和生殖壁垒,极大地扩大了遗传物质的重组范围。细胞融合技术避免了分离、提纯、剪切、拼接等基因操作,在技术和设备上没那么复杂,有着重大的实践意义,正得到科学界的日益重视。

(三)动物细胞融合

动物细胞融合是从细胞水平来改变动物细胞的遗传性,用于生产单克隆抗体、疫苗等特定的生物制品。培育动物新品种,缩短动物的育种过程,动物细胞融合的应用范围已广及生物学的各个分支学科,特别是在绘制人类基因图谱方面取得了显著成就。

虽然细胞杂交属于理论生物学范畴,但是在实际应用方面也有重大突破。在基础理论研究上,动物细胞融合技术对于研究细胞分化、基因定位、肿瘤发生机制等方面都有重要意义。在实际应用方面,动物细胞融合技术在药物定向释放系统、细胞治疗以及抗肿瘤免疫等方面起到重要的作用。

1. 用于生产单克隆抗体

只针对某一抗原决定簇的抗体分子称为单克隆抗体。

单克隆抗体技术的核心是用骨髓瘤细胞(myeloma cell)与经特定抗原免疫刺激的B淋巴细胞融合得到杂交瘤细胞(hybridoma cell),杂交瘤细胞既能像骨髓瘤细胞那样在体外无限增殖,又具有B淋巴细胞产生特异性抗体的能力。因此,单克隆抗体技术又称为杂交瘤技术。

中国科学院上海细胞生物学研究所研制成功抗北京鸭红细胞和淋巴细胞表面抗原的单克隆抗体,同时还与有关医学部门合作,成功地制备了抗人肝癌和肺癌的单克隆抗体。

2. 用于基因定位和绘制人类基因图谱

杂种细胞中某一染色体或其片段的存在与否与细胞的某一性状表达与否相联系,从而可以实现把基因定位于某一染色体或某一区段上。

3. 用于动物育种

体细胞核移植技术是将细胞核移植到另一细胞的细胞质中的生物技术。动物体细胞融合后,杂种细胞难以发育再生为一个个体。但借助细胞核移植方法将融合后杂种细胞的细胞核移入去核成熟卵内,可培育新的杂种。另外,细胞核移植技术的建立,还为目前进行的哺乳动物体细胞克隆和转基因技术做了良好的铺垫。

4. 用于细胞疗法

将患者的任何体细胞与去核卵细胞融合,融合子进行有丝分裂形成囊胚,囊胚的内细胞团是多能干细胞,对多能干细胞进行诱导使其定向分化可形成所需的组织和器官用于器官移植,不仅解决了器官和组织来源问题,而且也避免宿主对外来物的免疫排斥。

5. 动物体细胞融合在基础理论研究方面的作用

在这方面，细胞融合主要用于研究细胞核质关系和个体发育，解释疾病的发生机制和膜蛋白动力学研究。

(四)植物原生质体融合

植物细胞融合技术目前主要是作为扩大变异的手段，同时也朝着将抗药性和胞质雄性不育等细胞基质基因导入另一个体细胞的方向发展，有可能形成新的核质杂种。如果获得了有用性状的细胞系，在还不能形成植株时，就可以通过快速大量繁殖细胞加以利用。

1. 在生产研究方面

植物细胞融合在育种上有重要的应用价值，通过诱导不同种属间甚至不同科间原生质体的融合，可能打破有性杂交不亲和性的界限，广泛地组合各种基因型，从而有可能形成有性杂交方法所无法获得的新型杂交植株。

2. 运用于外源遗传物质引入原生质体

植物细胞融合可以将细胞器、DNA、质粒、病毒、细菌等外源遗传物质引入原生质体，从而有可能引起细胞遗传性的改变，为某些珍稀动物的复壮等提供了可行的方法，应用于植物育种、种质保存、无性系的快速繁殖和有用物质生产等等。

(五)微生物原生质体融合

用于植物和微生物育种是细胞融合技术最基本的应用领域，对微生物而言，该技术主要用于改良微生物菌种特性，提高目的产物的产量，使菌种获得新的性状，合成新产物等。

1. 微生物细胞融合技术的对象

在目前，微生物细胞融合的对象已拓展到酵母、霉菌、细菌、放线菌等多种微生物的种间以至属间，不断培育出用于各种领域的新菌种。

2. 微生物细胞融合技术的应用

微生物细胞融合技术的一项突出应用是生物药品的生产，包括抗生素、生物活性物质、疫苗等。它适用于疾病的诊断、预防及治疗等。另一方面的突出应用就是为发酵工业提供优良菌种。

【习题与思考】

1. 什么叫细胞工程？细胞工程包括哪两方面技术？
2. 什么叫细胞融合技术？细胞融合的方法有哪些？
3. 细胞融合的意义有哪些？
4. 细胞融合技术有哪些方面的应用？

任务十八 动物细胞培养制药技术

【任务内容】

一、概 述

动物细胞体外培养的历史可追溯到1907年，美国生物学家Harrison在无菌条件下，以淋巴液为培养基成功地在试管中培养了蛙胚神经组织达数周，创立了体外组织培养法。

1962年，其规模开始扩大，随着细胞生物学、培养系统及培养方法等领域的不断丰富和完善，动物细胞培养技术得到了很大的发展。动物细胞培养技术的近代发展历史事件参见表18-1。发展至今已成为生物、医学研究和应用中广泛采用的技术方法，利用动物细胞培养生产具有重要医用价值的酶、生长因子、疫苗和单抗等，已成为医药生物高技术产业的重要部分。

动物细胞大规模培养技术是生物技术制药中非常重要的环节。目前，动物细胞大规模培养技术水平的提高主要集中在培养规模的进一步扩大、优化细胞培养环境、改变细胞特性、提高产品的产率与保证其质量上。

表 18-1　动物细胞培养技术的发展

年份	技术发展概要
1907年	Harrison 创立体外组织培养法。
1951年	Earle 等开发了能促进动物细胞体外培养的培养基。
1957年	Graff 用灌注培养法创造了悬浮细胞培养史上绝无仅有的 $1\times10^{10}\sim2\times10^{10}$ cells/L 的记录，标志着现代灌注概念的诞生。
1962年	Capstile 成功地大规模悬浮培养小鼠肾细胞(BHK)，标志着动物细胞大规模培养技术的起步。
1967年	Van Wezel 用 DEAE-Sephadex A 50 为载体培养动物细胞获得成功。
1975年	Sato 等在培养基中用激素代替血清使垂体细胞株 GH3 在无血清介质中生长获得成功，预示着无血清培养技术的诱人前景。
1975年	Kobhler 和 Milstein 成功地融合了小鼠 B-淋巴细胞和骨髓瘤细胞而产生能分泌预定单克隆抗体的杂交瘤细胞。
1986年	DemoBiotech 公司首次用微囊化技术大规模培养杂交瘤细胞生产单抗获得成功。
1989年	Konstantinovti 首次提出大规模细胞培养过程中的生理状态控制，更新了传统细胞培养工艺中优化控制之理论。

二、动物细胞形态

1. 成纤维细胞型(fibrlblast 或 mechanocyte type)

这种细胞形态与体内成纤维细胞形态相似而得名。细胞体呈梭形或不规则三角形，中央有圆形核，胞质向外伸出2～3个长短不同的突起。细胞群常借原生质突连接成网，生长时呈放射状、漩涡状或火焰状。除真正的纤维细胞外，凡由中胚层间充质来源的其他组织细胞，如血管内皮、心肌、平滑肌、成骨细胞等，也多呈成纤维细胞形态。实际上很多所谓成纤维细胞并无产生纤维的能力，只是一种习惯上概括的称法。

2. 上皮细胞型(epithilium cell type)

这种细胞呈扁平的不规则三角形，中央有圆形核，生长时常彼此紧密连接单层细胞片，起源于外胚层和内胚层组织的细胞，如皮肤表皮及衍生物(汗腺、皮脂腺等)。肠管上皮、肝、胰和肺泡上皮细胞，培养时皆呈上皮型。

3. 游走细胞型(wondering cell type)

这种细胞的培养需要在支持物上生长，一般不连接成片，细胞胞质经常出现伪足或突起，呈活跃的游走和变形运动，速度快而且方向不规则。此型细胞不很稳定，有时亦难和其他型细胞相区别，在一定条件下，如培养基化学性质变动等，它们也可能变为成纤维细胞型。

4. 多形性细胞型(polymorphic cell type)

除上述三种细胞外，还有一些组织和细胞，如神经组织细胞等，难以确定它们的稳定形态，可统归多形性细胞。

上述这四种细胞形态均属于贴壁依赖型细胞(图 18-1)，培养这类细胞时，常需贴附在支持物上生长。但由于培养环境的变化，细胞形态常发生改变。

5. 悬浮型细胞

这类细胞常呈圆形，不贴附在支持物上，呈现悬浮状态生长，如血液细胞、淋巴组织细胞及肿瘤细胞。培养这类细胞也可采用微生物培养的方法进行悬浮物培养。

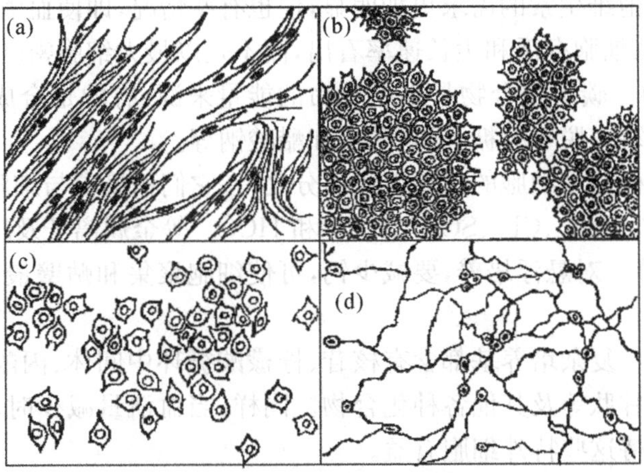

(a)成纤维细胞型；(b)上皮细胞型；(c)游走细胞型；(d)多形性细胞型

图 18-1　动物细胞形态

三、动物细胞培养基组成及制备

1. 培养基的组成

动物细胞培养的培养基分为天然培养基和合成培养基两大类。天然培养基使用最早，营养成分高，也最为有效。但成分复杂，个体差异大，来源也缺乏，因而使用受到限制。动物血清是细胞培养中用量最大的天然培养基，血清含有丰富的营养物质，包括大分子蛋白质和核酸等，对动物细胞的生长繁殖具有促进作用。同时，血清对细胞贴壁和保护亦有明显作用，且能中和有毒物质的毒性，使细胞不受伤害。

合成培养基是根据天然培养基的成分，用化学物质模拟合成的，具有一定的组成。但这种模拟不是被动和不加选择的，而是在体外反复实验和筛选、进行强化和重新组合后形成的人工合成培养基。这种培养基在很多方面有天然培养基无法比拟的优点，它给细胞提供了一个近似体内生存环境，又便于控制和标准化的体外生存环境。目前所有细胞培养室都已采用经标准化生产、组分和含量都相对固定的各种合成培养基，如 Eagle 基本培养基和更复杂的 NCTC109，TC199，HEM，DME，RPMI1640，McCoy5A，HAMF12 等。尽管现代的合成培养基成分和含量已经较为复杂，但仍然不能完全满足体外培养细胞生长的需要。在合成培养基中都或多或少地要加入一定比例的天然培养基加以补充。目前多采用胎牛血清、小牛血清、马血清等，比例从百分之几到百分之几十不等，要根据需要而定。其他各种天然培养基也可根据需要加入。

合成培养基的种类虽多，但一般都含有氨基酸、维生素、碳水化合物、无机盐和一些其他辅助性成分。

(1)氨基酸　必需氨基酸是动物细胞本身不能合成的，因此，在制备培养基时需加入必需氨基酸，另外还需要半胱氨酸和酪氨酸。而且由于细胞系不同，对各种氨基酸的需要也不同。有时也加入其他非必需氨基酸，氨基酸浓度常常限制可得到的最大细胞密度，氨基酸的比例可影响细胞存活的生长速率。在细胞培养中，大多数细胞需要谷氨酰胺作为能源和碳源。

(2)维生素　Eagle 基本培养基中只含 B 族维生素，其他维生素都靠从血清中取得。血清浓度降低时，对其他维生素的需求更加明显，但也有些情况，即使血清存在，它们也必不可少。维生素限制可从细胞存活和生长速率看出，而不是以最大细胞密度为指标。

(3)碳水化合物　碳水化合物是细胞生命的能量来源，有的是合成蛋白质和核酸的成分，主要有葡萄糖、核糖、脱氧核糖、丙酮酸钠和醋酸钠等。

(4)无机盐　无机盐是细胞的重要组成部分之一，它们积极参与细胞的代谢活动。无机盐中 Na^+、K^+、Mg^{2+}、Ca^{2+}、Cl^-、SO_4^{2-}、PO_4^{3-} 和 HCO_3^- 等金属离子及酸根离子是决定培养基渗透压的主要成分。对悬浮培养，要减少钙，可使细胞聚集和贴壁最少，碳酸氢钠浓度与气相 CO_2 浓度有关。

(5)有机添加剂　复杂培养基都含有核苷、柠檬酸循环中间体、丙酮酸、脂类、氧化还原剂如抗坏血酸、谷胱甘肽等及其他各种化合物。同样，当血清量减少时，必须添加这种化合物，它们对克隆和维持这些特殊细胞有益。

(6)血清　组织细胞培养中常用的天然培养基是血清。这是因为血清中含有大量的蛋白质、核酸、激素等丰富的营养物质，对促进细胞生长繁殖、黏附及中和某些物质的毒性起着一定的作用。最常用的是小牛血清、胎牛血清，人血清用于一些人细胞系。大多数动物细胞培养必须在培养基中添加血清，但在许多情况下，细胞可在无血清条件下维持和增殖。

目前，合成培养基的配方都已相对固定，并形成配制好的干粉型商品。其成分趋于简单化，以能维持细胞生长的最低需求，而去除了不必要的成分。同时，为适应某些特殊培养的需要而补加一些新的成分，如培养杂交瘤细胞时采用 DMEM 培养基需补加丙酮酸钠和 2-巯基乙醇；为增加细胞转化和 DNA 合成，有时补加植物血凝素(PHA)等。这些变化需根据实验和细胞的具体要求而定。

2. 培养基制备以及制备过程中应考虑的因素

虽然各种培养基的组成各有不同，但分商品化的干粉型培养基的配制方法却大同小异。绝大多数合成培养基的生产都已标准化、商品化。较为常用的培养基市场上很容易购得。这种干粉型培养基性质稳定，便于储存、运输，价格便宜，给使用和配制合成培养基带来很大方便。一般的特殊需求也多可在现有合成培养基基础上补加或调整某些成分予以满足。以往实验室自购各个组分，称量后再按一定顺序进行溶解配制的这种老方法，一方面需购置大量各种各样的成分，而且每种成分用量很少，很难控制和统一；另一方面要精确称量，顺序溶解，步骤繁琐，质量难以保证。除了因特殊需要而专门配制一些特殊培养基外，大部分已不再使用。

在制备培养基时，通常要考虑以下因素：

(1)pH 值　多数细胞系在 pH 7.4 下生长得很好。尽管各细胞株之间细胞生长最佳

pH 值变化很小，但一些正常的成纤维细胞系以 pH 7.4～7.7 最好，转化细胞以 pH 7.0～7.4 更合适。据报道，上皮细胞以 pH 5.5 合适。为确定最佳 pH 值，最好做一个简单的生长实验或特殊功能分析。

酚红常用作指示剂，pH 7.4 呈红色，pH 7.0 变橙色，pH 6.5 变黄色，而 pH 7.6 呈红色中略带蓝色，pH 7.8 呈紫色。由于对颜色的观察有很大的主观性，因而必须用无菌平衡盐溶液和同样浓度的酚红配一套标准样，放在与制备培养基相同的瓶子中。

(2)缓冲能力　碳酸盐缓冲系统由于毒性小、成本低、对培养物有营养作用，因此比其他缓冲系统用得多。

(3)渗透压　多数培养细胞对渗透压有很宽的耐受范围，一般常用冰点降低或蒸汽压升高来测定。如果自己配培养基，可通过测定渗透压防止称量和稀释等造成的误差。

(4)黏度　培养基的黏度主要受血清含量的影响，在多数情况下，对细胞生长没有什么影响。在搅拌条件下，用羧甲基纤维素增加培养基的黏度，可减轻细胞损害。这对在低血清浓度或无血清条件下培养细胞显得尤为重要。

四、动物细胞培养的方法

动物细胞的体外培养有两种类型，一类是贴壁依赖性细胞，大多数动物细胞，包括非淋巴组织的细胞和许多异倍体体系的细胞都属于这一类型，这一类需采用贴壁培养；另一类是非贴壁依赖性细胞，来源于血液、淋巴组织的细胞，许多肿瘤细胞(包括杂交瘤细胞)和某些转化细胞属于这一类型，这一类可采用类似微生物培养的方法进行悬浮培养。

所谓的贴壁培养，是指大多数动物细胞在离体培养条件下都需要附着在带有适量正电荷的固体或半固体的表面上才能正常生长，并最终在附着表面扩展成单层。其基本操作过程是：先将采集到的活体动物组织在无菌条件下采用物理(机械分散法)或化学(酶消化法)的方法分散成细胞悬液，经过滤、离心、纯化、漂洗后接种到加有适宜培养液的培养皿(瓶、板)中，再放入二氧化碳培养箱进行培养。用此法培养的细胞生长良好且易于观察，适于实验室研究。但贴壁生长的细胞有接触抑制的特性，一旦细胞形成单层，生长就会受到抑制，细胞产量有限。如要继续培养，还需将已形成单层的细胞再分散，稀释后重新接种，然后进行传代培养。

而悬浮培养是指少数悬浮生长型动物细胞在离体培养时不需要附着物，悬浮于培养液中即可良好生长。悬浮生长的细胞其培养和传代都十分简便。培养时只需将采集到的活体动物组织经分散、过滤、纯化、漂洗后，按一定密度接种于适宜培养液中，置于特定的培养条件下即可良好生长。传代时不需要再分散，只需按比例稀释后即可继续培养。此法细胞增殖快，产量高，培养过程简单，是大规模培养动物细胞的理想模式。但在动物体中只有少数种类的细胞适于悬浮培养。

从培养方式来看，动物细胞无论是贴壁培养还是悬浮培养，均可采用分批式、分批补料式、半连续式、连续式等多种培养方式。从培养系统来看，主要采用中空纤维培养系统和微载体系统，且以灌注式连续培养方式为佳。

1. 分批式培养

分批式培养(batch culture)是指先将细胞和培养液一次性装入反应器内进行培养，细胞不断生长，同时产物也不断形成，经过一段时间的培养后，终止培养。在细胞分批培养过程中，不向培养系统补加营养物质，而只向培养基中通入氧，能够控制的参数只有 pH 值、温度和通气量。因此细胞所处的生长环境随着营养物质的消耗和产物、副产物的积累时刻都在发生变化，不能使细胞自始至终处于最优的条件下，因而分批培养并不是一种理想的培养方式。动物细胞分批式培养过程的特征如图 18-2 所示。

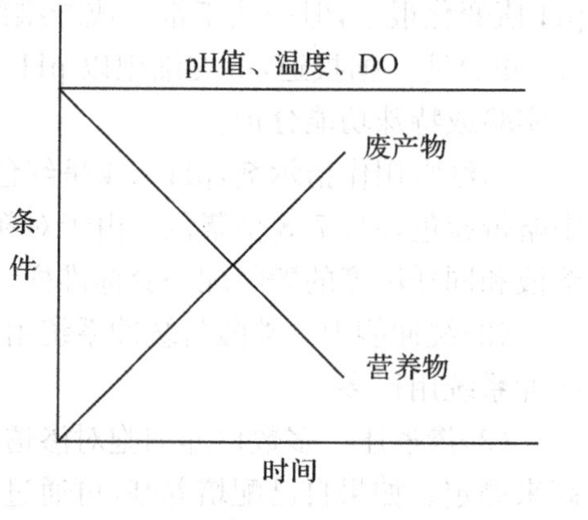

图 18-2 动物细胞分批式培养过程的特征

细胞分批式培养的生长曲线与微生物细胞的生长曲线基本相同。在分批式培养过程中，可分为延滞期、对数生长期、减速期、平稳期和衰退期等五个阶段。

分批培养过程中的延滞期是指细胞接种后到细胞分裂繁殖所需的时间，延滞期的长短根据环境条件的不同而不同，并受原代细胞本身的条件影响。一般认为，细胞延滞期是细胞分裂繁殖前的准备时期，一方面，在此时期内细胞不断适应新的环境条件，另一方面又不断积累细胞分裂繁殖所必需的一些活性物质，并使之达到一定的浓度。因此，一般选用生长比较旺盛的处于对数生长期的细胞作为种子细胞，以缩短延滞期。

细胞经过延滞期后便开始迅速繁殖，进入对数生长期，在此时期细胞随时间呈指数函数形式增长。细胞通过对数生长期迅速生长繁殖后，由于营养物质的不断消耗、抑制物等的积累、细胞生长空间的减少等原因导致生长环境条件不断变化，细胞经过减速期后逐渐进入平稳期。此时，细胞的生长、代谢速度减慢，细胞数量基本维持不变。

在经过平稳期之后，由于生长环境的恶化，有时也有可能由于细胞遗传特性的改变，细胞逐渐进入衰退期而不断死亡，或由于细胞内某些酶的作用而使细胞发生自溶现象。

典型的分批培养随时间变化的过程曲线如图 18-3 所示。

由于分批式培养过程的环境随时间变化很大，而且在培养的后期往往会出现营养成分缺乏或抑制性代谢物的积累使细胞难以生存，不能使细胞自始至终处于最优的条件下生长、代谢，因此在动物细胞培养过程中采用此法的效果不佳。

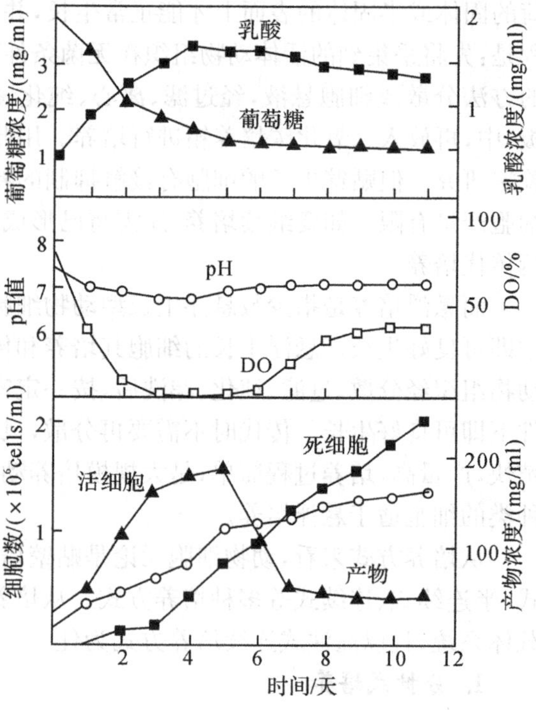

图 18-3 典型的分批培养随时间的变化曲线

2. 分批补料式培养

分批补料式培养(fed-batch culture)是指先将一定量的培养液装入反应器，在适宜的条件下接种细胞，进行培养，使细胞不断生长，产物不断形成，而在此过程中随着营养物质的不断消耗，不断地向系统中补充新的营养成分,使细胞进一步生长代谢,直到整个培养结束后取出产物。分批补料式培养只是向培养系统补加必要的营养成分,以维持营养物质的浓度不变。由于分批补料式培养能控制更多的环境参数,使得细胞生长和产物生成容易维持在优化状态。

分批补料式培养过程的特征如图 18-4 所示。分批补料式培养的特点就是能够调节培养环境中营养物质的浓度:一方面,它可以避免在某种营养成分的初始浓度过高时影响细胞的生长代谢以及产物的形成;另一方面,它还能防止某些限制性营养成分在培养过程中被耗尽而影响细胞的生长和产物的形成。同时在分批补料式培养过程中,由于新鲜培养液的加入,整个过程的反应体积是变化的。

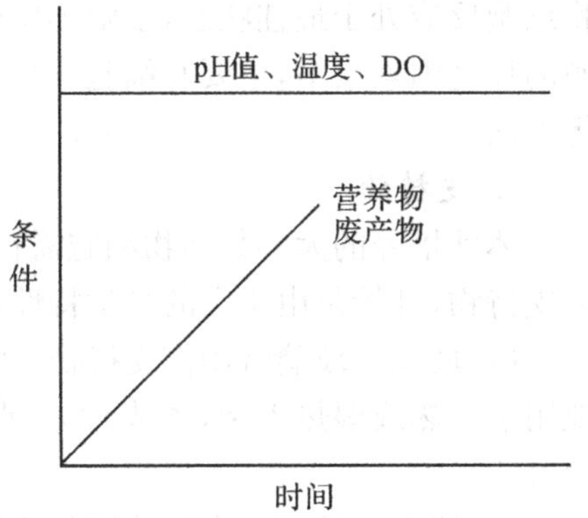

图 18-4 分批补料式培养过程的特征

根据分批补料控制方式不同,有两种分批补料式培养方式:无反馈控制流加和有反馈控制流加。无反馈控制流加包括定流量流加和间断流加等;有反馈控制流加一般是连续或间断地测定系统中限制性营养物质的浓度,并以此为控制指标来调节流加速率或流加液中营养物质的浓度等。

3. 半连续式培养

半连续式培养(semi-continuous culture)是在分批式培养的基础上,将分批培养的培养液部分取出,并重新补充加入等量的新鲜培养基,从而使反应器内培养液的总体积保持不变的培养方式。

4. 连续式培养

连续式培养(continuous culture)是指将细胞种子和培养液一起加入反应器内进行培养,一方面新鲜培养液不断加入反应器内,另一方面又将反应液连续不断地取出,使反应条件处于一种恒定状态。与分批式培养不同,连续式培养可以保持细胞所处环境条件长时间地稳定,可以使细胞维持在优化的状态下,促进细胞的生长和产物的形成。由于连续式培养过程可以连续不断地收获产物,并能提高细胞密度,在生产上已被应用于培养非贴壁依赖性细胞。

动物细胞的连续培养一般是采用灌注培养。灌注培养是把细胞接种后进行培养,一方面连续往反应器中加入新鲜的培养基,同时又连续不断地取出等量的培养液,但是过程中不取出细胞,细胞仍留在反应器内,使细胞处于一种营养不断的状态。高密度培养动物细胞时,必须确保补充给细胞足够的营养以及除去有毒的代谢物。灌注培养时用新鲜培养液进行添加,确保上述目的实现。通过调节添加速度,则使培养保持在稳定的、代谢副产物低于抑制水平的状态。采用此法,可以大大提高细胞的生长密度,有助于产物的表达和纯化。

由于连续培养过程可以连续不断地收获产物,并能提高细胞密度,因此,在生产中广泛被采用。如英国 Celltech 公司采用灌注培养杂交瘤细胞,连续不断地生产单克隆抗体,获得了巨大经济效益。虽然灌注培养具有不少优点,但也存在培养基消耗量比较大、操作过程复杂、培养过程中易受污染等缺点。

五、动物细胞培养的环境要求

细胞的生长、繁殖和代谢等生理性质，在很大程度上受各种环境因素的影响。为了使动物细胞反应处于最佳状态，了解环境因素对其影响无疑是很重要的。影响动物细胞生长、繁殖的环境因素很多，主要有细胞生长的支持物、气体交换、培养温度、pH、渗透压及其他因素等方面。

1. 支持物

体外培养的大多数动物细胞需在人工支持物上单层生长。在早期的实验中，用玻璃作为支持物，开始是由于它的光学特性，后来发现它具有合适的电荷适合于细胞贴壁和生长。

(1)玻璃　玻璃常用作支持物。它很便宜，容易洗涤，且不损失支持生长的性质，可方便地用于干热或湿热灭菌，透光性好，强碱可使玻璃对培养产生不良影响，但用酸洗中和后即可。

(2)塑料制品　一次性的聚苯乙烯瓶是一种方便的支持物。但制成的聚苯乙烯是疏水性的，不适合于细胞生长，所以细胞培养用的塑料制品要用γ射线、化学药品或电弧处理使之产生带电荷的表面，具有可润湿性。它光学性质好，培养表面平。除此之外，细胞也可在聚氯乙烯、聚碳酸酯、聚四氟乙烯和其他塑料上生长。

(3)微载体　大规模动物细胞贴壁培养最常用的支持物是微载体。其材料有聚苯乙烯、交联葡萄糖、聚丙烯酰胺、纤维素衍生物、几丁质、明胶等。通常用特殊的技术制成100～200μm直径的圆形颗粒。微载体的制备是一种较复杂的技术，微载体的价格一般也比较贵。但它的最大优点是使贴壁细胞可以像悬浮培养那样进行。微载体大多数是一次性的，不能重复使用。

支持物通过各种预处理后，可改善细胞的贴壁和生长性能。用过的玻璃容器比新的更适合细胞生长。这可能归因于培养后表面的蚀刻和剩余的微量物质，培养瓶中细胞的生长也可以改善表面以利第二次接种，这类调节因素可能是由于细胞释放出的胶原或黏素。

2. 气体交换

(1)氧气　气相中的重要成分是氧气和二氧化碳。各种培养对氧的要求不同，大多数动物细胞培养适合于大气中的氧含量或更低些。据报道，对培养基硒含量的要求与氧浓度有关，硒有助于除去呈自由基状态的氧。在大规模细胞培养中，氧可能成为细胞密度的限制因素。

(2)二氧化碳　二氧化碳对动物细胞培养起着相对复杂的作用，气相中的CO_2浓度直接调节溶解态CO_2的浓度，溶解态的CO_2受温度影响，CO_2溶于培养基中形成H_2CO_3，产生的H_2CO_3能再离解：

$$H_2O+CO_2 \rightleftharpoons H_2CO_3 \rightleftharpoons H^+ + HCO_3^- \tag{18-1}$$

由于HCO_3^-与多数阳离子的离解数很小，趋于结合态，故使培养基变酸。提高气相中CO_2含量的结果是降低培养液pH值，而它又被加入的$NaHCO_3$所中和：

$$NaHCO_3 \rightleftharpoons Na^+ + HCO_3^- \tag{18-2}$$

若HCO_3^-浓度增加，则式(18-2)平衡向左边移动，直到系统在pH＝7.4达到平衡。如果换用其他物质，如NaOH，实际效果是一样的：

$$NaOH + H_2CO_3 \rightleftharpoons NaHCO_3 + H_2O \rightleftharpoons Na^+ + HCO_3^- + H_2O \tag{18-3}$$

3. 培养温度

温度是细胞在体外生存的基本条件之一，来源不同的动物细胞，其最适生长温度不尽相同。例如鱼属变温动物，鱼细胞对温度变化耐受力较强，冷水、凉水、温水鱼细胞适宜培养温度分别为20℃、23℃、26℃，昆虫细胞的适宜培养温度为25～28℃，人和哺乳动物细胞最适宜的温度为37℃。细胞代谢强度与温度成正比，偏高于此温度范围，细胞的正常代谢和生长将会受到影响，甚至导致死亡。总的来说，细胞对低温的耐受力比对高温的耐受力强；如温度上升到45℃时，在1h内细胞即被杀死。在41～42℃虽然细胞尚能生存，但为时很短，10～24h后即褪变或死亡。相反，降低温度把细胞置于25～35℃时，它们仍能生长，但速度缓慢，并维持长时间不死，放在4℃，数小时后再置于37℃培养细胞仍继续生长。如温度降至冰点以下，细胞可因胞质结冰而死亡。但如向培养液中加入保护剂(二甲基亚砜或甘油)，可以把细胞冻结贮存于液氮中，温度达－196℃，能长期保存下去，解冻后细胞复苏，仍能继续生长。

一般来说，变温动物细胞有较大的温度范围，但应保持在一个恒定值，且在所属动物的正常温度范围内，培养反应器既能加热，又能冷却，因为培养温度可能要求低于环境温度。

温度调节的范围最大不超过±0.5℃。培养温度不仅始终一致，而且在培养器各个部位都应恒定，在培养中温度的恒定比准确更重要。

4. pH

合适的pH也是细胞生存的必要条件之一，动物细胞合适的pH值一般在7.2～7.4，低于6.8或高于7.6都对细胞产生不利的影响，严重时可导致细胞褪变或死亡。不同细胞对pH也有不同要求：原代培养细胞对pH变动耐受性差，传代细胞系对pH耐受性较强。对于同一种细胞，生长期和维持期最适pH也不尽相同，对大多数细胞来说，偏酸性环境比碱性环境更利于生长，如有人证明，原代羊水细胞培养在pH 6.8时最适。

初代培养的新鲜组织或经过消化成分散状态的细胞，对环境的适应能力差，此时应严格控制培养基的pH值，否则，细胞难以生长。细胞量少时比细胞量多时对pH变动耐力差。生长旺盛细胞代谢强，产生CO_2多，培养基pH下降快，如果CO_2从培养环境中逸出，则pH升高。上述两种情况对细胞都将产生不利影响。因此，维持细胞生存环境中的pH是至关重要的。最常用的方法是加碳酸缓冲液，缓冲液中的碳酸氢钠具有调节CO_2的作用，因而在一定范围内可调节培养基的pH值。由于CO_2容易从培养环境中逸出，故只适用封闭式培养。为克服碳酸氢钠的这个缺点，有时也采用羟乙基哌嗪乙烷硝酸(HEPES)，它对细胞无甚作用，主要是防止pH迅速波动，具有较强的稳定培养基pH的能力。

5. 渗透压

渗透压对动物细胞也有影响。有些动物细胞如HeLa细胞或其他确定细胞系，对渗透压具有较大耐受性，而原代细胞和正常二倍体细胞对渗透压波动比较敏感。人血浆渗透压约290 mOsm/kg，为细胞的理想渗透压，对多数细胞来说，260～320 mOsm/kg是适宜的。

6. 其他因素

除上述因素外，其他因素如血清、剪切力等对细胞也有很大影响。总之，影响动物细胞生长及产物合成的因素很多，由于情况比较复杂，需要根据具体情况进行分析。

六、动物细胞大规模培养工艺

大规模动物细胞培养的工艺流程如图18-5所示，先将组织切成碎片，然后用能溶解蛋白质的酶处理得到单个细胞，收集细胞并离心。获得的细胞植入营养培养基中，使之增殖至覆盖瓶壁表面，用酶把细胞消化下来，再接种到若干培养瓶以扩大培养，获得的细胞可作为“种子”进行液氮保存。需要时，从液氮中取出一部分细胞解冻，复活培养和扩培，之后接入大规模反应器进行产品生产。需要诱导的产物或者病毒感染后才能得到产物的细胞，需在生产过程中加入适量的诱导物或感染病毒，再经分离纯化获得目的产品。

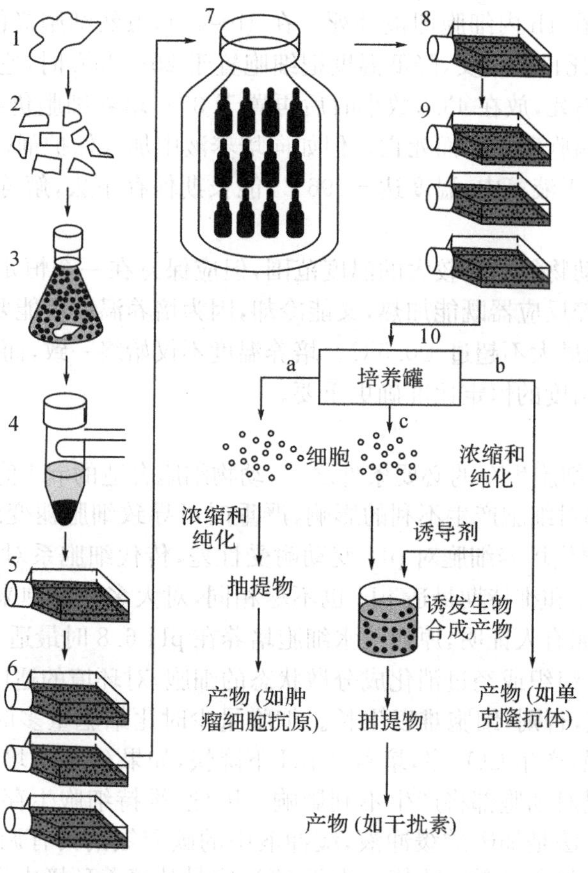

图 18-5　大规模动物细胞培养工艺流程

如图 18-5 所示，先将组织(1)切成碎片(2)，并用溶解蛋白质的酶处理(3)，从而得到单个细胞。细胞用离心法收集(4)后，植入营养培养基。细胞在培养基上增殖，直到覆盖其表面(5)，用酶把细胞从瓶中释出，再植入若干培养瓶以扩大培养(6)，所得细胞可冷藏于液氮(7)中长期保存。需要时取出一部分解冻开始复活培养(8)，将得到的足够细胞(9)植入大规模培养罐(10)，所产生的蛋白质可用几种方式收获(a、b、c)。

【习题与思考】

1. 动物细胞的形态一般有哪几种？
2. 动物细胞培养基成分一般有哪些？制备时需要考虑哪些因素？
3. 动物细胞培养的环境条件有哪些要求？

4. 动物细胞培养的方式有哪几种?
5. 请简述大规模动物细胞培养的一般工艺流程。

任务十九 植物细胞培养制药技术

【任务内容】

一、植物细胞培养概述

植物细胞培养是指在离体条件下培养植物细胞的方法。将愈伤组织或其他易分散的组织置于液体培养基中,进行振荡培养,使组织分散成游离的悬浮细胞,通过继代培养使细胞增殖,获得大量的细胞群体。小规模的悬浮培养在培养瓶中进行,大规模者可利用发酵罐生产。

植物细胞培养是在植物组织培养技术基础上发展起来的。1902 年,Haberlandt 确定了植物的单个细胞内存在其生命体的全部能力(全能性),这是植物组织培养的开端。其后,为了实现分裂组织的无限生长,对外植体的选择及培养基等方面进行了探索。20 世纪 30 年代,组织培养取得了飞速的发展,细胞在植物体外生长成为可能。1939 年,Gautheret、Nobercourt、White 分别成功地培养了烟草、萝卜的细胞,至此,植物组织培养才真正开始。50 年代,Talecke 和 Nickell 确立了植物细胞能够成功地生长在悬浮培养基中。自 1956 年 Nickell 和 Routin 第一个申请用植物组织细胞培养产生化学物质的专利以来,应用细胞培养生产有用的次生物质的研究取得了很大的进展。随着生物技术的发展,细胞原生质体融合技术使植物细胞的人工培养技术进入了一个新的更高的发展阶段。借助于微生物细胞培养的先进技术,大量培养植物细胞的技术日趋完善,并接近或达到工业生产的规模。

植物细胞培养技术广泛用于农业、医药、食品、化妆品、香料等生产上,据报道,全美国的药方中四分之一含有来源于植物的制品。尽管通过植物细胞培养可以获得许多产品,但总的来说分为两类:初级代谢产物(包括细胞本身为产物)和次级代谢产物。目前,细胞本身作为最终产物并不经济。大规模培养植物细胞主要用于生产次级代谢产物。有些产物通过化学方法合成很不经济,有些产物的来源只能是植物,而许多有价值的植物必须生长在热带或亚热带地区,还要受到其他自然条件(如干旱、疾病)和人为条件(如政策)的影响。最不能克服的是,有些植物从种植到收获要花几年时间,又很难选出高产植株,不能满足需要。因此,可以通过采用大规模植物细胞培养技术直接生产。例如,紫草宁(shikonvin)是典型的通过大规模培养植物细胞生产的产品。紫草宁既可作为染料又可入药,价值高达 4500 美元/kg,但是紫草(dithospermum)需要生长 2~3 年,其紫草宁浓度才达到干重的 1%~2%,远远不能满足需要。而通过大规模培养紫草宁可在短时间内(3 周左右)大量生产紫草宁(干重的 14%左右)。由此可见,和传统的从原始植株提取目的产物相比,植物细胞培养具有如下优势:不受地理、季节和气候条件的限制;节省土地,降低成本,生产周期短,可大大提高经济效益;可代替整体植株在工厂内连续生产所需产物;可通过添加抑制剂等使生物合成按照人的意志进行;可通过诱变筛选,获得高产细胞株,并且可以进行特定的生物转化获得新的有用物质。因此,植物细胞培养技术应用于大规模有价值产品的生产具有巨大潜力。

二、植物细胞培养基的组成与制备

1. 细胞培养基的组成

确定植物细胞工业规模培养的培养基是个重要而复杂的问题。首先植物细胞培养基较微生物培养基复杂得多，且工业化培养基又不同于实验室用培养基，即便是工业化培养本身，也会因培养目的及培养阶段不同而采用不同培养基。植物细胞大规模培养目的是生产细胞、初级代谢产物、次级代谢产物、疫苗或用于生物转化，迄今虽有几种已知成分培养基为人们普遍采用，但不同的培养基培养结果不同。因此，需要根据不同培养对象、培养目的及培养条件探索适宜培养基。选择培养基的基本原则是培养过程使细胞总体积倍增时间1天左右，但适宜于细胞生长的培养基，不一定适合于生产次生代谢产物及其他目的，通常需根据培养目标设计相应培养基，如需生产次生代谢产物，除选用促进细胞生长培养基外，尚需提高次生代谢产物产率的培养基，待细胞生长至静止期时用以生产次生代谢产物。Morris在长春花细胞悬浮培养过程，对培养基进行组合研究并考察其蛇根碱、阿玛碱及其他生物碱产量的变化，发现细胞生长阶段和产物生产阶段采用不同培养基，各种产物均有不同程度增加，说明不同培养阶段必须采用不同培养基；又如锦紫苏悬浮细胞培养，首先从15种培养基中筛选出迷迭香酸产率高的B_5培养基，经试验又向其中添加2,4-二甲基苯氧乙酸作为激素，再用于培养锦紫苏细胞，产物生成量提高40%；又将蔗糖浓度由2%提高到7%，产物量又明显提高，且产物积累量可达到干细胞量的13%～15%；因此，在培养的不同阶段采用不同培养基以促进细胞生长及其他目的，是十分重要的。

无论培养目标设计是针对细胞生长还是针对代谢产物的积累，其培养基主要由碳源、有机氮源、无机盐、植物生长激素、有机酸和一些复合物质组成。

(1)碳源　蔗糖或葡萄糖是常用的碳源，果糖比前两者差。其他的碳水化合物不适合作为单一的碳源。通常增加培养基中蔗糖的含量，可增加培养细胞的次生代谢产物量。

(2)有机氮源　通常采用的有机氮源有蛋白质水解物(包括酪蛋白质水解物)、谷氨酰胺或氨基酸混合物。有机氮源对细胞的初级培养的早期生长阶段有利。L-谷氨酰胺可代替或补充某种蛋白质水解物。

(3)无机盐类　对于不同的培养形式，无机盐的最佳浓度是不相同的。通常在培养基中无机盐的浓度应在25mmol左右。硝酸盐浓度一般采用25～40mmol/L，虽然硝酸盐可以单独成为无机氮源，但是加入铵盐对细胞生长有利。如果添加一些琥珀酸或其他有机酸，铵盐也能单独成为氮源。培养基中必须添加钾元素，其浓度为20mmol/L，磷、镁、钙和硫元素的浓度在1～3mmol/L之间。

(4)植物生长激素　大多数植物细胞培养基中都含有天然的和合成的植物生长激素。激素分成两类，即生长素和分裂素。生长素在植物细胞和组织培养中可促使根的形成，最有效和最常用的有吲哚丁酸(IBA)、吲哚乙酸(IAA)和萘乙酸(NAA)。分裂素通常是腺嘌呤衍生物，使用最多的是6-苄氨基嘌呤(6-BA)和玉米素(ZT)。分裂素和生长素通常一起使用，促使细胞分裂、生长。其使用量在0.1～10mg/L之间，根据不同细胞株而异。

(5)有机酸　加入丙酮酸或者三羧酸循环中间产物如柠檬酸、琥珀酸、苹果酸，能够保证植物细胞在以铵盐作为单一氮源的培养基上生长，并且耐受钾盐的能力提高。三羧酸循环中间产物，同样能提高低接种量的细胞和原生质体的生长。

(6)复合物质　通常作为细胞的生长调节剂如酵母抽提液、麦芽抽提液、椰子汁和水果汁。目前这些物质已被已知成分的营养物质所替代。在许多例子中还发现，有些抽提液对细胞有毒性。目前仍在广泛使用的是椰子汁，在培养基中浓度是 1～15mmol/L。

目前应用最广泛的基础培养基主要有 MS、B_5、E_1、N_6、NN 和 L_2 等(表 19-1)。

表 19-1　常用植物细胞培养基的组成(mg/L)

成分	培养基种类					
	M_S	B_5	E_1	N_6	NN	L_2
$MgSO_4 \cdot 7H_2O$	370	250	400	185	185	435
KH_2PO_4	170		250	400	68	325
$NaH_2PO_4 \cdot H_2O$		150				85
KNO_3	1900	2500	2100	2830	950	2100
$CaCl_2 \cdot H_2O$	440	150	450	166	166	600
NH_4NO_3	1650		600		720	1000
$(NH_4)_2SO_4$		134		463		
H_3BO_3	6.2	3.0	3.0	1.6	10.0	5.0
$MnSO_4 \cdot H_2O$	15.6	10.0	10.0	3.3	19.0	15.0
$ZnSO_4 \cdot 7H_2O$	8.6	2.0	2.0	1.5	10.0	5.0
$NaMoO_4 \cdot 2H_2O$	0.25	0.25	0.25	0.25	0.25	0.4
$CuSO_4 \cdot 5H_2O$	0.025	0.025	0.025	0.025	0.025	0.1
$CoCl_2 \cdot 6H_2O$	0.025	0.025	0.025		0.025	0.1
KI	0.83	0.75	0.8	0.8		1.0
$FeSO_4 \cdot 7H_2O$	27.8			27.8		
Na_2-EDTA	37.5			37.3		
Na-Fe-EDTA		40.0	40.0		100	25.0
甘氨酸	2			40	5	
蔗糖	30×10^3	20×10^3	25×10^3	50×10^3	20×10^3	25×10^3
维生素 B_1	0.5	10.0	10.0	1.0	0.5	2.0
维生素 B_5	0.5	1.0	1.0	0.5	0.5	0.5
烟酸	0.5	1.0	1.0	0.5	5.0	
肌醇	100	100	250		100	250
pH 值	5.8	5.5	5.5	5.8	5.5	5.8

2. 培养基的制备

培养基中使用的无机盐、碳源、维生素和生长激素应该采用高纯度级的药品。生长激素、2,4-二氯苯氧乙酸(2,4-D)和 NAA 等在使用前需要重结晶提纯，其酒精-水溶液要用吸附法脱色处理。对于像 2,4-D、IAA 和 NAA 这样难溶于水的试剂，配溶液时可先溶于 2～5ml酒精中，然后慢慢加入蒸馏水，稍微加热，稀释至所需体积，再调节 pH。配制培养基应采用蒸馏水或者高纯度的去离子水。在培养基配制过程中可用 0.5mol/L HCl 或 0.2mol/L NaOH 溶液调节 pH，固体培养基加入琼脂 0.6%～1.0%，120℃蒸汽灭菌 15～20min。对于一些热敏性化合物，应该用过滤法灭菌，如 L-谷氨酰胺、植物生长激素、椰子汁等，然后再按无菌操作加入到已灭菌的培养基中。

由于培养基配比中有些组分量很小，种类又很多，配制起来很繁琐，因此往往把培养基配成使用浓度的 10 倍或者 100 倍的母液，分成小瓶后冷冻保存，使用时再稀释到正常浓度。经稀释后的培养基应放在 10℃以下冰箱中保藏。为了防止在高浓度下培养基组分间相互作用产生沉淀，$CaCl_2$、KI 和 EDTA 钠铁盐等要单独配制保存，使用时再稀释混合。

三、植物细胞培养的流程

用于进行组织培养的组织、器官和细胞称为外植体。在组织培养中，外植体如果是带菌的，在接种前都必须进行表面消毒，这是取得培养成功的最基本的和重要的前提。常用消毒剂对外植体进行消毒。从室外取的材料，一般先用自来水冲洗数分钟，对表面不光滑或长有绒毛等结构不容易洗净的材料，自来水冲洗的时间要长，几个小时或过夜，并且用洗衣粉或洗洁精洗涤，必要时用毛刷刷洗。洗后的材料用滤纸擦干，然后浸泡在消毒溶液中。接种材料使用消毒剂后，要用无菌水洗涤 3～5 遍，最后用无菌纸擦干净。使用消毒剂的原则是既要达到消毒目的，又不能损伤植物组织和细胞，还要符合就地取材的原则。对一些容易污染、较难灭菌的外植体进行表面消毒时，用单一消毒剂不能收到好的效果，所以常选用两种消毒剂交替浸泡法。一般地，首先用 75％乙醇浸泡外植体数秒钟至 30s，然后置于 0.1％氯化汞溶液 5～10min 或含有 2％活性氧的次氯酸钠溶液 5～30min，最后用无菌水洗涤。有时在用氯化汞或次氯酸钠灭菌后，用无菌水洗，进一步剥去几层组织或器官如叶片后，再用次氯酸钠灭菌 3～5min，无菌水漂洗 3 次后，切割，用于接种。

用消毒剂对接种材料进行灭菌处理时，可以在灭菌溶液中加入 1～2 滴表面活性剂，如吐温 80 或吐温 20，它们可以湿润外植体整个组织，促进灭菌液充分接触表面组织，达到较好的消毒效果。有时还可以用磁力搅拌、超声振动等方法使消毒杀菌剂进入外植体。消毒溶液对外植体消毒是在超净工作台上进行。完成表面消毒的接种材料要尽快放置于培养基中。

外植体消毒后在无菌状态下被切割或剪成合适大小，接种在固体培养基上愈伤化，然后将愈伤组织移入液体培养基进行振荡悬浮培养。愈伤化时间随植物种类和培养基条件而异，慢的需几周以上，一旦增殖开始，就可用反复继代培养加快细胞增殖。继代培养可用试管或烧瓶等，大规模的悬浮培养可用传统的机械搅拌罐、气升式发酵罐。植物细胞的培养流程如图 19-1 所示。

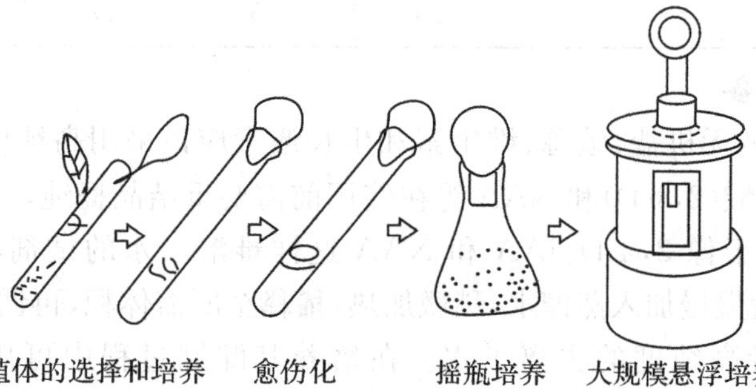

图 19-1 植物细胞大规模培养流程

四、植物细胞培养方法

植物细胞培养根据不同的方法可分为不同的类型（图 19-2），按培养对象可分为单倍体细胞培养和原生质体培养，按培养基可分为固体培养和液体培养，按培养方式又可分为悬浮培养和固定化细胞培养。

- 细胞培养
  - 固体培养
    - 琼脂培养
    - 固定化培养
  - 液体培养
    - 摇瓶悬浮培养
    - 大规模培养
      - 分批培养
      - 半连续培养
      - 连续培养
        - 恒化培养
        - 恒浊培养

图 19-2　细胞的培养系统

1. 细胞培养

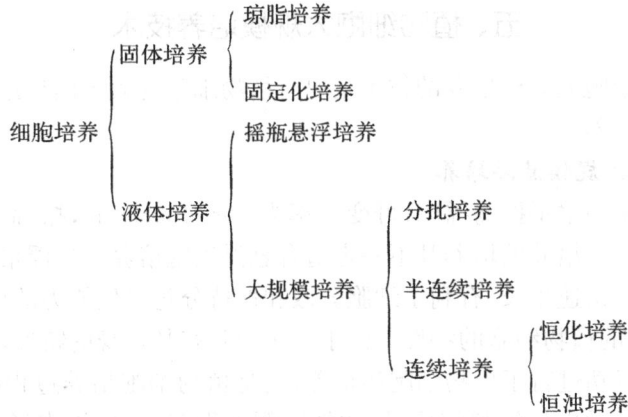

主要用花药在人工培养基上进行培养，可从小孢子（雄性生殖细胞）直接发育成胚状体，然后长成单倍体植株；或者是通过组织诱导分化出芽和根，最终长成植株。

2. 原生质体培养

植物的体细胞（二倍体细胞）经过纤维素酶处理后可去掉细胞壁，获得的除去细胞壁的细胞称为原生质体。该原生质体在良好的无菌培养基中可以生长、分裂，最终可长成植株。在实际过程中，也可用不同植物的原生质体进行融合与体细胞杂交，由此可获得细胞杂交的植株。

3. 固体培养

固体培养是在微生物培养的基础上发展起来的植物细胞培养方法。固体培养基的凝固剂除供特殊研究外，几乎都使用琼脂，浓度一般为 6～10g/L，细胞在培养基表面生长。原生质体固体培养则需混入培养基内进行嵌合培养，或者使原生质体在固体-液体之间进行双相培养。

4. 液体培养

液体培养也是在微生物培养的基础上发展起来的植物细胞培养方法。液体培养可分为静止培养和振荡培养两类。静止培养不需要任何设备，适合于某些原生质体的培养；振荡培养需要摇床使培养物和培养基保持充分混合以利于气体交换。

5. 悬浮培养

植物细胞的悬浮培养是一种使组织培养物分离成单细胞并不断扩增的方法。在进行细胞培养时，需要提供容易破裂的愈伤组织进行液体振荡培养，愈伤组织经过悬浮培养可以产生比较纯一的单细胞。用于悬浮培养的愈伤组织应该是易碎的，这样在液体培养条件下能获得分散的单细胞，而紧密不易碎的愈伤组织就不能达到上述目的。

6. 固定化培养

固定化培养是在微生物和酶的固定化培养基础上发展起来的植物细胞培养方法。该法与固定化酶或微生物细胞类似，应用最广泛的能够保持细胞活性的固定化方法是将细胞包埋于海藻酸盐或卡拉胶中。

五、植物细胞大规模培养技术

目前用于植物细胞大规模培养的技术主要有植物细胞的大规模悬浮培养和植物细胞或原生质体的固定化培养。

1. 植物细胞的大规模悬浮培养

悬浮培养通常采用水平振荡摇床，可变速率为30～150r/min，振幅2～4cm，温度24～30℃。适合于愈伤组织培养的培养基不一定适合悬浮细胞培养。悬浮培养的关键就是要寻找适合于悬浮培养物快速生长，有利于细胞分散和保持分化再生能力的培养基。

(1)悬浮培养中的植物细胞的特性　由于植物细胞有其自身的特性，尽管人们已经在各种微生物反应器中成功进行了植物细胞的培养，但是植物细胞培养过程的操作条件与微生物培养是不同的。与微生物细胞相比，植物细胞要大得多，其平均直径要比微生物细胞大30～100倍。同时，植物细胞很少是以单一细胞形式悬浮存在，而通常是以细胞数在2～200之间，直径为2mm左右的非均相集合细胞团的方式存在。根据细胞系来源、培养基和培养时间的不同，这种细胞团通常由以下几种方式存在：①在细胞分裂后没有进行细胞分离；②在间歇培养过程中细胞处于对数生长后期时，开始分泌多糖和蛋白质；③以其他方式形成黏性表面，从而形成细胞团。当细胞密度高、黏性大时，容易产生混合和循环不良等问题。

由于植物细胞的生长速度慢，操作周期就很长，即使间歇操作也要2～3周，半连续或连续操作更是可长达2～3个月。同时，由于植物细胞培养基的营养成分丰富而复杂，很适合真菌的生长，因此在植物细胞培养过程中，保持无菌是相当重要的。

(2)植物细胞培养液的流变特性　由于植物细胞常常趋于成团，且不少细胞在培养过程中容易产生粘多糖等物质，使氧传递速率降低，影响了细胞的生长。对于植物细胞培养液的流变特性的认识目前还是很肤浅的，人们常用黏度这一参数来描述培养液的流变学特征。培养过程中培养液的黏度一方面依赖于细胞本身和细胞分泌物等，另一方面还依赖于细胞年龄、形态和细胞团的大小。在相同的浓度下，大细胞团的培养液的表观黏度明显大于小细胞团的培养液的表观黏度。

(3)植物细胞培养过程中的氧传递　所有的植物细胞都是好气性的，需要连续不断地供氧。由于植物细胞培养时对溶氧的变化非常敏感，太高或太低均会对培养过程产生不良的影响，因此，大规模植物细胞培养对供氧和尾气氧的监控十分重要。与微生物培养过程相反，植物细胞培养过程并不需要高的气液传质速率，而是要控制供氧量，以保持较低的溶氧水平。

氧气从气相到细胞表面的传递是植物细胞培养中的一个基本问题。大多数情况下，氧气的传递与通气速率、混合程度、气液界面面积、培养液的流变学特性等有关，而氧的吸收却与反应器的类型、细胞生长速率、pH值、温度、营养组成以及细胞的浓度等有关。通常也用体积氧传递系数(K_La)来表示氧的传递，事实证明体积氧传递系数能明显地影响植物细胞的生长。

培养液中通气水平和溶氧浓度也能影响到植物细胞的生长。长春花细胞培养时，当通气量从0.25L/(L·min)上升至0.38L/(L·min)时，细胞的相对生长速率可从$0.34d^{-1}$上升至$0.41d^{-1}$；而当通气量再增加时，细胞的生长速率反而会下降。曾在不同氧浓度时对毛地黄细胞进行了培养，当培养基中氧浓度从10%饱和度升至30%饱和度时，细胞的生长速率从 0.15d^{-1} 升至 0.20d^{-1}，如果溶氧浓度继续上升至 40%饱和度时，细胞的生长速率却反而降至 0.17d^{-1}。这就说明过高的通气量对植物细胞的生长是不利的，会导致生物量的减少，这一现象很可能是高通气量导致反应器内流体动力学发生变化的结果，也可能是由于培养液中溶氧水平较高，以至于代谢活力受阻。

由上述情况可以看出，氧对植物细胞的生长来说是很重要的，但是 CO_2 的含量水平对细胞的生长同样相当重要。研究发现，植物细胞能非光合地固定一定浓度的 CO_2，如在空气中混以 2%～4%的 CO_2 能够消除高通气量对长春花细胞生长和次级代谢物产率的影响。因此，对植物细胞培养来说，在要求培养液充分混合的同时，CO_2 和氧气的浓度只有达到某一平衡时，才会很好地生长，所以植物细胞培养有时需要通入一定量的 CO_2 气体。

(4)泡沫和表面黏附性　植物细胞培养过程中产生泡沫的特性与微生物细胞培养产生的泡沫是不同的。植物细胞培养过程中产生的气泡比微生物培养系统中产生的气泡大，且被蛋白质或黏多糖覆盖，因而黏性大，细胞极易被包埋于泡沫中，造成非均相的培养。尽管泡沫对于植物细胞来说，其危害性没有微生物细胞那么严重，但如果不加以控制，随着泡沫和细胞的积累，也会对培养系统的稳定性产生很大的影响。

(5)悬浮细胞的生长与增殖　由于悬浮培养具有三个基本优点：①增加培养细胞与培养液的接触面，改善营养供应；②可带走培养物产生的有害代谢产物，避免有害代谢产物局部浓度过高等问题；③保证氧的充分供给。因此，悬浮培养细胞的生长条件比固体培养有很大的改善。

悬浮培养时细胞的生长曲线如图 19-3 所示，细胞数量随时间变化曲线呈现“S”形。在细胞接种到培养基中最初的时间内细胞很少分裂，经历一个延滞期后进入对数生长期和细胞迅速增殖的直线生长期，接着是细胞增殖减慢的减慢期和停止生长的静止期。整个周期经历时间的长短因植物种类和起始培养细胞密度的不同而不同。在植物细胞培养过程中，一般在静止期或静止期前后进行继代培养，具体时间可根据静止期细胞活力的变化而定。

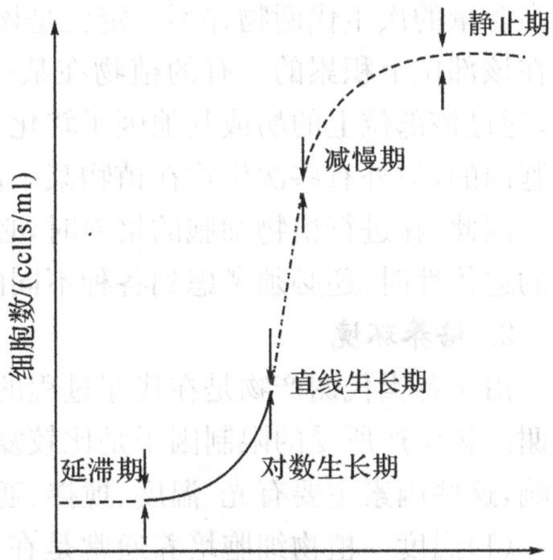

图 19-3　悬浮培养时细胞的生长曲线

(6)细胞团和愈伤组织的再形成和植株的再生　悬浮培养的单个细胞在 3～5 天内即可见细胞分裂，经过一星期左右的培养，单个细胞和小的聚集体不断分裂而形成肉眼可见的小细胞团。大约培养两周后，将细胞分裂再形成的小愈伤组织团块及时转移到分化培养基上，连续光照，三星期后可分化成试管苗。

2. 植物细胞或原生质体的固定化培养

经过多年的研究发现，与悬浮培养相比，固定化培养具有很多优点：① 提高了次生物质的合成、积累；② 能长时间保持细胞活力；③ 可以反复使用；④ 抗剪切能力强；⑤ 耐受有毒前体的浓度高；⑥ 遗传性状较稳定；⑦ 后处理难度小；⑧更好的光合作用；⑨ 促进或改变产物的释放。

1979 年，Brodelius 首次将高等植物细胞固定化培养以获得目的次级代谢产物，此后，植物细胞的固定化培养得到不断的发展，逐步显示其优势。据不完全统计，约有50多种植物细胞已成功地进行了固定化培养。

植物细胞的固定化常采用海藻酸盐、卡拉胶、琼脂糖和琼脂材料，均采用包埋法，其他方式的固定化植物细胞很少使用。

原生质体比完整的细胞更脆弱，因此，只能采用最温和的固定化方法进行固定化，通常也是用海藻酸盐、卡拉胶和琼脂糖进行固定化。

六、影响植物细胞培养的因素

植物细胞生长和产物合成动力学也可分为三种类型：① 生长偶联型：产物的合成与细胞的生长呈正比；② 中间型：产物仅在细胞生长一段时间后才能合成，但细胞生长停止时，产物合成也停止；③ 非生长偶联型：产物只有在细胞生长停止时才能合成。事实上，由于细胞培养过程较复杂，细胞生长和次级代谢物的合成很少符合以上模式，特别是在较大的细胞群体中，由于各细胞所处的生理阶段不同，细胞生长和产物合成也许是群体中部分细胞代谢的结果。此外，不同的环境条件对产物合成的动力学也有很大的影响。

1. 细胞的遗传特性

从理论上讲，所有的植物细胞都可看作是一个有机体，具有构成一个完整植物的全部遗传信息。在生化特征上，单个细胞也具有产生其亲本所能产生的次生代谢物的遗传基础和生理功能。但是，这一概念绝不能与个别植株的组织部位相混淆，因为某些组织部位所具有的高含量的次生代谢物并不一定就是该部位合成的，而有可能是在其他部位合成后通过运输在该部位上积累的。有的植物在某一部位合成了某一产物的直接前体而转运到另一部位，通过该部位上的酶或其他因子转化。如尼古丁是在烟草根部细胞内合成后输送到叶部细胞内的，另外有些次生物在植物某一部位形成中间体，然后再转移至另一部位经酶转化而成。因此，在进行植物细胞的培养时，必须弄清楚产物的合成部位。同时，在注意到整体植物的遗传性时，还必须考虑到各种不同的细胞种质影响。

2. 培养环境

由于各类代谢产物是在代谢过程的不同阶段产生的，因此通过植物细胞培养进行次生代谢产物生产所受的限制因子是比较复杂的。各种影响代谢过程的因素都可能对它们发生影响，这些因素主要有光、温度、搅拌、通气、营养、pH值、前体和调节因子等。

(1)温度　植物细胞培养通常是在25℃左右进行的，因此一般来说在进行植物细胞培养时很少考虑温度对培养的影响。但是实际上，无论是细胞培养物的生长或是次生代谢物的合成和积累，温度都起着一定的作用，需要引起一定的重视。

(2)pH值　植物细胞培养的最适pH值一般在5～6。但由于在培养过程中，培养基的pH值可能有很大的变化，对培养物的生长和次生代谢产物的积累十分不利，因此需要不断调节培养液的pH值，以满足细胞的生长和产物代谢、积累的需要。

(3)营养成分　尽管植物细胞能在简单的合成培养基上生长，但营养成分对植物细胞培养和次生代谢产物的生成仍有很大的影响。营养成分一方面要满足植物细胞的生长所需，另一方面要使每个细胞都能合成和积累次生代谢产物。普通的培养基主要是为了促进细胞生长而设计的，它对次生代谢产物的产生并不一定最合适。一般增加氮、磷和钾的含量会使细胞的生长加快，增加培养基中的蔗糖含量可以增加细胞培养物的次生代谢物。

(4)光 光照时间的长短、光的强度对次生代谢产物的合成都具有一定的作用。一般来说愈伤组织和细胞生长不需要光照,但是光对细胞代谢产物的合成有很重要的影响。有人研究了光对黄酮化合物形成的影响,结果表明,培养物在光照特别是紫外光下黄酮及黄酮类醇糖苷积累有关的所有酶活性均增加。通常光照采用荧光灯,或者荧光灯和白炽灯混合,其光强度是 300～10000lx,可以连续光照,也可以每天光照 12～18h。

(5)搅拌和通气 植物细胞在培养过程中需要通入无菌空气,适当控制搅拌程度和通气量。在悬浮培养中更要如此。在烟草细胞培养中发现,如果 $K_{L\alpha} \leqslant 5h^{-1}$,对生物产量有明显抑制作用。当 $K_{L\alpha}=5 \sim 10h^{-1}$时,初始的 $K_{L\alpha}$ 和生物产量之间有线性关系。当然,不同的细胞系,对氧的需求量是不相同的。为了加强气-液-固之间的传质,细胞悬浮培养时,需要搅动。植物细胞虽然有较硬的细胞壁,但是细胞壁很脆,对搅拌的剪切力很敏感,在摇瓶培养时,摇床振荡范围在 100～150r/min。由于摇瓶培养细胞受到剪切力比较小,因此植物细胞很适合在此环境中生长。实验室中采用六平叶涡轮搅拌桨反应器培养植物细胞,由于剪切太剧烈,细胞会自溶,次生代谢产物合成会降低。各种植物细胞耐剪切的能力不尽相同,细胞越老遭受的破坏也越大。烟草的细胞和长春花的细胞在涡轮搅拌器转速 150r/min 和 300r/min 时,一般还能保持生长。培养鸡眼藤的细胞时,涡轮搅拌器的转速应低于 20r/min。因此培养植物细胞,气升式反应器更为合适。

(6)前体 在植物细胞的培养过程中,有时培养细胞不能很理想地把所需的代谢产物按所想像的得率进行合成,其中一个可能的原因就是缺少合成这种代谢物所必需的前体,此时如在培养物中加入外源前体将会使目的产物产量增加。因此,在植物细胞培养过程中,选择适当的前体是相当重要的。对于所选择的前体除了有增加产物产量外,还要求是无毒和廉价的。但是,寻找能使目的产物含量增加最有效的前体是有一定难度的。

虽然前体的作用在植物细胞培养中未完全清楚,可能是外源前体激发了细胞中特定酶的作用,促使次生代谢产物量的增加。有人在三角叶薯蓣细胞培养液中加入 100mg/L 胆甾醇,可使次生代谢产物薯蓣皂甙配基产量增加一倍。在紫草细胞培养液中加入 L-苯丙氨酸使右旋紫草素产量增加三倍。在雷公藤细胞培养液中加入萜烯类化合物中的一个中间体,可使雷公藤羟内酯产量增加三倍以上。但同样一种前体,在细胞的不同生长时期加入,对细胞生长和次生代谢产物合成的作用极不相同,有时甚至还起抑制作用。如在洋紫苏细胞的培养液中,一开始就加入色胺,无论对细胞生长和生物碱的合成都起抑制作用,但在培养的第二星期或第三星期加入色胺却能刺激细胞的生长和生物碱的合成。

(7)生长调节剂 在细胞生长过程中生长调节剂的种类和数量对次生代谢产物的合成起着十分重要的作用。植物生长调节剂不仅会影响到细胞的生长和分化,而且也会影响到次生代谢产物的合成。生长素和细胞分裂素有使细胞分裂保持一致的作用,不同类型的生长素对次生代谢产物的合成有着不同的影响。生长调节剂对次级代谢的影响随着代谢产物的种类不同而有很大的变化,因此对生长调节剂的使用需要非常慎重。

目前,在大规模植物细胞悬浮培养中,为了提高生物量和次生代谢产物量,一般采用二阶段法。第一阶段尽可能快地使细胞量增长,可通过生长培养基来完成。第二阶段是诱发和保持次生代谢旺盛,可通过生产培养基来调节。因此在细胞培养整个过程中,要更换含有不同品种和浓度的植物生长激素和前体的液体培养基。为了获得能适合大规模悬浮培养和生长快速的细胞系,首先要对细胞进行驯化和筛选,把愈伤组织转移到摇瓶中进行液体培养，待细胞增殖后，再把它们转移到琼脂培养基上。经过反复多次驯化筛选得到的细胞株，比未经过驯化、筛选的原始愈伤组织在悬浮培养中生长快得多。

毋庸置疑，在过去几十年中，植物生物技术方面已取得了相当巨大的进展，大大缩短了向工业化迈进的距离。国内有关单位对药用植物如人参、三七、紫草、黄连、薯蓣、芦笋等已展开了大规模的细胞悬浮培养，并对植物细胞培养专用反应器进行研制。国外培养植物细胞用的反应器已从实验规模1～30L，放大到工业性试验规模130～20000L，如希腊毛地黄转化细胞的培养规模为2m^3，烟草细胞培养的规模最大已达到20m^3。

值得注意的是影响植物细胞培养物的生物量增长和次生代谢产物积累的因素是错综复杂的，往往一个因素的调整会影响到其他因素的变化，所以需要在培养过程中不断加以调整。同时，由于不同的植物有机体有自身的特殊性，因此对于一种植物或一种次生代谢物适合的培养条件，不一定对其他的细胞或次生代谢作用适合。

【习题与思考】

1. 植物细胞培养的用途有哪些？
2. 如何配制植物细胞培养基？
3. 简述植物细胞大规模培养的一般工艺流程。
4. 有哪些影响植物细胞培养的因素？

【细胞工程制药技术应用案例】

一、组织纤溶酶原激活剂生产工艺

组织纤溶酶原激活剂(tPA)是一种丝氨酸蛋白酶，它与纤溶酶原亲和力较低，而与纤维蛋白亲和力较大，后两者结合后形成的复合物可提高其与tPA的亲和力，使纤溶酶原活化为纤溶酶，后者可水解纤维蛋白，导致血栓形成，故对血栓性疾病有较好疗效。人黑色素瘤细胞株培养后可产生大量的tPA，其培养液中的tPA浓度可达到1mg/L。现介绍Bowes人黑色素瘤细胞培养法生产tPA的工艺。

1. 工艺流程

细胞单层 $\xrightarrow{\text{分散}}$ 细胞悬液 $\xrightarrow{\text{培养}}$ 细胞培养物 $\xrightarrow{\text{分离}}$ 培养液 $\xrightarrow{\text{提取}}$

提取液 $\xrightarrow{\text{层析纯化}}$ 层析液 $\xrightarrow{\text{浓缩}}$ 浓缩液 $\xrightarrow{\text{层析精制}}$ 层析液 $\xrightarrow{\text{冻干}}$ tPA成品

2. 工艺过程

(1)培养基组成(mg/L)(主要为Eagle培养基)　L-盐酸精氨酸21，L-胱氨酸12，L-谷氨酰胺292，L-盐酸组氨酸9.5，L-异亮氨酸26，L-亮氨酸26，L-盐酸赖氨酸36，L-蛋氨酸7.5，L-苯丙氨酸18，L-苏氨酸24，L-色氨酸4，L-酪氨酸18，L-缬氨酸24，氯化胆碱1，叶酸1，肌醇2，烟酸1，泛酸钙1，盐酸吡哆醛1，核黄素0.1，硫胺素1，生物素1，氯化钠6800，氯化钾400，氯化钙200，$MgSO_4 \cdot 7H_2O$ 200，$NaH_2PO_4 \cdot 2H_2O$ 150，$NaHCO_3$ 2000，葡萄糖1000。此外，还加入青霉素100U/ml及10%小牛血清。

(2)tPA抗体制备　取人tPA或猪心tPA免疫家兔，按每只家兔200～300μg计，用福氏完全佐剂充分乳化注入家兔皮下，每隔两周再用100μg tPA加强免疫，共加强两次。然后取家兔血清，用50%硫酸铵盐析，沉淀于0℃生理盐水中透析及Sephadex75柱层分析，得抗 tPA 的免疫球蛋白 G(IgG)。

(3)抗 tPA 亲和吸附剂制备 取 Sepharose 4B 用 10 倍体积(体积/体积)蒸馏水分多次漂洗,布氏漏斗抽滤,称取 20g 湿凝胶于 500ml 三颈烧瓶中,加蒸馏水 30ml,搅匀后,用 2mol/L NaOH 溶液调 pH 至 11,降温至 18℃。在通风橱中另取溴化氰 1.5g 于研钵中,用 30~40ml 蒸馏水分多次研磨溶解,将溴化氰溶液倾入三颈瓶中,升温至 20~22℃,反应的同时滴加 2mol/L NaOH 溶液维持 pH 11~12,待反应液 pH 不变时,继续反应 5min,整个操作在 15min 内完成,取出烧瓶,向其中投入小冰块降温,用 3 号垂熔漏斗抽滤,然后用 300ml 4℃的 0.1mol/L $NaHCO_3$ 溶液洗涤,再用 500ml pH 10.2、0.025mol/L 的硼酸缓冲液分 3~4 次抽滤洗涤,最后转移至 250ml 烧杯中,加 50~60ml 上述硼酸缓冲液,即得活化的Sepharose 4B备用。

另取 70~80mg 上述抗 tPA IgG 溶于 20ml 硼酸缓冲液中,过滤,滤液加至上述活化的 Sepharose 4B 中,10℃搅拌反应 16~18h。次日装柱,用 10 倍柱床体积(体积/体积)的 pH 10.2 硼酸缓冲液以 5~6ml/min 流速洗涤柱床,收集流出液,并测定 A_{280},然后再依次用 5 倍柱床体积的 pH 10.0、0.1mol/L 乙醇胺溶液及 pH 8.0、0.1mol/L 硼酸缓冲液充分洗涤,最后用 pH 7.4、0.1mol/L 磷酸缓冲液洗涤平衡,直至流出液 $A_{280}<0.01$,所得固定化抗 tPA 的 IgG 即为 tPA 的亲和吸附剂,将其转移至含 0.01% NaN_3 的 pH 7.4、0.1mol/L 磷酸缓冲液中,于 4℃贮存备用。

(4)细胞培养 将人黑色素瘤种子细胞按常规方法消化分散后,洗涤及计数,稀释成细胞悬浮液备用。另取 5L 玻璃转瓶,按每 $1m^2$ 表面积 2.5L 比例加入细胞培养基,然后将上述细胞悬浮液接种至转瓶中,接种浓度为$(1\sim3)\times10^3$ 细胞/ml,然后置于 37℃,CO_2 培养箱中,通入含 5% CO_2 的无菌空气培养至长成致密单层后,弃去培养液,再用 pH 7.4,0.1mol/L 磷酸缓冲液洗涤细胞单层 2~3 次,再换入无血清 Eagle 培养液继续培养。然后每隔 3~4 天即收获一次培养液,用于制备 tPA,同时向转瓶中加入新鲜培养液继续培养。如此往复进行再培养,即可获得大量 tPA。

(5)tPA 的分离 向上述收集的细胞培养液中加入蛋白酶抑制剂(aprotinin)至 50kIU/ml 及吐温 80 至 0.01%,滤除沉淀,滤液稀释 3 倍,每 10L 培养液以 5ml/min 流速进入 tPA IgG-Sepharose 4B 亲和柱(直径 4cm×40cm),然后用含 0.01%吐温 80,25kIU/ml aprotinin 及 0.25mol/L 硫氰酸钾(KSCN)的 pH 7.4、0.1mol/ml 磷酸缓冲液以同样流速洗涤亲和柱,以除去未吸附的杂蛋白及非特异性吸附的杂蛋白,最后用 3mol/L KSCN 溶液洗脱亲和柱,并以每管 10~15ml 体积分步收集,合并 tPA 洗脱峰,装入透析袋内埋入 PEG20000 中浓缩至原体积的 1/10~1/5,备用。

(6)精制 将上述 tPA 浓缩液进 Sephadex G-150 柱(直径 2cm×100cm),然后用含 0.01%吐温 80 的 1mol/L NH_4HCO_3 溶液以 2~3ml/min 的流速洗脱,并以每管 10ml 体积分步收集,合并 tPA 洗脱峰;于冻干机中冻干即为 tPA 精品。

二、植物细胞的生产工艺

植物细胞工业规模的培养首先是细胞生物量的增长,细胞即为重要产品之一,如人参细胞培养规模已达 $2m^3$,我国也达到日产 10kg 的湿细胞产量。收集湿细胞,冻干,得活性人参细胞粉,既是保健食品原料,亦可作为药材,其中除含人参皂苷外,尚含有酶类及其他活性成分，其保健作用优于天然人参。

西洋参(*Panax quinquefolium*)属于五加科(*Araltaceae*)人参属植物，为名贵的中药材之一，具有降血脂、镇静、造血及健胃作用，其所含的主要有效成分为皂苷(saponin)，目前尚不能人工合成。因此，细胞培养技术为开发西洋参药材提供了新途径。工艺流程如下：

西洋参根 $\xrightarrow{\text{乙醇消毒}}$ 无菌根 $\xrightarrow{\text{诱导培养}}$ 愈伤组织 $\xrightarrow{\text{悬浮培养}}$ 悬浮细胞培养物 $\xrightarrow{\text{大量培养}}$

发酵液 $\xrightarrow{\text{过滤}}$ 细胞 $\xrightarrow{\text{干燥}}$ 西洋参细胞干粉成品

(1)西洋参细胞种子的选择与处理　取人工栽培的西洋参根，弃去所有病变、受伤及形态不规则的个体，用小的尼龙刷于流动的自来水下充分洗刷，除去根部表面所有尘粒与污物，然后将其切成50～100mm厚的片段，浸入70%乙醇中30秒，取出浸于5%安替福民(含有效氯5.25%的NaCl溶液)、10%漂白粉或0.1%升汞的溶液中10～20min，取出后用无菌水充分洗去消毒剂，备用。

(2)愈伤组织的诱导　诱导西洋参愈伤组织的培养基为添加2.5mg/L 2,4-D、0.8mg/L KT及0.7g/L酪蛋白水解物(LH)的MS培养基。50ml三角瓶中培养基装量为20ml，琼脂浓度为0.8%，灭菌后备用。然后取已消毒的西洋参根的片段切成1mm厚、4～5mm见方的立方小块组织(可取10～20块称取平均重量)，再向每个培养瓶中接入1g左右的小组织块，于25～26℃培养2天后即长成愈伤组织。采用同样培养基进行移植继代培养，移植过程每瓶均用同一块愈伤组织切割分散和接种培养。如此往复循环，进行20～30次移植继代培养，即可获得多个西洋参愈伤组织无性系。

(3)西洋参细胞悬浮培养　西洋参细胞悬浮培养的培养基为添加1.25mg/L 2,4-D、0.4mg/L KT及0.7g/L酪蛋白水解物的MS培养基。500ml三角瓶中培养基装量为100ml，pH 5.8，在9.9×10^4～1.0×10^5Pa压强下灭菌15～20min，冷却至室温，备用。然后在无菌操作条件下，用50ml培养基将每瓶西洋参愈伤组织无性系洗下并通过筛网流入无菌量筒中，沉淀10～15min，倾去上清液，下层细胞倾入含100ml培养基的500ml培养瓶中，接种量为1～2g/L的细胞干重，然后置于摇床中于27～29℃以120r/min速度振荡，振幅为2.5cm，培养20～25天后即得西洋参细胞悬浮培养物。

(4)西洋参细胞大量培养　西洋参细胞大量培养所用培养基与细胞悬浮培养基相同，反应器为10L通气搅拌罐，培养基充满系数为0.7～0.8。将上述悬浮细胞培养物直接接种到搅拌罐反应器中，细胞接种量为1～2g/L(干重)，在27～29℃下，以50～70r/min速度搅拌，0.6～0.8m^3/(m^3·min)通气量培养13～20天，即得西洋参细胞培养物。

(5)西洋参细胞的收获与干燥　细胞大量培养结束后，用过滤或离心方法收集细胞，用去离子水洗涤3～5次，每次抽干，然后于50℃以下真空干燥或冻干制得培养的西洋参细胞干粉，收率一般为3～5g/L(干重)。

【细胞工程制药技术技能训练】

训练项目七　动物细胞融合实验

一、目的

1. 了解PEG诱导细胞融合的基本原理。

2. 通过 PEG 诱导的鸡红细胞之间或鸡红细胞与大鼠红细胞之间的融合实验，初步掌握细胞融合技术。

二、内容

1. 学习训练动物细胞的 PEG 融合操作。

2. 学习训练实验光学显微镜观察动物细胞。

三、提示

1. 相关实验原理

两个以上细胞合并成一个双核或多核细胞，称为细胞融合(cell fusion)。细胞融合包括质膜的连接与融合，胞质合并，细胞核、细胞器和酶等互成混合体系。细胞融合技术广泛应用于细胞生物学、遗传学、病毒学、肿瘤学的研究。例如，细胞周期调控的研究，基因互补分析、检测病毒，细胞对病毒敏感因素的分析、肿瘤细胞恶性分析等等。单克隆抗体技术就是通过细胞融合技术发展起来的，对生命科学的研究及医学方面的应用产生了重大影响。

化学融合剂聚乙二醇(polyethylene glycol，PEG)是乙二醇的多聚化合物，存在一系列不同分子量的多聚体。聚乙二醇具有强烈的吸水性以及凝聚和沉淀蛋白质的作用，能够有效地促进植物原生质体和动物细胞的融合。在不同种类的动物细胞混合液中加入聚乙二醇，就会发生细胞凝集作用；在稀释和除去聚乙二醇的过程中，就会发生细胞融合。PEG 可与水分子借氢键结合，在高浓度(50%)的 PEG 溶液中自由水消失，导致细胞脱水而发生质膜结构的变化，引起细胞融合。为了发挥 PEG 促进细胞融合的效力，必须采用较高浓度的 PEG 溶液，但在高浓度 PEG 溶液下，细胞可能因脱水而受到显著的破坏。因此，选择合适的分子量、浓度及作用时间是 PEG 融合技术的关键。

聚乙二醇是化学试剂，使用起来很方便，诱导细胞融合的频率比较高，但是它有一定毒性，对有些细胞(如卵细胞)不适用。

2. 实验仪器、材料与试剂

(1)仪器

1)离心机。

2)显微镜。

3)电子天平。

4)水浴锅。

5)血球计数板。

6)滴管。

7)烧杯(100ml、1000ml)。

8)试剂瓶。

9)注射器。

10)盖玻片、载玻片。

(2)材料与试剂

1)材料：新鲜鸡血，大鼠若干只。

2)Alsever 溶液：葡萄糖 2.05g，柠檬酸钠 0.80g，NaCl 0.42g，溶于 100 ml 双蒸水中。

3)0.85%生理盐水。

4)GKN溶液：NaCl 8g，KCl 0.40g，$Na_2HPO_4 \cdot 2H_2O$ 1.77g，$NaH_2PO_4 \cdot H_2O$ 0.69g，葡萄糖2g，酚红0.01g，溶于1000ml双蒸水中。

5)1%詹纳斯绿B溶液(原液)：称取50mg詹纳斯绿B溶于5ml Ringer氏液，稍加微热(30～40℃)，使之溶解，用滤纸过滤后，即为1%原液。

6)詹纳斯绿B溶液(应用液)：取1%原液1ml，加入49ml Ringer溶液，混匀即可。现用现配。

7)50%PEG溶液：称取一定量PEG(分子量：4000)放入烧杯，沸水浴加热，使之熔化，待冷却至50℃时，加入等体积预热至50℃的GKN溶液，混匀，置37℃备用。

8)Ringer氏液

氯化钠0.85g

氯化钾0.25g

氯化钙0.03g

蒸馏水100ml

四、步骤

1. 红细胞的制备

(1) 鸡血红细胞的制备　注射器内先吸入2ml Alsever溶液，从鸡翼下静脉取2ml鸡血，注入离心管，再加入6ml Alsever溶液，使之成为1∶4悬液。

(2) 取1ml鸡血悬液，加入4ml 0.85%生理盐水，混匀平衡后，800r/min离心3min，弃去上清液，再按上述条件离心2次。最后，弃去上清液，加GKN液4ml，离心1次。

(3)弃去上清液，加GKN液(体积比1∶9)，制成10%细胞悬液。

(4)大鼠血红细胞的制备　左手抓住大鼠，将大鼠头部向下，右手持尖头镊子，轻轻将镊子插入大鼠眼眶内，然后将眼球向外拉出，此时流出的血液置于预先盛有10ml Alsever溶液的烧杯中，操作顺利的话，可以得到6～10ml大鼠血。然后按上述鸡血红细胞制备方法制成10%细胞悬液。

2. 细胞计数

取以上悬液以血细胞计数器计数，若细胞密度过大，用GKN溶液稀释至$(3～4)\times10^7$个/ml。

3. 温育

取以上细胞悬液1ml于离心管，放入37℃(39℃左右更佳)水浴锅中预热。同时将50%PEG液放入水浴锅中预热。

4. 融合

(1)待温度恒定后，在1ml细胞悬液中慢慢逐滴加入0.5ml 50%PEG溶液(慢慢沿离心管壁流下融合剂)，且边加边摇匀，然后放入水浴锅中。

(2)细胞融合一段时间(20～30min)后，加入GKN溶液至8ml，静止于水浴锅中20min左右。

(3)取出离心管，800r/min离心3min，使细胞完全沉降。弃去上清液，加GKN溶液，再离心1次。

5. 染色

弃去上清液，加入少量 GKN 溶液，混匀，取少量悬液于载玻片上，加入 Janus green 染液小半滴，用牙签搅匀，3min 后盖上盖玻片，观察细胞融合情况。

6. 实验设计

实验共分为三种融合方式进行，即鸡红细胞-鸡红细胞、大鼠红细胞-大鼠红细胞、鸡红细胞-大鼠红细胞融合，每位同学可选 1～2 种融合方式进行实验。

7. 实验结果处理

经 PEG 处理后，在显微镜下，可以观察到未融合的单核细胞、融合后的双核细胞和融合后的多核细胞。细胞融合率指在显微镜的视野内，已发生融合的细胞的核的总数与此视野内所有细胞的细胞核总数之比，可用如下公式表示：

融合率＝视野内发生融合的细胞核总数/视野内所有细胞核总数×100％

在实验中统计融合率时，要进行多个视野计数，然后再加以平均，以使计算更为准确。

五、思考题

1. 本实验中所用的 PEG 融合方法能否用于植物细胞？为什么？

2. 本实验的材料为什么不用兔子或小鼠的血细胞？如果因实验需要必须选用小鼠血细胞作为实验材料，应如何对融合细胞进行鉴别？请根据目前所掌握的知识谈谈你所能想到的鉴别方法。

训练项目八 植物愈伤组织的诱导培养

一、目的

1. 了解植物组织培养的基本原理和操作技术。
2. 初步掌握 MS 固体培养基制备方法。
3. 掌握外植体的常规灭菌技术。
4. 掌握植物愈伤组织的诱导方法。

二、内容

1. 学习训练植物组织培养基的配制。
2. 学习训练植物外植体的常规灭菌操作。
3. 学习训练植物愈伤组织的诱导。

三、提示

1. 植物愈伤组织诱导的原理

植物愈伤组织诱导的理论依据是植物细胞的全能性，即植物的每个细胞都包含着该物种的全部遗传信息，从而具备发育成完整植株的遗传能力。在无菌条件下，将植物的器官或组织（如芽、茎尖、根尖或花药）放在人工培养基上进行培养，通过脱分化形成一种能迅速增殖的无特定结构和功能的细胞团，即愈伤组织。愈伤组织可以在适宜的光照、温度和一定的营养物质与激素等条件下进行再分化，重新产生出植物的各种器官和组织，进而发育成完整的植株。

2. 植物培养基配制要求和注意事项

植物培养基是植物离体培养的组织或细胞赖以生存的营养基质，是为离体培养材料提供近似活体生存的营养环境，主要包括水、大量元素、微量元素、铁盐、有机复合物、糖、凝固剂和植物生长调节等物质。在配制培养基前，为了使用方便和用量准确，常常将培养基成分首先配制成比实际培养基浓度大若干倍的母液，然后在配制培养基时，再根据所需浓度，按比例稀释。

3. 实验仪器、材料与试剂

(1)仪器

1)电子天平。

2)pH计。

3)电炉。

4)高压灭菌锅。

5)超净工作台。

6)光照培养箱。

7)冰箱。

8)手术剪刀。

9)解剖刀。

10)镊子。

11)烧杯(50ml、100ml、200ml)。

12)容量瓶(100ml、500ml、1000ml)。

13)磨口试剂瓶(100ml、200ml、500ml、1000ml)。

14)三角瓶(100ml)。

15)量筒(100ml、1000ml)。

16)移液枪等。

(2)材料与试剂

1)材料：新鲜胡萝卜。

2)95%乙醇。

3)1mol/L NaOH溶液。

4)1mol/L HCl溶液。

5)0.1%氯化汞(或次氯酸钠)。

6)MS培养基成分：① 大量元素(母液Ⅰ)：NH_4NO_3、KNO_3、$CaCl_2 \cdot 2H_2O$、$MgSO_4 \cdot 7H_2O$、KH_2PO_4；② 微量元素(母液Ⅱ)：KI、H_3BO_3、$MnSO_4 \cdot 4H_2O$、$ZnSO_4 \cdot 7H_2O$、$Na_2MoO_4 \cdot 2H_2O$、$CuSO_4 \cdot 5H_2O$、$CoCl_2 \cdot 6H_2O$；③ 铁盐(母液Ⅲ)：$FeSO_4 \cdot 7H_2O$、Na_2-EDTA·$2H_2O$；④ 有机成分(母液，维生素和氨基酸)：肌醇、盐酸吡哆醇(维生素B_6)、烟酸、盐酸硫胺素(维生素B_1)、甘氨酸。

7)植物生长调节物质：2,4-二氯苯氧乙酸(2,4-D)。

四、步骤

(一)MS培养基母液的配制

1. MS大量元素母液的配制

表5a MS培养基大量元素母液(10倍)的配制剂量

母液	化合物名称	培养基用量(mg/L)	扩大倍数	称取量(mg)	母液体积(ml)	1L培养基吸取母液量(ml)
大量元素	KNO_3	1900	10	4750	250	100
	NH_4NO_3	1650		4125		
	$MgSO_4 \cdot 7H_2O$	370		925		
	KH_2PO_4	70		425		
	$CaCl_2 \cdot 2H_2O$	440		1100		

按照培养基配方，把各种化合物的用量扩大10倍，按照表5a中的次序分别准确称量后，分别用50ml烧杯，加入蒸馏水30ml溶解(可以加热至60～70℃，促其溶解)。溶解后，按顺序倒入一大烧杯中(烧杯中事先加入约50ml的蒸馏水，目的是避免由于盐浓度过高使钙离子与磷酸根离子、硫酸根离子形成不溶于水的沉淀)，注意最后加入氯化钙溶液，混匀，用250ml容量瓶定容。将配制好的母液倒入试剂瓶中，贴好标签，注明母液名称、配制日期、配制人姓名，置于4℃冰箱中保存备用。

2. 微量元素母液的配制

按照培养基配方的用量，将微量元素各种化合物(除去铁盐)扩大100倍，如表5b所示，用万分之一天平分别准确称取，可以混合溶解，最后定容。将配制好的母液倒入试剂瓶中，贴好标签，注明母液名称、配制日期、配制人姓名，置于4℃冰箱中保存备用。

表5b MS培养基微量元素母液(100倍)的配制剂量

母液	化合物名称	培养基用量(mg/L)	扩大倍数	称取量(mg)	母液体积(ml)	1L培养基吸取母液量(ml)
微量元素	$MnSO_4 \cdot 4H_2O$	22.3	100	223	100	10
	$ZnSO_4 \cdot 7H_2O$	8.6		86		
	H_3BO_3	6.2		62		
	KI	0.83		8.3		
	$Na_2MoO_4 \cdot 2H_2O$	0.25		2.5		
	$CuSO_4 \cdot 5H_2O$	0.025		10ml*		
	$CoCl_2 \cdot 6H_2O$	0.025		10ml**		

*、**：因天平均存在误差，为减少误差带来的影响，建议称取0.25g，溶解并定容至10ml容量瓶中，然后移取10ml，加入混合液中。

3. 铁盐母液的配制

常用的铁盐是$FeSO_4 \cdot 7H_2O$和Na_2-EDTA的螯合物，必须单独配成母液。配制时，按照扩大后的用量，见表5c，分别称取$FeSO_4 \cdot 7H_2O$和Na_2-EDTA，分别溶解后，将$FeSO_4$溶液缓缓倒入Na_2-EDTA溶液(需加热溶解)，搅拌均匀使其充分螯合，定容后贮放于棕色玻璃瓶中，贴好标签，注明母液名称、配制日期、配制人姓名，置于4℃冰箱中保存备用。

表 5c　MS 培养基铁盐母液(100 倍)的配制剂量

母液	化合物名称	培养基用量(mg/L)	扩大倍数	称取量(mg)	母液体积(ml)	1L 培养基吸取母液量(ml)
铁盐	Na_2-EDTA	37.3	100	373	100	10
	$FeSO_4 \cdot 7H_2O$	27.8		278		

4. 有机物母液的配制

按照表 5d 中各成分浓度扩大后的用量，用感量为 0.0001g 的天平分别称取各有机物。可以分别溶解后定容，分别装入试剂瓶中，也可以混合后溶解定容，装入同一试剂瓶中，写好标签，放入冰箱中保存。一般有机物都溶于水，但叶酸先用少量稀氨水或 1mol/L NaOH 溶液溶解；V_H(生物素)先用 1mol/L NaOH 溶液溶解；V_A、V_{D_3}、$V_{B_{12}}$ 应先用 95%乙醇溶解，然后再用蒸馏水定容。将配制好的母液倒入试剂瓶中，贴好标签，注明母液名称、配制日期、配制人姓名，置于 4℃冰箱中保存备用。

表 5d　MS 培养基有机物母液(100 倍)的配制剂量

母液	化合物名称	培养基用量(mg/L)	扩大倍数	称取量(mg)	母液体积(ml)	1L 培养基吸取母液量(ml)
有机物	甘氨酸	2.0	100	20	100	10
	V_{B_1}	0.4		4		
	V_{B_6}	0.5		5		
	烟酸	0.5		5		
	肌醇	100		1000		

5. 激素母液的配制

激素母液必须分别配制，浓度根据培养基配方的需要量灵活确定，一般是 0.1～2mg/ml，根据需要确定配制的浓度。称量激素要用感量为万分之一的天平。本实验选用激素 2,4-二氯苯氧乙酸(2,4-D)。

2,4-D 母液的配制方法为：准确称取 10mg 2,4-D，称量后先用少量(1～3ml)95%乙醇完全溶解，再加蒸馏水定容至 100ml，即得到 0.1mg/ml 的 2,4-D 贮备液，转入细口试剂瓶中，贴上标签，注明母液名称、浓度、配制日期、配制人姓名，置于 4℃冰箱中保存备用。

(二)MS 培养基的配制与灭菌

1. 计算母液使用量

配制 1000ml 培养基需要加入各母液的量分别为：

大量元素母液：100ml　　微量元素母液：10ml　　铁盐母液：10ml

有机物母液：10ml　　激素母液：10ml

2. 培养基配制

称取适量的琼脂(常用量 10g/L)置于 1000ml 大烧杯中，加蒸馏水 500ml 左右，在微波炉中加热使之溶解，待琼脂完全溶解后，加入蔗糖(常用量 30g/L)，溶解后加入上述各种母液，最后，加蒸馏水定容到需配培养基的终体积。

每组配制 MS 固体培养基 1000ml，培养基组成为：MS＋1mg/L 2,4-D＋3%蔗糖＋1%琼脂(pH 5.8)。

3. pH 值调节

充分混合，待温度降至 50～60℃时，用 1mol/L NaOH 溶液或 1mol/L HCl 溶液调 pH 值到 5.8，注意用玻璃棒不断搅动。

4. 分装

搅匀培养基并迅速分装在 100ml 的三角瓶中(温度低于 40℃以下琼脂就会凝固)，每瓶 25～30ml 左右，1000ml 培养基可以分装至 30～40 瓶，迅速盖上封口膜，用封口材料包上瓶口，扎口后，写上标记，注明配制者姓名和配制日期，准备灭菌。注意：分装时不要把培养基弄到管壁上，以免日后污染。

5. 灭菌

培养基内含有丰富的营养物质，有利于细菌和真菌繁殖，所以培养基配好后要及时灭菌，同时将接种用具，如镊子、解剖刀、蒸馏水、培养皿(装有滤纸)等进行灭菌(121℃，15min)。灭菌后的培养基应在室温下放置 2～3 天，观察有无微生物生长，以确定培养基是否灭菌彻底。经检查没有杂菌生长时方可使用。

(三)胡萝卜愈伤组织的诱导

1. 接种前，用 75%酒精棉球擦拭超净工作台台面，将培养基及接种用具放入超净工作台台面，打开超净工作台紫外灯及接种间紫外灯，照射约 30min，然后关闭紫外灯，通风 20min 后，打开日光灯即可进行无菌操作。

2. 外植体预处理：将胡萝卜根用流动的自来水冲洗干净，用小刀削去其表皮 1～2mm，切成大约 15～20mm 厚的块段，置于 250ml 三角瓶或大烧杯中。

3. 双手用肥皂洗净，以 75%酒精棉球将手擦试一遍。以下操作全部在无菌条件下进行。

4. 外植体消毒：将胡萝卜片放入已灭菌的 250ml 三角瓶(或大烧杯)中，先用 70%酒精对胡萝卜消毒 5min，然后将酒精倒掉，再用 0.1%的升汞消毒 10～12min(或用 30%次氯酸钠消毒液将植物材料淹没浸泡约 30min)，倒掉消毒液，然后用无菌水漂洗 3 次，每次 2min，洗时不断摇动三角瓶以确保完全除去消毒液。

5. 将胡萝卜片放入垫有无菌滤纸的培养皿中，一手用消毒好的镊子固定胡萝卜，一手用灭菌后的解剖刀切除胡萝卜块段截面的表面部分，余下部分切成包含形成层的长、宽约 5mm、厚约 1mm 的小片。在完成切割后，将解剖刀和镊子放入 75%酒精中浸蘸一下，在酒精灯焰上灼烧灭菌之后，放回原处，待冷却后即可使用。注意：在每一次使用镊子、解剖刀后，都要对其消毒一次。

6. 接种：在酒精灯焰附近处，取下三角瓶的封口膜，用火烧灼瓶口。用无菌镊子夹取胡萝卜薄片并迅速半插入琼脂培养基上，每瓶放 4～5 片，注意将近根尖的一面接触培养基。将培养瓶口在酒精灯焰上小心地轻转灼烧数秒，立即用封口膜封好瓶口。

7. 培养：将接种后的三角瓶放到光照培养箱中，在 25℃下的黑暗中培养 3～4 周。

8. 实验结果观察与处理

(1)接种 1 周～10 天后，调查、计算污染率：

污染率(%)＝污染的材料数/接种材料数×100%

(2)每周观察并记录胡萝卜外植体产生愈伤组织的情况，包括出现愈伤组织前培养物的形态，愈伤组织出现的时间以及愈伤组织的形态特征(愈伤组织的颜色、质地等)，4 周后调查、计算愈伤组织诱导率：

诱导率(%)=形成愈伤组织的材料数/接种材料数×100%

五、思考题

1. 配制植物培养基前，为什么要先制备母液？

2. 培养基表达式：MS +1mg/L 2,4-D +2.5%蔗糖+1%琼脂，pH 5.8，表达的含义是什么？

3. 分析影响愈伤组织诱导的主要因素。

参考文献

[1] 程宝鸾. 动物细胞培养技术. 上海：华东理工大学出版社，2003
[2] 刘进平. 植物细胞工程简明教程. 北京：中国农业出版社，2005
[3] 谢从华，柳俊. 植物细胞工程. 北京：高等教育出版社，2004
[4] 黄维菊，魏星. 膜分离技术概论. 北京：国防工业出版社，2008
[5] 李万才. 生物分离技术. 北京：中国轻工业出版社，2009
[6] 冯伯森，王秋雨，胡玉兴. 动物细胞工程原理与实践. 北京：科学出版社，2000

项目六　生化分离技术

学习目标

知识目标

- 掌握发酵液预处理方法、过滤技术和离心分离技术；
- 掌握盐析法分离蛋白质的原理、操作技术；
- 掌握溶剂萃取操作的影响因素和萃取方式及应用；
- 掌握微滤、超滤、纳滤分离技术和应用；
- 掌握离子交换层析、凝胶层析和亲和层析的原理、操作过程；
- 掌握生物产品的结晶过程及常用干燥技术；
- 掌握聚丙烯酰胺凝胶电泳技术分离蛋白质的原理和方法；
- 熟悉细胞破碎方法；
- 熟悉有机溶剂沉淀等沉淀技术；
- 熟悉超临界萃取技术和双水相萃取技术及其应用；
- 熟悉反渗透、电渗析等膜分离技术及其应用；
- 熟悉吸附层析、疏水层析技术及其应用；
- 熟悉过饱和溶液的获得方法；
- 了解固液分离设备；
- 了解各种沉淀技术原理和特点；
- 了解反胶团萃取技术；
- 了解膜分离设备；
- 了解结晶和干燥的影响因素。

能力目标

- 能够设计对发酵液进行预处理的方案。
- 能够用盐析法分离蛋白质，会使用常见的离心设备；
- 会过滤操作；
- 会有机溶剂萃取操作；
- 能够应用合适的膜分离技术分离发酵产物；
- 会应用离子交换层析技术分离氨基酸、抗生素，会用凝胶层析分离蛋白质；
- 会操作一般的干燥设备；
- 会用聚丙烯酰胺凝胶电泳分离蛋白质。

任务二十　预处理技术

【任务内容】

微生物发酵和细胞培养的目标产物主要有菌体、胞内产物和胞外产物三大类。无论目标产物属于胞外型或存在于细胞内，其培养液都是复杂的多相系统。除含有细胞、代谢产物和未被利用完的培养基，还有未被利用完全的糖类、无机盐、蛋白质，以及微生物的各种代谢产物，黏度大，将目标产物直接分离出来很困难；同时，目标产物浓度通常较低，杂质较多，生物物质一般又极不稳定，增加了分离难度；发酵或培养都是分批操作，生物变异大，各批发酵液不尽相同，要求分离手段应有一定的弹性。因此对发酵液进行适当的预处理，从而分离细胞、菌体和其他悬浮颗粒（如细胞碎片、核酸及蛋白质的沉淀物），并除去部分可溶性杂质和改变发酵液的过滤性能，是生物物质分离纯化过程必不可少的首要步骤。

发酵液经过预处理，一些物理性质会发生改变，从悬浮液中分离固形物的速度随之提高，使过滤操作更易进行。在预处理过程中，产物大多转移到易于后处理的相中（一般为液相），同时，发酵液中的部分杂质也得以去除。

一、发酵液处理性能的改善

1. 降低发酵液的黏度

根据流体力学原理，滤液通过滤饼的速率与液体的黏度成反比，因此降低液体黏度可有效提高过滤速度。降低液体黏度的常用方法有加热法和加水稀释法两种。

升高发酵液的温度可以有效降低液体黏度，提高过滤速度。同时，在合适的温度和受热时间下，蛋白质会凝聚，形成大颗粒的凝聚物，发酵液的过滤特性得到进一步的改善。但是，生物产品往往对温度敏感，加热时必须严格控制温度和加热时间（加热温度必须低于目标产物的变性温度）。其次，加热温度过高或时间过长，会造成细胞溶解，使胞内物质外溢，反而增加了发酵液的复杂性，影响其后的产物分离与纯化。例如，链霉素的发酵液，在pH3.0的条件下升温至70℃维持30min，可使液体黏度下降1/6，过滤速度增大10～100倍。

加水稀释也是降低发酵液黏度的有效方法。但稀释后悬浮液的体积增大，加大了后续过程的处理量。针对过滤而言，稀释后过滤速度提高的百分比必须大于加水比，才能认为有效（即若加水一倍，稀释后液体黏度应下降一半以上，过滤速率才能得到有效提高）。

2. 调节pH值

调节pH值是发酵液预处理的常用方法之一。因为pH值直接影响发酵液中某些物质的电离度和电荷性质，通过调节pH值可以改善其过滤特性。首先，对于氨基酸和蛋白质等两性物质而言，将pH值调至等电点，即可形成沉淀除去。其次，膜过滤中的大分子物质容易吸附于膜上，调节发酵液的pH值可以改变吸附分子的电荷性质，减少膜的堵塞和污染。此外，在合适的pH值下，细胞和细胞碎片及某些胶体物质会趋于絮状，形成较大的颗粒，有利于过滤操作的进行。

3. 絮凝和凝聚

絮凝和凝聚都是悬浮液预处理的重要方法，两者的概念过去常常混淆，现在已逐步被区分开来。

絮凝是指在某些高分子絮凝剂存在下，基于架桥作用，使胶粒形成粗大的絮凝团的过程，是一种以物理的集合为主的过程。而凝聚是指在中性盐作用下，由于双电层排斥电位的降低，使胶体体系不稳定的现象。也有人称凝聚是由于微粒所带电荷被加入的带有相反电荷的高价离子中和而引起极小的微粒相互黏着在一起的现象。采用絮凝和凝聚可有效改变细胞、细胞碎片及溶解大分子物质的分散状态，使其聚结成较大的颗粒，便于提高过滤速度。同时还可有效去除杂蛋白和固体杂质，提高滤液质量。

(1)絮凝　发酵液中的菌体或蛋白质等胶体粒子双电层结构使胶粒之间不易聚集而保持稳定的分散状态。采用絮凝法可形成粗大的絮凝体，使发酵液较易分离。

加入的絮凝剂是能溶于水的高分子聚合物，其分子量可高达数万至一千万，呈链状结构，其链节上含有许多活性官能团(如—COOH、—NH_2 等)。这些基团通过静电引力、范德华力或氢键的作用，强烈地吸附在胶粒的表面。当一个高分子聚合物的许多链节分别吸附在不同的胶粒表面上，产生桥架联结时，就形成了较大的絮团，产生絮凝作用。

根据活性基团在水中解离情况的不同，絮凝剂可分为非离子型、阴离子型(含羧基)和阳离子型(含胺基)三类。目前最常见的高聚物絮凝剂是有机合成的聚丙烯酰胺类衍生物、壳聚糖絮凝剂、聚苯乙烯类衍生物等。高聚物絮凝剂具有长链状的结构，利用长链上的活性基团，通过静电引力，形成桥架连接，从而生成菌团沉淀。由于聚丙烯酰胺类絮凝剂具有用量少(一般以 mg/L 计量)，絮凝体粗大，分离效果好，絮凝速度快以及种类多等优点，因而适用范围广，目前主要用于杂质为蛋白质或菌丝体的发酵液。它的主要缺点是存在一定的毒性，特别是阳离子型聚丙烯酰胺，应谨慎使用。近年来还发展了聚丙烯酰胺类阴离子絮凝剂，因无毒，可用于食品和医药工业中。

影响絮凝效果的因素包括絮凝剂的性质和用量、溶液 pH、搅拌速度和时间等。絮凝剂的分子量越大，链越长，吸附桥架效果越明显，但随着分子量的增大，絮凝剂在水中的溶解度降低，因此应选择分子量适当的絮凝剂。絮凝剂浓度较低时，增加用量有助于桥架，提高絮凝效果；但用量过多反而会导致吸附饱和，覆盖在胶粒表面，失去与其他胶粒桥架的作用，增加胶粒的稳定性，降低了絮凝效果。溶液 pH 的变化常会影响离子型絮凝剂中功能团的电离度，从而影响分子链的伸展形态。电离度增大，链节上相邻离子基团的电排斥力作用随即增大，从而使分子链从卷曲状态变为伸展状态，所以桥架能力提高。加入絮凝剂时，搅拌能使絮凝剂迅速分散，但是絮凝团形成后，高速搅拌形成的剪切力会打碎絮凝团。因此，操作时应注意控制搅拌速度和时间。

(2)凝聚　常用的凝聚电解质有硫酸铝(明矾)、氯化铝、三氯化铁、硫酸亚铁、石灰、硫酸锌、碳酸镁等。阳离子对带负电荷胶粒的凝聚能力依次为：$Al^{3+} > Fe^{3+} > H^{+} > Ca^{2+} > Mg^{2+} > K^{+} > Na^{+} > Li^{+}$。

4. 加助滤剂

助滤剂是一种不可压缩的多孔微粒，它能使滤饼疏松，吸附胶体，扩大过滤面积，提高滤过速度。常用的助滤剂有硅藻土、纤维素、石棉粉、珍珠岩、炭粒等，其中最常用的是硅藻土。使用硅藻土时，通常细粒用量为 $500g/m^3$，中等粒度用量为 $700g/m^3$，粗粒用量为 $700 \sim 1000g/m^3$。

助滤剂的使用方法有两种：一种是在过滤介质表面预涂助滤剂(厚度为 1～2mm)，该方法会使滤速降低，但滤液透明度增加；另一种是直接加入发酵液中（助滤剂用量等于悬浮液中固体含量时，滤速最快）。两种方法也可同时兼用。

5. 加反应剂

利用反应剂和某些可溶性盐类发生反应生成不溶性沉淀，如 $CaSO_4$，$AlPO_4$ 等。生成的沉淀能防止菌丝体黏结，使菌体具有块状结构，沉淀本身可作为助滤剂，且能使胶状物和悬浮物凝固，改善过滤性能。如环丝氨酸发酵液用氧化钙和磷酸处理，生成磷酸钙沉淀，能使悬浮物凝固。

6. 添加酶制剂

添加酶制剂可分解相应的蛋白质，减少溶液的黏度，如万古霉素用淀粉作培养基，发酵液过滤前加入 0.025％的淀粉酶，搅拌 30min 后，再加 2.5％硅藻土助滤剂，可提高过滤效率 5 倍。

二、发酵液杂质的去除

发酵液成分复杂，目标产物与各种溶解及悬浮的杂质夹杂在一起。在这些杂质中对提取影响最大的是高价无机离子和杂蛋白。在采用离子交换法提取时，高价无机离子，尤其是 Ca^{2+}、Mg^{2+}、Fe^{3+} 的存在，会影响树脂对生化物质的交换容量。而杂质蛋白，一方面，在采用离子交换法和大网格树脂吸附法提取时会降低树脂吸附能力；另一方面，在采用有机溶剂或双水相萃取时，会产生乳化现象，使两相分离不清；除此之外，在常规过滤或膜过滤时，杂质蛋白还会使滤速下降，污染滤膜。因此，在预处理时，应尽量除去这些杂蛋白。

1. 无机离子的去除

由于培养基或水含有无机盐，发酵液中往往存在许多无机离子（Ca^{2+}、Mg^{2+} 等），因而需要测定并除去无机离子，去除的方法比较固定。

（1）Ca^{2+} 的去除　在发酵液中加入草酸，可除去 Ca^{2+}。此外，在沉淀 Ca^{2+} 的同时，草酸还会与发酵液中的 Mg^{2+} 形成草酸镁，去除部分 Mg^{2+}。同时草酸可酸化发酵液，使发酵液的胶体状态改变，有助于目标产物转入液相。由于草酸的溶解度较小，用量大时可用其可溶性盐（如草酸钠）。反应生成的草酸钙还能促使蛋白质凝固，提高滤液质量。草酸的价格较高，如果回收利用可降低成本。

（2）Mg^{2+} 的去除　一般来讲，草酸等弱酸的镁盐溶解度较大，且发酵液中 Mg^{2+} 的浓度通常不高，利用草酸沉淀很难完全去除 Mg^{2+}。此时，可加入三聚磷酸钠，三聚磷酸钠与 Mg^{2+} 形成可溶性络合物，即可消除其对离子交换树脂的影响。

$$Na_5P_3O_{10} + Mg^{2+} \longrightarrow MgNa_3P_3O_{10} + 2Na^+$$

用磷酸盐处理，也能大大降低发酵液中 Ca^{2+} 和 Mg^{2+} 的浓度，此法可用于丝氨酸的提纯中。

（3）Fe^{3+} 的去除　发酵液中的 Fe^{3+}，一般用黄血盐去除，使其形成普鲁士盐沉淀：

$$3K_4Fe(CN)_6 + 4Fe^{3+} \longrightarrow Fe_4[Fe(CN)_6]_3 \downarrow + 12K^+$$

2. 可溶性蛋白质的去除

（1）沉淀法　蛋白质在等电点时溶解度最小，环境 pH 调至蛋白质等电点附近时，即可产生沉淀，但仅调节等电点尚不能将大部分蛋白质产生沉淀。蛋白质在酸性溶液中，能与一些阴离子，如三氯乙酸盐、水杨酸盐、钨酸盐、苦味酸盐、鞣酸盐、过氯酸盐等形成沉淀；在碱性溶液中，能与一些阳离子如 Ag^+ 等形成沉淀。沉淀法操作时，可采用两种方法合并进行，增加沉淀效果。

(2)吸附法 加入某些吸附剂或沉淀剂可吸附杂蛋白而除去。如在枯草芽孢杆菌发酵液中，加入氯化钙和磷酸二钠，两者生成凝胶，将蛋白质、菌体及其他不溶性粒子吸附并包裹在其中而除去，从而可加快过滤速度。又如四环素生产中，采用黄血盐和硫酸锌的协同作用，生成亚铁氰化钾的胶状沉淀来吸附蛋白。

(3)变性法 在极端条件下使蛋白质变性、溶解度减小而沉淀除去的方法为变性法。最常见的是加热法，它不仅能使蛋白质变性，还可降低液体黏度，提高过滤速度。其他采用大幅度调节 pH，加酒精、丙酮等有机溶剂或表面活性剂等方法，也可使蛋白质变性。如在抗生素生产中，常将发酵液调至偏酸性范围(pH2～3)或较碱性范围(pH8～9)使蛋白质凝固除去。变性法存在一定的局限性，如加热法只适合用于对热较稳定的目的产物；极端 pH 也会导致某些目的产物失活，且需消耗大量酸碱，而有机溶剂法通常只适合于所处理的液体数量较少的场合。

【习题与思考】

1. 发酵液有哪些特点？
2. 为什么要对发酵液进行预处理？
3. 有哪些改善发酵液过滤性能的方法？
4. 什么叫絮凝？有哪些影响絮凝效果的因素？
5. 如何除去发酵液中的 Ca^{2+}、Mg^{2+} 和 Fe^{3+}？
6. 如何除去发酵液中的可溶性杂蛋白？

任务二十一 细胞破碎技术

【任务内容】

细胞破碎是利用外力破坏细胞膜和细胞壁，使细胞内容物包括目标产物释放出来。

生物制药的目标产物有的分泌于细胞或组织之外，如抗生素、酶制剂等称为胞外产物；有的存在于细胞内，如大肠埃希菌表达的基因工程产品、碱性磷酸酯酶等，称为胞内产物。对胞外产物只需直接将发酵液预处理及过滤，即可获得澄清的滤液，作为进一步纯化的原液；而存在于细胞内的目标产物，需先在不破坏其生物活性的基础上，将细胞和组织破碎，使目标产物转入液相，再进行细胞碎片的分离。

根据作用原理可将细胞破碎方法分为两类：机械破碎方法和非机械破碎方法。液相物料的机械破碎方法有：超声波法、机械搅拌法、压力法。固相物料的机械破碎方法有：研磨法和压力法。非机械破碎法分脱水(空气干燥、真空干燥、冷冻干燥和有机溶剂干燥)和裂解(物理法、化学法和酶法)两类。物理法又分为渗透压突变法、冷冻和解冻法等。化学法有阴阳离子表面活性剂处理法、抗生素处理法和甘氨酸处理法。酶法可用溶酶菌等有关的酶制剂处理，或用噬菌体裂解、抗生素处理等。下面将进行详细叙述。

一、机械法

机械法主要是通过机械切力的作用使组织细胞破碎的方法。

1. 组织匀浆法

组织匀浆器由一内壁磨砂的玻璃管和一根一端为球状(表面磨砂)的杆组成,如图 21-1 所示。操作时,先把绞碎的组织置于管内,再插入研杆来回研磨,或把杆装在电动搅拌器上,用手握住玻璃管上下移动,即可将组织细胞研碎。匀浆器的内杆球体与管壁之间只有十分之一毫米,组织破碎程度高,机械切力对生物大分子破坏较少。制造匀浆器的材料除玻璃外,也可用不锈钢、硬质塑料等。大多数情况下,用这种方法可切碎较薄的动物组织膜,但不易打碎植物和细菌的细胞。

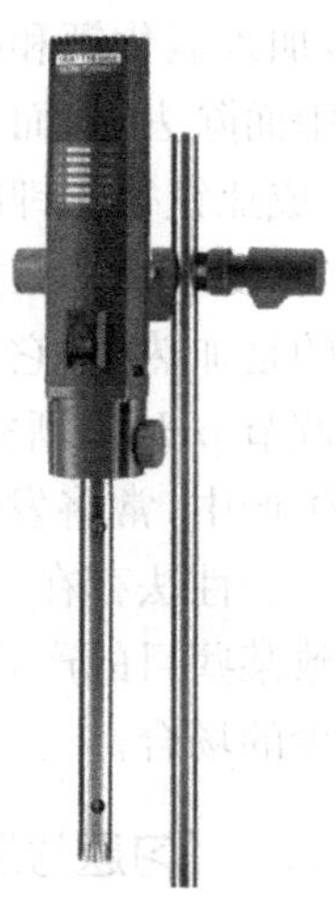

图 21-1 组织匀浆器

2. 研磨法

用研钵和研杵进行,对细菌及植物材料应用较多,它适用于细胞器的制备,如线粒体、溶酶体、微粒体等。一些难以破碎的细胞或微生物体则可加一些研磨剂,如玻璃粉、石英粉、氧化铝、硅藻土等,破壁效果更好。

3. 高速组织捣碎法

捣碎机由调速器、支架、马达、旋转刀叶、有机玻璃筒等部分组成。操作时,先将材料制成稀糊状液,置于筒体中约占 1/3 体积,盖上盖子。开动马达后,逐步加速至所需速度,转速最高达 1000r/min。操作时温度会迅速升高,需在筒体周围放冰冷却。高速组织捣碎机适宜于动物内脏组织、植物肉质组织、柔嫩的叶和芽等材料的破碎。

4. 高压匀浆法

高压匀浆器是大规模破碎细胞的常用设备,它由可产生高压的正向排带泵和针型阀组成(图 21-2)。其破碎机制是利用高压使细胞悬液通过针型阀的小孔,通过猛烈撞击阀杆,以高速与撞击环发生碰撞,流向低压区,由于突然减压和高速冲击作用,造成细胞破碎。高压匀浆器处理量大,常在工业生产中应用。

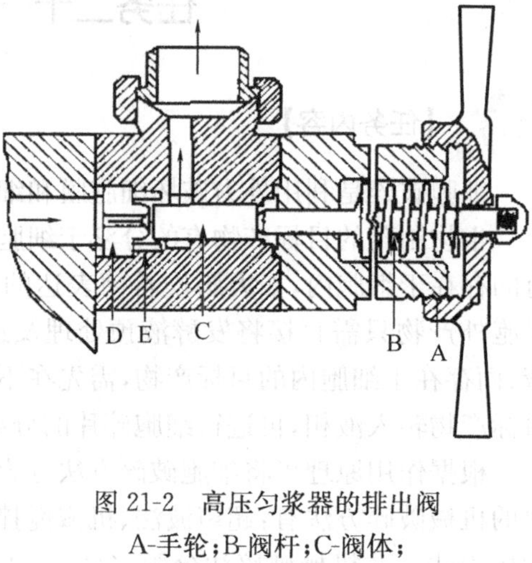

图 21-2 高压匀浆器的排出阀
A-手轮;B-阀杆;C-阀体;
D-阀座;E-撞击环

高压匀浆器的操作参数较为简单,主要为操作压力、温度、细胞浓度以及通过高压匀浆器的次数。压力是影响匀浆破碎效果的重要影响因素。一般来说,压力越高,破碎效果越好。有报道称当压力达到 175MPa 时,细胞破碎率可达 100%。而通常操作压力为 55MPa 时,菌悬液一次通过匀浆器的细胞破碎率在 12%～67%,若 90%以上的细胞破碎,需将菌悬液通过匀浆器两次。对于一些破碎较困难的细胞,如酵母菌、小球菌和链球菌等,常需多次循环破碎,才可达到较高的破碎率。重复破碎虽然可使破碎率增加,但会造成仪器磨损、破碎时间增加、温度增高、目标产物生物活性降低、细胞碎片变小、后续分离操作难度加大。

温度升高会削弱细胞破碎效果，引起蛋白变性等，因此高压匀浆器常配有冷却系统。细胞破碎前，细胞悬浮液应冷却至 2～8℃，可有效防止蛋白质类药物变性。实验证实，30℃以下操作不会对细胞中的酶产生影响。细胞破碎时(湿重/体积)浓度应该在 60%～80%，否则将降低破碎效果。高压匀浆器可适用于酵母菌、大肠埃希菌、杆菌及黑曲菌等多种微生物细胞的破碎，但不适用于丝状菌的破碎，因其会阻塞匀浆器。

5. 高速珠磨法

高速珠磨机是另一种常用的细胞破碎机械，最适合酵母菌和胶束状微生物菌体的破碎。其原理是将细胞悬液与玻璃小珠、钢珠或陶瓷珠一起快速搅拌研磨，带动玻璃小珠等撞击细胞，作用于细胞壁的撞击作用和剪切力使细胞得以破碎。其结构见图 21-3，高速珠磨机的主要结构为一个磨室，中心有一个旋转轴，轴上等距安装圆形搅拌盘。使用时，水平位置磨室内放置玻璃小珠，装在同心轴上的圆形盘和出口平板之间的狭缝很小，可阻挡玻璃小珠，确保在连续操作时，将研磨珠保持在仓内。由于操作过程中会产生热量，为防止目标产物降解，在磨室外还装有冷却夹层，以控制温度。影响高速珠磨机破碎效率的主要因素有搅拌速度、料液的循环速度、温度和细胞悬液的浓度、玻璃小珠的大小及装量。

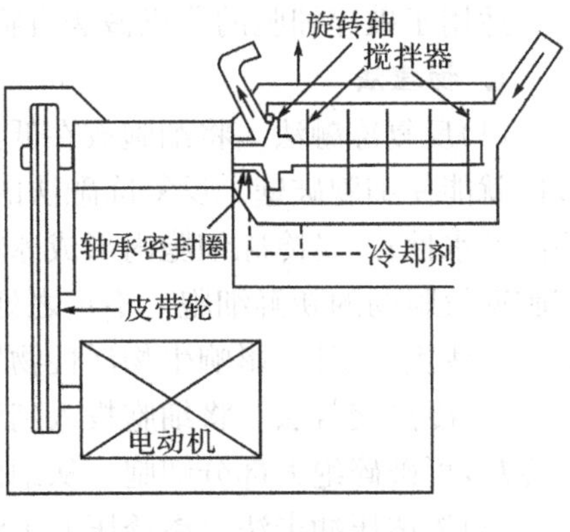

图 21-3 高速珠磨机结构示意图

搅拌速度是决定细胞所受碰撞及剪切力的大小的重要因素，增加搅拌速度可提高破碎率，通常选用的搅拌速度在 700～1450r/min 之间，具体应根据破碎细胞种类决定。增加进料速度可减少研磨时间，降低细胞在磨室的停留时间，降低细胞破碎率。因此，进料速度维持在 50～500L/h 为宜。

细胞浓度对珠磨机的影响效果不大，最佳细胞浓度在 30%～50%之间。细胞破碎温度一般在 5～40℃，以防止蛋白变性，在实际操作中应先将细胞悬液预冷。

一般来讲，小的研磨珠破碎速度较快。但选用研磨珠的大小是根据细胞大小和目标产物在细胞内的位置来确定。0.1mm 研磨珠对细菌菌体的破碎最有效，而 0.5mm 的研磨珠适合酵母菌细胞的破碎，位于细胞质中的蛋白质可选用大直径的研磨珠。研磨珠的装量通常占磨室体积的 80%～90%之间，装量太低，提供的碰撞率和剪切力不够，破碎率低；增加装量虽能提高破碎率，但会增加研磨珠之间的相互干扰和磨损，同时产生很高的温度，增大能耗。实际应用时应综合考虑能耗、温度控制和破碎率。

6. 超声波破碎法

超声波是一种很强烈的细胞破碎方法，是利用频率高于 20kHz 的超声波在高强度声能输入下进行的，普遍认为其破碎机理与空穴作用引起的冲击波和剪切力有关。超声波在水中传播，可以产生能释放巨大能量的激化和突发，即空穴作用。空穴作用产生的空穴由于受到超声波的冲击而闭合，从而产生一个极为强烈的冲击力，由此引起悬浮细胞上产生剪切力，使细胞内液体产生流动而破碎细胞。超声空穴作用可以产生高达数百个大气压的局部瞬间压力，具有巨大的冲击力。

超声波的细胞破碎与细胞种类、浓度、处理时间以及超声波频率有关。本法在处理少量样品时操作方便，液体损失量少，破碎率高。但是超声波破碎法有效能量利用率极低，操作过程释放大量的热，操作需要在冰水中进行或通入冷却剂，而使成本增加，不易放大。它适用于大多数微生物细胞的破碎，不适合大规模操作，主要用于实验室规模的细胞破碎。

二、非机械法

适用于破碎细胞的非机械法有物理法、化学法、酶解法。

1. 物理法

(1)反复冻融法　将细胞放在低温下冷冻(－30～－15℃)后，再在室温融化，如此反复多次就能使细胞破壁。反复冻融法的原理有两方面：一是冷冻过程削弱了疏水键，增加了细胞的亲水性；二是冷冻细胞内形成冰粒，增加盐浓度从而引起细胞溶胀、破裂。该法适用于细胞壁较脆弱的新鲜细胞。不足之处是蛋白释放量不足，仅为10%左右，且反复冻融可能会使一些蛋白变性，影响生物活性物质的收率。

(2)冷热交替法　将细胞投入到沸水中，90℃左右维持数分钟，立即置于冰浴中使之迅速冷却，可破碎绝大部分细胞。从细菌或病毒中提取蛋白质和核酸时可用这种方法。

(3)渗透压冲击法　渗透压冲击法是先将细胞置于高渗溶液(如甘油溶液)中一段时间，由于渗透压的作用，细胞内的水分向外渗出，细胞发生皱缩；再突然将细胞转入低渗缓冲液中，由于渗透压的变化，胞外的水分迅速渗入细胞内，致使细胞因快速膨胀而破碎的方法。渗透压冲击法主要适用于不具有细胞壁、细胞壁较脆弱、细胞壁预先用酶处理或细胞壁合成受到抑制的细胞的破碎。此法对革兰阳性菌、真菌、植物细胞不适用。

(4)干燥法　把微生物细胞干燥后，细胞膜的渗透性会发生变化，同时部分菌体会产生自溶现象，再经丙酮或缓冲液等溶剂处理时，细胞内的物质就会释放出来。干燥的操作方法可分为空气干燥、真空干燥、喷雾干躁和冷却干燥等。空气干燥主要适用于酵母菌，操作温度在25～30℃。真空干燥适用于较不稳定的生化物质。干燥法的缺点是条件变化较剧烈，容易引起蛋白质变性或其他组织变性。

2. 化学法

应用化学试剂处理微生物细胞可以使细胞膜或细胞壁某些成分溶解，从而使细胞释放内容物，达到破碎细胞的目的。

(1)溶剂法　丙酮、氯仿、甲苯等脂溶性溶剂可以溶解细胞膜上的脂质化学物，从而使细胞结构受到破坏，而乙醇和尿素等可以削弱疏水分子间的相互作用，增加膜的通透性，可有效地使内容物有选择性地渗透出来。但是，有机溶剂使用时容易引起蛋白变性，并且存在溶剂回收等问题，因此并不适合工业大规模生产。

(2)表面活性剂法　在适当的pH、温度及低离子强度的条件下，表面活性剂形成微胶束，疏水基团将细胞膜的脂蛋白包在中心，使膜的渗透性改变或使之溶解，从而将细胞破碎。常用的表面活性剂有十二烷基磺酸钠、氯化十二烷基吡啶、去氧胆酸。

(3)碱法　应用碱处理细胞，可以溶解除去细胞壁以外的大部分组分，促进内容物释放。大规模破碎中，先将碱(如NaOH)加入细胞悬液，将pH提高到12.0或更高，待细胞溶解后加酸中和。其优点是费用便宜；且对各种体积的细胞都适用；酸碱调节溶液的pH，改变细胞所处外环境，从而改变蛋白质的电荷性质，使蛋白质之间或蛋白质与其他物质之间作用力降低,便于后续分离操作的进行。该技术还有一个优点是能保证没有活的细菌残留在制品中,适合用于制备无菌制品。但使用碱破碎细胞必须要求所提取的成分耐受高 pH(10～13)30min 以上。

(4)金属螯合剂法　EDTA 等金属离子螯合剂可以螯合细胞膜上的二价金属离子,使革兰阴性菌失去 Mg^{2+}、Ca^{2+},增加细胞膜通透性,便于内容物释放。但通常不单独使用螯合剂,常与其他溶解法联合使用,以增强效果。如用噬菌体感染的大肠埃希菌细胞制备 DNA 时,采用 pH8.0 0.01mol/L Tris(三羟基甲基氨基甲烷)加 0.01mol/L EDTA 制成每毫升含 2×10^8 个细胞左右的细胞悬液,然后每毫升细胞悬液中加入 0.1～1mg 的溶菌酶,37℃的条件下保温 10min,细胞壁即被破坏。

3. 酶解法

酶解法利用酶反应分解破坏细胞壁上的特殊化学键,从而破坏细胞壁结构,达到破壁的目的。酶解法的优点有:专一性强,酶解条件温和,收率高,产品破坏少,不残留细胞碎片。但费用较高,只适合用于小规模实验室研究。酶解法又分为自溶法和外加酶法。

(1)自溶法　自溶法是将待破碎的新鲜细胞放在一定的 pH 和适当的温度下,利用细胞自身的酶将细胞破坏,产生自溶现象而使细胞内容物释放出来。影响自溶过程的因素有温度、时间、pH、缓冲液浓度、细胞代谢途径等。动物材料自溶温度常选在 0～4℃,微生物材料则多在室温下进行。自溶时,需加少量防腐剂防止外界细菌的污染。自溶法不适合于制备具有活性的核酸或活性蛋白质。

(2)外加酶法　破碎微生物细胞常用的酶为溶菌酶,它能专一性地分解细胞壁上的糖蛋白分子的 β-1,4 糖苷键,使脂多糖解离,经溶菌酶处理后的细胞移至低渗溶液中使细胞破裂。除用溶菌酶外还可以选择蛋白酶、脂肪酶、透明质酸酶和核酸酶等。反应的重要控制条件是 pH 和温度。对于单一酶不易降解的细胞壁,需要采用两种以上的酶(如细胞壁溶解蛋白酶和 β-1,3 葡萄糖酶)。必要时还可对细胞进行其他处理,如反复冻融、加金属离子螯合剂 EDTA、渗透压冲击等,增加酶反应的效率。如酶解法破碎革兰阴性菌细胞壁时,除加溶菌酶外,还需加螯合剂 EDTA。

三、包涵体的破碎

包涵体是指异源的重组蛋白在宿主细胞(如原核细胞、酵母或真核系统)中高水平表达,生成的不溶性蛋白质聚集体。它不具生物活性,但其一级结构是正确的。与可溶形式的蛋白质相比,包涵体蛋白具有一定的优势,包括产物浓度高(可占细胞总蛋白的 50%以上),不易被宿主的蛋白酶降解,对宿主细胞的毒性较低等。从包涵体中分离有活性的重组蛋白一般步骤是:

(1)细胞破碎　最有效的细胞破碎方法是水解处理和高压破碎。

(2)分离包涵体　细胞破碎后,包涵体经低速离心即可沉淀。

(3)溶解包涵体　包涵体难溶于水中,加入变性剂溶液(如盐酸胍、脲)才可溶解,溶解的蛋白质呈变性状态,即所有的氢键、疏水键全部破坏,疏水侧链完全暴露,但一级结构和共价键不被破坏。

(4)复性　为了得到有活性的目标产物需将蛋白复性。蛋白质复性是指当除去变性剂时,一部分蛋白质可自行折叠呈具有活性的正确构型目标产物的过程。

复性操作有两种方法，一是将溶液稀释，导致变性剂的浓度降低，也降低蛋白浓度，使聚集减少，于是蛋白质复性。此法很简单，只需加入大量的水或缓冲液，缺点是增大了加工的液体量，降低了蛋白质的浓度。二是用透析、超滤或电渗析等方法除去变性剂，其中透析法最常用，此法不增加液体体积，不降低蛋白质浓度，但时间长，易形成蛋白质沉淀。超滤或电渗析比透析速度快，但均容易使蛋白失活。

复性的效果取决于蛋白质聚集和正确折叠的竞争。若制备包涵体时，污染了易聚集的蛋白质，失活的重组蛋白液容易聚集。复性通常在低蛋白浓度下进行，浓度范围 10～100μg/ml，以免蛋白聚集。复性时加入分子伴侣和折叠酶可提高复性率。

【习题与思考】

1. 工业上常用的细胞破碎方法有哪些？

2. 超声波破碎法是实验室最常用的细胞破碎方法之一，该方法操作时需要注意什么？分别有哪些优缺点？

3. 简述从包涵体中分离活性蛋白的一般过程。

任务二十二　固液分离技术

【任务内容】

发酵液固液分离的方法主要是过滤和离心分离。不同性状的发酵液应选择不同的固液分离方法。

一、过滤及过滤分离技术

过滤(filtration)是借助于一种能将固体物体截留而让流体通过的多孔介质，将固体物从液体或气体中分离出来的一种化工单元操作过程。过滤技术常用于生物制药行业中对组织、细胞匀浆及粗制提取液的澄清，及工艺处理溶液、在制品、半成品乃至成品等液体的除菌。

1. 过滤原理与分类

如图 22-1 所示，过滤是利用某种多孔介质对悬浮液进行分离的操作。

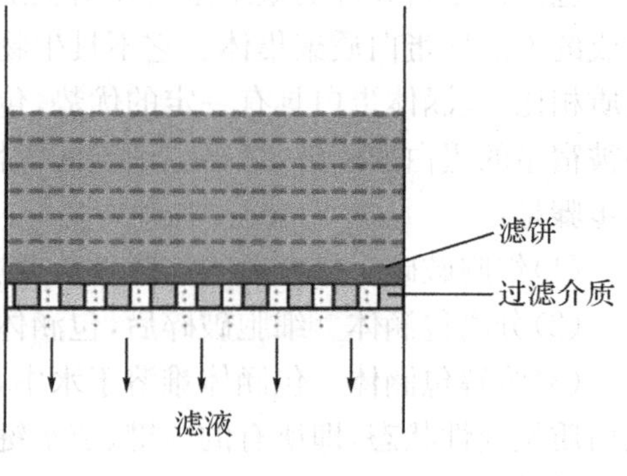

图 22-1　过滤原理

工作时，在外力作用下，悬浮液中的液体通过介质的孔道流出，固体颗粒被截留，从而实现分离。一般将待过滤的悬浮液称为滤浆；所采用的多孔介质称为过滤介质；通过介质孔道的液体称为滤液；被截留的固体物称为滤饼或滤渣。过滤操作的推动力是过滤介质上下游两侧的压力差，产生压力差的方法有以下几种：①利用滤浆自身的压头；②在滤浆表面加压；③在过滤介质的下游一侧抽真空；④利用惯性离心力。

过滤操作根据作用原理可分为以下两类：

(1)滤饼过滤(cake filtration) 过滤介质的孔目数小于固体颗粒的直径，依靠筛析作用将固体颗粒从悬浮液中除去。筛析过滤在过滤初期细小颗粒流出，滤液比较混浊。随着饼层的形成和加厚，滤液逐渐变清。由于筛孔逐渐受堵，过滤速度呈降低趋势。在过滤过程中，当滤饼层形成后筛析作用便由饼层产生，过滤介质失去筛析作用，只起支撑饼层的作用，称饼层过滤。

(2)深层过滤(deep bed filtration) 过滤介质的网孔目数大于固体颗粒的直径，固体颗粒进入过滤介质孔道后，被介质面所吸附，颗粒间由于惯性碰撞、重力、扩散等作用而迅速发生“架桥现象”而被截留在滤材内部深层达到分离的作用。

实际生产中，筛析和吸附同时作用，吸附过滤介质截留较大颗粒；筛析过滤介质饼层可以吸附较少颗粒。

根据过滤目的不同，可将过滤操作分为过滤澄清和过滤除菌两种。

(1)过滤澄清 是用物理阻留的方法去除细胞组织匀浆或粗制提取液中的细胞碎片等各种颗粒性杂质。

(2)过滤除菌 能除去溶液中的微生物，且不影响溶液中药物成分的活性。生物药品中的血液制剂、免疫血清、细胞营养液及基因工程纯化产品等不耐高温的液体只有通过过滤才能达到除菌目的。近年来，过滤除菌方法在生物制药行业正逐渐代替高压蒸汽灭菌法。过滤除菌方法还是发酵罐细胞供氧、管道化的压缩空气除菌的有效手段，过滤除菌技术目前已广泛应用于生物技术制药的许多领域。

2. 过滤介质

过滤介质的主要作用是支撑滤饼，须具有多孔结构、足够的机械强度和尽可能小的流动阻力、耐腐蚀性。常用的过滤介质有以下类型：

(1)织物介质 为最常用的过滤介质，如工业滤布、金属丝网等，可截留的最小颗粒的直径为 5～65μm。

(2)粒状介质 如珍珠岩粉、纤维素、硅藻土等，作为助滤剂预涂于织物介质表面使用，用于粗滤，能截留 1～3μm 的微小颗粒；固体纸板，如脱色木质纸板、合成纤维板等，用于半精滤及精滤。

(3)膜介质 由纤维素和其他聚合物构成，用于精滤及超精滤。

3. 助滤剂

将某些坚硬的粒状物预涂于过滤介质表面或加入滤浆中，可形成较为坚硬而松散的滤饼，使滤液能够顺利通过，这种粒状物称为助滤剂。添加助滤剂可以防止过滤介质孔道堵塞，或降低滤饼的过滤阻力。助滤剂有以下特点：为坚硬、疏松结构的粉状或纤维状的固体，能较好地悬浮于滤液中，颗粒大小合适，不含可溶于滤液的物质。常用的助滤剂有硅藻土、纤维素等。

硅藻土为较纯二氧化硅矿石，其化学性能稳定，具有极大的吸附和渗透能力，是良好的介质和助滤剂。使用方法有：

(1)作为深层过滤介质，可以过滤含少量(＜0.1%)悬浮固形物的液体。硅藻土不规则粒子间形成许多曲折的毛细孔道，借筛分和吸附作用除去悬浮液中的固体粒子。

(2)在滤布表面上预涂硅藻土薄层，保护滤布的毛细孔道在较长时间内不被悬浮液中的固体粒子所堵塞，从而提高和稳定过滤速度，用量为 $500g/m^2$ 左右，2～4mm 厚。

(3)将适当的硅藻土分散在待过滤的悬浮液中，使形成的滤饼具有多孔隙性，降低滤饼可压缩性，以提高过滤速度和延长过滤操作的周期，用量为 0.1%左右。

4. 影响过滤的因素

(1)生物体的体积　细菌菌体较小、发酵液如不经絮凝等处理，很难用常规过滤设备过滤去除；真菌菌丝较粗大，质量比阻小，发酵液不需经特殊处理就很容易过滤。但放线菌菌丝极细而具有分支，交织成网格状，质量比阻大，较难过滤，发酵液需经预处理，凝固蛋白质等胶体物质，才能提高过滤速度。

(2)滤浆的黏度　黏度越大，过滤阻力越大，过滤速度越慢。有很多因素可影响发酵液的黏度：①菌体种类不同，浓度不同，发酵液黏度有很大差别。②不同的培养基组成也会影响黏度，如黄豆饼粉、花生饼粉会增加溶液黏度。③正确的发酵终点和放罐时间。在菌体自溶前放罐，可防止因菌体自溶释放出来的代谢产物增加发酵液黏度。而在发酵后期需少补料，并加消泡剂，防止未反应的料液增加发酵液的黏度。④染菌液会增加发酵液黏度，因此应防止发酵液染菌。

(3)滤饼厚度　滤饼厚度越大，阻力越大，过滤速度越慢。当厚度达到一定程度会使过滤终止。

(4)滤饼性质　滤饼性质如颗粒形状、大小、粒度分布及有无压缩性能均可影响过滤速度。不可压缩滤饼的颗粒坚硬，滤液通过的流道不会因压力的增大而变小，阻力基本保持不变，或随过滤时间的持续，阻力增加很慢，过滤速度基本随压力的升高按比例增大；可压缩滤饼的颗粒在较大压力作用下，颗粒的形状和颗粒间空隙发生明显变化，单位滤饼厚度的流体阻力不断增大。而小颗粒滤饼在较大压力下会堵塞孔道，故过滤初期压力不宜太大，避免流道过早堵塞。

(5)过滤推动力　过滤推动力是指滤饼和过滤介质两侧的压力差。此压力差可以是重力或人为压差。增加过滤压力差，可以加快过滤速度，常用方法为：①增加悬浮液本身的液柱压力，一般不超过 $50kN/m^2$，称为重力过滤；②增加悬浮液液面的压力，一般可达 $500 kN/m^2$，称为加压过滤；③在过滤介质下面抽真空，通常不超过真空度 $86.6kN/m^2$，称为真空过滤；④过滤推动力还可用离心力来增大，称为离心过滤。

另外，发酵液的 pH、温度和加热时间均可影响过滤速度。增加助滤剂可加快分离速度。

5. 常用过滤设备

(1)玻璃过滤器　玻璃过滤器根据形状分为垂熔玻璃漏斗、滤球及滤棒三种，按孔径分为 G1～G6 号，生产厂家不同，代号也有差异。垂熔玻璃滤器主要用于注射剂的精滤或膜滤前的预滤用(图 22-2)。一般来说，1～2 号用于滤除溶液中的大颗粒，澄清液体，3 号用于常压过滤，4、5 号用于加压或减压过滤，6 号孔径为 0.2μm 左右，多用作除菌过滤。玻璃过滤器性

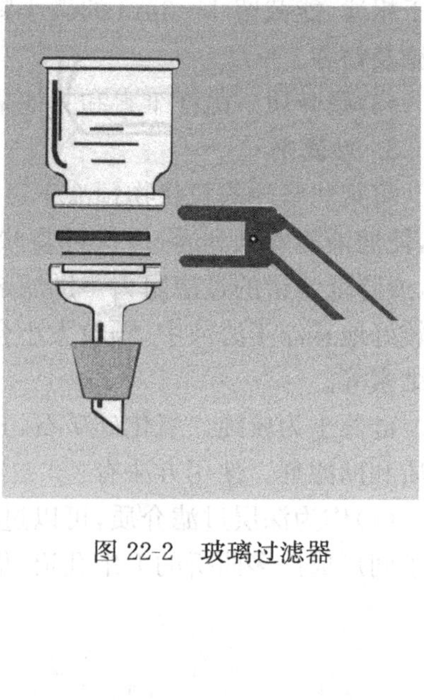
图 22-2　玻璃过滤器

质稳定，除强酸与氢氟酸外，一般不受药液影响，不改变药液的 pH；过滤时不掉渣，吸附性低；滤器可用于热压灭菌和用于加压过滤；但价格贵，质脆易破碎，滤后处理也较麻烦。垂熔玻璃滤器用后需用水抽洗，并用 12%硝酸钠-硫酸溶液浸泡处理。

(2)板框压滤机 板框压滤机是一种广泛使用的间歇操作加压过滤设备。主要由尾板、多块交替排列的滤板和板框、头板、主梁、压紧装置组成(图 22-3)。板框两侧装有滤布，框架与滤布围成容纳滤浆和滤饼的空间。滤板两侧表面凹凸不平，凸者支撑滤布，凹者为滤液通道，其下部有滤液出口，滤板又分洗涤板和非洗涤板。板框和滤板的两个角端均开有一个小孔，组合后分别构成滤浆和洗涤水两条通道。其操作一般包括装合、过滤、洗涤、卸渣、整理五个过程。

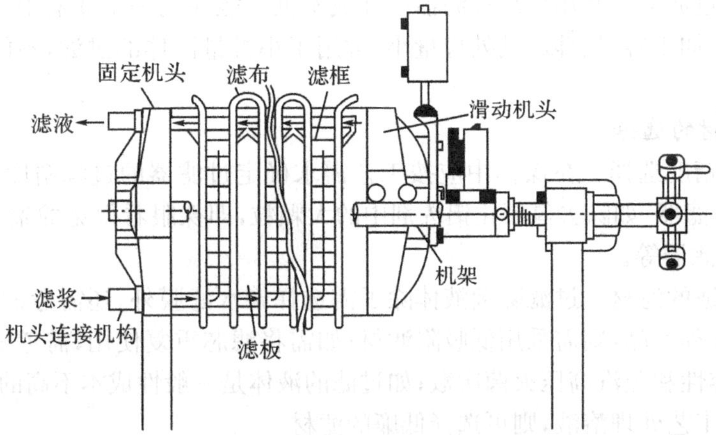

图 22-3 板框式压滤机结构图

板框式压滤机对滤浆适应性强，可用于颗粒较小、黏性较大以及易形成可压缩滤饼等许多难以处理的滤浆的过滤，对于颗粒小的滤浆尤其适用，还可用于温度较高或近饱和液体的过滤。其结构简单、经济耐用、操作压力较高、滤材可任意选择、过滤面积大、截留固体多而占地面积小，且可根据生产需要增减滤板的数量，调节滤过能力，但其生产效率低、劳动强度大、清洁麻烦，现在已出现了自动板框压滤机。

(3)水平圆盘式硅藻土过滤机 水平圆盘式硅藻土过滤机过滤原理为在机壳所形成的密封腔(滤室)内装着过滤元件滤盘。滤盘水平地安装在一根空心轴上，相互间用隔圈相隔。滤网与托盘间形成的间隙与空心轴相通。过滤时，滤渣沉积于过滤面表面，滤液经空心轴及阀流出。其特点为：①过滤面水平向上，助滤剂层易于敷设，不易脱落；②可在过滤过程中陆续地加入助滤剂，过滤持续时间长；③自动排渣及清洗，节省人力和时间；④结构复杂，造价高；⑤各种阀门较多，操作需特别留意。

(4)转筒真空过滤机 转筒真空过滤机是一种连续操作的过滤机械，设备的主体是一个能转动的水平圆筒，其表面有一层金属网，网上覆盖滤布，筒的下部浸入滤浆中。圆筒沿径向分隔成若干扇形格，每格都有单独的孔道通至分配头上。圆筒转动时，凭借分配头的作用使这些孔道依次分别与真空管及压缩空气管相通，因而在回转一周的过程中每个扇形格即可按顺序进行过滤、洗涤、吸干、吹干、卸饼等操作。它具有以下优点：①连续式操作，效率高，劳动强度小；②能够在过滤过程中刮除滤渣，减少滤层堵塞，因而适用于稠厚物料的过滤；③过滤面在大气压一侧，便于检查维修。但是它也存在不足，如物料在空气中接触的面积大，时间长，易氧化及污染；结构复杂，造价高；体积大，占地面积大。

(5)柱式深层过滤器　柱式深层过滤器依靠膜的厚度截留，适用于对较大的微米级颗粒分离和液体的预过滤。滤柱有很强的污物捕获能力，成本较低。过滤时，压差变化小，孔径分布宽，一般采用低压操作，否则会使截留率下降。与折叠膜过滤联用可达到一次过滤除菌的目的。

(6)柱式折叠膜过滤器　柱式折叠膜过滤器将膜通过折叠，把表面积增大几十到几百倍，因此，处理量大，适用于大容量液体的过滤。采用柱式折叠膜过滤器将会大大增加处理量，提高生产效率，从而降低生产成本，且滤膜经高压处理后可多次利用。

(7)圆盘式过滤器　常用传统过滤器组件成本低。能在同一个滤器中同时使用深层滤膜和表面滤膜。加工容量有限，其处理量小，常用于小批量液体的过滤，不能满足大规模生产的需求。

6. 过滤器材的选择

(1)过滤器精度选择　在操作中应按工艺需求确定过滤器的过滤精度，如除菌则选择≤0.2μm孔径过滤器，如除去氢氧化铝佐剂中的大颗粒，即裸眼看得见的聚合物，可用20～30μm孔径的过滤器等。

(2)选择合适的滤材　过滤除菌液体除了需选择亲水滤膜外，还需考虑过滤物，如过滤的液体是基因工程产品，则需采用低吸附滤材；如需将滤芯重复使用，需考虑滤材处理中对化学物品的兼容性和蒸汽高压灭菌次数；如过滤的液体是一般性成本不高的缓冲液、生理盐水、注射用水等工艺处理溶液，则可选择低廉的滤材。

(3)过滤器壳体材料　过滤器的壳体材料应该是卫生级外壳，一般有以下要求：少用或不用带螺纹的部件；无死角；易于清洗；内外表面镜面抛光；采用卫生级阀门、压力表；硅橡胶O形圈或密封圈。

(4)过滤器的大小及容量　过滤器大小应根据有效压差、初装压差、过滤加工液体体积以及操作方式等选择。如除菌过滤器连续操作，则一般初装压差为有效压差的10%左右，间歇操作则为有效压差的30%左右。压差与滤材的有效面积是分不开的，初装压差与流量的关系从过滤产品说明书中查阅，但一般都是以水为标准的数据，实际溶液还需考虑黏度及温度等的影响。

(5)预过滤器的选择　使用预过滤器的目的主要是延长终端过滤器的寿命和提高产量，降低成本。如果预过滤之前的溶液已经很澄清或已经经过离心沉淀等处理比较好，终端过滤器又比较经济，可省去预过滤加工。预过滤器主要有两种类型供选择，其一是深层预过滤器：容污力大，初装压差低，过滤过程中压差变化小，孔径分布宽，成本低；但过滤污染严重，可用于低价值液体的过滤。其二是膜式过滤器：容污力小，初装压差低，但过滤过程中压差变化大，孔径分布窄，成本高。其优点是洁净度高，适合于过滤高价值液体且初装压差要求低时选用。

7. 使用过滤技术中应注意的问题

应用过滤技术应注意以下几个问题：

(1)滤芯重复使用清洁时，需正向冲洗，不宜反向冲洗。反向冲洗易损坏滤芯，清洗效果不好。若蛋白质等物质堵塞滤芯，则可用碱溶液处理后再行清洗。

(2)浑浊、黏度大、颗粒多的液体或高负荷的混悬液，应采用稀释、离心、加热等办法，必要时通过纸板进行粗滤，以减轻过滤阻力。

(3)注意控制过滤压力。

(4)预过滤时，为防治滤板表面附着的纤维落入滤液中，可用绢布或绸布垫于出口处，或用灭菌注射用水冲洗，除去易脱落纤维。

(5)反复高压灭菌可使滤器中的胶垫、胶圈老化、变硬，影响密封。需经常更换，最好用耐高温、耐高压的硅胶垫圈。

6. 凡出现下列情况时应更换滤芯：过滤流量太小、达到有效压差、达到累积消毒时间、达到化学兼容性要求时间、不能通过完整性测试。

二、离心分离技术

离心技术(centrifugal technique)是根据颗粒在做匀速圆周运动时受到一个外向的离心力的作用而发展起来的一种分离技术。这项技术应用很广，诸如分离化学反应后的沉淀物、天然的生物大分子、无机物、有机物，以及收集细胞和细胞器等。

(一)基本原理

当一个粒子(生物大分子或细胞器)在高速旋转下受到离心力作用时，此离心力(F)可由下式表示：

$$F=ma=m\omega^2 r$$

式中：a 为粒子旋转的加速度；m 为沉降粒子的有效质量；ω 为粒子旋转的角速度；r 为粒子的旋转半径(cm)。

离心力常用地球引力的倍数来表示，因而称为相对离心力(RCF)。相对离心力是指在离心场中，作用于颗粒的离心力相当于地球重力的倍数，单位是重力加速度(g，即 980 cm/s^2)。相对离心力也可用数字乘以 g 来表示，例如 $25000\times g$，表示相对离心力为 25000。相对离心力的计算公式如下：

$$RCF=\omega^2 r/980 \qquad \omega=2\pi N/60$$

$$RCF=1.119\times10^{-5}N^2 r$$

式中：N 为每分钟转数(revolution per minute, rpm, r/min)。

由上式可见，只要给出旋转半径 r，则 RCF 和 N 之间可以相互换算。但是，由于转头的形状及结构的差异，使每台离心机的离心管从管口至管底的各点与旋转轴之间的距离是不一样的，所以在计算中规定，旋转半径一律用平均半径(r_{av})代替：

$$r_{av}=(r_{min}+r_{max})/2$$

一般低速离心时常以转速(r/min)表示，高速离心时常以相对离心力(g)表示。计算颗粒的相对离心力时，应注意离心管与旋转轴中心的距离“r”不同，即沉降颗粒在离心管中所处位置不同，所受离心力也不同。因此在报告超离心条件时，通常总是用地心引力的倍数“$\times g$”代替每分钟转数“r/min”，因为它可以真实地反映颗粒在离心管内不同位置的离心力及其动态变化。科技文献中离心力的数据通常是指其平均值(RCF_{av})，即离心管中点的离心力。

(二)离心机的类型

离心机可分为工业用离心机和实验用离心机。实验用离心机又分为制备型离心机和分析型离心机。制备型离心机主要用于分离各种生物材料，每次分离的样品容量比较大。分析型离心机一般都带有光学系统，主要用于研究纯的生物大分子和颗粒的理化性质，依据待测物质在离心场中的行为(用离心机中的光学系统连续监测)，能推断物质的纯度、形状和分子量等。分析型离心机都是超速离心机。

1. 制备型离心机

制备型离心机分为以下三类：

(1)普通离心机　最大转速为6000r/min左右，最大相对离心力近6000×g，容量为几十毫升至几升，分离形式是固液沉降分离。转子有角式和外摆式。其转速不能严格控制，通常不带冷冻系统，室温下操作。用于收集易沉降的大颗粒物质，如红细胞、酵母细胞等。

(2)高速冷冻离心机　最大转速为20000～25000r/min，最大相对离心力为89000×g，最大容量可达3L，分离形式也是固液沉降分离。转头配有各种角式转头、荡平式转头、区带转头、垂直转头和大容量连续流动式转头。一般都有制冷系统，以消除高速旋转转头与空气之间摩擦而产生的热量，离心室的温度可以调节并维持在0～4℃，转速、温度和时间都可以严格、准确地控制，并有指针或数字显示。通常用于微生物菌体、细胞碎片、大细胞器、硫酸铵沉淀物和免疫沉淀物等的分离纯化工作，但不能有效地沉降病毒、小细胞器(如核蛋白体)或单个分子。

(3)超速离心机　转速可达50000～80000r/min，最大相对离心力可达510000×g。著名的生产厂商有美国的贝克曼公司和日本的日立公司等。离心容量由几十毫升至2L，分离的形式是差速沉降分离和密度梯度区带分离，离心管平衡允许的误差要小于0.1g。超速离心机的出现，使生物科学的研究领域有了新的扩展，它能使过去仅仅在电子显微镜下观察到的亚细胞器得到分级分离，还可以分离病毒、核酸、蛋白质和多糖等。

超速离心机主要由驱动装置、速度控制、温度控制、真空系统和转头四部分组成。超速离心机的驱动装置是由水冷或风冷电动机通过精密齿轮箱或皮带变速，或直接用变频感应电机驱动，并由微机进行控制。由于驱动轴的直径较细，因而在旋转时此细轴可有一定的弹性弯曲，以适应转头轻度的不平衡，从而不至于引起振动或转轴损伤。除速度控制系统外，还有一个过速保护系统，以防止转速超过转头最大规定转速而引起转头的撕裂或爆炸，为此，离心腔用能承受此种爆炸的装甲钢板密闭。

温度控制是由安装在转头下面的红外线射量感受器直接并连续监测离心腔的温度，以保证更准确、更灵敏的温度调控，这种红外线温控比高速离心机的热电偶控制装置更敏感、更准确。

超速离心机装有真空系统，这是它与高速离心机的主要区别。离心机的速度在2000r/min以下时，空气与旋转转头之间的摩擦只产生少量的热；速度超过20000r/min时，由摩擦产生的热量显著增大，当速度在40000r/min以上时，由摩擦产生的热量就成为严重问题。为此，将离心腔密封，并由机械泵和扩散泵串联工作的真空泵系统将其抽成真空，使温度的变化容易控制，摩擦力很小，这样才能达到所需的超高转速。

2. 分析型离心机

分析型离心机使用了特殊设计的转头和光学检测系统，以便连续监视物质在离心场中的沉降过程，从而确定其物理性质。

分析型超速离心机的转头是椭圆形的，以避免应力集中于孔处。此转头通过一个有柔性的轴连接到一个高速的驱动装置上，转头在一个冷冻的和真空的腔中旋转，转头上有 2～6 个装离心杯的小室，离心杯是扇形石英的，可以上下透光。离心机中装有一个光学系统，在整个离心期间都能通过紫外吸收或折射率的变化监测离心杯中沉降着的物质，在预定的期间可以拍摄沉降物质的照片。在分析离心杯中物质沉降情况时，在重颗粒和轻颗粒之间形成的界面就像一个折射的透镜，结果在检测系统的照相底板上产生了一个“峰”。由于沉降不断进行，界面向前推进，因此峰也移动，从峰移动的速度可以计算出样品颗粒的沉降速度。

分析型超速离心机能在短时间内，用少量样品就可以得到一些重要信息。例如能够确定生物大分子是否存在以及大致的含量；计算生物大分子的沉降系数；结合界面扩散，估计分子的大小；检测分子的不均一性及混合物中各组分的比例；测定生物大分子的分子量，还可以检测生物大分子的构象变化等。

(三)制备型超速离心的分离方法

1. 差速沉降离心法

这是最普通的离心法，即采用逐渐增加离心速度或低速和高速交替进行离心，使沉降速度不同的颗粒在不同的离心速度及不同离心时间下分批分离的方法，如图 22-4 所示。此法一般用于分离沉降系数相差较大的颗粒。

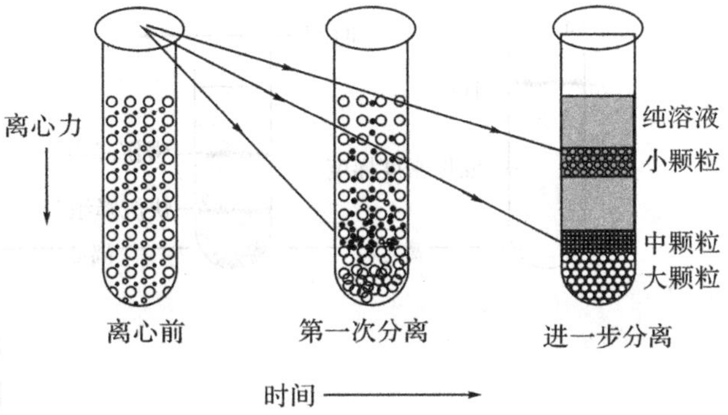

图 22-4 差速沉降离心分离示意图

差速离心首先要选择好颗粒沉降所需的离心力和离心时间。当以一定的离心力在一定的离心时间内进行离心时，在离心管底部就会得到最大和最重颗粒的沉淀。分出的上清液在加大转速时再进行离心，又会得到第二部分较大、较重颗粒的沉淀及含较小和较轻颗粒的上清液。如此多次离心处理，即能把液体中的不同颗粒较好地分离开。此法所得的沉淀是不均一的，仍杂有其他成分，需经过 2～3 次的再悬浮和再离心，才能得到较纯的颗粒。

此法主要用于组织匀浆液中分离细胞器和病毒，其优点是：操作简易，离心后用倾倒法即可将上清液与沉淀分开，并可使用容量较大的角式转子。缺点是：需多次离心；沉淀中有夹带，分离效果差，不能一次得到纯颗粒；沉淀于管底的颗粒受挤压，容易变性失活。

2. 密度梯度区带离心法(简称区带离心法)

区带离心法是将样品加在惰性梯度介质中进行离心沉降或沉降平衡，在一定的离心力下把颗粒分配到梯度中特定位置上，形成不同区带的分离方法。此法的优点是：①分离效果好，可一次获得较纯颗粒；②适应范围广，能像差速离心法一样分离具有沉降系数差的颗粒，又能分离有一定浮力密度差的颗粒；③颗粒不会挤压变形，能保持颗粒活性，并防止已形成的区带由于对流而引起混合。

此法的缺点是：①离心时间较长；②需要制备惰性梯度介质溶液；③操作严格，不易掌握。

密度梯度区带离心法又可分为以下两种：

(1) 差速区带离心法　在一定的离心力作用下，颗粒各自以一定的速度沉降，在密度梯度介质的不同区域上形成区带的方法称为差速区带离心法。当不同的颗粒间存在沉降速度差时，即可使用本法，不需要像差速沉降离心法所要求的那样大的沉降系数差。此法仅用于分离有一定沉降系数差的颗粒(20%的沉降系数差或更少)或分子量相差 3 倍的蛋白质，与颗粒的密度无关。大小相同、密度不同的颗粒(如线粒体、溶酶体等)不能用此法分离；此离心法的关键是选择合适的离心转速和时间。

离心管先装好密度梯度介质溶液，样品液加在梯度介质的液面上。离心时，由于离心力的作用，颗粒离开原样品层，按不同沉降速度向管底沉降。离心一定时间后，沉降的颗粒逐渐分开，最后形成一系列界面清楚的不连续区带。沉降系数越大，往下沉降越快，所呈现的区带也越低，如图 22-5(a)所示。离心必须在沉降最快的大颗粒到达管底前结束。样品颗粒的密度要大于梯度介质的密度。梯度介质通常用蔗糖溶液，其最大密度和浓度可达 1.28 g/cm^3 和 60%。

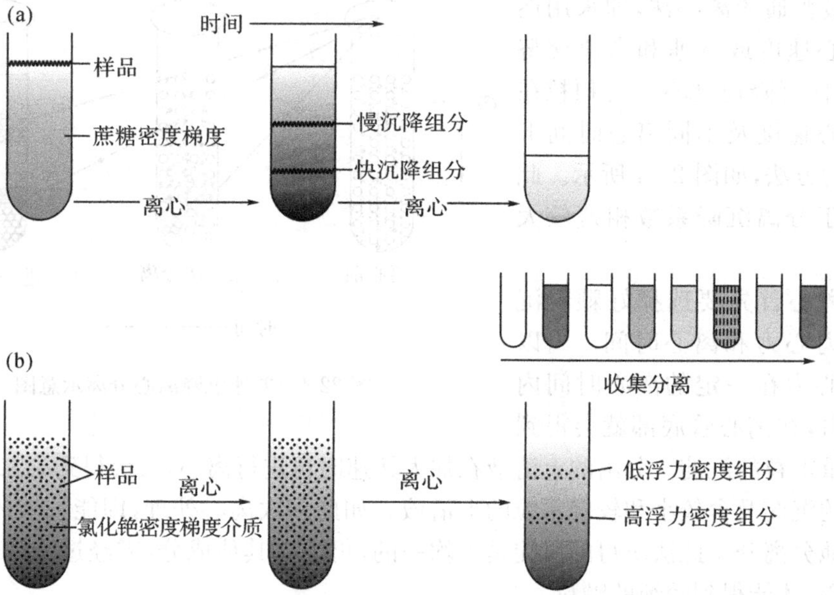

图 22-5　密度梯度区带离心分离示意图

(2) 等密度区带离心法　等密度区带离心产生梯度有两种方式：预形成梯度和离心形成梯度。前者是离心管中预先放置好梯度介质，样品加在梯度液面上；后者是样品预先与梯度介质溶液混合后装入离心管，通过离心形成梯度。

离心时，样品的不同颗粒向上浮起，一直移动到与它们的密度相等的等密度点的特定梯度位置上，形成几条不同的区带，这就是等密度离心法，如图 22-5(b)所示。体系到达平衡状态后，再延长离心时间或提高转速已无意义，处于等密度点上的样品颗粒的区带形状和位置均不再受离心时间的影响。提高转速可以缩短达到平衡的时间。离心所需时间以最小颗粒到达等密度点(即平衡点)的时间为基准，有时长达数日。

等密度离心法的分离效率取决于样品颗粒的浮力密度差，密度差越大，分离效果越好，与颗粒大小和形状无关，但大小和形状决定着达到平衡的速度、时间和区带宽度。

等密度区带离心法所用的梯度介质通常为氯化铯(CsCl)，其密度可达 1.7g/cm^3。此法可分离核酸、亚细胞器等，也可以分离复合蛋白质，但对简单蛋白质不适用。

收集区带的方法有许多种：①用注射器和滴管由离心管上部吸出；②用针刺穿离心管底部滴出；③用针刺穿离心管区带部分的管壁，把样品区带抽出；④用一根细管插入离心管底，泵入超过梯度介质最大密度的取代液，将样品和梯度介质压出，用自动部分收集器收集。

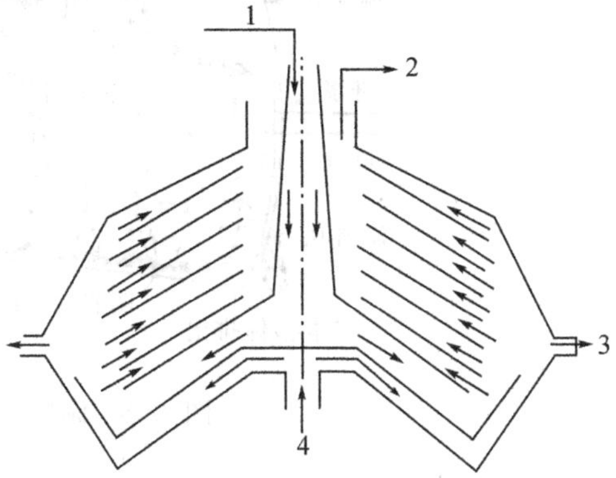

1-生物悬浮液；2-离心后清液；3-固相出口；4-循环液

图 22-6　碟片式离心机结构示意图

(四)工业常用离心设备

1. 碟片式离心机

碟片式离心机的结构如图 22-6 所示，按卸料方式的不同，又分为人工卸料、自动间歇排料、喷嘴连续排料三种。前两种适合于悬浮液固形颗粒含量较少的场合。间歇式操作，固相干度较好；而连续操作固相含液量较大，固相仍然具有流动性。碟片式离心机适用于细菌、酵母菌、放线菌等多种微生物细胞悬浮液及细胞碎片悬浮液的分离。它的生产能力较大，最大允许处理量达 300m^3/h，一般用于大规模的分离过程。

2. 管式离心机

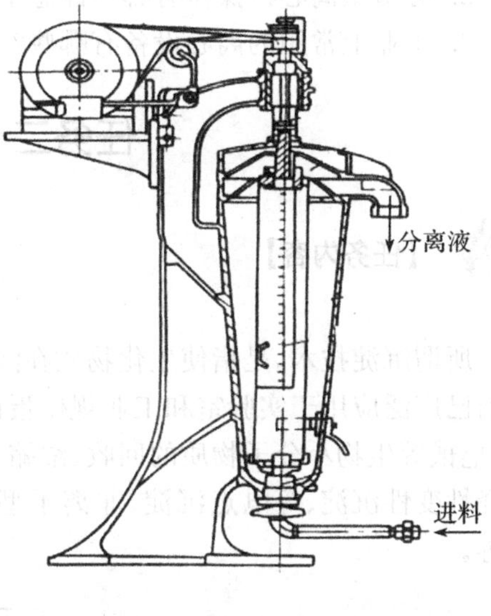

图 22-7　管式离心机结构图

它是一种沉降式离心机(见图 22-7)，可用于液-液分离和固-液分离。当用于液-液分离时为连续操作，当用于固-液分离时则为间歇操作，操作一段时间后，需将沉积在转鼓壁上的固体定期人工卸除。管式离心机特别适合于一般离心机难以分离而固形物含量$<1\%$的发酵液的分离。其设备简单，操作稳定，分离效率高。但其生产能力较小，一般转速相对较低的管式离心机最大处理量为 10m^3/h，且不适合于固形物含量较高的发酵液。

3. 倾析式离心机

它靠离心力和螺旋的推进作用自动连续排渣，因而也称为螺旋卸料沉降离心机(见图 22-8)。其优点为：具有操作连续、适应性强、应用范围广、结构紧凑和维修方便等优点，特别适合于分离含固形物较多的悬浮物，但不适合细菌、酵母菌等微小微生物悬浮液的分离。此外，液相的澄清度相对较差。

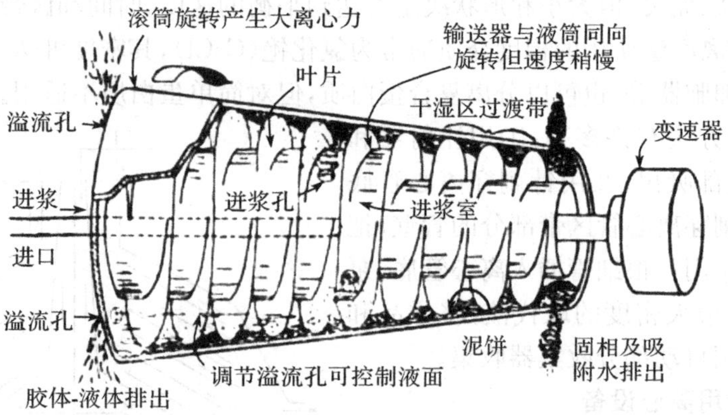

图 22-8　倾析式离心机工作原理示意图

【习题与思考】

1. 如何提高过滤效率？
2. 分析型离心机操作有哪些注意事项？
3. 工业上常用的离心设备有哪些？

任务二十三　沉淀技术

【任务内容】

一、概　述

所谓沉淀技术，是指使生化物质在溶液中的溶解度降低而形成无定型固体沉淀的技术，目前已广泛应用于实验室和工业规模蛋白质、酶、核酸、多糖等生物大分子物质和黄酮、生物碱、皂甙等生物小分子物质的回收、浓缩和纯化。沉淀技术可以分为盐析法、有机溶剂沉淀、选择性变性沉淀、等电点沉淀、非离子型聚合物沉淀、聚电解质沉淀和高价金属离子沉淀法等。

二、盐析法

盐析是在高浓度的中性盐存在下，蛋白质(酶)等生物大分子物质在水溶液中的溶解度降低，从而产生沉淀的过程。常用于盐析的无机盐有氯化钠、硫酸钠、硫酸镁、硫酸铵等。盐析法具有经济、不需特殊设备，操作简便、安全，应用范围广，较少引起变性(有时对生物分子具稳定作用)等优点，至今仍广泛用来回收或分离蛋白质(酶)等生物大分子物质。由于盐析沉淀的产物中盐含量较高，一般在盐析沉淀后，需进行脱盐处理，才能进行后续的纯化操作(如层析、结晶)。

(一)盐析原理

当向蛋白质溶液中逐渐加入电解质时，开始蛋白质的溶解增大，这是由于蛋白质的活度系数降低的缘故，这种现象称为盐溶；当继续加入电解质时，由于电解质的离子在水中发生水化，当电解质的浓度增加时，水分子就离开蛋白质的周围，暴露出憎水区域，憎水区域间的相互作用，使蛋白质的溶解度减小，从而蛋白质发生聚集而沉淀的现象，称为盐析。

盐析机理归纳为如下三点：①盐离子与蛋白质分子争夺水分子，降低了用于溶解蛋白质的水量，减弱了蛋白质的水合程度，破坏了蛋白质表面的水化膜，导致蛋白质溶解度下降；②盐离子电荷的中和作用，使蛋白质溶解度下降；③盐离子引起原本在蛋白质分子周围有序排列的水分子的极化，使水活度降低。盐析原理示意于图 23-1 中。

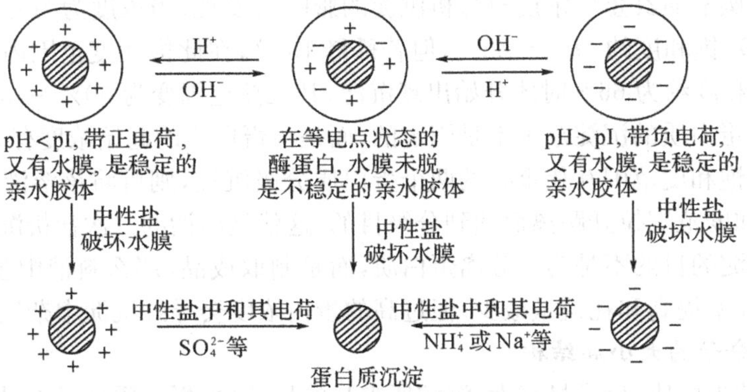

图 23-1 盐析原理示意图

(二) 盐析的主要影响因素

影响蛋白质盐析的主要因素有无机盐的种类、浓度、温度和 pH 值。

1. 无机盐种类的影响

在相同的离子强度下，不同种类的盐对蛋白质的盐析效果不同。因此，在选择盐析用盐时，要考虑不同种类离子的盐析效果，常见阴离子的盐析效果顺序为：$PO_4^{3-} > SO_4^{2-} > CHCOO^- > Cl^- > NO_3^- > ClO_4^- > I^- > SCN^-$；常见阳离子的盐析效果顺序为：$NH_4^+ > K^+ > Na^+ > Mg^{2+}$。

除此之外，还要求①盐析用盐溶解度大，能配制高离子强度的盐溶液；②盐溶解度受温度影响较小；③盐溶液密度不高，以便蛋白质沉淀的沉降或离心分离。

由于硫酸铵价格便宜，溶解度大且受温度影响很小，具有稳定蛋白质(酶)的作用，因此是最普遍使用的盐析盐。但硫酸铵有如下缺点：硫酸铵为强酸弱碱盐，水解后使溶液 pH 降低，在高 pH 下释放氨，硫酸铵的腐蚀性强，后处理困难，残留在食品中的少量的硫酸铵可被人味觉感知，影响食品风味，临床医疗有毒性，因此在最终产品中必须完全除去。

2. 温度和 pH 的影响

盐析操作的温度和 pH 是除盐的种类外影响盐析效果的重要参数。在低离子强度溶液或纯水中，蛋白质的溶解度在一定温度范围内一般随温度升高而增大，但在高离子强度溶液中，升高温度有利于某些蛋白质的失水，蛋白质的溶解度反而下降。蛋白质的离子化与溶液的 pH 有关，当溶液的 pH 在蛋白质等电点附近时，由于其净电荷为零，在水中溶解度减少，调整选择蛋白质溶解的 pH 于沉淀目的物等电点附近进行盐析，此时产生沉淀所消耗的中性盐较少，蛋白质收率也高，同时可以部分地减少共沉作用。值得注意的是，蛋白质等高分子化合物的等电点受介质环境的影响，尤其是在高盐溶液中，分子表面电荷分布发生变化，等电点往往发生偏移，与负离子结合的蛋白质，其等电点常向酸侧移动。当蛋白质分子结合较多的 Mg^{2+}、Zn^{2+} 等阳离子时等电点则向高 pH 移动。

因此，蛋白质的盐析沉淀操作需选择合适的 pH 和温度，使蛋白质的溶解度较小。同时，盐析操作条件要温和，需在较低温度下进行，不能引起目标蛋白质的变性。

3. 蛋白质起始浓度的影响

蛋白质起始浓度不同，沉淀所需无机盐用量也不同。提高蛋白质起始浓度可减少盐用量。例如，研究碳氧肌红蛋白浓度对盐析沉淀的影响时发现，当浓度为 30g/L 时，使蛋白沉淀的 $(NH_4)_2SO_4$ 饱和度约 58%～65%，但若稀释 10 倍，在此饱和度范围内并无沉淀，而在 $(NH_4)_2SO_4$ 饱和度约为 66% 时才开始出现沉淀，其沉淀范围变为 60%～73%。

由此可见，蛋白质的沉淀范围不是固定的，而是与蛋白质的起始浓度有关。在实际操作中，如要将盐析饱和度范围互相重叠的两个蛋白质分级沉淀，则可将该溶液适当稀释，就可能使重叠的饱和度范围拉开距离而达到分级目的，这就是所谓的二次盐析沉淀。

但是，若沉淀的目的不是为了分离蛋白质，而是制取成品，那么料液中蛋白质浓度适当提高会使盐析收率提高和耗盐量减少，但过高的蛋白浓度会导致沉淀中杂质增多。

4. 蛋白质分子的大小和结构

组成相近的蛋白质，分子量越大，沉淀所需盐的量越少；蛋白质分子不对称性越大，也越易沉淀。

(三)盐析操作

这里以硫酸铵作为盐析所用的无机盐为例进行介绍。

1. 盐的加入方法

(1)加入固体盐法　用于要求饱和度较高而不增大溶液体积的情况；工业上常采用这种方法，加入速度不能太快，应分批加入，并充分搅拌，使其完全溶解和防止局部浓度过高。

(2)加入饱和溶液法　用于要求饱和度不高而原来溶液体积不大的情况；它可防止局部过浓，但加量较多时，料液会被稀释。

(3)透析平衡法　先将盐析样品装于透析袋中，然后浸入饱和硫酸铵中进行透析，袋内饱和度逐渐提高，达到设定浓度后，目的蛋白析出。该法优点在于硫酸铵浓度变化有连续性，盐析效果好，但程序繁琐，故多用于结晶。

2. 盐浓度的控制

盐析操作中溶液的盐浓度常用“饱和度”来表征，25℃时 $(NH_4)_2SO_4$ 的饱和浓度4.1 mol/L[即 767g $(NH_4)_2SO_4$/L 溶液]，定义为 100% 饱和度。为了达到所需要的饱和度，应加入固体 $(NH_4)_2SO_4$ 的量，可从本教材附录中查得，或由式(23-1)计算而得：

$$X=G(P_2-P_1)/(1-AP_2) \qquad (23\text{-}1)$$

式中：X 为 1L 溶液所需加入 $(NH_4)_2SO_4$ 的质量，g；G 为饱和溶液中的盐含量，0℃时为 515，20℃为 513；P_1，P_2 分别表示初始和最终溶液的饱和度，%；A 为常数，0℃时为 0.27，20℃时为 0.29。

由于硫酸铵溶解度受温度影响不大，式(23-1)也近似适用于其他温度场合。如果加入 $(NH_4)_2SO_4$ 饱和溶液，则加入的体积用式(23-2)计算：

$$V_a=V_0(P_2-P_1)/(1-P_2) \qquad (23\text{-}2)$$

式中：V_a 为加入的饱和 $(NH_4)_2SO_4$ 体积，L；V_0 为蛋白质溶液的原始体积，L。

3. 一般操作步骤

在实际料液体系中，进行目标蛋白质的盐析沉淀操作之前，所需的硫酸铵浓度或饱和度可以通过实验进行确定。现以硫酸铵为盐析盐，介绍蛋白质盐析沉淀操作的经典设计方法和步骤，其操作程序如下（设操作温度为 0℃）：

(1)取一部分料液，将其分成等体积的数份，冷却至 0℃；

(2)计算饱和度达到 20%～100%所需加入的硫酸铵量，并在搅拌条件下分别加到料液中，继续搅拌 1h 以上，同时保持温度在 0℃；

(3)3000×g 下离心 40min 后，将沉淀溶于 2 倍体积的缓冲溶液中，测定其中总蛋白和目标蛋白的浓度（如有不溶物，可离心除去）；

(4)分别测上清液中总蛋白和目标蛋白的浓度，比较沉淀前后蛋白质是否保持物料守恒，检验分析结果的可信度。

三、等电点沉淀

较低离子强度的溶液中蛋白质的溶解度较小，蛋白质在 pH 为其等电点的溶液中净电荷为零，蛋白质之间静电排斥力最小，溶解度最低（图 23-2）。利用蛋白质在 pH 等于其等电点的溶液中溶解度最低的原理进行沉淀的方法称为等电点沉淀法。

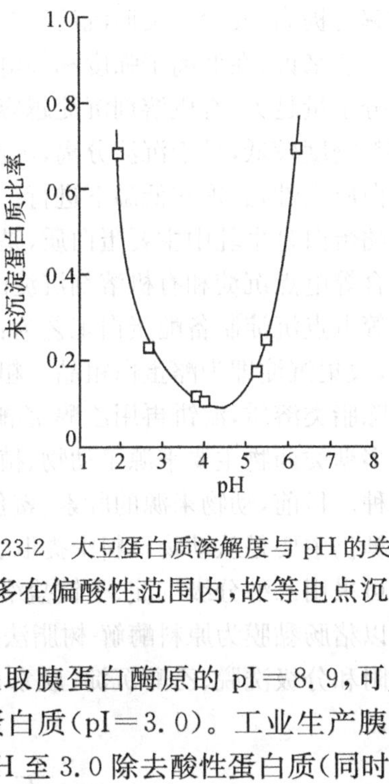

图 23-2 大豆蛋白质溶解度与 pH 的关系

等电点沉淀法一般适用于疏水性较大的蛋白质（如酪蛋白），而对于亲水性很强的蛋白质（如明胶），由于在水中溶解度较大，在等电点的 pH 下不易产生沉淀。虽然等电点沉淀法不如盐析沉淀法应用广泛，但与盐析法相比，等电点沉淀无需后继的脱盐操作，可直接转入后续的纯化阶段。

等电点沉淀操作需在低离子强度下调整溶液 pH 至等电点使蛋白质沉淀，由于一般蛋白质的等电点多在偏酸性范围内，故等电点沉淀操作中，多通过加入盐酸、磷酸和硫酸等无机酸调节 pH。

①从猪胰脏中提取胰蛋白酶原实例：猪胰脏中提取胰蛋白酶原的 pI＝8.9，可先于 pH3.0 左右进行等电点沉淀，除去共存的许多酸性蛋白质（pI＝3.0）。工业生产胰岛素（pI＝5.3）时，先调 pH 至 8.0 除去碱性蛋白质，再调 pH 至 3.0 除去酸性蛋白质（同时加入一定浓度的有机溶剂以提高沉淀效果）。

②等电点沉淀提取碱性磷酸酯酶实例：调发酵液 pH 至 4.0，出现含碱性磷酸酯酶的沉淀物，离心收集沉淀物。用 pH9.0 的 0.1mol/L Tris-HCl 缓冲液重新溶解，加入 20%～40%饱和度的硫酸铵分级，离心收集的沉淀用 Tris-HCl 缓冲液溶解后再次沉淀，即得较纯的碱性磷酸酯酶。

需要注意的是，等电沉淀法适用于憎水性较强的蛋白质，例如酪蛋白在等电点时能形成粗大的凝聚物。但对一些亲水性强的蛋白质，如明胶，则在低离子强度的溶液中，调 pH 至等电点并不产生沉淀。等电点沉淀法往往不能获得高的回收率，通常与其他沉淀方法结合使用：在调节 pH 至等电点时，如果采用盐酸、氢氧化钠等强酸强碱，要注意防止酶的失活或蛋白变性。为了使 pH 缓慢变动，也可用乙酸、碳酸等弱酸和碳酸钠等弱碱。中性盐浓度增大时，等电点向偏酸方向移动，同时最低溶解度会有所增大。

四、有机溶剂沉淀

用和水互溶的有机溶剂使蛋白质沉淀的方法很早就被用来纯化蛋白质。有机溶剂沉淀是指在蛋白质溶液中，加入与水互溶的有机溶剂，显著地减小蛋白质的溶解度而发生沉淀的现象。有机溶剂沉淀法常用于蛋白质、酶、核酸、多糖等物质的提取。由于本法的机理和盐析法不同，可作为盐析法的补充。

有机溶剂沉淀是由于加入有机溶剂于蛋白质溶液中能产生多种效应，尤其是水活度的降低，这些效应结合起来，使蛋白质发生沉淀。当有机溶剂浓度增大时，水对蛋白质分子表面上荷电基团或亲水基团的水化程度降低，或者说溶剂的介电常数降低，因而静电吸引力增大；同时在憎水区域附近有序排列的水分子可以为有机溶剂所取代，使该区域在有机溶剂中的溶解度提高，发生聚集而沉淀。

一般来说，在低离子强度和等电点附近，沉淀易于生成，所需有机溶剂的量较少。蛋白质的分子量越大，有机溶剂沉淀越容易，所需加入的有机溶剂量也越少。与盐析法相比，有机溶剂密度较低，易于沉淀分离，沉淀产品不需脱盐处理。但该法和等电点沉淀一样容易引起蛋白质变性，必须在低温下进行。

酪蛋白是牛乳中主要蛋白质，是一组含磷蛋白混合物，其等电点为 4.8，且不溶于乙醇，可结合等电点沉淀和有机溶剂沉淀的方法进行制备。

等电点沉淀制备酪蛋白工艺为：牛乳加热到 40℃，搅拌下调 pH 至 4.8，静止 15min 后过滤，收集沉淀即为酪蛋白粗品。粗品用少量水洗涤后悬浮于乙醇中使成 10%终浓度，抽滤去除脂类溶质，滤饼再用乙醇-乙醚混合液洗涤 2 次后抽滤、烘干，即得酪蛋白纯品。

多糖类药物主要来源于动物、植物、微生物和海洋生物，可分为低聚糖、均多糖和杂多糖等三种。目前，动物来源的肝素、鲨鱼骨粘多糖、甲壳素、壳聚糖、硫酸软骨素和透明质酸等杂多糖仍主要是从动物材料中提取、纯化获得，提取时主要采用碱解和酶解方法，而多糖纯化则可采用乙醇分级沉淀、季铵盐络合沉淀和离子交换层析等方法。

以猪肠黏膜为原料酶解-树脂法提取肝素工艺（图 23-3）包括：肠黏膜胰酶酶解、大孔树脂吸附和分级洗脱、乙醇沉淀、脱水、干燥得粗品、高锰酸钾氧化脱色、乙醇二次沉淀、干燥成粉。

五、选择性热变性沉淀

在较高温度下，热稳定性差的蛋白质将发生变性沉淀，利用这一现象，可根据蛋白质间的热稳定性的差别进行蛋白质的选择性热变性沉淀，来分离纯化热稳定性高的目标产物，如酵母醇脱氢酶的制备。

必须指出，选择性热变性沉淀是一种变性分离法，使用时需对目标产物和共存杂蛋白的热稳定性有充分的了解。

选择性变性沉淀提取醇脱氢酶实例：酵母干粉中加入 0.066mol/L 磷酸氢二钠溶液，37℃水浴保温 2h，室温搅拌 3h，离心收集上清液，升温至 55℃，保温 20min 后迅速冷却离心

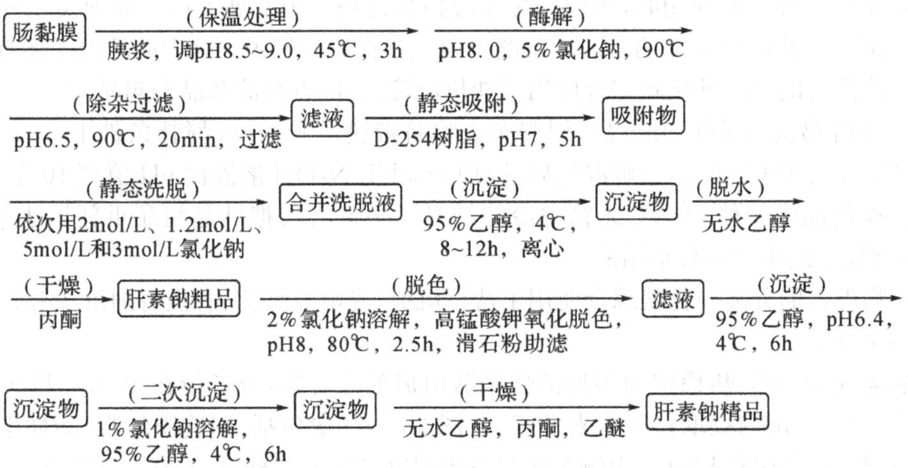

图 23-3 采用酶解-树脂法从猪肠黏膜中提取肝素工艺

去除热变性蛋白，上清液中多为热稳定性较高的醇脱氢酶。

六、其他沉淀法

(一)非离子型聚合物沉淀法

非离子型聚合物、聚电解质和某些多价金属离子可用作蛋白质的沉淀剂。许多非离子型聚合物，包括聚乙二醇(PEG)可用来进行选择性沉淀以纯化蛋白质。聚合物的作用，被认为与有机溶剂相似，能降低水化度，使蛋白质沉淀。此现象和两水相的形成有联系。使低分子量的蛋白质沉淀，需加入大量 PEG；而使高分子量的蛋白质沉淀，加入的 PEG 量较小。

PEG 是一种特别有用的沉淀剂，因为无毒、不可燃性且对大多数蛋白质有保护作用，既是蛋白质的稳定剂，也能做蛋白质的促沉淀剂。最常用的 PEG 的分子量是 6000 和 20000，所用的 PEG 浓度通常 20%，浓度再高，会使黏度增大，造成沉淀的回收比较困难。由于 PEG 对后继分离步骤影响较少，因此可以不必除去。

(二)聚电解质沉淀法

聚电解质对蛋白质的沉淀作用机理与絮凝作用类似，同时还兼有一些盐析和降低水化等作用。利用聚电解质的沉淀方法主要应用于酶和食用蛋白的回收，常用于回收食品蛋白的聚电解质有酸性多糖和羧甲基纤维素、海藻酸盐、果胶酸盐和卡拉胶等。缺点是往往会使蛋白质的结构发生改变。

(三)金属离子沉淀法

某些金属离子可与蛋白质分子上的某些残基发生相互作用而使蛋白质沉淀。例如，Ca^{2+} 和 Mg^{2+} 能与羧基结合，Mn^{2+} 和 Zn^{2+} 能与羧基、含氮化合物(如胺)以及杂环化合物结合。金属离子沉淀法的优点是可使浓度很低的蛋白质沉淀，沉淀产物中的重金属离子可用离子交换树脂或螯合剂除去。

七、沉淀技术的综合应用

不管是盐析法、有机溶剂沉淀法、选择性变性沉淀法，还是等电点沉淀法，各种方法都有自身的局限性。在实际应用时，多种沉淀方法相结合是一个发展方向。如前文所述的结合等电点沉淀和有机溶剂沉淀的方法制备酪蛋白就是很好的例子。这方面的例子还有很多：

(1) 溶菌酶的分离纯化就综合使用了盐析沉淀、等电点沉淀和晶种起晶等方法。

室温下鲜鸡蛋清搅拌 5min 后，用绢布去除脐带块，100r/min 搅拌条件下，缓慢加入鸡蛋清体积 5%的 NaCl 粉末，溶解混匀后，滴加 1mol/L NaOH 溶液调 pH 值到 10 左右，加入少量溶菌酶纯品作晶种，于 4℃冰箱中冷却结晶。必要时可把结晶粗品重新溶于 pH4～6 溶液中，重复上述步骤进行重结晶。

(2) 胸腺素的分离纯化就综合使用了盐析沉淀、等电点沉淀、有机溶剂沉淀和选择性变性沉淀等方法。

胸腺素是由 80℃热稳定的多种活性多肽组成的混合物，分子量在 1000～15000 间，pI 值为 3.5～9.5。国内提取猪胸腺素的工艺(图 23-4)一般包括：猪胸腺匀浆、酸性生理盐水提取、热变性沉淀去除杂蛋白、丙酮沉淀制备粗提物、硫酸铵分段盐析富集胸腺素、超滤纯化目标多肽、凝胶过滤除盐、冷冻干燥成粉。

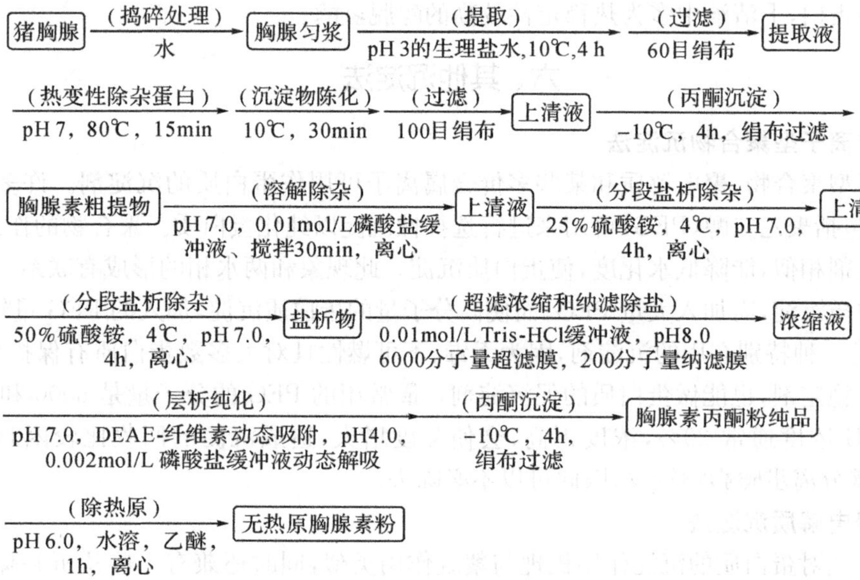

图 23-4 采用猪胸腺提取胸腺素的工艺

(3)猪血 Cu·Zn-SOD 的分离纯化就综合使用了有机溶剂沉淀和选择性热变性沉淀等方法。

超氧化物歧化酶是一种含有 Cu、Mn 或 Fe 的热稳定性较高的金属酶，是一种重要的超氧阴离子自由基清除剂，临床上广泛用于防治自身免疫性疾病、抗肿瘤、抗衰老、抗辐射、治疗氧中毒和心脑血管疾病等。

目前主要从猪血中提取 Cu-SOD、Zn-SOD(图 23-5)，从肝脏中提取 Mn-SOD，从大肠杆菌中提取 Fe-SOD。猪血 Cu·Zn-SOD 分子量为 31600，在 pH7.6～9.0 时稳定，pH6.0 以下和 pH12.0 以上不稳定，具有较强的抗胃蛋白酶和胰蛋白酶水解的能力，但 80℃热稳定性不如 Cu·Zn-SOD。

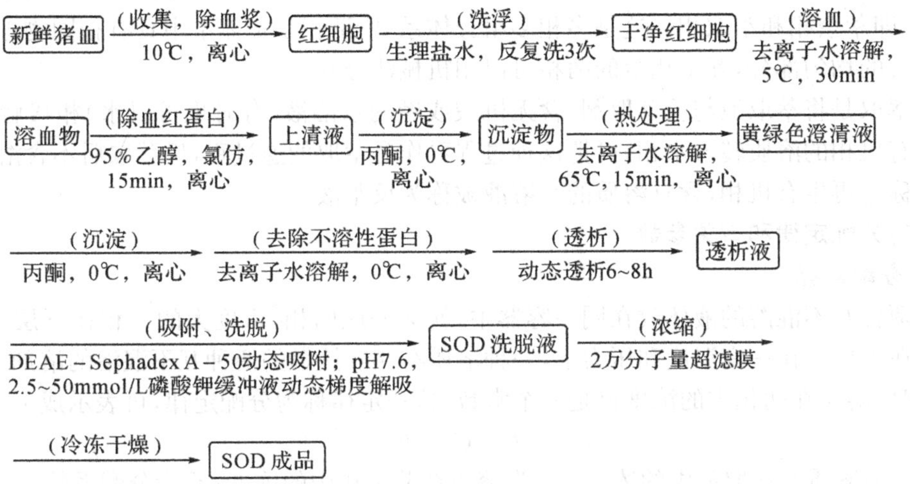

图 23-5 以猪血为原料提取 Cu-SOD、Zn-SOD 的工艺

【习题与思考】

1. 简述盐析原理、盐析法的优缺点。
2. 简述盐析的一般操作过程。
3. 有机溶剂沉淀应用对象有哪些？操作时需要注意什么？

任务二十四 萃取技术

【任务内容】

溶剂萃取法是常用提取方法之一，广义的溶剂萃取法包括：液-固和液-液萃取两大类。液固萃取也称浸取，多用于提取存在于细胞内的有效成分，如在抗生素生产中，用乙醇从菌丝体内提取制霉菌素、庐山霉素、曲古霉素，用丙酮从菌丝体内提取灰黄霉素等。液固萃取方法比较简单，亦不需结构复杂的设备。但在多数情况下，生物活性物质大量存在于胞外培养液中，需用液-液萃取法。液-液萃取是指用一种溶剂将物质从另一种溶剂（如发酵液）中提取出来的方法，根据所用萃取剂的性质不同或萃取机制的不同，可将其分为多种类型。

一、溶剂萃取

经典的溶剂萃取法是利用在两个互不相溶的液相中各种组分（包括目的产物）溶解度的不同，从而达到分离的目的。

（一）萃取体系

在溶剂萃取中，被提取的溶液称为料液，其中欲提取的物质称溶质，而用以进行萃取的溶剂称为萃取剂。料液与萃取剂接触后，料液中的溶质向萃取剂转移的过程叫萃取，达到平衡后，大部分溶质转移到萃取剂中，这种含有溶质的萃取剂溶液称为萃取液，而被萃取出溶质以后的料液称为萃余液。将萃取剂和料液放在萃取器中，经充分振荡混合，静置分层后形成两相，即萃余相和萃取相。这是多相多组分体系，所谓相是指体系中具有相同物理性质和化学性质的均匀部分，互不相溶的两相可以用机械法分开。

反萃取是将萃取液与反萃取剂（含无机酸或碱的水溶液，有时也可以水）相接触使某种被萃入有机相的溶质转入水相，可把这种过程看作是萃取的逆过程，反萃取后不含溶质的有机相被称为再生有机相，含有溶质的水溶液被称为反萃液。

（二）分配定律和有关参数

1. 分配定律

将两种互不混溶的液体放在同一容器中，就会分成两相，密度大的一相在下层，密度小的一相在上层。在一定温度和压力下，一种溶质在相互接触的两种互不混溶的溶剂中，溶解达平衡时，溶质在两相中的浓度比是一个常数，这一定律称为分配定律，可表示成下式：

$$C_A/C_B=K$$

式中：C_A 为溶质在萃取相中的浓度；C_B 为溶质在萃余相中的浓度；K 为分配系数。

应用分配定律时，须符合以下条件：①必须是稀溶液，即适用于接近理想溶液的萃取体系；②溶质对溶剂的互溶度没有影响；③溶质在两相中必须是同一分子形式，即不发生缔合或解离。当满足这些条件时，分配系数为一常数，它与溶质总浓度和相比都没有关系，只与溶质分子在有机相中的溶解度有关。简而言之，分配定律只适用于稀溶液的简单物理分配体系。但是在大多数溶质萃取体系中，情况往往比较复杂。首先溶质在溶液中的浓度比较大，此时分配在两相中的溶质只能用活度来表示；其次，在萃取过程中，常常伴随着解离、缔合、络合等化学反应，因此溶质在两相的分子形式并不相同。所以说这些体系并不完全服从分配定律，但在溶剂萃取的实际研究中，仍然采用类似分配定律的公式作为基本公式。这时候溶质在萃取相和萃余相中的浓度，实际上是以各种化学形式进行分配的溶质总浓度，它们的比值以分配比表示：

$$D=\frac{C_A}{C_B}=\frac{C_{A1}+C_{A2}+\cdots+C_{An}}{C_{B1}+C_{B2}+\cdots+C_{Bn}}$$

式中：D 为分配比，它不是常数，而随着萃取溶质的浓度、萃余相的酸碱度、萃取剂的浓度、体系温度以及其他物质的存在等因素的变化而变化。总之，分配比表示一个实际萃取体系达到平衡后，被萃取溶质在两相的实际分配情况，因此它在萃取研究和生产中具有重要的实际意义。

2. 萃取因素

萃取因素也称萃取比，其定义为被萃取溶质进入萃取相的总量与该溶质在萃余相中总量之比。通常用 E 表示。

$$E=\frac{萃取相中溶质总量}{萃余相中溶质总量}=\frac{M_1V_1}{M_2V_2}=K\frac{V_1}{V_2}$$

式中：V_1、V_2 分别表示萃取相和萃余相的体积，M_1、M_2 分别表示溶质在萃取相和萃余相中的平衡浓度。

萃取因素不是常数，其数值与相比、萃取剂浓度、温度、pH、溶质在萃取相和萃余相的解离情况等因素有关。

3. 萃取率

生产上常用萃取率来表示一种萃取剂对某种溶质的萃取能力，计算萃取效果。

$$\eta=\frac{\text{萃取相中溶质总量}}{\text{原料液中溶质总量}}\times 100\%=\frac{M_1V_1}{M_1V_1+M_2V_2}\times 100\%=\frac{E}{E+1}\times 100\%$$

由上式可知，萃取率与萃取因素有关。

4. 分离因素

在生物活性物质的制备过程中，料液中的溶质并非是单一的组分，除了所需产物外，还存在有杂质，萃取时难免会把杂质一同带到萃取液中，为了定量地表示某种萃取剂分离两种溶质的难易程度，引入分离因素的概念，其定义为在同一萃取体系内两种溶质在同样条件下分配系数的比值。

$$\beta=\frac{C_{A1}/C_{B1}}{C_{A2}/C_{B2}}=\frac{K_A}{K_B}$$

式中：β 为分离因素，C_{A1}、C_{B1} 分别为萃取相中溶质 A 和 B 的浓度，C_{A2}、C_{B2} 分别为萃余相中溶质 A 和 B 的浓度，K_A、K_B 分别为溶质 A 和 B 的分配系数。

β 的大小表示出了两种溶质的分离效果，由公式可看出，如果溶质 A 的分配系数大于溶质 B，则萃取相中溶质 A 的浓度就高于溶质 B。这样，溶质 A 与 B 就能够在一定程度上得到分离。β 值越大（或越小），说明两种溶质分离效果愈好，而当 $K_A=K_B$ 即 $\beta=1$ 时，两种溶质就分不开了。

在一个实际萃取工艺中，总希望有较大的分配比及较大的分离因素。分配比高，意味着有较高的萃取率；分离因素大，意味着两种溶质分离较彻底。但实际操作中产品纯度和回收率常是矛盾的，通常要根据要求对这两方面进行协调并以此为出发点来制定萃取流程和工艺操作条件。

（三）影响萃取的因素

影响溶剂萃取的因素有很多，下面仅就一些主要因素进行讨论。

1. pH 的影响

在萃取操作中，正确选择 pH 值很重要。pH 影响弱酸或弱碱性药物的分配系数，而分配系数又直接和收率相关，另外，溶液的 pH 也影响药物的稳定性。所以合适的 pH 应权衡这两方面因素来决定。如利用溶剂萃取法提取某一抗生素时，必须使这一抗生素形成某一种化学状态才能进行萃取。青霉素、新生霉素需形成游离酸，红霉素、洁霉素则要形成游离碱，才能从水相转入有机相。与此相反，若将上述抗生素从有机相转入水相时，必须以成盐的状态才能转移。例如，用醋酸丁酯提取苄基青霉素，在 0℃、pH2.5 时 $K=1$，即在此条件下，水相和醋酸丁酯相平衡浓度相等，萃取不可能进行。当 pH<4.4 时，青霉素能被萃取到醋酸丁酯相中，当 pH>4.4 时，青霉素从醋酸丁酯相转移到水相，称为反萃取。从理论上讲，pH 愈低，萃取效果愈好。但实际上青霉素在酸性条件下是极不稳定的，故生产上选择酸化 pH 为 2.0～2.2；反之，当青霉素在 pH 为 6.8～7.2 时，以成盐状态转入到相应的缓冲液中。

其他碱性抗生素如红霉素在 pH 为 10～10.5、麦迪霉素在 pH 为 8.5～9.0、螺旋霉素在 pH9.0 时，可以以游离碱的状态，从水相转入醋酸丁酯中。在成盐时又分别以 pH5.0、pH2.0～2.5 转入水相。酸化和碱化的 pH 值对收率和产品质量都有直接影响。如红霉素碱化时 pH 高些固然对提取有利，但不能过高，否则不仅会引起红霉素的碱性破坏，还会造成严重乳化使得分离困难。pH 过低又会影响收率，所以控制碱化 pH10.0，上下范围不要超过±0.5；酸化也是如此，如控制酸化 pH 偏高，有利于提高红霉素稳定性及萃取液的质量，但影响收率，若 pH 偏低，虽可提高收率，但很容易发生酸性水解，因此，当红霉素转入水相后要立刻调节 pH 至 7.0～8.0，并加入适当量的醋酸丁酯加以保护。

因此，在溶剂萃取法中，不论萃取还是反萃取，选择一个 pH 最佳值是非常重要的，制定工艺时应综合考虑提取收率和产品质量，以期达到最佳提取效果。

2. 温度和萃取时间的影响

温度对药物萃取有很大影响。低温萃取速度较慢，但药物在高温下不稳定，且萃取剂多为有机溶剂，故萃取一般应在低温或常温下进行。另外，温度对分配系数也有影响。

萃取时间也会影响药物的稳定性，如在青霉素萃取中特别注意 pH、温度与时间三者对青霉素稳定性的影响。因青霉素遇酸碱或加热都易分解而失去活性，而且分子很易发生重排，青霉素在酸性水溶液中非常不稳定，转入醋酸丁酯中稳定性提高，但随放置时间的延长，效价会有所下降。因此，在青霉素萃取过程中，温度要低，时间要短，pH 要严格控制。

3. 盐析作用的影响

盐析剂的影响有三个方面：①由于盐析剂与水分子结合导致游离水分子减少，降低了药物在水中的溶解度，使其易转入有机相；②盐析剂能降低有机溶剂在水中的溶解度；③盐析剂使萃余相比重增大，有助于分相。但盐析剂的用量要适当，用量过多会使杂质也转入有机相。

4. 溶剂种类、用量的影响

不同溶剂对同一溶质有不同的分配系数。选择萃取溶剂应遵守下列原则：①分配系数越大越好，若分配系数未知，则可根据“相似相溶”原则，选择与药物结构相近的溶剂；②选择分离因素大于 1 的溶剂；③料液与萃取溶剂的互溶度越小越好；④尽量选择毒性低的溶剂，按毒性大小，溶剂可分为低毒（乙醇、丙醇、丁醇、乙酸乙酯、乙酸丁酯、乙酸戊酯等）、中等毒（甲苯、甲醇、环己烷等）和强毒（苯、氯仿、四氯化碳等），工业生产中常用的溶剂为乙酸乙酯、乙酸丁酯、乙酸戊酯和丁醇等；⑤溶剂的化学稳定性要高，腐蚀性低，沸点不宜太高，挥发性要小，价格便宜，来源方便，便于回收。以上只是一般原则，实际上没有一种溶剂能符合上述全部要求，应根据具体情况权衡利弊选定。

一般来说，溶剂用量大，提取越完全，收率越高，但浓缩倍数愈低，成本愈高；溶剂用量小，提取越不完全，收率愈低，浓缩倍数愈大，在选择浓缩倍数时，既要考虑到浓缩的目的，又要考虑到收率和质量。此外，抽提次数、采用的萃取方式也与收率有较大关系。

5. 萃取方式的影响

工业上萃取操作包括三个步骤：①混合：料液和萃取剂充分混合形成具有很大比表面积的乳浊液，产物自料液转入萃取剂中；②分离：将乳浊液分成萃取相和萃余相；③产品提取及萃取剂的回收，有时也要从萃余相中回收萃取剂。

萃取操作流程可分为单级萃取和多级萃取。多级萃取中又有多级错流萃取和多级逆流萃取。

(1) 单级萃取　单级萃取只包括一个混合器和一个分离器，料液 F 和溶剂 S 加入混合器中经接触达到平衡后，用分离器分离得到萃取液 L 和萃余液 R。此种萃取方式只用一个混合器和一个澄清器，流程简单，但萃取效率不高，产物在水相中含量仍较高。单级萃取流程如图 24-1 所示

(2)多级萃取 是工业生产最常用的萃取流程。相比于单级萃取,它具有分离效率高、产品回收率高、溶剂用量少等优点。

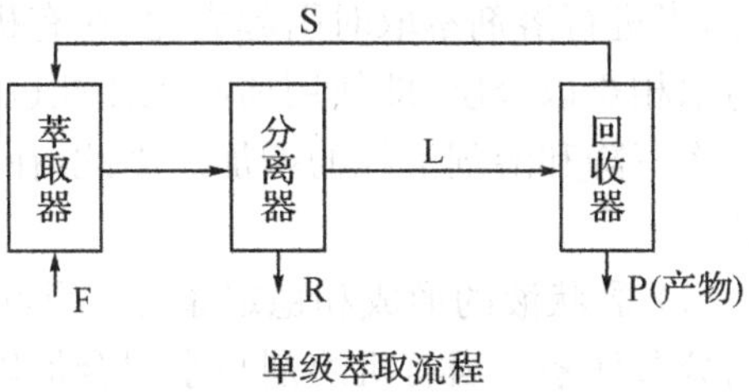

图 24-1 单级萃取流程

1)多级错流萃取:如图 24-2 所示,多级错流萃取是由几个萃取器串联而成,料液经第一级萃取后,分离成两个相;萃余相依次流入下一个萃取器,再加入新鲜的萃取剂继续萃取;萃取相则分别由各级排出,将它们混合在一起,再进入回收器回收溶剂。回收得到的溶剂仍可作为萃取剂使用。

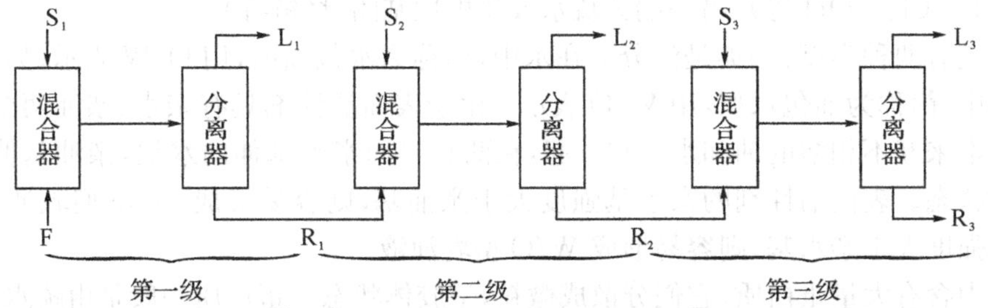

图 24-2 多级错流萃取流程

这种萃取方式由几个单级萃取单元串联组成,萃取剂分别加入各萃取单元;萃取推动力较大,萃取效率较高;但缺点是仍需加入大量萃取剂,因而产品浓度稀,需消耗较多能量回收萃取剂。

2)多级逆流萃取:多级逆流萃取流程如图 24-3 所示,在第一级中加入料液,萃余液顺序

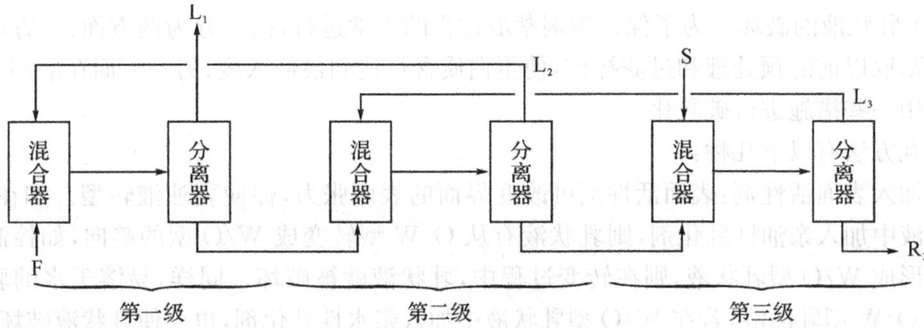

图 24-3 多级逆流萃取流程

作为后一级的料液,而在最后一级加入萃取剂,萃取液顺序作为前一级的萃取剂。由于料液流动的方向和萃取剂移动的方向相反,故称为逆流萃取。此法与错流萃取相比,萃取剂用量较少,因而萃取液平均浓度较高,萃取效率高。

6. 乳化作用的影响

多数情况下,料液中有效成分的浓度很低,而杂质含量却很高。虽经预处理和过滤后,除去了大部分非水溶性的杂质和部分水溶性杂质,但残留的杂质,如蛋白质等物质具有表面

活性，当进行溶剂萃取时引起乳化，在有机相与水相的界面上形成一稳定的乳化层，使有机相与水相难以分层，即使用离心机往往也不能将两相完全分离，给后续操作带来困难，还造成收率下降和溶剂消耗的增加。因此，在萃取过程中防止乳化和破乳化是一个极为重要的步骤。

(1) 乳状液的形成和稳定条件　乳状液是一种液体分散在另一种互不相溶的液体所构成的分散体系。当有机溶剂与水混合加以搅拌时，可能产生乳浊液，但油与水是不相溶的，两者混合在一起很快会分层，不能形成稳定的乳浊液，必须有第三种物质——乳化剂存在时，才容易形成稳定的乳浊液。乳化剂多为表面活性剂，分子结构有共同的特点：一般是由亲油基和亲水基两部分组成的，即一端为亲水或极性基团（—COONa、$—SO_3Na$、$—N^+(CH_3)_3Cl$、—OH 等），另一端为疏水或非极性基团(烃链等)。

乳状液有两种类型：一类是油分散在水中，简称为水包油型，用 O/W 表示；另一类是水分散在油中，简称为油包水型，用 W/O 表示。由于表面活性剂具有亲水、亲油两个性质，所以能够把本来互不相溶的油和水连在一起，在两相界面亲水基伸向水层，亲油基伸向油层，处于稳定状态。表面活性剂的亲水基强度大于亲油基，则容易形成 O/W 型乳浊液，反之，如亲油基强度大于亲水基，则容易形成 W/O 型乳浊液。

料液中含有大量蛋白质，它们分散成微粒，呈胶体状态。蛋白质一般是由疏水性肽链和亲水性极性基团构成。由于疏水基和亲水基的平衡，蛋白质显示表面活性而起乳化剂作用，构成乳状液。由于某些蛋白质是疏水性的(亲油基强度大于亲水基)，故发酵液和有机溶剂所成的乳状液多呈 W/O 型。

每一种表面活性剂都有亲水和疏水基团，两种基团的强度的相对关系称为 HLB 值。为制定 HLB 值，选择完全不亲水(HLB=0)和完全亲水(HLB=20)的两种极限乳化剂作为标准，其他表面活性剂的 HLB 值就处于这两种极限值之间。HLB 值在 3～6 范围内能促进 W/O 型乳状液，而 6～15 范围内的表面活性剂是良好的 O/W 型乳化剂。

(2) 乳状液的破坏　为了保证溶剂萃取过程的正常运行，措施分为两方面：一方面要加强溶剂萃取以前的预处理和过滤操作，使蛋白质含量达到最低浓度；另一方面在溶剂萃取过程中采用一些措施进行破乳化。

破乳方法有以下几种：

1)加入表面活性剂：表面活性剂可改变界面的表面张力，促使乳浊液转型。如在 O/W 型乳状液中加入亲油性乳化剂，则乳状液有从 O/W 型转变成 W/O 型的趋向，如控制条件不允许形成 W/O 型乳状液，则在转变过程中，乳状液就被破坏。同样，易溶于水的乳化剂则生成 O/W 型乳浊液，若在 W/O 型乳状液中加入亲水性乳化剂，也会使乳状液破坏。

2)电解质中和法：加入电解质，中和乳浊液分散相所带的电荷，而促使其聚凝沉淀，同时可增加两相的比重差，以便于两相分离，也就起到盐析蛋白质的作用。这种方法适于小量乳浊液的处理或乳化不严重的乳浊液的处理。

3)吸附法：当乳状液经过一个多孔性介质(如碳酸钙或无水碳酸钠)时，由于该介质对油和水的吸附力的差异，也可以引起破乳。

4)稀释法：在乳状液中加入连续相，可使乳化剂浓度降低而减轻乳化。在实验室的化学分析中有时用此法较为方便。

5)其他法：如高压电破乳、加热、超滤等方法。

(3)常用的去乳化剂　去乳化剂即破乳剂，也是一种表面活性剂，具有相当高的表面活性，因此能顶替界面上原来存在的乳化剂，但由于破乳剂碳氢链很短或具有分支结构，不能在相界面上紧密排列成牢固的界面膜，从而使乳状液稳定性大大降低，达到破乳目的。

常用的去乳化剂如下：

1)阳离子表面活性剂：①十二烷基三甲基溴化铵[$CH_3(CH_2)_{10}CH_2(CH_3)_3N^+$]$Br^-$，易溶于水，为浅黄色浆状液体，含量50%左右，在酸性条件下不溶于有机溶剂，因此适用于破坏W/O型乳状液。由于十二烷基三甲基溴化铵的离子带正电荷，会中和蛋白质中的负电荷，形成沉淀，但加入量低时(<0.075%，W/V)，反而加剧乳化，加入量提高到>0.25%时，这时不用离心，两相就可获得很好的分离。②溴代十五烷吡啶(PPB)，是一种棕褐色稠厚状半固体，含量55%以上，在水中溶解度约为7%，使用时先加热溶解，然后再稀释，其用量为0.01%～0.05%，在有机溶剂中溶解度较小，因此适用于破坏W/O型乳状液。目前PPB广泛用于青霉素等抗生素的提取。

2)阴离子表面活性剂：如亚油酸钠、十二烷基磺酸钠、石油磺酸钠等，亚油酸钠常与1231合用，改善青霉素发酵液的破乳效果。十二烷基磺酸钠为淡黄色透明液体，含量25%(使用时稀释到6%左右)，易溶于水，微溶于有机溶剂，因此适用于破坏W/O型乳状液，目前广泛用于红霉素的提取。因为它是酸性物质，在碱性条件下留在水相，不随红霉素转入醋酸丁酯萃取液中，有利于成品质量的提高。

3)其他破乳剂：如溴代四烷基吡啶，极易溶于水，又易溶于醋酸丁酯，所以既能破坏W/O型，也能破坏O/W型；美国施贵宝公司采用的Tretolite、Quaternary；日本明治制果株式会社用阳离子型AR-4作去乳化剂；国内报道研究了硫酸铝作为青霉素工艺中的破乳化效能，结果表明先将硫酸铝溶液与滤液预混，pH>4.5，0.1%～0.3%(W/V)硫酸铝有较好的破乳效果。

二、其他萃取法

(一)化学萃取法

在物理萃取(简单分子萃取)中，分配定律描述了某一溶质在两个互不混溶的液相中，其化学状态相同时的平衡分配定律。与物理萃取不同，对于很多液-液萃取体系，在萃取过程中常伴随有萃取剂与溶质之间的化学反应，包括相内反应与相界面上的反应，这类萃取统称为化学萃取(反应萃取)。

化学萃取法首先应用于核燃料的生产过程，随后逐步推广至稀土元素及过渡元素的提取分离，近年来应用领域扩展到了抗生素生产。例如，青霉素与胺反应萃取、青霉素与中性磷形成络合物反应萃取、链霉素与月桂酸形成复盐的带同萃取等。

例如链霉素等强碱性亲水性抗生素，即使它们是以游离碱形式存在也不能直接用溶剂萃取，可与月桂酸[$CH_3(CH_2)_{10}COOH$]形成复盐，然后以丁醇、醋酸丁酯或异辛醇作萃取剂，复盐进入有机相，在pH5.5～5.7下萃取剂与链霉素形成的复合物分解，链霉素转入水相。链霉素在中性条件下能与二辛基磷酸酯形成复盐，以三氯乙烷作萃取剂进行萃取，在酸性条件下，复合物分解，链霉素转入水相。链霉素还可与二元羧酸的单酯如2-乙基-己基邻苯二甲酸单酯形成复盐，用异戊醇作萃取剂进行萃取。

(二)超临界流体萃取法

超临界流体(supercritical fluid extraction,SCF)萃取技术是利用处于临界压力和临界温度以上的一些溶剂流体所具有的特异增加物质溶解能力来进行分离纯化的技术。由于超临界 CO_2 流体兼有气体和液体的特性,即密度接近液体、黏度接近气体的性质,因此超临界流体的溶解能力强,传质性能好,临界压力适中,可在接近室温条件下进行,加之无毒、惰性、无残留、价廉等一系列优点,成为研究最多、应用最广泛的超临界萃取溶剂。但其在用于提取极性较强的溶质时,溶解能力明显不足,往往要加入少量第二溶剂,可以大大提高其溶解能力,这种第二溶剂被称为夹带剂,如在 SC-CO_2 流体中加入 5%的甲醇后,吖啶的溶解度明显增加,同时增强了压力对溶解度的影响。

早在 100 多年前,人们发现处于临界压力和临界温度以上的流体对有机化合物溶解增加的程度是非常惊人的,一般能增加几个数量级,在适当条件下甚至可达到按蒸气压计算所得浓度的 10^{10} 倍(油酸在超临界乙烯中的溶解度),1978 年,德国首先建立了从咖啡豆脱除咖啡因的超临界 CO_2 萃取工业化装置,生产出能保持咖啡原有色、香、味的脱咖啡因咖啡,超临界流体萃取开始进入工业化生产。20 世纪 80 年代以来,研究的范围涉及石油、食品、香料、医药、烟草和化工等领域,并取得一系列进展。

超临界流体萃取过程是将溶剂(如 CO_2 气体)经热交换器冷凝成液体,用加压泵将压力升至工艺所需的某一超过临界的压力,同时调节温度,使其成为超临界流体溶剂并进入装有被萃取原料的萃取釜,经与被萃取原料充分接触后,选择性地溶解出所需的化学成分,然后含有溶解萃取物的高压流体经节流阀降压进入分离釜,此时因压力降低到临界压力以下使溶剂的溶解度急剧下降而析出溶质,自动分离成被萃取成分和溶剂气体两部分,前者由分离釜底部放出,后者再循环使用,从而达到萃取分离的目的,如图 24-4 所示。

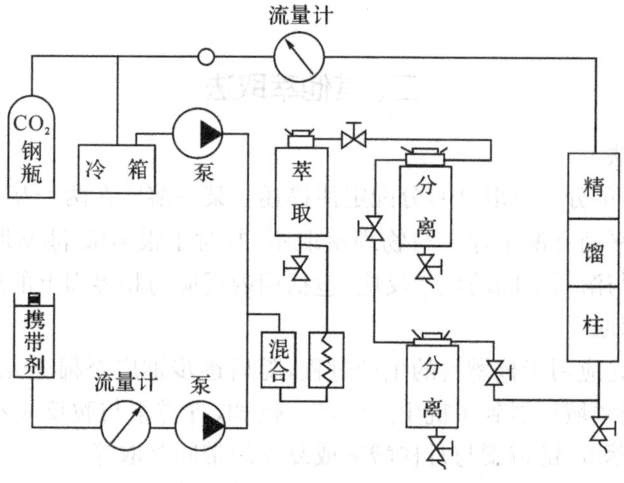

图 24-4 超临界 CO_2 萃取基本流程图

超临界流体萃取的特点比较明显,具体来讲有以下几点:

(1)超临界萃取可以在接近室温(35~40℃)及 CO_2 环境下进行提取,有效地防止了热敏性物质的氧化和逸散。因此,在萃取物中保持着药用植物的有效成分,而且能把高沸点、低挥发性、易热解的物质在远低于其沸点温度下萃取出来;

(2)使用SCF是最干净的提取方法,由于全过程不用有机溶剂,因此萃取物绝无残留的溶剂物质,从而防止了提取过程中对人体有害物的存在和对环境的污染,保证了100%的纯天然性;

(3)萃取和分离合二为一,当饱和的溶解物的CO_2流体进入分离器时,由于压力的下降或温度的变化,使得CO_2与萃取物迅速成为两相(气液分离)而立即分开,不仅萃取的效率高而且能耗较少,提高了生产效率也降低了费用成本;

(4)CO_2是一种不活泼的气体,萃取过程中不发生化学反应,且属于不燃性气体,无味、无臭、无毒,安全性非常好;

(5)CO_2气体价格便宜,纯度高,容易制取,且在生产中可以重复循环使用,从而有效地降低了成本;

(6)压力和温度都可以成为调节萃取过程的参数,通过改变温度和压力达到萃取的目的,压力固定通过改变温度也同样可以将物质分离开来;反之,将温度固定,通过降低压力使萃取物分离,因此工艺简单容易掌握,而且萃取的速度快。

正是超临界萃取的突出特点,在医药工业中有广泛应用,比如从药用植物中萃取生物活性物质、对活性物质进行分离纯化。

(三)双水相萃取法

用传统的溶剂萃取法来分离大分子(如蛋白质和酶)是有困难的。这是因为蛋白质遇到有机溶剂易变性失活,而且有些蛋白质有很强的亲水性,不能溶于有机溶剂中。双水相萃取技术是近年来出现的引人注目、极有前途的新型分离技术。

双水相萃取法又称为水溶液两相分配技术,此法是通过不同的高分子溶液相互混合产生两相或多相系统,利用物质在互不相溶的两水相间分配系数的差异来进行萃取的方法。如葡聚糖与甲基纤维素钠按一定比例混合,溶液混浊,静置平衡后,即可分成互不相溶的两个水相,上相富含甲基纤维素钠,下相富含葡聚糖(图24-5)。许多高分子混合物的水溶液都可以形成多相系统,另外,高聚物与低分子量化合物之间也可以形成双水相系统,如聚乙二醇与硫酸铵或硫酸镁水溶液系统,上相富含聚乙二醇,下相富含无机盐。

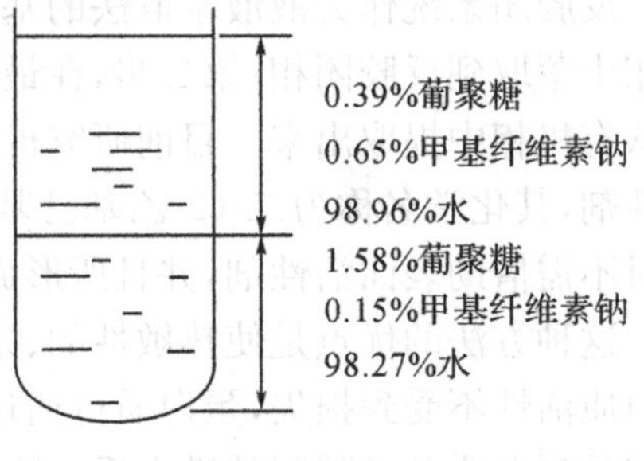

图 24-5 葡聚糖和甲基纤维素钠的两相体系

双水相萃取的特点是能保留产物的活性,整个操作可连续化,在除去细胞或碎片时,还可以纯化蛋白质25倍,与传统的过滤法或离心法去除细胞碎片相比,无论在收率上还是成本上都优越得多,与传统的盐析或沉淀法相比也有很大优势。目前双水相萃取法已应用于几十种酶的分离,近年来,还报道了对小分子生物活性物质的亲和双水相萃取的研究,如头孢菌素、红霉素、氨基酸等。

(四)反胶团萃取法

近年来,利用表面活性剂在有机溶剂中形成一种反向胶团(简称反胶团)对蛋白质进行萃取的技术得到了快速的发展和应用。表面活性剂溶于非极性溶剂如某些有机溶剂中,浓度超过临界胶团浓度时会形成亲水头向内和疏水尾向外的具有极性内核的多分子聚集体,由于其表面活性剂的排列方向与一般的正向胶团相反,因此,称为反胶团(图24-6)。反胶团的极性内核可以溶解某些极性物质，而且在此基础上还可以溶解一些原来不能溶解的物质，即所谓二次加溶原理。例如反胶团的极性内核在溶解了水后，在内核形成了“水池”，可以进一步溶解蛋白质、核酸、氨基酸等生物活性物质。由于胶团的屏蔽作用，使这些生物物质不与有机溶剂直接接触，而“水池”的微环境又保护了生物物质的活性，达到了溶解和分离生物物质的目的。

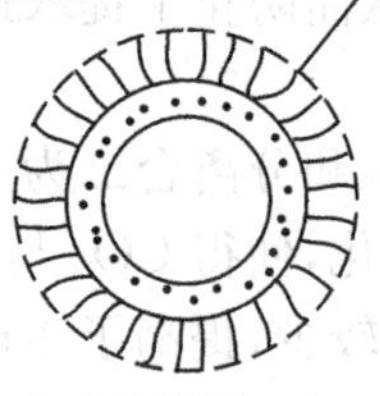

图 24-6　表面活性剂分子在非极性溶剂中形成的反胶团

目前，用于组成反胶团体系的常用表面活性剂及其相应的有机溶剂体系见表 24-1。

表 24-1　常用的表面活性剂及其相应的有机溶剂体系

表面活性剂	有机溶剂体系
二-(2-乙基己基)丁二酸酯磺酸钠(AOT)	C_6～C_{12}正烷烃类、异辛烷、环己烷、四氯化碳、苯
十六烷基三甲基溴化铵(CTAB)	乙醇/异辛烷、己醇/辛烷、三氯甲烷/辛烷
三辛基甲基氯化铵(TOMAC)	环己烷
磷脂酰胆碱	苯、庚烷
磷脂酰乙醇胺	苯、庚烷
TRITON-X	己醇/环己烷
BRIJ-60	辛烷

反胶团系统作为液液萃取法的基本过程是：首先在酶蛋白相转移最佳的条件下，将酶从水相中萃取到反胶团相；第二步，在最佳条件下，将酶蛋白从反胶团转移到第二种水相，即将酶从有机相中提取出来。目前研究得最多的是 AOT/异辛烷体系，AOT 是一种阴离子表面活性剂，其化学名称为二-(2-乙基己基)丁二酸酯磺酸钠，具有双链，极性基团小，形成反胶团时不需借助表面活性剂，并且所形成的反胶团较大，有利于大分子蛋白质进入。

这种方法的优点是使热敏性的、亲水的蛋白质在一种近似于水相的环境中提取出来，使蛋白质活性不受到损失，蛋白质可通过中间反胶团从一个主体相中转移到另一个水相中，被转移的蛋白质分子瞬间就进入反胶团中。

【习题与思考】

1. 画出单级萃取流程，并对其优缺点进行说明。
2. 比较多级错流和多级逆流萃取的特点。
3. 如何选用萃取剂？并说明理由。
4. 影响萃取的主要因素有哪些？
5. 超临界流体为什么可以成为萃取剂？CO_2 作超临界萃取剂有哪些优点？
6. 双水相萃取及反胶团萃取体系是如何构成的？它们用于生物活性物质的提取有哪些优势？

任务二十五 膜分离技术

【任务内容】

一、概 述

膜分离技术是一项新兴的分离技术，自 20 世纪 60 年代逐渐开始大量工业化应用之后发展十分迅速，其品种日益丰富，应用领域不断扩展，目前已广泛应用于食品、医药、生物、环保、化工、冶金、能源、石油、水处理、电子、仿生等领域，成为当今分离科学中最重要的手段之一。膜分离技术是利用膜的选择性分离特征达到浓缩、分级、纯化等目的的化工单元技术，是以具有选择透过性的膜材料为分离介质，以外界能量为推动力，凭借多组分流体中各组分在膜内传质速度的差异，对物质进行分离、分级、提纯和富集的方法。

膜分离过程是一个高效、环保的分离过程，它是多学科交叉的高新技术。与传统的分离技术如蒸馏、吸附、萃取等相比，膜分离技术具有以下特点：

(1)操作在常温下进行，有效成分损失极少，特别适用于热敏性物质，如抗生素等医药、果汁、酶、蛋白的分离与浓缩。

(2)无相态变化，可保持样品原有的风味，能耗极低，其费用约为蒸发浓缩或冷冻浓缩的 1/8～1/3。

(3)无化学变化，是典型的物理分离过程，不用化学试剂和添加剂，产品不受污染。

(4)选择性好，可在分子级内进行物质分离，具有普通滤材无法取代的卓越性能。

(5)适应性强，处理规模可大可小，可以连续也可以间隙进行，工艺简单，操作方便，易于自动化。

在膜分离过程中，膜是两个或多个浓度相之间具有选择性的分离屏障，采用错流过滤分离方式，利用膜材料选择性分离功能对各组分进行分离、纯化；错流方式可有效降低膜污染及防止浓差极化现象，系统连续操作(图 25-1)。

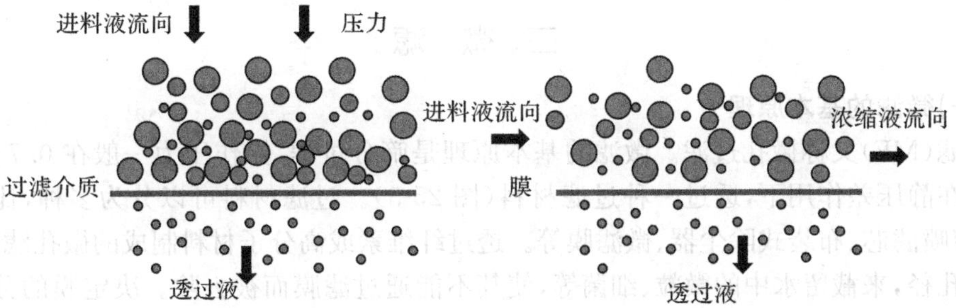

图 25-1 终端过滤方式与错流过滤方式的比较

膜是具有选择性分离功能的材料，利用膜的选择性分离实现料液的不同组分的分离、纯化、浓缩的过程称作膜分离。它与传统过滤的不同在于，膜可以在分子范围内进行分离，并且该过程是一种物理过程，不需发生相的变化和添加助滤剂。膜的孔径一般为微米级，依据其孔径的不同(或称为截留分子量)，可将膜分为微滤膜、超滤膜、纳滤膜和反渗透膜；根据材料的不同,可分为无机膜和有机膜。无机膜主要是陶瓷膜和金属膜,其过滤精度较低,选择性较小。有机膜是由高分子材料做成的,如醋酸纤维素、芳香族聚酰胺、聚醚砜、聚氟聚合物等等。错流膜工艺中各种膜的分离与截留性能以膜的孔径和截留分子量来加以区别。图25-2简单示意了四种不同膜的比较(箭头反射表示该物质无法透过膜而被截留)。

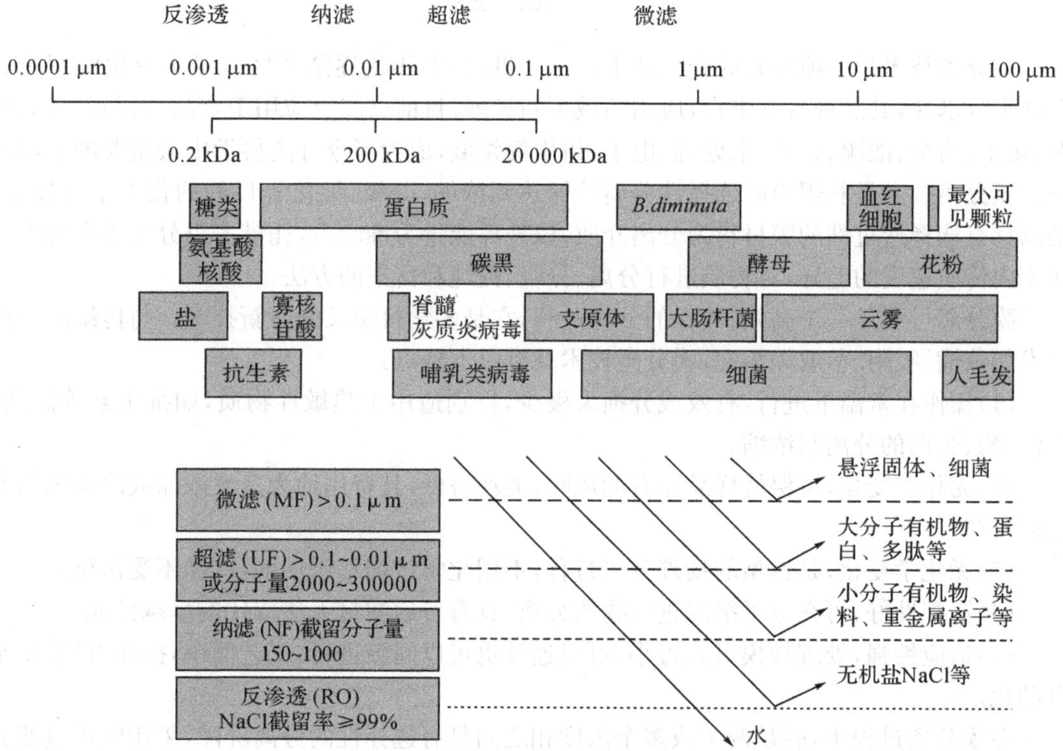

图25-2 微滤、超滤、纳滤、反渗透的比较

二、微滤

(一)微滤的基本原理

微滤(MF)又称微孔过滤。微滤的基本原理是筛分过程,操作压力一般在0.7～7kPa,原料液在静压差作用下,透过一种过滤材料(图25-3)。过滤材料可以分为多种,比如折叠滤芯、熔喷滤芯、布袋式除尘器、微滤膜等。透过纤维素或高分子材料制成的微孔滤膜,利用其均一孔径,来截留水中的微粒、细菌等,使其不能通过滤膜而被去除。决定膜的分离效果的是膜的物理结构、孔的形状和大小。膜的种类有混合纤维酯微孔滤膜、硝酸纤维素滤膜、聚偏氟乙烯滤膜、醋酸纤维素滤膜、再生纤维素滤膜、聚酰胺滤膜、聚四氟乙烯滤膜以及聚氯乙烯滤膜等。

过滤机理分表面型与深层型两类:经由高级技术制造的微滤膜其过滤机理为表面型过滤,因其过滤孔径固定,故可确保过滤的精度与可靠度。深层过滤又分非固定不规则孔径与固定不规则孔径,前者如化纤绕线型滤芯,一般只作为比较粗糙的预过滤。

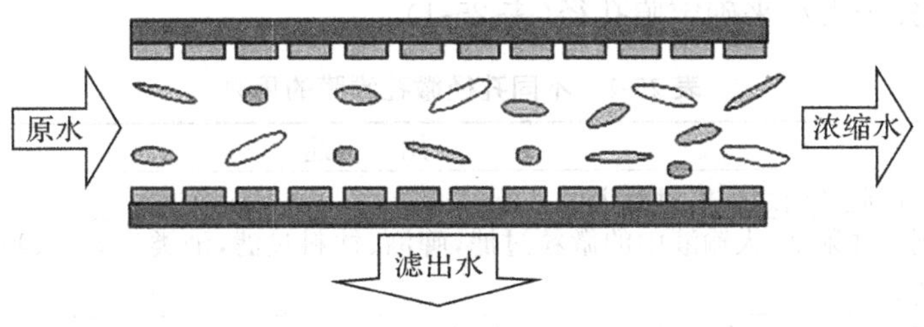

图 25-3　微滤技术的原理

(二)微滤技术的特点

(1)微滤膜膜内孔径是比较均匀的贯穿孔，孔隙率占总体积的 70%～80%，能将液体中大于额定孔径的微粒全部拦截，过滤速度快。

(2)微滤膜是均一连续的高分子多孔体，具有良好的化学稳定性，无纤维和碎屑脱落，不会重新产生微粒影响滤出水的水质。

(3)微滤膜过滤中不会因压力升高导致大于孔径的微粒穿过微滤膜，即使压力波动也不会影响过滤效果。

(4)使用微滤膜处理废水与其他方法相比，不需要投加特殊的水处理剂，占地面积小，操作简便，系统运行稳定可靠，易于控制、维修，处理效率高。

(5)由于微滤膜近似于多层叠置筛网，截留作用限制在膜的表面，极易被少量与膜孔径大小相仿的微粒或胶体颗粒堵塞。如采用正交流结构的膜元件，由于其具有连续自清洗的特性，可以较好地解决这一缺陷。

(三)微滤操作

1. 微孔滤膜的分类和选择

微孔滤膜的分类通常是根据滤膜的材质不同来分的，一般水相滤膜的材质遇到有机溶剂会被溶解(如混合纤维素酯微孔滤膜)，有机相滤膜的材质可以耐大部分有机溶剂(特别的有机溶剂需要特别的滤膜)，所以可以过滤一般常见的有机溶剂和水、有机溶剂混合液(如尼龙、聚偏氟乙烯树脂等)。

微孔滤膜的常见分类：

(1)混合纤维素酯膜，又称混纤膜(WX)，由硝酸纤维和醋酸纤维素制成，适用于水溶液，不耐酸、碱、有机溶剂。

主要规格：直径 13～300mm，孔径 0.22～5μm。

应用于医药工业、电子工业、食品、机械等行业的细菌和微粒过滤。

(2)F 膜，又称偏氟膜，由聚偏氟乙烯树脂制成，为疏水性滤膜，适用于有机溶剂及空气过滤，直径 13～300mm，孔径 0.22～1.2μm。

应用于有机溶剂除微粒，提高试剂级别等。

(3)Nylon(尼龙)膜，通用型，满足纯水样品和水/有机混合样品。

(4)其他类膜，有聚酯膜、玻璃纤维膜、测尘膜等。

另外，微孔滤膜按其形态差异可分为平板薄纸型滤膜(flat sheet membrane)、中空纤维型滤膜(hollow fiber membrane)和管状型滤膜(tubular membrane)。

在选用微孔滤膜时，要根据样品溶液的性质确定采用何种材料和何种形式的膜，还要根据被分离物质的分子大小来确定膜孔径(表 25-1)。

表 25-1　不同孔径微孔滤膜的用途

孔　径	用　　途
3.0～10.0μm	反渗透脱盐前之保安过滤 *
0.6～0.8μm	大剂量注射液、大输液中的微粒过滤,啤酒、饮料过滤,油类光刻胶、喷漆溶剂等的澄清过滤
0.45μm	电子工业高纯水终端过滤,超纯试剂的过滤
0.2μm	药液、生物制剂和热敏性流体的除菌过滤,电子工业超纯水终端过滤,低度酒的澄清过滤

* 保安过滤(cartridge filtration)指的是水从微滤滤芯(精度一般小于 5μm)的外侧进入滤芯内部,微量悬浮物或细小杂质颗粒物被截留在滤芯外部的过程。

2. 微滤操作

微滤操作有无流动(deadend)和错流(crossflow)过滤两种形式,前者类型的膜应用于稀料液和小规模应用,滤芯大多为一次性。后者又称切线流操作或叉流过滤,适用于工业大规模生产,这类膜的特点是需要周期性地在线清洗、再生以恢复膜的过滤性能。

微孔滤膜应用时应注意以下几点:

(1)使用的微孔滤膜应事先放在 70℃左右的注射用水中浸泡 1h,将水倾出后再用温注射用水浸泡过夜备用,临用时取出,用注射用水淋洗干净,即可装入过滤器中使用,安装时防止滤膜装歪泄漏;

(2)为保护延长滤膜的使用寿命,可用同等大小的滤纸或绢绸布(应先用质量浓度 20g·L^{-1} 磺酸钠溶液煮沸绢绸布约 30min,然后用注射用水清洗干净)放在滤膜上,防止滤膜破裂;

(3)微孔滤膜之孔径为锥体状,光滑的一面孔径小为正面,粗糙的一面孔径大为反面,安装时应将正面朝下,反面朝上,否则易被杂质阻塞孔径,影响滤速。温度低时,应将处理好的滤膜放于与药液温度相同的注射用水中浸泡 5～10min,可避免因温差使滤膜抗拉强度降低而导致破裂现象;

(4)在滤器架的排气管的皮管头上固定一个 16 号输液针头,用止水夹控制,可避免排气压力与速度过大致使滤膜破裂;

(5)不要将滤架连同滤膜一起进行灭菌,否则滤膜因热胀冷缩而致脆裂皱折;

(6)使用后,微孔滤膜放在注射用水中,防止干燥,但不要浸泡太久,对已失水干燥的微孔滤膜不能使用;

(7)根据药液的浓度与黏度大小,应选用不同孔径的微孔滤膜;

(8)若发现微孔滤膜有小洞孔或小裂缝时,可用原不用的破滤膜漂洗干净后烘干,然后撕碎放于少量丙酮的小杯中,搅拌成糊状黏液,将此黏液滴于平放滤膜的小洞孔或小裂缝处,不宜过多,黏液覆盖而稍大即可,挥干后则可继续使用而不影响;

(9)输液过滤用先粗滤、后精滤的多级滤过装置时,可用微孔滤膜做最后的精滤,宜采用加压、减压、方位静压滤方式。

(四)微滤技术的应用

微滤主要用于除去溶液中大于 0.05μm 左右的超细粒子,其应用十分广泛,在目前膜工程行业销售额中占首位。

在水的精制过程中，微滤技术可以除去水中悬浮物、微小粒子和细菌，用于医药、饮料用水的生产；在电子工业超纯水制备中，微滤可用于超滤和反渗透过程的预处理和产品的终端保安过滤；在制药行业中，微滤技术可以用于医用纯水除菌、除热原，药物除菌；在食品工业中，微滤技术亦可用于啤酒、黄酒等各种酒类的过滤，以除去其中的酵母、霉菌和其他微生物，还可用于果汁的澄清过滤；在化学工业中，微滤技术可用于各种化学品的过滤澄清。

三、超　滤

(一)超滤的原理及特点

超滤(UF)是介于微滤和纳滤之间的一种膜过程，是一种加压膜分离技术，即在一定的压力下，使小分子溶质和溶剂穿过一定孔径的特制的薄膜，而大分子溶质不能透过，留在膜的一边，从而使大分子物质得到了部分的纯化，如图 25-4 所示。它利用的是筛分原理，截留分子量在 3～300kD 之间。超滤现已成为一种重要的生化实验技术，广泛用于含有各种小分子溶质的各种生物大分子(如蛋白质、酶、核酸等)的浓缩、分离和纯化。

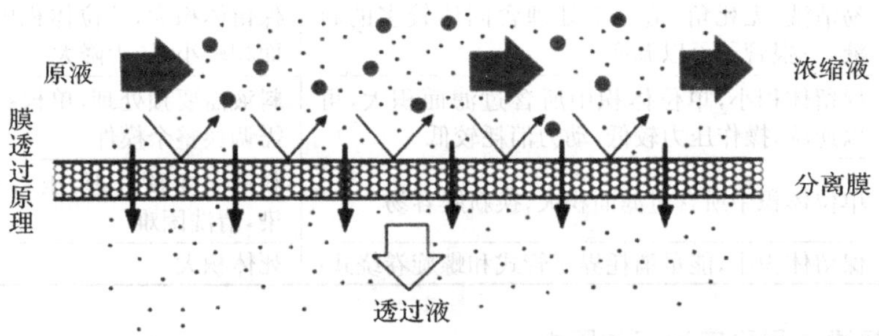

图 25-4　超滤的基本原理

超滤技术的优点是操作简便，成本低廉，不需增加任何化学试剂，尤其是超滤技术的实验条件温和，与蒸发、冷冻干燥相比没有相的变化，而且不引起温度、pH 的变化，因而可以防止生物大分子的变性、失活和自溶。在生物大分子的制备技术中，超滤主要用于生物大分子的脱盐、脱水和浓缩等。超滤法也有一定的局限性，它不能直接得到干粉制剂。对于蛋白质溶液，一般只能得到 10%～50%的浓度。

(二)超滤膜

超滤技术的关键是膜。膜有各种不同的类型和规格，可根据工作的需要来选用。早期的膜是各向同性的均匀膜，即现在常用的微孔薄膜，其孔径通常是 0.05mm 和 0.025mm。近几年来生产了一些各向异性的不对称超滤膜，其中一种各向异性扩散膜是由一层非常薄的、具有一定孔径的多孔“皮肤层”(厚约 0.1～1.0mm)和一层相对厚得多的(约 1mm)更易通渗的、作为支撑用的“海绵层”组成。皮肤层决定了膜的选择性，而海绵层增加了机械强度。由于皮肤层非常薄，因此高效、通透性好、流量大，且不易被溶质阻塞而导致流速下降。常用的膜一般是由乙酸纤维或硝酸纤维或此两者的混合物制成。近年来为适应制药和食品工业上灭菌的需要，发展了非纤维型的各向异性膜，例如聚砜膜、聚砜酰胺膜和聚丙烯腈膜等。这种膜在 pH 1～14 都是稳定的，且能在 90℃下正常工作。

(三)超滤装置

目前生产的超滤器都由模件(module)构成,一个良好的超滤器模件应具备下列条件:

(1)膜面切线方向的速度相当快,或者较高的剪切率,以减少浓差极化;

(2)单位体积中所含膜面积比较大;

(3)容易拆洗和更换新膜;

(4)保留体积小,无死角。

在超滤过程中,由于溶剂透过膜而溶质留在膜上,使膜表面的溶质浓度增加,并高于主体中浓度,这种浓度差导致溶质自膜面反扩散至主体中,这种现象称为浓差极化。随着浓缩倍数的提高,浓差极化现象也愈严重,膜的过滤强度也相应降低。要克服浓差极化,通常可加大液体流量,加强湍流和加强搅拌。

市售的超滤器大致有四种型式:管式、中空纤维式、螺旋卷绕式和平板式,其优缺点见表 25-2。

表 25-2　各种超滤器的比较

型式	优点	缺点
管式	易清洗,无死角,适宜于处理含固体较多的料液,单根管子可以调换	保留体积大,单位体积中所含过滤面积较小,压力降大
中空纤维式	保留体积小,单位体积中所含过滤面积大,可以逆洗,操作压力较低,动力消耗较低	料液需要预处理,单根纤维损坏时需调换整个模件
螺旋卷绕式	单位体积中所含过滤面积大,换新膜容易	料液需要预处理,压力降大,易污染,清洗困难
平板式	保留体积小,能量消耗界于管式和螺旋卷绕式	死体积大

(四)影响超滤过程稳定运行的因素

1. 超滤透过通量

超滤在操作压力为 0.1～0.6MPa、温度为 60℃以下时,其透过通量应在 100～500 $L/(m^2 \cdot h)$为宜,实际中比它要小得多,一般为 1～100$L/(m^2 \cdot h)$。当超滤透过浓差通量低于 1$L/(m^2 \cdot h)$时,过程缺乏经济效益,其原因是浓差极化在膜面上形成的边界层或凝胶层,使流体阻力增加,因此必须采取一些相应的措施来解决。

(1)料液流速　提高料液流速对防止浓差极化、提高设备处理能力有利。但增大压力使工艺过程耗能增加,结果导致费用增大。一般湍流体系中流速为 1～3m/s。

在螺旋式组件体系中,常在层流区操作,可在液流通道上设湍流促进材料,或采用振动的膜支撑物,在流道上产生压力波等方法,以改善流动状态,控制浓差极化,从而保证超滤组件的正常运行。

(2)操作压力　超滤膜透过通量与操作压力的关系决定于膜和边界层的性质。在实际超滤过程中往往后者控制着超滤透过通量。在用渗透压模型时,膜透过通量与压力成正比,而用凝胶化模型时,膜透过通量与压力无关。此时的透过通量称为临界透过通量。实际中超滤操作应在临界透过通量附近进行,此时操作压力约为 0.5～0.6MPa,除了克服透过膜的阻力外,还要克服通过膜表面的流体压力损失。

(3)温度　温度主要决定于所处理料液的化学、物理性质和生物稳定性,应在膜设备和处理物质允许的最高温度下进行操作,因为高温可以减少料液的黏度,从而增加传质效率,提高透过通量。温度与扩散系数的关系,可以用下式表示:

$$\mu D/T=\text{常数}$$

由上式可见，温度 T 愈高，黏度 μ 变小，而扩散系数 D 则变大。例如，酶允许的最高温度为25℃，电涂料为30℃，蛋白质为55℃，制奶工业为50～55℃，纺织工业脱浆废水中回收PVA时为85℃。

(4)操作时间　随着超滤过程的进行，浓度极化在膜表面上形成了浓缩的凝胶层，使超滤透过通量下降。其透过通量随时间的衰减情况，与膜组件的水力特性、料液的性质和膜的特性有关。当超滤运行一段时间后，就需要进行清洗，这段时间称为一个运行周期，当然，运行周期的变化还与清洗情况有关。

(5)进料浓度　随着超滤过程的进行，料液主体液流的浓度在增高，此时黏度变小，边界层厚度扩大，这对超滤来说无论从技术上还是经济上都是不利的，因此对超滤过程主体液流的浓度应有一个限制，即最高允许浓度。

(6)料液的预处理　为了提高膜的透过通量，保证超滤膜的正常稳定运行，在超滤前需对料液进行预处理，虽然超滤的预处理过程不像反渗透过程那么严格，但这种预处理也是保证实现超滤过程正常运行的关键，通常采用的预处理方法有过滤、化学絮凝、pH调节、消毒、活性炭吸附等，可以根据料液的性质和需要进行选用。此外，经超滤回收的水，在使用前还需进行再处理称为后处理，如电子工业用水脱除 CO_2、pH调节、过滤、消毒等。

2. 膜的寿命

膜的寿命是根据生产厂提出的膜在正常使用条件下可以保证使用的最短时间，一般在规定的料液和压力下，在pH允许的范围内，温度不超过60℃时，超滤膜可使用12～18个月。当然，超过规定的条件时，会使膜的寿命缩短。

超滤膜暂时不用，可浸在1%甲醛溶液或0.2% NaN_3 中保存。超滤膜的基本性能指标主要有水通量[$cm^3/(cm^2 \cdot h)$]、截留率(以百分率%表示)、化学物理稳定性(包括机械强度)等。

3. 膜的清洗和消毒

膜必须进行定期清洗，以保持一定的膜透过通量，并延长膜的寿命。清洗方法一般根据膜的性质和处理料液的性质来确定。通常和反渗透相类似，即先以水力清洗，而后根据情况采用不同的化学洗涤剂进行清洗，例如对电涂材料可以选用含离子的增溶剂，对水溶性有机涂料可以用“桥键”型溶剂。食品工业中蛋白质沉淀可以用朊酶溶剂或磷酸盐、硅酸盐为基础的碱性去垢剂。膜表面由无机盐形成的沉淀可用EDTA之类的螯合剂或酸、碱加以溶解。对于不同的膜组件，可以选用不同的清洗方法，如管式组件可以用海绵球进行机械清洗，中空纤维式组件可以用反向冲洗等。对于食品工业用膜还需进行消毒处理(用NaOCl和 H_2O_2 等)。

(五)超滤技术的应用

在生物大分子的制备技术中，超滤主要用于生物大分子的脱盐、脱水和浓缩等，并具有成本低、操作方便、条件温和、能较好地保持生物大分子的活性、回收率高等优点。

(1)浓缩　使用超滤来增加所需大分子溶质的浓度，即大分子被超滤膜截留而小分子和溶剂可自由通过，从而达到浓缩的目的。

(2)梯度分离　按分子大小梯度分离样品中的溶质分子时，超滤是一种经济、有效的方法，适用于分离分子量相差10倍以上的分子组分。在超滤过程中，虽然截留的大分子被浓缩,但滤过的溶质分子仍保持初始的浓度。

(3)脱盐/纯化　脱盐即从大分子溶液中去除盐、非水性溶剂和小分子物质的过程。通过换缓冲液,可以最有效地去除溶液中的小分子物质。具体方法为:在溶液进行超滤的同时,不断向溶液中补充缓冲液,补充缓冲液的速度与溶液滤过速度相同,使体系始终保持恒定,这种方法又称透析超滤法。

(4)生物制品的制备　在生物制品中应用超滤法有很高的经济效益,例如供静脉注射的25%人胎盘血白蛋白(即胎白)通常是用硫酸铵盐析法、透析脱盐、真空浓缩等工艺制备的,该工艺流程硫酸铵耗量大,能源消耗多,操作时间长,透析过程易产生污染。改用超滤工艺后,平均回收率可达97.18%,吸附损失为1.69%,透过损失为1.23%,截留率为98.77%,大幅度提高了白蛋白的产量和质量,每年可节省硫酸铵6.2吨,自来水16000吨。

四、纳　滤

纳滤(NF)是介于反渗透和超滤之间的一种膜分离,截留分子量在0.2~1kD之间,过滤孔径为几个纳米,用于低分子量物质的分离、浓缩。

纳滤分离作为一项新型的膜分离技术,技术原理近似机械筛分。但是纳滤膜本体带有电荷性,这是它在很低压力下仍具有较高脱盐性能和截留分子量为数百的膜也可脱除无机盐的重要原因。

纳滤技术是从反渗透技术中分离出来的一种膜分离技术,是超低压反渗透技术的延续和发展分支。一般认为,纳滤膜存在着纳米级的细孔,且截留率大于95%的最小分子约为1mm,所以近几年来这种膜分离技术被命名为Nanofiltration,简称NF,中文译为纳滤。在过去的很长一段时间里,纳滤膜被称为超低压反渗透膜(Low Pressure Reverse Osmosis, LPRO),或称选择性反渗透膜或松散反渗透膜(Loose Reverse Osmosis, Loose RO)。日本学者大谷敏郎曾对纳滤膜的分离性能进行了具体的定义:操作压力≤1.50MPa,截留分子量200~1000,NaCl的截留率≤90%的膜可以认为是纳滤膜。现在,纳滤技术是介于超滤和反渗透技术之间的独立的分离技术,已经广泛应用于海水淡化、超纯水制造、食品工业、环境保护等诸多领域,成为膜分离技术中的一个重要分支。

纳滤过程的关键是纳滤膜。对膜材料的要求是:具有良好的成膜性、热稳定性、化学稳定性、机械强度高、耐酸碱及微生物侵蚀、耐氯和其他氧化性物质、有高水通量及高盐截留率、抗胶体及悬浮物污染、价格便宜。目前采用的纳滤膜多为芳香族及聚酸氢类复合纳滤膜。复合膜为非对称膜,由两部分结构组成:一部分为起支撑作用的多孔膜,其机理为筛分作用;另一部分为起分离作用的一层较薄的致密膜,其分离机理可用溶解扩散理论进行解释。对于复合膜,可以对起分离作用的表皮层和支撑层分别进行材料和结构的优化,可获得性能优良的复合膜。膜组件的形式有中空纤维、卷式、板框式和管式等。其中,中空纤维和卷式膜组件的填充密度高,造价低,组件内流体力学条件好;但是这两种膜组件的制造技术要求高,密封困难,使用中抗污染能力差,对料液预处理要求高。而板框式和管式膜组件虽然清洗方便、耐污染,但膜的填充密度低、造价高。因此,在纳滤系统中多使用中空纤维式或卷式膜组件。

对于一般的反渗透膜,脱盐率是膜分离性能的重要指标,但对于纳滤膜,仅凭脱盐率还不能说明其分离性能。有时,纳滤膜对分子量较大的物质的截留率反而低于分子量较小的物质。纳滤膜的过滤机理十分复杂。由于纳滤膜技术为新兴技术，因此对纳滤的机理研究还处于探索阶段，有关文献还很少。但鉴于纳滤是反渗透的一个分支，因此很多现象可以用反渗透的机理模型进行解释。

纳滤膜的过滤性能还与膜的荷电性、膜制造的工艺过程等有关。不同的纳滤膜对溶质有不同的选择透过性，如一般的纳滤膜对二价离子的截留率要比一价离子高，在多组分混合体系中，对一价离子的截留率还可能有所降低。纳滤膜的实际分离性能还与纳滤过程的操作压力、溶液浓度、温度等条件有关。如透过通量随操作压力的升高而增大，截留率随溶液浓度的增大而降低等。

纳滤分离愈来愈广泛地应用于电子、食品和医药等行业，诸如超纯水制备、果汁高度浓缩、多肽和氨基酸分离、抗生素浓缩与纯化、乳清蛋白浓缩、纳滤膜-生化反应器耦合等实际分离过程中。与超滤或反渗透相比，纳滤过程对单价离子和分子量低于 200 的有机物截留较差，而对二价或多价离子及分子量介于 200～500 之间的有机物有较高的脱除率，基于这一特性，纳滤过程主要应用于水的软化、净化以及分子量在百级的物质的分离、分级和浓缩（如染料、抗生素、多肽、多糖等化工和生物工程产物的分级和浓缩）、脱色和去异味等。主要用于饮用水中脱除 Ca、Mg 离子等硬度成分、三卤甲烷中间体、异味、色度、农药、合成洗涤剂、可溶性有机物及蒸发残留物质。

纳滤对二价离子特别是阴离子的截留率可达 99%，特别适用于低分子量物质的浓缩、脱盐。纳滤也适用于水的净化和软化，脱除水中的三卤甲烷中间体 THM，低分子有机物和农药、硫酸盐等有害物。纳滤用于乳清的浓缩、脱盐在工业上也已应用，可将乳糖的浓度提高到 29%，而灰分的脱除率达到 90%之高。纳滤还可应用于食品工业、饮料工业、生物医药、有机酸制备、精细化工、环保工业等领域。

五、反渗透

反渗透（RO）又称逆渗透，一种以压力差为推动力，从溶液中分离出溶剂的膜分离操作。对膜一侧的料液施加压力，当压力超过它的渗透压时，溶剂会逆着自然渗透的方向作反向渗透（图 25-5），从而在膜的低压侧得到透过的溶剂，即渗透液，高压侧得到浓缩的溶液，即浓缩液。反渗透时，溶剂的渗透速度即液流能量 N 为：

$$N=K_h(\Delta p-\Delta\pi)$$

式中：K_h 为水力渗透系数，它随温度升高稍有增大；Δp 为膜两侧的静压差；$\Delta\pi$ 为膜两侧溶液的渗透压差。稀溶液的渗透压 π 为：

$$\pi=iCRT$$

式中：i 为溶质分子电离生成的离子数；C 为溶质的摩尔浓度；R 为摩尔气体常数；T 为绝对温度。

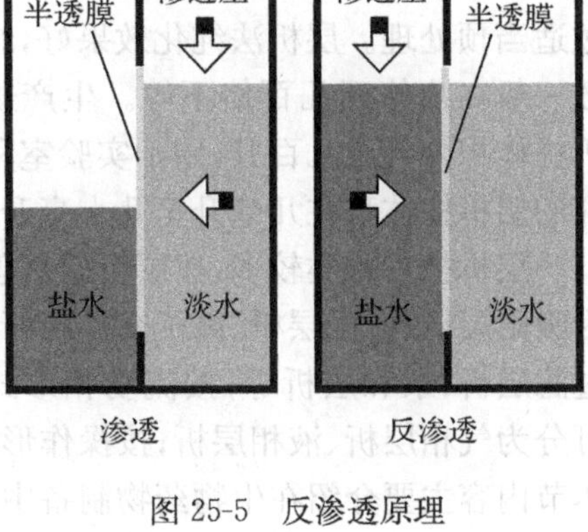

图 25-5　反渗透原理

反渗透通常使用非对称膜和复合膜。反渗透所用的设备，主要是中空纤维式或卷式膜分离设备。

反渗透过滤过程只能透过溶剂（通常是水），适用于溶液的脱水、浓缩及工艺水净化等。反渗透的截留对象是所有的离子，仅让水透过膜，对 NaCl 的截留率在 98%以上，出水为无离子水。

反渗透法能够去除可溶性的金属盐、有机物、细菌、胶体粒子、发热物质，也能截留所有的离子，在生产纯净水、软化水、无离子水、产品浓缩、废水处理方面反渗透膜已经应用广泛。因其具有产水水质高、运行成本低、无污染、操作方便、运行可靠等诸多优点而成为海水和苦咸水淡化，以及纯水制备的最节能、最简便的技术，目前已广泛应用于医药、电子、化工、食品、海水淡化等诸多行业。反渗透技术已成为现代工业中首选的水处理技术。

【习题与思考】

1. 微滤截留物质的大小范围是多少？有哪些用途？
2. 超滤截留分子大小的范围是多少？有哪些用途？
3. 什么叫浓差极化？如何克服？
4. 纳滤截留分子大小的范围是多少？有哪些用途？
5. 反渗透有哪些应用？

任务二十六 层析技术

【任务内容】

层析技术又称色谱技术，它是基于不同物质在流动相和固定相之间的分配系数不同而将混合组分分离的技术。当流动相（液体或气体）流经固定相（多孔的固体或覆盖在固体支持物上的液体）时，由于不同物质对固定相作用力不同所引起的移动速度差而实现分离。层析过程如图 26-1 所示。

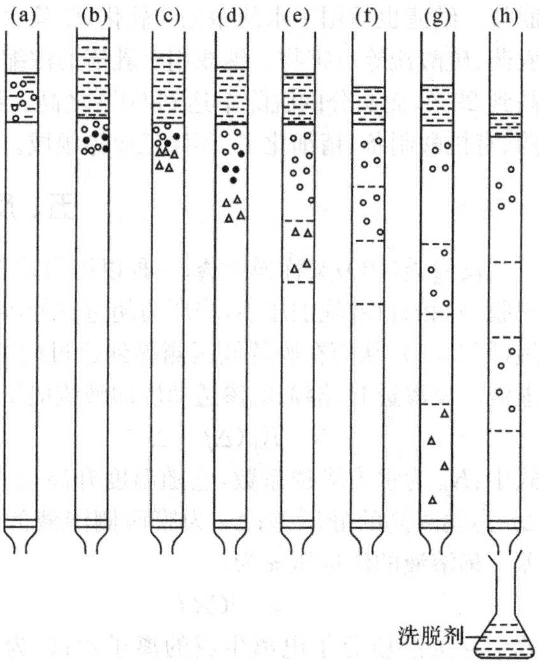

图 26-1 层析过程示意图

层析技术能用于微量样品的分析和大量样品的纯化制备。对于生物药物的生产来说，层析技术一般用在生物药物精制工序，生物药物在进行层析法纯化之前，需经过适当预处理。层析法纯化效果好，纯化倍数一般在几倍到几百倍不等。生产规模层析柱体积几升至几百升，用于实验室科学研究的层析柱体积在几毫升至几十毫升不等。

层析技术种类较多，按层析的机理可分为吸附层析、分配层析、离子交换层析、凝胶过滤层析、亲和层析等；按流动相形式不同可分为气相层析、液相层析；按操作形式可分为柱层析、纸层析、薄层层析、高效液相层析等。本节内容主要介绍在生物药物制备中经常用到的层析技术，即离子交换层析、亲和层析、凝胶过滤层析（包括凝胶电泳）等。

一、离子交换层析

(一)基本原理

离子交换层析(ionic change chromatography, ICE)是以离子交换剂为固定相,利用流动相中组分离子与离子交换剂平衡离子进行可逆交换时的结合力差异进行物质分离的一种层析方法。样品中待分离的溶质离子,与固定相上所结合的离子交换,不同的溶质离子与离子交换剂上功能基团的作用力不同,洗脱液流过时,样品中的离子按作用力的弱强先后洗脱,从而实现不同带电组分的分离。带电粒子与离子交换剂间的作用力是静电力,它们的结合是可逆的,即在一定的条件下能够结合,条件改变后又可以被释放出来。

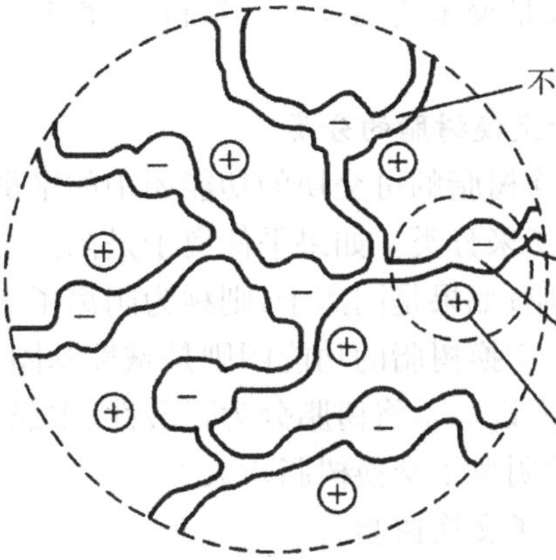

图 26-2 离子交换剂的结构

离子交换剂由惰性的不溶性载体、功能基团和平衡离子组成(图 26-2)。

离子交换现象可用下面的方程式表示:

$$R^- X^+ + Y^+ \longleftrightarrow R^- Y^+ + X^+$$

式中:R^- 表示阳离子交换剂的功能基团和载体;X^+ 表示平衡离子;Y^+ 表示交换离子。当反应体系中的离子浓度发生变化时,反应平衡即向左或向右移动。如向平衡体系中加入多量 X^+,平衡向左移动,反应倾向于生成 $R^- X^+$,释放出 Y^+ 的方向。反之,若加入多量的 Y^+,则平衡向右移动,释放出 X^+。

在实际应用中,一般要求对被分离组分进行选择性吸附,也就是使目的组分与离子交换剂具有较强的作用力,而杂质没有结合力或结合力较弱。具体做法是调节被分离物质溶液的 pH,使目的组分(如氨基酸、蛋白质等两性物质)带有相当数量的静电荷(如正电荷),而主要杂质粒子带相反电荷或较弱的电荷(正电荷)。然后选择适宜的树脂(如阳离子交换剂),使目的组分被离子交换树脂吸附,杂质较少被吸附或不被吸附而最先洗脱除去。

从树脂上洗脱目的组分的方法主要有两种,一种是调节洗脱液的 pH,使目的组分离子在此 pH 下失去电荷,甚至带相反电荷,从而丧失与原离子交换树脂的结合力而被洗脱下来;另一种是用高浓度的同性离子根据质量作用定律将目的物离子取代下来。

生物药物如氨基酸、蛋白质、核酸和一些抗生素在水溶液中带有不同电荷,对离子交换剂的吸附力也不同。利用这个性质,可实现分离和提纯。目前,离子交换层析技术在生物制药中的应用甚为广泛,是分离纯化生物药物的主要技术之一。

(二)离子交换树脂

1. 离子交换树脂的结构

离子交换树脂是一种不溶于酸、碱和有机溶剂的网状结构的功能高分子化合物,它的化学稳定性良好,且具有离子交换能力。其结构由三部分组成:不溶性的三维空间网状结构构成的树脂骨架,通常是有机高分子聚合物,使树脂具有化学稳定性;第二部分是与骨架相连的能带电的功能基团；另一部分是与功能基团所带电荷相反的可移动的离子，称为平衡离子，又称活性离子，它在树脂骨架中的结合、解离，就发生离子交换现象。平衡离子是阳离子的称为阳离子交换树脂，平衡离子是阴离子的称为阴离子交换树脂。如聚苯乙烯磺酸钠型树脂，其骨架是聚苯乙烯高分子塑料，活性基团是磺酸基，平衡离子为钠离子，它是阳离子交换树脂。

2. 离子交换树脂的分类

离子交换树脂的可交换的功能团中的平衡离子决定此树脂的主要性能，因此树脂可以按照平衡离子来分类。如果平衡离子是阳离子，即这种树脂能和阳离子发生交换，就称为阳离子交换树脂；如果是阴离子，则称为阴离子交换树脂。阳离子交换树脂的功能团是酸性基团，而阴离子交换树脂的功能团则是碱性基团。功能团的电离程度决定了树脂的酸性或碱性的强弱。所以通常将树脂分为强酸性、中强酸性、弱酸性阳离子交换树脂和强碱性、中强碱性、弱碱性阴离子交换树脂六大类。

（1）阳离子交换树脂

1）强酸型阳离子交换树脂：主要是磺酸型树脂。功能基团为磺酸基（$—SO_3H$）及甲基磺酸基（$—CH_2SO_3H$）。强酸型阳离子交换树脂的交换能力几乎不受环境 pH 的影响，它在很宽的 pH 范围内都保持良好的交换能力，这是因为不论在酸性、中性范围内它都能较好地解离。以磺酸型树脂与氯化钠的作用为例，这类树脂的交换反应，可表示如下（R 表示树脂的骨架）：

$$RSO_3H + NaCl \rightleftharpoons RSO_3Na + HCl$$

2）中酸型阳离子交换树脂：主要是磷酸型树脂，功能基团为磷酸基（$—PO_3H_2$）或者次磷酸基（$—PO_2H_2$）。这类阳离子交换树脂的交换能力受环境 pH 的影响，pH 增高交换能力增强。

3）弱酸型阳离子交换树脂：主要是羧酸型树脂和酚型树脂，功能基团分别为羧基（—COOH）和酚羟基（—OH）。这种树脂的电离程度小，其交换性能和溶液的 pH 有很大关系。在酸性溶液中，这类树脂解离度受到抑制，几乎不能发生交换反应，交换能力随溶液的 pH 增加而提高。对于羧基树脂，应该在 $pH>7$ 的溶液中操作；而对于酚羟基树脂，溶液的 $pH>9$。以羧基型树脂为例，典型的交换反应可表示如下：

$$RCOOH + NaOH \rightleftharpoons RCOONa + H_2O$$

（2）阴离子交换树脂

1）强碱型阴离子交换树脂：强碱型阴离子交换树脂的功能基团多为季铵盐，交换能力受 pH 环境的影响较小。有两种强碱型阴离子交换树脂（图 26-3），一种含三甲胺基，称为强碱Ⅰ型；另一种含二甲基-β-羟基-乙胺基团，称为强碱Ⅱ型。Ⅰ型的碱性比Ⅱ型强，但再生较困难，Ⅱ型树脂的稳定性较差。

Ⅰ型　　　　Ⅱ型

图 26-3　两种强碱性阴离子树脂

这类树脂典型的交换反应可表示如下：

$$RN^{+}(CH_3)_3Cl^{-}+NaOH \rightleftharpoons RN^{+}(CH_3)_3OH^{-}+NaCl$$

2)弱碱型阴离子交换树脂:弱碱型阴离子交换树脂的活性基团是伯、仲、叔胺基,即—NH_2,—NHR,—NR_2,吡啶基等。弱碱型阴离子交换树脂的交换能力同样受自身解离影响,在碱性环境中交换能力低,仅适应于在中性及酸性环境中使用。其典型交换反应可表示如下:

$$RNH_3OH+HCl \rightleftharpoons RNH_3Cl+H_2O$$

3)中强碱型阴离子交换树脂:中强碱型阴离子交换树脂兼有以上两类活性基团,两者的比例决定其碱性强弱。

3. 离子交换树脂的命名

对离子交换树脂的命名,在国外,往往以树脂生产公司的名称或商业名称来表示。

在国内,我国早在1977年就已制定了《离子交换树脂产品分类、命名及型号》部颁标准。根据离子交换树脂功能基团性质不同将其分为强酸、强碱、弱酸、弱碱、整合、两性、氧化还原等七类(表26-1)。

表26-1 离子交换树脂产品的分类代号

代号	分类名称	代号	分类名称
0	强酸性	4	螯合性
1	弱酸性	5	两 性
2	强碱性	6	氧化还原
3	弱碱性		

表26-2 离子交换树脂骨架的分类代号

代号	骨架名称	代号	骨架名称
0	苯乙烯系	4	乙烯吡啶系
1	丙烯酸系	5	脲醛系
2	酚醛系	6	氯乙烯系
3	环氧系		

对其命名规定:离于交换树脂的全名由分类名称、骨架(或基团)名称(表26-2)、基本名称排列组成。为区别离于交换树脂产品中同一类中的不同品种,在全名前必须有符号。

对大孔离子交换树脂,在型号的前面加"D"表示,凝胶型离子交换树脂在型号的后面用"×"接阿拉伯数字,表示交联度。如001×7表示交联度为7%的苯乙烯系凝胶型强酸性阳离子交换树脂,D315表示大孔型丙烯酸系弱碱性阴离子交换树脂。

但是,在国内的树脂商品并不完全按照上述标准来命名,同种树脂在不同厂家生产会出现不同名称,这在购买和使用时需要注意。一般在使用前应该查阅产品说明书,了解其结构及性能和使用等多方面资料。

(三)离子交换层析操作

1. 树脂的选择

应用离子交换层析方法来分离纯化生物药物的关键是要选择合适的树脂,选用树脂的主要依据是被分离物质的性质。如果目标物质是非离子型的,那就不能用离子交换法来进行提取。反之,如能在水中离解,就可考虑用离子交换法来分离纯化。一般来说,当目标物质具有较强的碱性或酸性时,宜选用弱酸性或弱碱性的树脂,这样有利于提高选择性,并便于洗脱。如果目标物质是弱酸性或弱碱性的小分子物质,如氨基酸的分离,多用强酸性树脂,以保证有足够的结合力,便于分步洗脱。对于大多数蛋白质、酶和其他生物大分子的分离多采用弱碱或弱酸性树脂,以减少生物大分子的变性,有利于洗脱,并提高选择性。

就树脂而言,首先要求合适的骨架成分。疏水性较强的离子交换树脂(如聚苯乙烯离子交换树脂)一般常用于分离小分子物质,如无机离子、氨基酸、核苷酸等。而纤维素、葡聚糖、琼脂糖等离子交换剂亲水性较强,适合于分离蛋白质等大分子物质。其次,离子交换树脂还需要有适宜的交联度，因为交联度与树脂的孔径和机械强度有关。交联度大则孔径小，交换速度慢，有效交换量下降（尤对生物大分子）；若交联度小，则孔径太大，也会导致选择性下降，而且机械强度小，易粉碎，造成使用过程中树脂的流失。此外，也要考虑树脂的化学稳定性。一般树脂都有较高的化学稳定性，能经受酸、碱和有机溶剂的处理。但含苯酚的磺酸型树脂及胺型阴离子树脂不宜与强碱长时间接触，尤其是在加热的情况下。另外，树脂的外观特征也是需要考虑的因素。商品树脂应无杂质，颜色以浅为好，透明或半透明。好的树脂颗粒圆整，粒度均匀，有一定的强度。粒度过大时，交换速度低，如作柱层析则分辨率差；粒过细，不便于操作，用作柱层析时流速太小。

2. 树脂的预处理

首先，对市售树脂经过过筛、浮选和水洗处理以保证树脂粒度适宜，并且除去木屑、泥沙等杂物，然后用酒精或其他溶剂浸泡，以除去可能残留的有机溶剂、未参加聚合反应的物质和低聚物等有机杂质。

树脂经上述多种物理方法处理后，接下来要进行化学处理，具体方法是用8～10倍量的1mol/L盐酸及氢氧化钠溶液交替浸泡（搅拌）。例如，732树脂在用作氨基酸分离前先以8～10倍于树脂体积的1mol/L盐酸搅拌浸泡4h，然后用水反复洗至近中性。再以8～10倍体积的1mol/L氢氧化钠溶液搅拌浸泡4h。反复以水洗至近中性后再用8～10倍体积的1mol/L盐酸浸泡。最后用水洗至中性备用。其中最后一步用酸处理使之变为氢型树脂的操作也可称为“转型”。对强酸型阳离子交换树脂来说，应用状态还可以是钠型。若把上面的酸—碱—酸处理，改作碱—酸—碱处理便可得到钠型树脂。对阴离子交换树脂，最后用氢氧化钠溶液处理便呈羟型，若用盐酸溶液处理则为氯型树脂。对于分离蛋白质、酶等物质，往往要求在一定的pH范围及离子强度下进行操作。因此，转型完毕的树脂还须用相应的缓冲液平衡数小时后备用。

3. 离子交换层析操作过程

离子交换层析过程如图26-4所示。

（1）装柱　离子交换层析要根据分离的样品量选择合适的层析柱，离子交换用的层析柱一般粗而短，不宜过长，直径和柱长比一般为1∶10到1∶50之间，层析柱安装要竖直。装柱时要均匀平整，不能有气泡。

（2）平衡　离子交换层析的基本反应过程就是离子交换剂平衡离子与待分离物质、缓冲液中离子间的交换，所以在离子交换层析中平衡缓冲液和洗脱缓冲液的离子强度和pH的选择对于分离效果有很大的影响。

平衡缓冲液是指装柱后及上样后用于平衡离子交换柱的缓冲液。平衡缓冲液的离子强度和pH的选择首先要保证各个待分离物质如蛋白质的稳定。其次是要使各个待分离物质与离子交换剂有适当的结合，并尽量使待分离样品和杂质与离子交换剂的结合有较大的差别。一般是使待分离样品与离子交换剂有较稳定的结合，而尽量使杂质不与离子交换剂结合或结合不稳定。在一些情况下（如污水处理）可以使杂质与离子交换剂有牢固的结合，而样品与离子交换剂结合不稳定，也可以达到分离的目的。另外需注意，平衡缓冲液中不能有与离子交换剂结合力强的离子，否则会大大降低交换容量，影响分离效果。选择合适的平衡缓冲液，直接就可以去除大量的杂质，并使得后面的洗脱有很好的效果。如果平衡缓冲液选择不合适，可能会对后面的洗脱带来困难，无法得到好的分离效果。

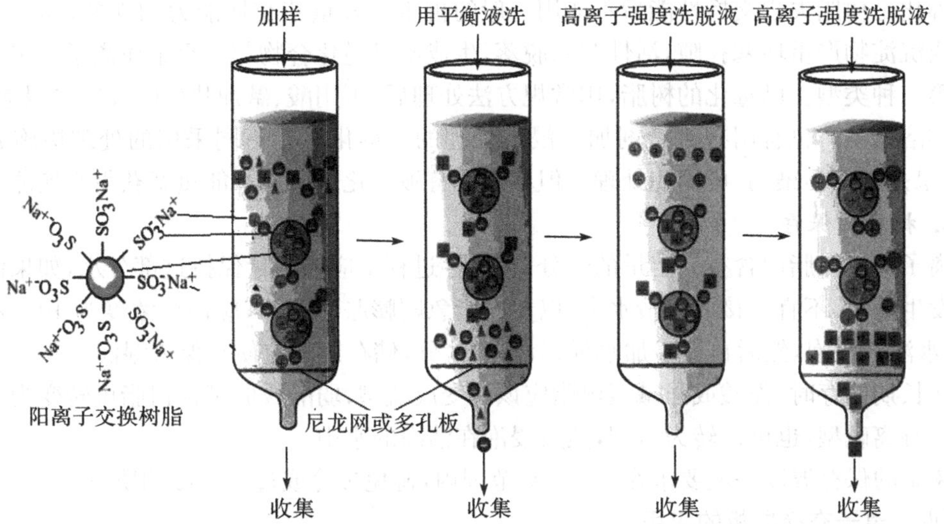

图 26-4 离子交换层析

(3)上样 离子交换层析上样时应注意样品液的离子强度和 pH 值，上样量也不宜过大，一般以柱床体积的 1%～5%为宜，使样品能吸附在层析柱的上层，得到较好的分离效果。

(4)洗脱 在离子交换层析中一般常用梯度洗脱，通常有改变离子强度和改变 pH 两种方式。改变离子强度通常是在洗脱过程中逐步增大离子强度，从而使与离子交换剂结合的各个组分被洗脱下来；而改变 pH 的洗脱，对于阳离子交换剂一般是 pH 从低到高洗脱，阴离子交换剂一般是 pH 从高到低。由于 pH 可能对蛋白的稳定性有较大的影响，故一般通常采用改变离子强度的梯度洗脱。

洗脱液的选择首先也是要保证在整个洗脱液梯度范围内，所有待分离组分都是稳定的；其次是要使结合在离子交换剂上的所有待分离组分在洗脱液梯度范围内都能够被洗脱下来。另外，可以使梯度范围尽量小一些，以提高分辨率。

洗脱液的流速也会影响离子交换层析分离效果，洗脱速度通常要保持恒定。一般来说洗脱速度慢比快的分辨率要好，但洗脱速度过慢会造成分离时间长、样品扩散、谱峰变宽、分辨率降低等副作用，所以要根据实际情况选择合适的洗脱速度。如果洗脱峰相对集中于某个区域造成重叠，则应适当缩小梯度范围或降低洗脱速度来提高分辨率；如果分辨率较好，但洗脱峰过宽，则可适当提高洗脱速度。

4. 树脂再生、转型和毒化

所谓再生就是让使用过的树脂重新获得使用性能的处理过程。离子交换树脂一般都能多次重复使用。对使用后的树脂首先要去杂，即用大量水冲洗，以去除树脂表面和孔隙内部物理吸附的各种杂质，然后再用酸、碱处理除去与功能基团结合的杂质，使其恢复原有的静电吸附能力。“转型”即树脂去杂后，为了发挥其交换性能，按照使用要求人为地赋予平衡离子的过程。对于弱酸或弱碱型树脂须用碱(NaOH)或酸(HCl)转型；对于强酸或强碱型树脂除使用碱、酸外还可以用相应的盐溶液转型。在处理和再生过程中应注意碱性树脂不如酸性树脂稳定。

毒化是树脂失去交换性能后不能用一般的再生手段重获交换能力的现象，如大分子有机物或沉淀物严重堵塞孔隙，活性基团脱落，生成不可逆化合物等。重金属离子对树脂的毒化属第三种类型。已毒化的树脂，用常规方法处理后，再用酸、碱加热（40～50℃）浸泡，以求溶出难溶杂质。也有用有机溶剂加热浸泡处理的。毒化原因不同采用的处理措施亦应不同，如果是生物污染的，可用酶处理。但不是所有被毒化的树脂都能重新获得交换能力。

5. 树脂的保存

离子交换树脂内含有一定量的水分，在储存过程中应该尽量保持这部分水，如果储存过程中发生脱水，不宜直接放入清水中，以免树脂急剧膨胀而破碎，应该用浓度为 10%左右的 NaCl 水溶液浸泡，然后再逐步加水稀释，洗去盐分，储存期间应使其保持湿润。

在长期储存时，强酸或强碱型树脂应该转变成盐型，弱酸或弱碱性树脂可转变为相应的氢型和游离碱型，也可以转为盐型，然后浸泡在洁净的水中。

树脂的保存温度一般要求在 5～40℃范围内，避免过冷或过热而影响质量。

（四）离子交换层析的应用

1. 去离子水的制备

离子交换层析是一种简单而有效的去除水中各种离子的方法。去离子水是利用氢型阳离子交换树脂和羟型阴离子交换树脂的组合以除去水中所有的离子，其反应式如下：

$$RSO_3H + MeX \rightleftharpoons RSO_3Me + HX \tag{26-1}$$

$$R'OH + HX \longrightarrow R'X + H_2O \tag{26-2}$$

式中：Me^+代表金属离子；X^-代表阴离子。

阳离子交换树脂一般用强酸型树脂（氢型弱酸性树脂在水中不起交换作用），阴离子交换树脂可以用强碱或弱碱型树脂。弱碱性树脂再生剂用量少，交换容量也高于强碱型树脂，但弱碱型树脂不能除去弱酸性阴离子，如硅酸、碳酸等。在实际应用时，可根据原水质量和供水要求等具体情况，采取不同的组合。如一般用强酸—弱碱或强酸—强碱树脂。当对水质要求高时，若经过一次组合脱盐还达不到要求，则可采用两次组合，如强酸—弱碱—强酸—强碱，或强酸—强碱—强酸—强碱混合床。

当原水中重碳酸盐或碳酸盐含量高时，可在强酸塔或弱碱塔后面加一除气塔，以除去 CO_2，这样可减轻强碱塔的负荷。

混合床系将阳、阴两种树脂混合而成，脱盐效果很好。但再生操作不便，故适宜于装在强酸—强碱树脂组合的后面，以除去残留的少量盐分，提高水质。

当水流过阳离子交换树脂时，发生的交换反应系可逆反应，如式(26-1)所示，故不能将全部 Me^+ 离子都除去，这些阳离子就通过阳离子交换树脂而漏出。但在混合床中所发生的反应式可将式(26-1)和式(26-2)合并起来表示：

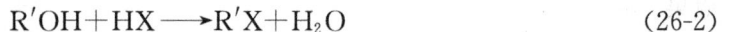

$$RSO_3H + R'OH + MeX \longrightarrow RSO_3Me + R'X + H_2O \tag{26-3}$$

最后生成的反应产物是水，故反应完全，如无数对阳、阴离子交换树脂串联一样所制得的无盐水，比电阻可达 $18\times10^7\,\Omega/cm$，而普通阳、阴离子交换树脂组合（称为复床）所制得的无盐水，比电阻最高约为 $1\times10^6\,\Omega/cm$。离子交换剂使用一段时间后可以通过再生处理重复使用。

2. 分离纯化小分子物质

离子交换层析也广泛应用于有机酸、核苷酸、氨基酸、抗生素等小分子物质的分离提纯。

(1)抗生素的分离提纯　以链霉素为例：链霉素在中性溶液中为三价正离子，故可以用阳离子交换树脂提取。强酸性树脂吸附较容易，但洗脱困难，故宜用弱酸性树脂。因链霉素在碱性下不稳定，故宜在中性或酸性下吸附。在酸性下不仅链霉素不甚稳定，且弱酸性树脂在酸性下不起交换作用，故吸附宜在中性下进行。在中性下氢型弱酸性树脂不能起交换作用，故应预先将树脂处理成钠型。吸附滤液的浓度宜适当稀释，使之利于吸附链霉素(它是高价离子)，而不易吸附杂质离子。羧基树脂对氢离子的亲和力很大，故用酸来洗脱链霉素可完全洗脱，酸的浓度自 0.1mol/L 提高到 1mol/L，可使洗脱液浓度提高，洗脱高峰集中。

以新霉素为例：新霉素是六价碱性物质，可以用强酸或弱酸性树脂提取。用弱酸性树脂提取时，其流程和链霉素相似，所不同的是可以用氨水将新霉素从磺酸基树脂上洗脱下来，故可以用磺酸基树脂来提取。在碱性下新霉素从正离子变为游离碱，使溶液中新霉素正离子浓度降低，即解吸离子的浓度降低，故有利于洗脱。选用的树脂交联度要合适，交联度过大，会使交换容量降低，过小会使选择性不好。氨水洗脱液可用羟型强碱树脂脱色，经过蒸发，去除氨水，不留下灰分，可省却脱盐手续。

(2)有机酸的分离提纯　以柠檬酸的分离提纯为例：柠檬酸的提取，国内大多采用钙盐沉淀法。发酵液过滤除去菌丝体，加碳酸钙于滤液中形成钙盐沉淀，钙盐加硫酸酸解形成柠檬酸和硫酸钙，酸解液中尚含杂质硫酸根离子 2000～4000mg/L 和氯离子 100mg/L 左右，通过弱碱性阴离子交换树脂除去这些杂质离子(它们的存在会影响成品质量，特别是 Cl^- 的存在会腐蚀不锈钢浓缩设备)，后经脱色、浓缩结晶得成品。使用的弱碱树脂预先处理成羟型，通入酸解液，其 pH＜2.5，而柠檬酸的 pK 值为 pK_1 3.14、pK_2 4.77、pK_3 6.39，因而在 pH＜2.5 时，柠檬酸不离解，也不会发生离子交换，但可与羟型弱碱树脂形成盐或认为可能形成氢键而吸附在树脂上。当继续流入酸解液时，由于其中存在少量的 HCl 和 H_2SO_4 是强酸，能将柠檬酸洗脱下来。如果树脂有合适的碱度和较高的交换容量，则不仅柠檬酸的损失少，而且能处理较高倍数的酸解液。

(3)氨基酸的分离提纯　离子交换层析在氨基酸的分离纯化中应用最为普遍。对氨基酸的分离纯化，通常使用强酸型阳离子聚苯乙烯树脂，将氨基酸混合液在 pH2～3 上柱。这时氨基酸都结合在树脂上，再逐步提高洗脱液的离子强度和 pH，这样各种氨基酸将以不同的速度被洗脱下来，可以实现分离纯化。例如，用 732 离子交换树脂(强酸性苯乙烯系阳离子交换树脂)从猪血粉水解液中提取 6 种氨基酸，在 pH2.5 条件下水解液上柱吸附，然后依次用 0.05mol/L、0.1mol/L、2mol/L 氨水梯度洗脱，可分别分离得到天冬氨酸(Asp)、谷氨酸(Glu)、亮氨酸(Leu)、组氨酸(His)、赖氨酸(Lys)和精氨酸(Arg)。

3. 大分子物质的分离纯化

离子交换层析是依据物质带电性质的不同来进行分离纯化的，是分离纯化蛋白质等生物大分子的一种重要手段。由于生物样品中蛋白的复杂性，一般很难只经过一次离子交换层析就达到高纯度，往往要与其他分离方法配合使用。使用离子交换层析分离样品要充分利用其按带电性质来分离的特性，只要选择合适的条件，通过离子交换层析可以得到较满意的分离效果。例如，从人尿中提取尿激酶。尿激酶应用于治疗血栓形成的各种栓塞性疾病，可以从男性人尿中提取。大孔弱酸 HD-2 离子交换树脂由于骨架的亲水性和孔径较大，用来吸附尿激酶，经试验优于其他一般离子交换树脂。当树脂用量为0.12%(w/v)，pH 5.5～6.0下吸附，0.01%氨水洗脱，收率达到85%，获得的粗酶的比活达到573 IU/mg。虽然其吸附量远低于亲水性离子交换剂，但以其价廉和机械强度好，有一定的优势。

二、亲和层析

(一)基本原理

亲和层析(affinity chromatography)是利用生物分子间存在的特异性相互作用而达到分离目的的一种层析方法。生物分子间存在很多特异性的相互作用，如酶-底物或抑制剂、抗原-抗体、激素-受体、糖蛋白与凝集素、生物素-生物素结合蛋白等，它们之间都能够专一而可逆地结合，这种结合力就称为亲和力。亲和层析的分离原理简单地说就是通过将具有亲和力的两个分子中的一个固定在不溶性基质(载体)上，利用分子间亲和力的特异性和可逆性，对另一个分子进行分离纯化(图 26-5)。被固定在基质(matrix)上的分子称为配基(ligand)，配基和基质是共价结合的，构成亲和层析的固定相，称为亲和吸附剂。亲和层析时首先选择与待分离的生物大分子有亲和力的物质作为配基，例如分离酶可以选择其底物类似物或竞争性抑制剂为配基，分离抗体可以选择抗原作为配基等等，并将配基共价结合在适当的不溶性基质上，如常用的琼脂糖 Sepharose-4B 等；然后将制备的亲和介质装柱平衡，当样品溶液通过亲和层析柱时，待分离的生物分子就与配基发生特异性结合，从而留在固定相上，如图 26-6(a)所示；而其他杂质不能与配基结合，仍在流动相中，并随洗脱液流出，这样层析柱中就只有待分离的生物分子。最后通过适当的洗脱液将其从配基上洗脱下来，就得到了纯化的待分离物质，如图 26-6(b)所示。

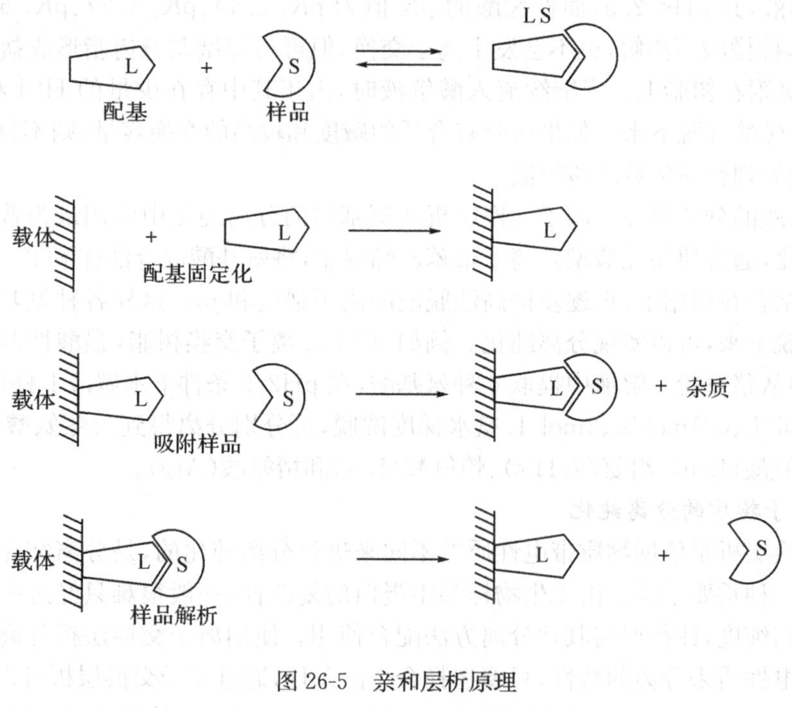

图 26-5　亲和层析原理

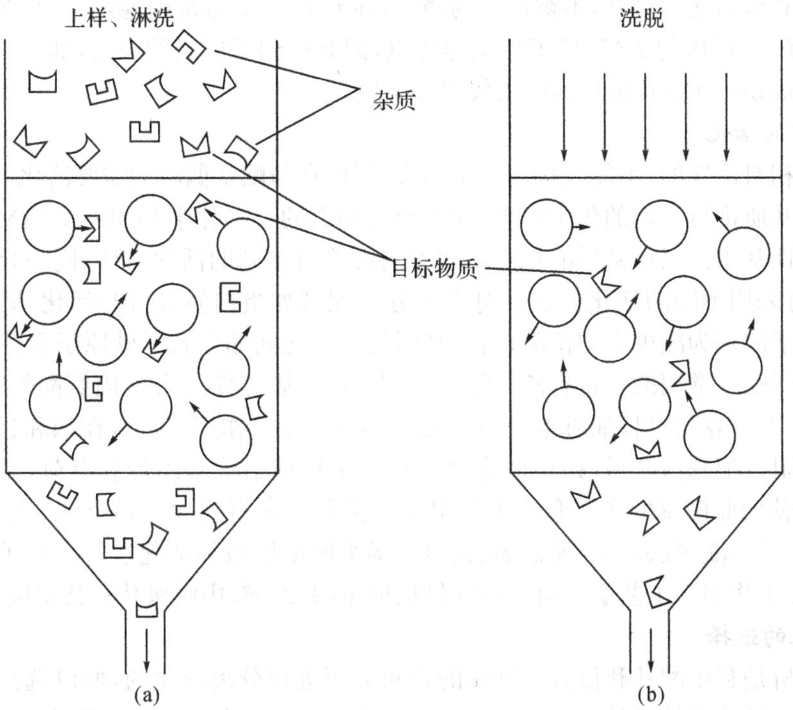

图 26-6 亲和层析过程示意图

(二)亲和吸附剂

亲和吸附剂是由相对惰性的基质和配基共价结合而来。选择并制备合适的亲和吸附剂是亲和层析的关键步骤之一,它包括基质和配基的选择、基质的活化、配基与基质的偶联等。

1. 基质的选择

基质是用于固定配基,起支持作用的亲水性多孔载体。用作亲和层析的基质需满足下列条件:

(1)具有亲水性,尽可能少地产生非特异性吸附;

(2)具有可活化的大量化学基团用于连接配基;

(3)机械强度好,具有一定刚性,能耐受层析柱操作中一定的压力,并不随溶剂环境而发生显著体积收缩或膨胀;

(4)稳定性好,不被微生物降解,能耐受一定酸碱性和促溶剂清洗;

(5)颗粒大小及孔径均匀,能容纳生物大分子进出,有适当流速。

一般纤维素以及交联葡聚糖、琼脂糖、聚丙烯酰胺、多孔玻璃珠等用于凝胶排阻层析的凝胶都可以作为亲和层析的基质,其中琼脂糖是应用最普遍的。纤维素价格低,可利用的活性基团较多,但它对蛋白质等生物分子可能有明显的非特异性吸附作用,另外它的稳定性和均一性也较差。交联葡聚糖和聚丙烯酰胺的物理化学稳定性较好,但它们的孔径相对比较小,而且孔径的稳定性不好,可能会在与配基偶联时有较大的降低,不利于待分离物与配基充分结合,只有大孔径型号凝胶可以用于亲和层析。多孔玻璃珠的特点是机械强度好,化学稳定性好,但它可利用的活性基团较少,对蛋白质等生物分子也有较强的吸附作用。琼脂糖具有亲水性和可活化的羟基，不被微生物降解，在pH2～13范围内稳定，具有非特异性吸附低、稳定性好、孔径均匀适当、易于活化等优点，因此得到了广泛的应用，如Pharmacia公司生产的Sepharose-4B、6B是目前应用较多的基质。

2. 基质的活化

基质是相对惰性的，不能直接与配基结合，因此在与配基偶联前需要活化。基质的活化是指通过对基质进行一定的化学处理，使基质表面上的一些化学基团转变为易于和特定配基结合的活性基团。根据基质的化学基团不同可以有不同的活化方法，同一化学基团根据具体情况，可采用不同的活化方法。对于大分子配基如蛋白质等可与活化基团直接偶联。而对于小分子配基为减少空间位阻，需在基团与配基之间插入若干碳原子手臂（spacer），然后再与配基偶联。常用的手臂有乙二胺、己二胺、6-氨基己酸、β-羟基丙氨酸等。另外，环氧氯丙烷、1，4-丁二醇缩水甘油醚本身是活化剂亦具有手臂作用，这样，在亲和目标物时不会产生空间位阻。配基偶联后，残留的未完全反应手臂或活化基团带有电荷，需要进行掩蔽（blocking），使偶联配基的亲和介质不带电荷。活化方法有溴化氰活化法、高碘酸氧化法、环氧化法、甲苯磺酰氯法、双功能试剂法、聚丙烯酰胺凝胶载体活化法等。有关基质的活化方法可参考《生物制药工艺学》（第二版）（吴梧桐主编，2006，中国医药科技出版社）

3. 配基的选择

亲和层析是利用配基和待分离物质的亲和力而进行分离纯化的，所以选择合适的配基对于亲和层析的分离效果是非常重要的。理想的配基应具有以下一些性质：

（1）配基与待分离物质有适当的亲和力。亲和力太弱，待分离物质不易与配基结合，造成亲和层析吸附效率很低，而且吸附洗脱过程中易受非特异性吸附的影响，引起分辨率下降。但如果亲和力太强，待分离物质很难与配基分离，这又会造成洗脱的困难。总之，配基和待分离物质的亲和力过弱或过强都不利于亲和层析的进行。应根据实验要求尽量选择与待分离物质具有适当的亲和力的配基。

（2）配基与待分离物质之间的亲和力要有较强的特异性，也就是说配基与待分离物质有适当的亲和力，而与样品中其他组分没有明显的亲和力，对其他组分没有非特异性吸附作用。这是保证亲和层析具有高分辨率的重要因素。

（3）配基要能够与基质稳定地共价结合，在实验过程中不易脱落，并且配基与基质偶联后，对其结构没有明显改变，尤其是偶联过程不涉及配基中与待分离物质有亲和力的部分，对两者的结合没有明显影响。

（4）配基自身应具有较好的稳定性，在实验中能够耐受偶联以及洗脱时较剧烈的条件，可以多次重复使用。

完全满足上述条件的配基实际上很难找到，在实验中应根据具体的条件来选择尽量满足上述条件的最适宜的配基。

根据配基对待分离物质的亲和性的不同，可以将其分为两类：特异性配基（specific ligand）和通用性配基（general ligand）。特异性配基一般是指只与单一或很少种类的蛋白质等生物大分子结合的配基。如生物素和亲和素、抗原和抗体、酶和它的抑制剂、激素-受体等，它们结合都具有很高的特异性，用这些物质作为配基都属于特异性配基。配基的特异性是保证亲和层析高分辨率的重要因素，但寻找特异性配基一般是比较困难的，尤其对于一些性质不很了解的生物大分子，要找到合适的特异性配基通常需要大量的实验。解决这一问题的方法是使用通用性配基。通用性配基一般是指特异性不是很强，能和某一类蛋白质等生物大分子结合的配基，如各种凝集素(lectine)可以结合各种糖蛋白，核酸可以结合 RNA、结合 RNA 的蛋白质等。通用性配基对生物大分子的专一性虽然不如特异性配基，但通过选择合适的洗脱条件也可以得到很高的分辨率，而且这些配基还具有结构稳定、偶联率高、吸附容量高、易于洗脱、价格便宜等优点，所以在实验中得到了广泛的应用。在后面的亲和层析应用中将详细介绍实验中各种常用的配基。

4. 配基与基质的偶联

配基与基质的偶联是采用化学合成的方法，将配基与基质结合在一起。偶联的方法有碳二亚胺缩合法、酸酐法、叠氮法、重氮法等。有关偶联方法可参考《生物制药工艺学》(第二版)(吴梧桐主编，2006，中国医药科技出版社)

配基和基质偶联完毕后，必须反复洗涤，以去除未偶联的配基。另外，要用适当的方法封闭基质中未偶联上配基的活性基团，也就是使基质失活，以免影响后面的亲和层析分离。例如，对于能结合氨基的活性基团，常用的方法是用 2-乙醇胺、氨基乙烷等小分子处理。

(三)亲和层析的操作

1. 装柱

装柱对层析操作的成功起着至关重要的作用。介质(亲和吸附剂)装填均匀，不能有气泡产生，表面平整。其操作可简述为：将层析柱竖直固定，打开下端出口，旋开上盖，拧上螺旋漏斗；将计算量体积的亲和吸附剂悬浮到等体积水中，做成 50%悬浮液，一次加到漏斗中，残留在杯子壁上的吸附剂用少量水冲洗，一并加入漏斗中，待水面接近吸附剂床面时，关闭下端出口；旋出漏斗，将适配器插至吸附剂床面。若无适配器，则剪一片塑料纸置吸附剂床面上，防止液滴扰动床面；连接蠕动泵，打开下端出口，将水输送至层析柱；流过一定体积水后，柱中吸附剂得到压实，关闭出口；柱子装好后应对光检查，看是否均匀。装柱时环境温度应与应用时环境温度一致，否则已装好的介质会有气泡产生。

2. 平衡

用 5 倍体积吸附缓冲液输送至层析柱，使吸附剂得到充分平衡。在选择吸附缓冲液时，需要考虑缓冲液种类、浓度、pH、盐浓度等因素，经实验确定并加以优化，使有利于目标蛋白结合到亲和吸附剂上。

3. 上样

上样时应注意选择适当的条件，包括上样流速、缓冲液种类、pH、离子强度、温度等，以使待分离的物质能够充分结合在亲和吸附剂上。

一般生物大分子和配基之间达到平衡的速度很慢，所以样品液的浓度不宜过高，上样时流速应比较慢，以保证样品和亲和吸附剂有充分的接触时间进行吸附。特别是当配基和待分离的生物大分子的亲和力比较小或样品浓度较高、杂质较多时，可以在上样后停止流动，让样品在层析柱中反应一段时间，或者将上样后流出液进行二次上样，以增加吸附量。样品缓冲液的选择也是要使待分离的生物大分子与配基有较强的亲和力。另外，样品缓冲液中一般有一定的离子强度，以减小基质、配基与样品其他组分之间的非特异性吸附。

生物分子间的亲和力是受温度影响的，通常亲和力随温度的升高而下降。所以在上样时可以选择适当较低的温度，使待分离物质与配基有较大的亲和力，能够充分地结合；而在后面的洗脱过程可以选择适当较高的温度，使待分离物质与配基的亲和力下降，以便于将待分离物质从配基上洗脱下来。

4. 淋洗(washing)

上样后，将柱子用吸附缓冲液淋洗，除去残留在介质中的杂质。吸附缓冲液的流速可以快一些，但如果待分离物质与配基结合较弱，吸附缓冲液的流速还是较慢为宜。如果存在较强的非特异性吸附，可以用适当较高离子强度的吸附缓冲液进行洗涤，但应注意吸附缓冲液不应对待分离物质与配基的结合有明显影响，以免将待分离物质同时洗下。

5. 洗脱

将目标蛋白从其与配基的结合中解离出来成为洗脱。亲和层析的洗脱方法可以分为两种：特异性洗脱和非特异性洗脱。

(1) 特异性洗脱　特异性洗脱是指利用洗脱液中的物质与待分离物质或与配基的亲和特性而将待分离物质从亲和吸附剂上洗脱下来。

特异性洗脱也可以分为两种：一种是选择与配基有亲和力的物质进行洗脱，另一种是选择与待分离物质有亲和力的物质进行洗脱。前者在洗脱时，选择一种与配基亲和力较强的物质加入洗脱液，这种物质与待分离物质竞争对配基的结合，在适当的条件下，如这种物质与配基的亲和力强或浓度较大，配基就会基本被这种物质占据，原来与配基结合的待分离物质被取代而脱离配基，从而被洗脱下来。例如用凝集素作为配基分离糖蛋白时，可以用适当的单糖洗脱，单糖与糖蛋白竞争对凝集素的结合，可以将糖蛋白从凝集素上置换下来。用后一种方法洗脱时，选择一种与待分离物质有较强亲和力的物质加入洗脱液，这种物质与配基竞争对待分离物质的结合，在适当的条件下，如这种物质与待分离物质的亲和力强或浓度较大，待分离物质就会基本被这种物质结合而脱离配基，从而被洗脱下来。例如用染料作为配基分离脱氢酶时，可以选择 NAD^+ 进行洗脱，NAD^+ 是脱氢酶的辅酶，它与脱氢酶的亲和力要强于染料，所以脱氢酶就会与 NAD^+ 结合而从配基上脱离。特异性洗脱方法的优点是特异性强，可以进一步消除非特异性吸附的影响，从而得到较高的分辨率。另外，对于待分离物质与配基亲和力很强的情况，使用非特异性洗脱方法需要较强烈的洗脱条件，很可能使蛋白质等生物大分子变性，有时甚至只能使待分离的生物大分子变性才能够洗脱下来，使用特异性洗脱则可以避免这种情况。由于亲和吸附达到平衡比较慢，所以特异性洗脱往往需要较长的时间和较大的洗脱体积，可以通过适当改变其他条件，如选择亲和力强的物质洗脱、加大洗脱液浓度等等，来缩小洗脱时间和洗脱体积。

(2) 非特异性洗脱　非特异性洗脱是指通过改变洗脱缓冲液 pH、离子强度、温度等条件，降低待分离物质与配基的亲和力而将待分离物质洗脱下来。

当待分离物质与配基亲和力较小时，一般通过连续大体积平衡缓冲液冲洗，就可以在杂质之后将待分离物质洗脱下来，这种洗脱方式简单、条件温和，不会影响待分离物质的活性；但洗脱体积一般比较大，得到的待分离物质浓度较低。当待分离物质和配基结合较强时，可以通过选择适当的 pH、离子强度等条件降低待分离物质与配基的亲和力，具体的条件需要在实验中摸索。可以选择梯度洗脱方式，这样可能将亲和力不同的物质分开。如果希望得到较高浓度的待分离物质，可以选择酸性或碱性洗脱液，或较高的离子强度一次快速洗脱，这样在较小的洗脱体积内就能将待分离物质洗脱出来。但选择洗脱液的 pH、离子强度时应注意尽量不影响待分离物质的活性，而且洗脱后应注意中和酸碱，透析去除离子，以免待分离物质丧失活性。当待分离物质与配基结合非常牢固时，可以使用较强的酸、碱或在洗脱液中加入脲、胍等变性剂使蛋白质等待分离物质变性，从而从配基上解离出来，然后再通过适当的方法使待分离物质恢复活性。

6. 层析柱清洗

层析柱反复使用若干次后，杂质污染变得越来越明显，吸附容量开始下降，这时需要加以清洗。层析柱的清洗是整个层析操作的重要步骤。根据亲和吸附剂的稳定性，可选用低浓度酸或碱、促溶剂 3mol/L NaCNS、变性剂 6mol/L 脲素、6mol/L 盐酸胍、有机溶剂 70%乙醇、表面活性剂等处理，清洗剂的选择需经试验确定。在清洗时注意清洗剂与亲和吸附剂接触时间不能太长，以免破坏介质。经过清洗后的亲和介质吸附性能得到显著恢复。

7. 亲和吸附剂的保存

亲和吸附剂的保存一般是加入 0.01%的叠氮化钠，4℃下保存。也可以加入 0.5%的醋酸洗必泰或 0.05%的苯甲酸。应注意不要使亲和吸附剂冰冻。

(四)亲和层析的应用

亲和层析的应用主要是生物大分子的分离、纯化。下面简单介绍一些亲和层析技术用于纯化各种生物大分子的情况。

1. 抗原和抗体的分离纯化

利用抗原、抗体之间高特异的亲和力而进行分离的方法又称为免疫亲和层析。例如，将抗原结合于亲和层析基质上，就可以从血清中分离其对应的抗体。在蛋白质工程菌发酵液中所需蛋白质的浓度通常较低，用离子交换、凝胶过滤等方法都难于进行分离，而亲和层析则是一种非常有效的方法。将所需蛋白质作为抗原，经动物免疫后制备抗体，将抗体与适当基质偶联形成亲和吸附剂，就可以对发酵液中的所需蛋白质进行分离纯化。抗原、抗体间亲和力一般比较强，其解离常数为 10^{-8}～10^{-12}M，所以洗脱时是比较困难的，通常需要较强烈的洗脱条件。可以采取适当的方法如改变抗原、抗体种类或使用类似物等来降低两者的亲和力，以便于洗脱。

另外，金黄色葡萄球菌蛋白 A(Protein A)能够与免疫球蛋白 G(Ig G)结合，可以用于分离各种 Ig G。

2. 生物素和亲和素的分离纯化

生物素(biotin)和亲和素(avidin)之间具有很强而特异的亲和力，可以用于亲和层析。如用亲和素分离含有生物素的蛋白等。生物素和亲和素的亲和力很强，其解离常数为 10^{-15} M，洗脱通常需要强烈的变性条件，可以选择 biotin 的类似物，如 2-iminobiotin、diiminobiotin 等降低与 avidin 的亲和力，这样可以在较温和的条件下将其从 avidin 上洗脱下来。另外，可以利用生物素和亲和素间的高亲和力，将某种配基固定在基质上。例如，将生物素酰化的胰岛素与以亲和素为配基的琼脂糖作用，通过生物素与亲和素的亲和力，胰岛素就被固定在琼脂糖上，可以用于亲和层析分离与胰岛素有亲和力的生物大分子物质。这种非共价的间接结合比直接将胰岛素共价结合于 CNBr 活化的琼脂糖上更稳定。很多种生物大分子可以用生物素标记试剂(如生物素与 NHS 生成的酯)作用结合上生物素，并且不改变其生物活性，这使得生物素和亲和素在亲和层析分离中有更广泛的用途。

3. 维生素、激素和结合转运蛋白的分离纯化

通常结合蛋白含量很低，如 1000L 人血浆中只含有 20mg 维生素 B_{12} 结合蛋白，用通常的层析技术难以分离。利用维生素或激素与其结合蛋白具有强而特异的亲和力(解离常数

为 10^{-7}～10^{-16} mol/L)而进行亲和层析则可以获得较好的分离效果。由于亲和力较强，所以洗脱时可能需要较强烈的条件，另外可以加入适量的配基进行特异性洗脱。

4. 激素和受体蛋白的分离纯化

激素的受体蛋白属于膜蛋白，利用去污剂溶解后的膜蛋白往往具有相似的物理性质，难以用常规的层析技术分离。但去污剂溶解通常不影响受体蛋白与其对应激素的结合。所以利用激素和受体蛋白间的高亲和力(解离常数为 10^{-6}～10^{-12} mol/L)而进行亲和层析是分离受体蛋白的重要方法。目前已经用亲和层析方法纯化出了大量的受体蛋白，如乙酰胆碱、肾上腺素、生长激素、吗啡、胰岛素等多种激素的受体。

5. 凝集素和糖蛋白的分离纯化

凝集素是一类具有多种特性的糖蛋白，几乎都是从植物中提取。它们能识别特殊的糖，因此可以用于分离多糖、各种糖蛋白、免疫球蛋白、血清蛋白甚至完整的细胞。用凝集素作为配基的亲和层析是分离糖蛋白的主要方法。如伴刀豆球蛋白 A 能结合含 α-D-吡喃甘露糖苷或 α-D-吡喃葡萄糖苷的糖蛋白，麦胚凝集素可以特异地与 N-乙酰氨基葡萄糖或 N-乙酰神经氨酸结合，可以用于血型糖蛋白 A、红细胞膜凝集素受体等的分离。洗脱时只需用相应的单糖或类似物，就可以将待分离的糖蛋白洗脱下来。如洗脱伴刀豆球蛋白 A 吸附的蛋白可以用 α-D-甲基甘露糖苷或 α-D-甲基葡萄糖苷洗脱。同样，用适当的糖蛋白或单糖、多糖作为配基也可以分离各种凝集素。

6. 辅酶和酶的分离纯化

核苷酸及其许多衍生物、各种维生素等是多种酶的辅酶或辅助因子，利用它们与对应酶的亲和力可以对多种酶类进行分离纯化。例如，固定的各种腺嘌呤核苷酸辅酶，包括 AMP、cAMP、ADP、ATP、CoA、NAD^+、$NADP^+$ 等，应用很广泛，可以用于分离各种激酶和脱氢酶。

7. 多核苷酸和核酸的分离纯化

利用 poly-U 作为配基可以用于分离 mRNA 以及各种 poly-U 结合蛋白。poly-A 可以用于分离各种 RNA、RNA 聚合酶以及其他 poly-A 结合蛋白。以 DNA 作为配基可以用于分离各种 DNA 结合蛋白、DNA 聚合酶、RNA 聚合酶、核酸外切酶等多种酶类。

8. 氨基酸和蛋白质的分离纯化

固定化氨基酸是多用途的介质，通过氨基酸与其互补蛋白间的亲和力，或者通过氨基酸的疏水性等性质，可以用于多种蛋白质、酶的分离纯化。例如，L-精氨酸可以用于分离羧肽酶，L-赖氨酸则广泛应用于分离各种 rRNA。

9. 染料配基和蛋白质的分离纯化

结合在蓝色葡聚糖中的蓝色染料 Cibacron Blue F3GA 是一种多芳香环的磺化物。由于它具有与 NAD^+ 相似的空间结构，所以它与各种激酶、脱氢酶、血清清蛋白、DNA 聚合酶等具有亲和力，可以用于亲和层析分离。另外，较常用的还有 Procion Red HE3B 等。染料作为配基吸附容量高、可以多次重复使用。但它有一定的阳离子交换作用，使用时应适当提高缓冲液离子强度来减少非特异性吸附。

10. 病毒、细胞的分离纯化

利用配基与病毒、细胞表面受体的相互作用，亲和层析也可以用于病毒和细胞的分离。利用凝集素、抗原、抗体等作为配基都可以用于细胞的分离。例如各种凝集素可以用于分离红细胞以及各种淋巴细胞，胰岛素可以用于分离脂肪细胞等。由于细胞体积大、非特异性吸附强，所以亲和层析时要注意选择合适的基质。目前已有特别的基质如 Pharmacia 公司生产的 Sepharose 6MB，颗粒大、非特异性吸附小，适合用于细胞亲和层析。

三、凝胶过滤层析

（一）基本原理

凝胶过滤层析（gel flitration chromatography），又称凝胶排阻层析、分子筛层析。它是以多孔性凝胶填料为固定相，按分子大小顺序分离样品中各个组分的液相色谱方法。它具有一系列的优点，如操作方便，不会使物质变质，层析介质不需再生，可反复使用等，因而在蛋白质纯化中占有重要位置。由于凝胶层析剂的容量比较低，所以在生物大分子物质的分离纯化中，一般不作为第一步的分离方法，而往往在最后的处理中被使用。它的应用主要包括脱盐、生物大分子按分子大小分级分离以及分子量测定等。

在显微镜下，可观察到凝胶过滤层析介质具有海绵状结构，凝胶颗粒呈多孔结构。当含有不同分子大小的组分的样品进入凝胶层析柱后，各个组分就向固定相的孔穴内扩散，组分的扩散程度取决于孔穴的大小和组分分子大小。比孔穴孔径大的分子不能扩散到孔穴内部，完全被排阻在孔外，只能在凝胶颗粒外的空间随流动相向下流动，它们经历的流程短，流动速度快，所以首先流出；而较小的分子则可以完全渗透进入凝胶颗粒内部，经历的流程长，流动速度慢，所以最后流出；分子大小介于两者之间的分子在流动中部分渗透，渗透的程度取决于它们分子的大小，所以它们流出的时间介于两者之间，分子越大的组分越先流出，分子越小的组分越后流出。这样样品经过凝胶层析后，各个组分便按分子从大到小的顺序依次流出，从而达到了分离的目的（图 26-7）。

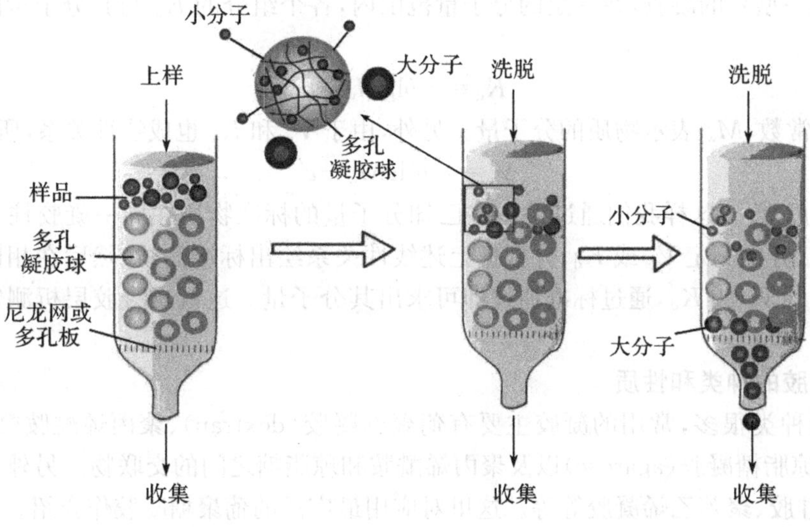

图 26-7　凝胶层析原理

设凝胶床总体积 V_t 是三种体积之和，即凝胶颗粒外部水体积 V_o，凝胶颗粒内部的体积 V_i 和干胶颗粒体积 V_g 之和。

$$V_t = V_o + V_i + V_g$$

式中：V_t 可从柱的半径(R)和高度(h)计算，即 $V_t=\pi R^2 h$；V_o 简称为外水体积，等于被完全排阻的大分子的洗脱体积[用一个已知分子量远远超过凝胶排阻极限的有色分子，如常用蓝色葡萄糖-T2000(分子量 2 百万)溶液通过柱床，即可测出 V_o]；V_i 简称为内水体积，可由 $g \cdot W_r$ 得到(g 为干胶质量，W_r 为凝胶吸收量，以 ml/g 表示)。V_i 也可以从洗脱一种完全不受凝胶微孔排阻的小分子溶质(如重铬酸钾)的洗脱体积 V_e 来计算，即

$$V_e=V_o+V_i$$

凝胶过滤法实际上也可看作一种配层析分离法，即它是根据不同分子量(或分子大小)的溶质分子在凝胶结构内相溶液与外相溶液之间的分配关系不同而分离的。所以可以用分配平衡理论来讨论它们的分离情况，根据分配平衡理论，有：

$$V_e=V_o+K_d V_i$$

式中：V_e 为洗脱体积，它包括自加入样品时算起，到组分最大浓度区出现时所流出的体积；K_d 是分配系数，它只与被分离物质分子大小和凝胶颗粒内孔隙大小分布有关，K_d 可通过实验由 V_e，V_o，V_i 求得。

在凝胶层析中，凝胶内部网格中的水分起固定相作用，凝胶外部间隙中的水分作为流动相。如果生物大分子完全被排阻，$K_d=0$；小分子能自由进入凝胶内部，凝胶内外浓度一致，则 $K_d=1$；而对于中等大小的分子，只有部分凝胶内部空间能达到，故内部浓度小于外部浓度 $0<K_d<1$。但在实际操作中，有时 $K_d>1$，这表明除了凝胶的分子筛选效应外，可能存在吸附作用。如果这种吸附作用是由离子交换原因引起的，那么增加缓冲液的离子强度常可排除这种影响。通常，50mmol/L 缓冲液的离子强度已足够避免凝胶过滤中的离子交换作用了。如果吸附作用是由于疏水作用造成的，则适当降低缓冲液的离子强度往往可减轻这种影响。

对于某一型号的凝胶，在一定的分子量范围内，各个组分的 K_d 与其分子量的对数成线性关系：

$$K_d=-b\lg M_w+c$$

其中 b、c 为常数，M_w 表示物质的分子量。另外，由于 V_e 和 K_d 也成线性关系，所以同样有：

$$V_e=-b'\lg M_w+c'$$

其中 b'、c' 为常数。这样我们通过将一些已知分子量的标准物质在同一凝胶柱上以相同条件进行洗脱，分别测定 V_e 或 K_d，并根据上述线性关系绘出标准曲线，然后在相同的条件下测定未知物的 V_e 或 K_d，通过标准曲线即可求出其分子量。这就是凝胶层析测定分子量的基本原理。

(二)凝胶的种类和性质

凝胶的种类很多，常用的凝胶主要有葡聚糖凝胶(dextran)、聚丙烯酰胺凝胶(polyacrylamide)、琼脂糖凝胶(agarose)以及聚丙烯酰胺和琼脂糖之间的交联物。另外还有多孔玻璃珠、多孔硅胶、聚苯乙烯凝胶等等。这里对应用最广泛的葡聚糖凝胶作介绍。

葡聚糖凝胶是指由天然高分子——葡聚糖与其他交联剂交联而成的凝胶。葡聚糖凝胶主要由 Pharmacia Biotech 生产。常见的有两大类，商品名分别为 Sephadex 和 Sephacryl。

葡聚糖凝胶中最常见的是 Sephadex 系列，它是葡聚糖与 3-氯-1，2-环氧丙烷(交联剂)相互交联而成，交联度由环氧氯丙烷的百分比控制。Sephadex 的主要型号是 G-10～G-200。Sephadex 在水溶液、盐溶液、碱溶液、弱酸溶液以及有机溶液中都是比较稳定的，可以

多次重复使用。Sephadex 稳定工作的 pH 一般为 2～10。强酸溶液和氧化剂会使交联的糖苷键水解断裂，所以要避免 Sephadex 与强酸和氧化剂接触。Sephadex 在高温下稳定，可以煮沸消毒，在 100℃下 40min 对凝胶的结构和性能都没有明显的影响。Sephadex 由于含有羟基基团，故呈弱酸性，这使得它有可能与分离物中的一些带电基团（尤其是碱性蛋白）发生吸附作用。但一般在离子强度大于 0.05 的条件下，几乎没有吸附作用。所以在用 Sephadex 进行凝胶层析实验时常使用一定浓度的盐溶液作为洗脱液，这样就可以避免 Sephadex 与蛋白发生吸附，但应注意如果盐浓度过高，会引起凝胶柱床体积发生较大的变化。Sephadex 有各种颗粒大小（一般有粗、中、细、超细）可以选择，一般粗颗粒流速快，但分辨率较差；细颗粒流速慢，但分辨率高。要根据分离要求来选择颗粒大小。Sephadex 的机械稳定性相对较差，它不耐压，分辨率高的细颗粒要求流速较慢，所以不能实现快速而高效的分离。

另外，Sephadex G-25 和 G-50 中分别加入羟丙基基团反应，形成 LH 型烷基化葡聚糖凝胶，主要型号为 Sephadex LH-20 和 LH-60，适用于以有机溶剂为流动相，分离脂溶性物质，例如胆固醇、脂肪酸激素等。

Sephacryl 是葡聚糖与甲叉双丙烯酰胺（N，N'-methylenebisacrylamide）交联而成，是一种比较新型的葡聚糖凝胶。Sephacryl 的优点就是它的分离范围很大，排阻极限甚至可以达到 10^8，远远大于 Sephadex 的范围。所以它不仅可以用于分离一般蛋白，也可以用于分离蛋白多糖、质粒、甚至较大的病毒颗粒。Sephacryl 与 Sephadex 相比另一个优点就是它的化学和机械稳定性更高：Sephacryl 在各种溶剂中很少发生溶解或降解，可以用各种去污剂、胍、脲等作为洗脱液，耐高温，Sephacryl 稳定工作的 pH 一般为 3～11。另外 Sephacryl 的机械性能较好，可以以较高的流速洗脱，比较耐压，分辨率也较高，所以 Sephacryl 相比 Sephadex 可以实现相对比较快速而且较高分辨率的分离。

表征葡聚糖凝胶理化性质有以下一些参数：

（1）排阻极限（exclusion limit） 是指不能扩散到凝胶基质内部中去的最小分子的分子量，也就是说，分子量大于这一数值的所有分子将以同一个区带迅速通过凝胶柱床层，它都不能进入凝胶网格内并为凝胶所阻滞。例如，一种常用的葡聚糖凝胶 Sephadex G-50，它的排阻极限是 30 000。

（2）分级范围（fractionation range） 它指出了当溶液通过凝胶柱时，能够为介质阻滞并且分离的溶质分子量范围。例如，Sephadex G-50 的分级范围为 1500～30 000。

（3）吸水量（water regains） 市售的凝胶层析介质一般都是脱水干燥的颗粒。实用前要经过溶胀，溶胀后 1g 干凝胶所吸收的水分称为吸水量。例如 G-50 的吸水量为 5.0g±0.3g，凝胶型号中的数字就是根据这个吸水量而来，它的数值相当于吸水量乘以 10。

（4）凝胶颗粒大小 凝胶颗粒一般为球形。球体大小可以用筛目大小表示，也可以用珠体直径表示。颗粒大小对分辨率与流速都有影响，颗粒大的层析剂，操作中流速较大，但分离效果就差。相反，若颗粒很小，分辨率提高，但流速太慢。通常选用的颗粒大小为 100～200 目（50～150μm）。

（5）床体积（bed volume） 表示 1g 干凝胶在溶胀后所具有的最后体积，可用来估计凝胶装柱后的床层体积。Sephadex G-50 的床体积值为 9～11ml/g 干凝胶。

（6）空隙体积（void volume） 表示填充柱中凝胶粒子周围的总空间。通常可利用平均分子量为 200 万的可溶性蓝色葡聚糖来测出。

表 26-3 和表 26-4 列出了不同规格的葡聚糖凝胶的性质参数。

表 26-3　Sephadex G 系列的规格和性质参数

规格型号	吸水量（ml/g 干凝胶）	溶胀体积（ml/g 干凝胶）	分离范围		浸泡时间(h)	
			多肽或球状蛋白	多糖	20℃	100℃
G-10	1.0±0.1	2～3	～700	～700	3	1
G-15	1.5±0.1	2.5～3.5	～1500	～1500	3	1
G-25	2.5±0.2	4～6	1000～5000	100～5000	3	1
G-50	5.0±0.3	9～11	1500～30 000	500～10 000	3	1
G-75	7.5±0.5	12～15	3000～70 000	1000～50 000	24	3
G-100	10±1.0	15～20	4000～150 000	1000～100 000	72	5
G-150	15±1.5	20～30	5000～400 000	1000～150 000	72	5
G-200	20±2.0	30～40	5000～800 000	1000～200 000	72	5

表 26-4　Sephacryl 系列的规格和性质参数

规格型号	吸水时珠状颗粒直径(μm)	分离分子量范围(×10³)		排阻极限 DNA(×10³)
		蛋白质	多糖	
Sephacryl-200HR	20～25	1～100	—	—
Sephacryl-300HR	20～75	5～250	1.0～80.0	118
Sephacryl-400HR	25～75	10～1000	2.0～400.0	118
Sephacryl-500HR	25～75	20～8000	10.0～2000.0	271
Sephacryl-1000HR	25～75	—	40.0～20 000	1078

(三)凝胶过滤层析操作

1. 凝胶的选择

通过前面的介绍可以看到凝胶的种类、型号很多。不同类型的凝胶在性质以及分离范围上都有较大的差别，所以在进行凝胶层析实验时要根据样品的性质以及分离的要求选择合适的凝胶，这是影响凝胶层析效果好坏的一个关键因素。

一般来讲，选择凝胶首先要根据样品的情况确定一个合适的分离范围，根据分离范围来选择合适型号的凝胶。一般的凝胶层析实验可以分为两类：分组分离(group separations)和分级分离(fractionations)。分组分离是指将样品混合物按分子量大小分成两组，一组分子量较大，另一组分子量较小。例如蛋白样品的脱盐或蛋白、核酸溶液去除小分子杂质以及一些注射剂去除大分子热原物质等等。分级分离则是指将一组分子量比较接近的组分分开。在分组分离时要选择能将大分子完全排阻而小分子完全渗透的凝胶，这样分离效果好。一般常用排阻极限较小的凝胶类型。分级分离时则要根据样品组分的具体情况来选择凝胶的类型，凝胶的分离范围一方面应包括所要的各个组分的分子量，另一方面要合适，不能过大。如果分离范围选择过小，则某些组分不能得到分离；如分离范围选择过大，则分辨率较低，分离效果也不好。

选择凝胶时另外一个需考虑的方面就是凝胶颗粒的大小。颗粒小，分辨率高，但相对流速慢，实验时间长，有时会造成扩散现象严重；颗粒大，流速快，分辨率较低但条件得当也可以得到满意的结果。选择时要依据分离的具体情况而定，例如样品中各个组分差别较大，则可以选用大颗粒的凝胶，这样可以很快地达到分离的目的；如果有个别组分差别较小，则要考虑使用小颗粒凝胶以提高分辨率。由于凝胶一般都比较稳定，所以它在一般的实验条件下都可以正常地工作。如果实验条件比较特殊，如在较强的酸碱中或含有有机溶剂的体系中进行，则要仔细查看凝胶的工作参数，选择合适类型的凝胶。

2. 凝胶的处理

凝胶使用前首先要进行处理。选择好凝胶的类型后，首先要根据选择的层析柱估算出凝胶的用量。由于市售的葡聚糖凝胶通常是无水的干胶，所以要计算干胶用量：干胶用量(g)＝柱床体积(ml)/凝胶的床体积(ml/g)。由于凝胶处理过程以及实验过程可能有一定的损失，所以一般凝胶用量在计算的基础上再增加10％～20％。

葡聚糖凝胶和丙烯酰胺凝胶干胶的处理首先是在水中膨化，不同类型的凝胶所需的膨化时间不同。一般吸水率较小的凝胶（即型号较小、排阻极限较小的凝胶）膨化时间较短，在20℃条件下需3～4h；但吸水率较大的凝胶（即型号较大、排阻极限较大的凝胶）膨化时间则较长，20℃条件下需十几个到几十个小时，如Sephadex G-100以上的干胶膨化时间都要在72h以上。如果加热煮沸，则膨化时间会大大缩短，一般在1～5h即可完成，而且煮沸也可以去除凝胶颗粒中的气泡。但应注意尽量避免在酸或碱中加热，以免凝胶被破坏。琼脂糖凝胶和有些市售凝胶是水悬浮的状态，所以不需膨化处理。另外多孔玻璃珠和多孔硅胶也不需膨化处理。膨化处理后，要对凝胶进行纯化和排除气泡。纯化可以反复漂洗，倾泻去除表面的杂质和不均一的细小凝胶颗粒，也可以一定的酸或碱浸泡一段时间，再用水洗至中性。排除凝胶中的气泡是很重要的，否则会影响分离效果，可以通过抽气或加热煮沸的方法排除气泡。

3. 装柱

层析柱大小主要是根据样品量的多少以及对分辨率的要求来进行选择。一般来讲，主要是层析柱的长度对分辨率影响较大，长的层析柱分辨率要比短的高；但层析柱长度不能过长，否则会引起柱子不均一、流速过慢等实验上的一些困难。一般柱长度不超过100cm，为得到高分辨率，可以将柱子串联使用。层析柱的直径和长度比一般在1∶25～1∶100之间。用于分组分离的凝胶柱，如脱盐柱由于对分辨率要求较低，所以一般比较短。

装柱是层析的重要环节。其操作已在亲和层析一节述及。装好的柱要检查其均匀性。可用蓝色葡聚糖-T2000配成2mg/ml的溶液过柱，观察色带是否均匀下降。也可对光检查，看其是否均匀或有无气泡存在。

4. 洗脱液的选择

由于凝胶层析的分离原理是分子筛作用，它不像其他层析分离方式主要依赖于溶剂强度和选择性的改变来进行分离，在凝胶层析中流动相只是起运载工具的作用，一般不依赖于流动相性质和组成的改变来提高分辨率，改变洗脱液的主要目的是为了消除组分与固定相的吸附等相互作用，所以和其他层析方法相比，凝胶层析洗脱液的选择不那么严格。由于凝胶层析的分离机理简单以及凝胶稳定工作的pH范围较广，所以洗脱液的选择主要取决于待分离样品，一般来说只要能溶解被洗脱物质并不使其变性的缓冲液都可以用于凝胶层析。为了防止凝胶可能有吸附作用，一般洗脱液都含有一定浓度的盐。

5. 上样

样品上样前应除去不溶物。被分离样品溶液一般以浓度大些为好，分析用一般为每100ml床体积中加样1～2ml，制备用量一般为每100ml加样20～30ml，这样可使样品的洗脱体积小于样品各组分之间的分离体积，获得较满意的分离效果。在平衡后，吸去胶面上液体，准备上样。将已平衡的层析床表面多余的洗脱液用吸管或针筒吸掉，但不能完全吸干，吸至层析床表面 2mm 处为止。在平衡时床表面常常会出现凹陷现象，因此必须检查床表面是否均匀，如果不符合要求，可用细玻璃棒轻轻搅动表面层，让凝胶粒自然沉降，使表面均匀。加样时不能用一般滴管，最好用带有一根适当粗细塑料管的针筒，或用下口较大的滴管，以免滴管头所产生的压力搅混床表面。一切准备就绪后，将出口打开，使表面洗脱液仅剩 1～2mm，关闭出口，轻轻加入样品至床面上 1cm 左右。再打开出口，使样液渗入凝胶床内。如此反复进行(样品体积较多时)，直至样品加完后，用小体积的洗脱液洗柱床表面 1～2 次，尽可能少稀释样品。当样品将近流干时，像加样品那样仔细地加入洗脱液，待洗脱液渗入床内后，再小心引入较多量洗脱液，在床面上保持一定高度(常为 2～5cm)，然后接上恒流泵开始层析。以上所有操作步骤，都必须时时注意层析床面的均匀性。如果在表面加了尼龙布等保护层，在加样品时，必须严格防止样品先从管壁缝向下流，以免影响分离效果。因为滤纸或玻璃丝对样品可能会产生一定的吸附作用，所以有时不能作为床表面的保护层。为了防止洗脱液对凝胶床面的直接冲击，应在床面以上保留 3cm 左右的液层高度，作为缓冲层。

6. 洗脱

洗脱液成分应与膨胀胶所用的液体相同，不相同时可通过平衡操作来达到。洗脱液加在柱上的压力(即所谓操作压)，对于凝胶过滤是一个重要因素。一般操作压力大，流速快；如操作压力太大，将会使凝胶压缩，流速会很快减慢，从而影响分离操作。每种凝胶都有适宜的操作压限制，特别是使用交联度小的葡聚糖凝胶时更要特别注意。

洗脱速度也会影响凝胶层析的分离效果，一般洗脱速度要恒定而且合适。保持洗脱速度恒定通常有两种方法，一种是使用恒流泵，另一种是恒压重力洗脱。洗脱速度取决于很多因素，包括柱长、凝胶种类、颗粒大小等，一般来讲，洗脱速度慢一些样品可以与凝胶基质充分平衡，分离效果好。但洗脱速度过慢会造成样品扩散加剧、区带变宽，反而会降低分辨率，而且实验时间会大大延长。所以实验中应根据实际情况来选择合适的洗脱速度，可以通过进行预备实验来选择洗脱速度。一般凝胶的流速是 2～10cm/h，市售的凝胶一般会提供一个建议流速，可供参考。

洗脱液可分步收集，根据检测器及记录仪或根据样品具体性质采用的分析方法，得到洗脱图谱。

7. 凝胶再生和保养

在洗脱过程中所有成分一般都被洗脱下来，所以装好柱后可反复使用，无需特殊处理。但多次使用后，凝胶颗粒可能逐步压紧流速变慢，这时只需将凝胶倒出，重新填装。如短期不用，可加防腐剂(0.02%叠氮化钠 NaN_3 等)悬液于蒸馏水或缓冲液中，然后置于 4℃冰箱中作短期保存(6 个月内)。若长期不用，则可逐步以不同浓度(20%、40%、60%、80%)的酒精浸泡，末一次脱水需用 95%酒精，然后 60～80℃烘干。

(四)凝胶过滤层析的应用

凝胶层析是生物化学中一种常用的分离手段，它具有设备简单、操作方便、样品回收率高、实验重复性好、特别是不改变样品生物学活性等优点，因此广泛用于蛋白质(包括酶)、核酸、多糖等生物分子的分离纯化，同时还应用于蛋白质分子量的测定、脱盐、样品浓缩等。

1. 生物大分子的纯化

凝胶层析是依据分子量的不同来进行分离的，由于它的这一分离特性，以及它具有简单、方便、不改变样品生物学活性等优点，使得凝胶层析成为分离纯化生物大分子的一种重要手段，尤其是对于一些大小不同，但理化性质相似的分子，用其他方法较难分开，而凝胶层析无疑是一种合适的方法，例如对于不同聚合程度的多聚体的分离等。

2. 分子量测定

前面已经介绍了，在一定的范围内，各个组分的 K_d 以及 V_e 与其分子量的对数成线性关系：

$$K_d = -b\lg M_w + c$$
$$V_e = -b'\lg M_w + c'$$

由此通过对已知分子量的标准物质进行洗脱，作出 V_e 或 K_d 对分子量对数的标准曲线，然后在相同的条件下测定未知物的 V_e 或 K_d，通过标准曲线即可求出其分子量。凝胶层析测定分子量操作比较简单，所需样品量也较少，是一种初步测定蛋白分子量的有效方法。这种方法的缺点是测量结果的准确性受很多因素影响。由于这种方法假定标准物和样品与凝胶都没有吸附作用，所以如果标准物或样品与凝胶有一定的吸附作用，那么测量的误差就会比较大；上面公式成立的条件是蛋白基本是球形的，对于一些纤维蛋白等细长形状的蛋白不成立，所以凝胶层析不能用于测定这类分子的分子量；另外由于糖的水合作用较强，所以用凝胶层析测定糖蛋白时，测定的分子量偏大，而测定铁蛋白时则发现测定值偏小；还要注意的是标准蛋白和所测定的蛋白都要在凝胶层析的线性范围之内。

3. 脱盐及去除小分子杂质

利用凝胶层析进行脱盐及去除小分子杂质是一种简便、有效、快速的方法，它比一般用透析的方法脱盐要快得多，而且一般不会造成样品较大的稀释，生物分子不易变性。一般常用的是 Sephadex G-25，另外还有 Bio-Gel P-6 DG 或 Ultragel AcA 202 等排阻极限较小的凝胶类型。目前已有多种脱盐柱成品出售，使用方便，但价格较贵。

4. 去热原物质

热原物质是指微生物产生的某些多糖蛋白复合物等使人体发热的物质。它们是一类分子量很大的物质，所以可以利用凝胶层析的排阻效应将这些大分子热原物质与其他分子量较小的物质分开。例如对于去除水、氨基酸、一些注射液中的热原物质，凝胶层析是一种简单而有效的方法。

5. 溶液的浓缩

利用凝胶颗粒的吸水性可以对大分子样品溶液进行浓缩。例如将干燥的 Sephadex（粗颗粒）加入溶液中，Sephadex 可以吸收大量的水，溶液中的小分子物质也会渗透进入凝胶孔穴内部，而大分子物质则被排阻在外。通过离心或过滤去除凝胶颗粒，即可得到浓缩的样品溶液。这种浓缩方法基本不改变溶液的离子强度和 pH 值。

【习题与思考】

1. 离子交换层析的原理是什么？
2. 如何根据被分离物质的性质选择离子交换树脂？
3. 简述离子交换层析的一般操作过程。

4. 亲和层析的原理是什么？
5. 简述亲和层析的一般操作过程。
6. 凝胶过滤层析的原理是什么？有哪些应用？
7. 简述凝胶过滤层析的一般操作过程。
8. 如何保养凝胶？

任务二十七　凝胶电泳技术

【任务内容】

带电荷的粒子或分子在电场中移动的现象称为电泳(electrophoresis)。蛋白质、核酸、多糖等生物大分子为两性电解质，在酸性条件下带正电荷，在碱性条件下带负电荷，电泳分离法的原理是基于这些带电溶质在电场中移动的速度不同而实现分离。在电泳技术中，应用最为普遍的是凝胶电泳，可用于 DNA 或 RNA 及蛋白质的分离和定性定量测定。这里主要介绍聚丙烯酰胺作为载体的凝胶电泳技术。

一、常规聚丙烯酰胺凝胶电泳

与其他凝胶相比，聚丙烯酰胺凝胶有下列优点：①在一定浓度时，凝胶透明，有弹性，机械性能好；②化学性能稳定，与被分离物不起化学反应；③对 pH 和温度变化较稳定；④几乎无电渗作用，只要 Acr 纯度高，操作条件一致，则样品分离重复性好；⑤样品不易扩散，且用量少，其灵敏度可达 10^{-6} g；⑥凝胶孔径可调节，根据被分离物的分子量选择合适的浓度，通过改变单体及交联剂的浓度调节凝胶孔径；⑦分辨率高，尤其在不连续凝胶电泳中，集浓缩、分子筛和电荷效应为一体，因而较醋酸纤维薄膜电泳、琼脂糖电泳等有更高的分辨率。

PAGE 应用范围广，常用于蛋白质、酶、核酸等生物分子的分离、定性、定量及少量的制备，还可以测得分子量、等电点等。

(一)聚丙烯酰胺凝胶聚合原理及相关特性

1. 聚合反应

聚丙烯酰胺凝胶(polyacrylamide gel, PAG)是由单体丙烯酰胺(acrylamide, Acr)和交联剂 N,N'-甲叉双丙烯酰胺(methylene-bisacrylamide, Bis)在催化剂过硫酸铵或核黄素作用下聚合交联而成的三维网状结构凝胶，其聚合反应如图 27-1 所示。

聚合反应时常用的催化剂有过硫酸铵和核黄素两种。在水溶液中，过硫酸铵产生游离氧原子使丙烯酰胺单体的双键打开，形成游离基丙烯酰胺，从而与 Bis 单体作用，能聚合成凝胶。这种催化聚合反应需要在碱性条件下进行，如在 pH8.3 的条件下 7%的丙烯酰胺溶液 30min 就能聚合完毕，而在 pH4.3 时聚合很慢，需要 90min 才能完成。温度对聚合作用也有明显影响，温度过低，在氧分子或者不纯物存在时会延迟凝胶的聚合，一般在室温下就能很快聚合。为避免溶液中有氧气而妨碍聚合，在反应前可将溶液抽气除氧。核黄素在光照下部分分解并被还原成无色型核黄素，但在有氧的条件下此无色型又被氧化成为带有游离基的核黄素，后者也能使丙烯酰胺和甲叉双丙烯酰胺聚合成凝胶。为加速聚合，在合成过程中还加四甲基乙二胺(TEMED)作为加速剂促进聚合作用。

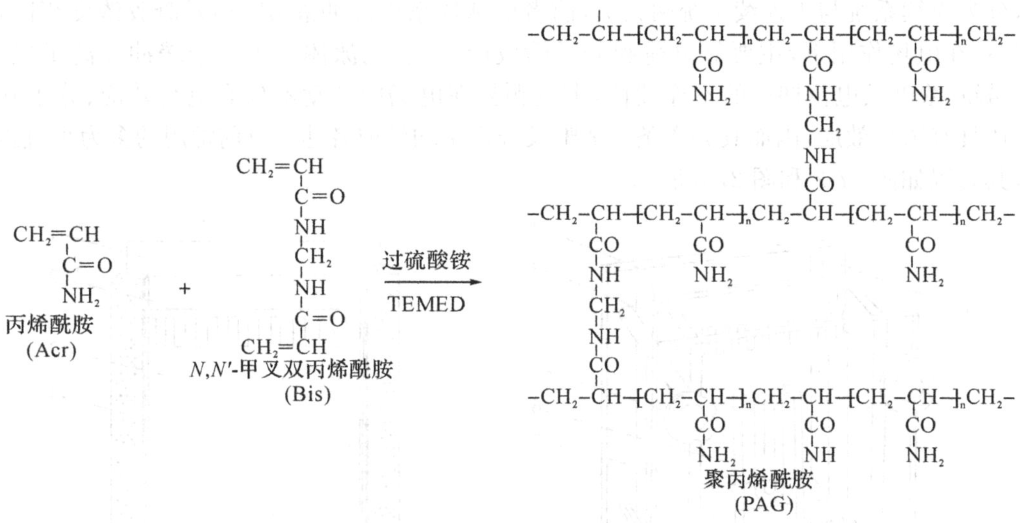

图 27-1 丙烯酰胺的聚合反应

聚丙烯酰胺凝胶因富含酰胺基，使凝胶具有稳定的亲水性。它在水中无电离基团，不带电荷，几乎没有吸附及电渗作用，是一种比较理想的电泳支持物。

2. 凝胶孔径的可调性及其有关性质

(1)凝胶性能与总浓度及交联度的关系：凝胶的孔径、机械性能、弹性、透明度、黏度和聚合程度取决于凝胶总浓度和 Acr 与 Bis 之比。通常用 T% 表示总浓度，即 100ml 凝胶溶液中含有 Acr 和 Bis 的总克数。Acr 和 Bis 的比例常用交联度 C% 表示，即交联度 Bis 占单体 Acr 与 Bis 总量的百分数。

根据有关实验研究，可知当 T% 值固定时，Bis 浓度在 5% 时孔径最小，高于或低于 5% 时，孔径却相应变大。为了在使用凝胶做实验时有较高的重现性，制备凝胶所用的 Acr 浓度、Bis 和 Acr 的比例、催化剂的浓度、聚合反应的溶液 pH 值、凝胶所需时间等能影响泳动率的因子都必须保持恒定。

要想将蛋白质或核酸之类的大分子混合物很好地分离，并在凝胶上形成明显的区带，选择一定孔径的凝胶是个关键。常用的标准凝胶是指浓度为 7.5% 的凝胶，大多数生物体内的蛋白质在此凝胶中电泳，能获得满意的结果。

(2)凝胶浓度与被分离物分子量的关系：由于凝胶浓度不同，平均孔径不同，能通过可移动颗粒的分子量也不同，其大致范围如表 27-1 所示。

表 27-1 分子量范围与凝胶浓度的关系

分子量范围	适用的凝胶浓度(%)
蛋白质	
$<10^4$	20～30
$1\times10^4\sim4\times10^4$	15～20
$1\times10^4\sim5\times10^4\sim1\times10^5$	10～15
1×10^5	5～10
$>5\times10^5$	2～5
核酸(RNA)	
$<10^4$	15～20
$10^4\sim10^5$	5～10
$10^5\sim2\times10^6$	2～2.6

(二)聚丙烯酰胺凝胶电泳原理

聚丙烯酰胺凝胶电泳(polyacrylamide gel electrophoresis, PAGE)根据其有无浓缩效

应，分为连续系统与不连续系统两大类，前者电泳体系中缓冲液 pH 值及凝胶浓度相同，带电颗粒在电场作用下，主要靠电荷和分子筛效应；后者电泳体系中由于缓冲液离子成分、pH、凝胶浓度及电位梯度的不连续性，带点颗粒在电场中泳动不仅有电荷效应、分子筛效应，还具有浓缩效应，因而其分离条带清晰及分辨率均较前者佳。目前常用的多为垂直板电泳，其装置如图 27-2 和图 27-3 所示。

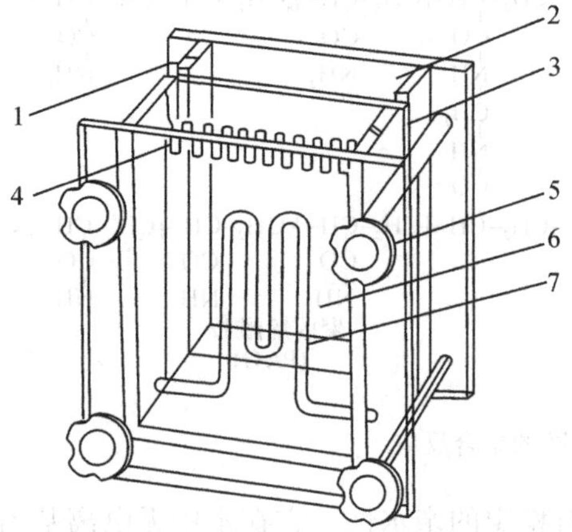

1-导线接头；2-下贮槽；3-凹形橡胶框；4-样品槽模板；5-固定螺丝；6-上贮槽；7-冷却系统

图 27-2　聚丙烯酰胺凝胶垂直板电泳装置示意图

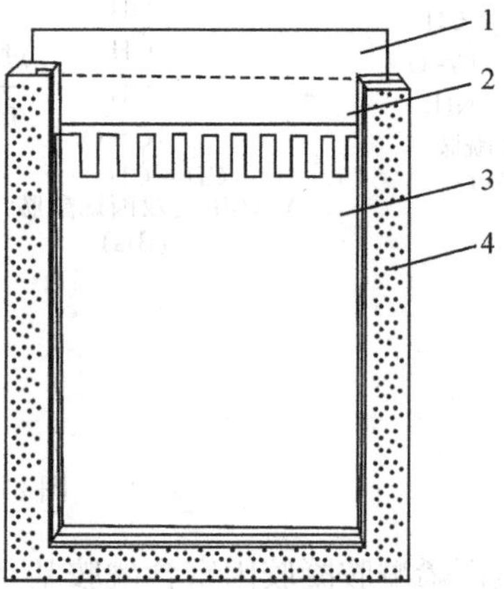

1-样品槽模板（梳子状）；2-长玻璃板；3-短玻璃板；4-凹形橡胶框

图 27-3　凝胶模示意图

不连续体系由电极缓冲液、样品胶、浓缩胶及分离胶所组成，它们在直立的两层玻璃板中排列顺序依次为上层样品胶、中间浓缩胶、下层分离胶。样品胶是聚合而成的大孔胶，T=3%，C=2%，其中含有一定量的样品及 pH6.7 的 Tris-HCl 凝胶缓冲液，其作用是防止对流，促使样品浓缩以免被电极缓冲液稀释。目前，一般不用样品胶，直接在样品液中加入等体积 40%蔗糖，同样具有防止对流及样品被稀释的作用，如示意图 27-4。

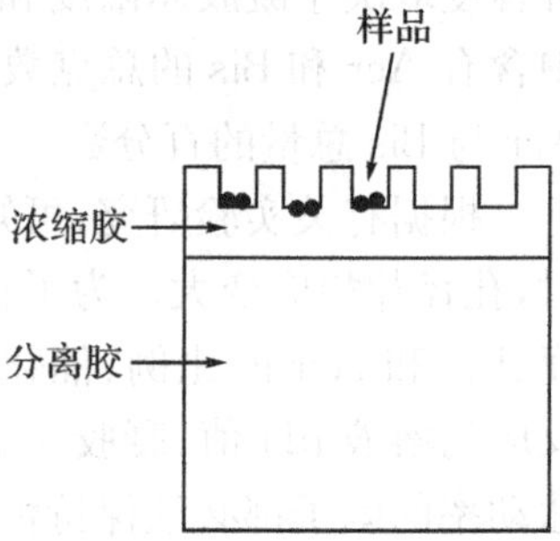

图 27-4　垂直板凝胶示意图

浓缩胶的作用是使样品进入分离胶前，被浓缩成窄的区带，从而提高分离效果。

分离胶是聚合成的小孔胶，T=7.0%～7.5%，C=2.5%，凝胶缓冲液为 pH8.9 Tris-HCl，大部分蛋白质在此 pH 条件下带负电荷，按各自负电荷及分子量泳动。此胶主要起分子筛作用。

1. 样品浓缩效应

(1)凝胶孔径不连续性　上述二层凝胶中，浓缩胶 T=3%为大孔胶；分离胶 T=7%或 7.5%为小孔胶。在电场作用下，蛋白质颗粒在大孔胶中泳动遇到的阻力小，移动速度快；当进入小孔胶时，蛋白质颗粒泳动受到的阻力大，移动速度减慢。因而在二层凝胶交界处，由于凝胶孔径的不连续性样品迁移受阻而压缩成很窄的区带。

(2)缓冲液离子成分不连续性　电泳液中含甘氨酸离子，pH 为 8.3；浓缩胶层中含氯离子，pH 为 6.7；分离胶层中亦含氯离子，pH 为 8.9。电泳开始后，电极缓冲液中甘氨酸离子电泳进入浓缩胶时，在 pH6.7 的条件下甘氨酸的解离度(α)较小，其有效迁移率(迁移率×解离度)亦较小，故甘氨酸常被称为慢离子(或后随离子)。盐酸是全部解离的，其有效迁移率最大，常被称为快离子(或先导离子)。蛋白质的有效迁移率介于上面两者之间。

浓缩胶中氯离子、甘氨酸负离子、样品蛋白质离子都向正极移动，而且它们的有效迁移率(迁移率乘以解离度为有效迁移率)按以下次序排列：氯离子＞蛋白质阴离子＞甘氨酸阴离子。浓缩胶中氯离子(快离子)很快移动到最前面，原来它停留在那部分地区则形成了低离子浓度区，即低电导区。低电导区有较高的电位梯度，这就引起了电位梯度的突变。这种高电位梯度又使蛋白质阴离子和甘氨酸阴离子(慢离子)在次区域前进，追赶快离子。当快离子和慢离子的移动速度相等的稳定状态建立以后，快离子和慢离子之间造成一个不断向正极移动的界面。夹在快、慢离子间的样品蛋白质阴离子的移动界面就在这个追赶中逐渐地被压缩，聚集成一条狭窄的区带。浓缩效应可使蛋白质浓缩数百倍。

2. 分子筛效应

分子量或分子大小和组成不同的蛋白质通过一定孔径分离胶时，受阻滞的程度不同而表现出不同的迁移率，这就是分子筛效应。

经上述浓缩效应后，快、慢离子及蛋白质均进入 pH8.9 的同一孔径的分离胶中。此时，凝胶的 pH 值明显增加，并导致甘氨酸的大量解离，有效泳动率增加。甘氨酸的分子量远小于蛋白质，它将赶上并超过各种蛋白质分子直接在氯离子后移动。这时，由于凝胶孔径变小，使蛋白质分子的迁移率减少，于是蛋白质分子在均一的电压梯度和 pH 环境中泳动，分子迁移速度与分子量大小和形状密切相关，分子量小且为球形的蛋白质分子所受阻力小，移动快，走在前面；反之，则阻力大，移动慢，落在后面，从而通过凝胶分子筛作用将各种蛋白质分成各自的区带。需要注意的是，这种分子筛效应有别于凝胶柱色谱中的分子筛效应，后者是大分子先从凝胶颗粒间的缝隙流出，小分子后流出。

3. 电荷效应

虽然各种蛋白质在浓缩胶与分离胶界面处被高度浓缩，堆积成层，形成一狭窄的高浓度蛋白区，但进入 pH8.9 的分离胶中的各种蛋白质所带净电荷不同，而有不同的迁移率。表面电荷多，则迁移快；反之，则慢。因此，各种蛋白质按电荷多少、分子量及组成，以一定顺序排成一条条区带，因而称为区带电泳。

目前，PAGE 连续体系应用也很广，虽然电泳过程中无浓缩效应，但利用分子筛及电荷效应也可得到较好的分离，加之在温和的 pH 条件下，不致使蛋白质、酶核酸等活性物质变性失活，也显示了它的优越性，常为科学工作者所采纳。

聚丙烯酰胺垂直板电泳是将溶胶灌在嵌入橡胶凹槽中长度不同的两快平行玻璃板的间隙内，且间隙可调节，一般有 0.5mm，1.5mm 及 3mm 三种规格的橡胶框，前两种多用于分析鉴定，后一种常用于制备。垂直板电泳的优点有：①表面积大而薄，便于通冷却水以降低热效应，条带更清晰；②在同一快胶板上，可同时进行 10 个以上样品的电泳，便于在同一条件下比较分析鉴定，还可用于印记转移电泳及放射自显影；③胶板制作方便，易剥离，样品用量少，分辨率高，不仅可用于分析，还可用于制备；④胶板薄而透明，电泳染色后可制成干板，便于长期保存与扫描。

(三)操作方法

1. 制胶(以垂直平板不连续电泳为例)

不连续电泳是将浓缩胶加在分离胶上,并且使用不同缓冲液系统,所以需要分别灌注浓缩胶和分离胶。表 27-2 为不连续电泳的凝胶配方,贮液的配制方法如下:

表 27-2 不连续电泳浓缩胶和分离胶的配方

贮 液	凝胶终浓度 T(C=3%)				
	4%	7.5%	10%	15%	20%
单体贮液(ml)	0.65	3.8	5.0	7.5	10.0
浓缩胶缓冲液贮液(ml)	0.10	—	—	—	—
分离胶缓冲液贮液(ml)	—	0.3	0.3	0.3	0.3
双蒸水(ml)	4.25	10.9	9.7	7.2	4.7
10%过硫酸铵(μl)	15	15	15	15	15
TEMED(μl)	7	7	7	7	7
总体积(ml)	5	15	15	15	15

注:①在加过硫酸铵和 TEMED 以前,溶液最好抽气。

②过硫酸铵和 TEMED 的量应根据室温和聚合情况而定,控制在 30min 凝胶聚合。过硫酸铵必须新鲜配制。

③欲配制不同终浓度、不同厚度或不同大小的凝胶,可根据表中的体积按比例变化。

④凝胶聚合后,应在 4℃保存 12h 再使用,以使凝胶充分聚合,改善电泳时的分辨率。

⑤表中 T=7.5%、10%、15%、20%(C=3%)的分离胶可作为连续电泳用的分离胶。

(1)丙烯酰胺单体贮液(T=30%,C=3%) 14.55g 丙烯酰胺+0.45g N,N'-甲叉双丙烯酰胺,先用 40ml 双蒸水搅拌溶解,直到溶液变成透明,再用双蒸水稀释至 50ml,过滤。用棕色瓶可在 4℃保存一个月。丙烯酰胺和甲叉双丙烯酰胺单体及溶液是中枢神经毒物,要小心操作。

(2)浓缩胶缓冲液贮液(0.5mol/L Tris-HCl,pH6.8) 3.03g Tris 溶解在 40ml 双蒸水中,用 4mol/L 盐酸调 pH6.8。再用双蒸水稀释至 50ml,保存在 4℃备用。

(3)分离胶缓冲液贮液(1.5mol/L Tris-HCl,pH8.9) 18.16g Tris 溶解在 80ml 双蒸水中,用 4mol/L 盐酸调 pH8.9。再用双蒸水稀释至 100ml,保存在 4℃备用。

(4)10%过硫酸铵 0.1g 过硫酸铵+1.0ml 双蒸水,使用前新鲜配制。

(5)电极缓冲液(0.025mol/L Tris,0.2mol/L 甘氨酸,pH8.3) 15.14g Tris+72.07g 甘氨酸,用双蒸水稀释到 5L。可在室温保存一个月。

(6)样品缓冲液(0.1mol/L Tris-HCl,pH6.8) 2ml 浓缩胶缓冲液贮液+1ml 87%甘油+0.1mg 溴酚蓝,用双蒸水稀释至 10ml,可在−20℃保存 6 个月。

按配方模具中灌注分离胶后,小心地在分离胶的表面加一层水,封住胶面,以促使聚合并使凝胶表面平直。凝胶放置约 30min 左右聚合,这时可以重新看到一个界面,表示凝胶已经聚合。放置 12h 让凝胶充分聚合后再吸掉上层水分,用浓缩胶缓冲液贮液淋洗凝胶,然后灌注浓缩胶,并插入与模具大小相同、与凝胶厚度相当的梳子。为防止气泡陷入,梳子应倾斜插入。然后让模具再静止放置在 30~40℃,浓缩胶也应该在 30min 左右聚合。

2. 样品的准备及加样

常规 PAGE 的样品一般不需作特殊处理,如果样品溶液带有较高浓度的盐,则应先用透析或凝胶过滤柱脱盐。

在样品缓冲液加入样品后，如样品溶解性不好，可加入少量 Triton-100 及 NP-40 来助溶。配制好的样品在 EP 管中 10000r/min 离心 3～5min，取上清加样，以免电泳时产生拖尾。

加样量随凝胶板的厚度及加样孔的宽度、染色方法而异，银染所需的样品量仅为考马斯亮蓝的 1/20～1/100。

加样前轻轻把梳子拔出，用电极缓冲液淋洗加样孔，吸出，再加适量的电极缓冲液，然后用微量移液器小心加入样品，不要带入气泡。

3. 电泳

小心地在上槽中加入电极缓冲液，切不可冲散加样孔中样品。打开冷却循环系统，连接电源。大多采用低一些的起始电压开始电泳，以利于样品进入凝胶，待样品全部进胶后再升高到正常值。一般垂直电泳需要 3～6h，待溴酚蓝前沿到达凝胶板底部（阳极）时，切断电源，关掉冷却系统，取出凝胶，准备染色。

4. 检测

对于蛋白质样品电泳后的检测方法主要是进行染色。早期应用最多的是氨基黑 10B，缺点是定量分析的误差较大，目前以考马斯亮蓝染色最为常用。对于样品量少，需要高灵敏度染色的电泳，则采用银染色。

（四）聚丙烯酰胺凝胶电泳中常见的问题及解决办法

（1）如果电源上没有显示电压，则说明电源没有输入电压，保险丝断了或电源故障。如果没有电流或电流很小，则说明凝胶、缓冲液及电极三者之间有气泡，接触不好，甚至没有接触。

（2）凝胶不聚合或聚合需时太长。主要是试剂问题，最常见的是过硫酸铵失效。过硫酸铵容易氧化失效，甚至试剂瓶中固体过硫酸铵与空气接触的上层部分也可能失效，可把上层弃去不用。过硫酸铵溶液则更容易失效，所以要新鲜配制。当室温较低时聚合变慢，可调整加大过硫酸铵和 TEMED 的量，或放入 30℃恒温箱。

（3）如果前沿指示剂向相反方向移动，如阳极电泳中溴酚蓝向阴极移动，则说明电源连接的正、负极错置或缓冲液选择错误。

（4）如果指示剂前沿呈现两边向上的曲线形，即常称的“微笑”现象，则说明凝胶不均匀冷却，中间部分冷却不好，所以导致凝胶中的分子有不同的迁移率所致。这种情况在用较厚的凝胶以及垂直电泳时常常发生。如果指示剂前沿呈现两种向下的曲线形，即常称的“皱眉”现象，则常常是由于垂直电泳时电泳槽的装置不合适引起的，特别是当凝胶和玻璃板组成的“三明治”底部有气泡或靠近隔板的凝胶聚合不完全更会产生这种现象。

（5）如果电泳时间比正常要长，则可能是由于凝胶缓冲液系统和电极缓冲液系统的 pH 选择错误，即缓冲液的 pH 和被分离物质的等电点差别太小或缓冲系统的离子强度太高。

（6）蛋白带产生弯曲畸变。产生这种情况的原因可能有两个方面：一方面可能是冷却不均匀，电泳时电流产生的热在凝胶中产生温度差异，这种差异导致相同分子在凝胶的不同部位会有不同的迁移速度，特别在使用柱胶和厚度的凝胶时这种现象更为常见，即使使用冷却装置，也仍然可能发生；另一种可能是凝胶的问题，凝胶尚未完全聚合或聚合不均匀也会产生这种情况。

（7）拖尾和纹理现象是电泳中最常见的现象，这往往是由于样品溶解不佳引起的。克服的办法是加样前离心，选用合适的样品缓冲液，加增溶辅助试剂。

二、SDS-聚丙烯酰胺凝胶电泳

各种蛋白质因所带的净电荷、分子量大小和形状不同而有不同的迁移率。如果在电泳体系加入十二烷基硫酸钠（sodium dodecyl sulfate，SDS），则电泳迁移率主要依赖于分子量，与所带的净电荷和形状无关，这种电泳方法称为 SDS-PAGE，主要用于测定蛋白质亚基分子量。

（一）SDS-PAGE 测定蛋白质分子量的原理

SDS 是一种阴离子去污剂，作为变性剂和助溶剂，它能断裂分子内和分子间的氢键，使分子去折叠，破坏蛋白质分子的二级和三级结构。强还原剂，例如巯基乙醇（β-mercapto ethanal）和二硫苏糖醇（dithiothreitol，DTT）则能使半胱氨酸残基之间的二硫键断裂。在样品和凝胶中加入 SDS 和还原剂后，分子被解聚成组成它们的多肽链。解聚后的氨基酸侧链与 SDS 充分结合形成带负电荷的蛋白质-SDS 复合物，由于 SDS 带有大量负电荷，当其与蛋白质结合时，所带的负电荷大大超过了天然蛋白质原有的负电荷，因而先消除或掩盖了不同种类蛋白质间原有电荷的差异，均带有相同密度的负电荷。因此这种复合物在 SDS-聚丙烯酰胺凝胶系统中的电泳迁移率不再受蛋白质原有电荷和形状的影响，而主要取决于蛋白质或亚基分子量的大小。当蛋白质的分子量在 15kD 到 200kD 之间时，电泳迁移率与分子量的对数呈线性关系，这个规律对大部分蛋白质都是适用的。

SDS 电泳的成功关键之一是电泳过程中，特别是样品制备过程中蛋白质与 SDS 的结合程度。影响它们结合的因素主要有以下三个。

（1）溶液中 SDS 单体的浓度　SDS 在水溶液中是以单体和 SDS-多态胶束的混合形式存在的，能与蛋白质分子结合的是单体。单体的浓度与 SDS 总浓度、稳定和离子强度有关。在一定温度和离子强度下，当 SDS 总浓度增加到某一定值时，溶液中的单体浓度不再随 SDS 总浓度的增加而升高。当单体浓度大于 1mmol/L 时，大多数蛋白质与 SDS 结合的重量比为 1∶1.4。如果单体浓度降到 0.5mmol/L 以下，两者的结合比仅为 1∶0.4，这样就不能消除蛋白质分子原有的电荷差别，也就不能进行分子量测定。

（2）样品缓冲液的离子强度　因为 SDS 结合到蛋白质分子上的量仅决定于平衡时 SDS 的单体浓度而不是总浓度，而只有低离子强度的溶液中，SDS 单体才具有较高的平衡浓度。所以，SDS 电泳的样品缓冲液离子强度较低，常为 10～100mmol/L。

（3）二硫键是否完全被还原　只有二硫键被彻底还原后，蛋白质分子才能被解聚，SDS 才能定量地结合到亚基上而给出相对迁移率和分子量对数的线性关系。

（二）分子量的测定和计算

SDS-PAGE 是利用已知分子量蛋白质的电泳迁移率和分子量的对数作出标准曲线，再根据未知蛋白质的电泳迁移率求得分子量。所选的蛋白质标准的结构与分子量应与未知蛋白相近，并采用相同的方法进行处理，然后在分离或混合状态下一起进行 SDS-PAGE。需要注意的是，根据 SDS-PAGE 的原理，得到的是亚基的分子量。

现在市售的蛋白标准试剂盒大多是由一系列纯化的不同分子量的蛋白质组成，具有良好的线性关系。

蛋白质的分子量是通过其在 SDS-PAGE 的条带的相对迁移率 R_f 计算得出的。每个带

的 R_f 是以其在 SDS-PAGE 中的迁移距离除以溴酚蓝前沿的迁移距离而得到。所有的测量位置应该在蛋白带的中央。

$$R_f=\frac{\text{蛋白带迁移距离}}{\text{溴酚蓝迁移距离}}$$

用每个蛋白标准的分子量的对数(纵坐标)对它的相对迁移率(横坐标)作图就能得到一条直线。量出未知蛋白的迁移率便可测出其分子量。这样的标准曲线只对同一块凝胶上的样品的分子量测定才具有可靠性。现在使用凝胶扫描或影像文件处理系统便可很快地在屏幕上读得未知样品的分子量。

(三)操作方法

SDS-PAGE 与常规 PAGE 相比,除了需要进行制胶、电泳和检测三个步骤以外,还需要事先进行样品处理。

(1)样品的准备　根据 SDS 电泳原理,样品缓冲液中必须含有 3～4 倍于蛋白的 SDS 和足以断裂二硫键的还原试剂(2%二硫苏糖醇或 5% β-巯基乙醇)。通常是把市售蛋白标准或自己配制的蛋白标准(5～7 种蛋白)、蛋白样品分别溶解在样品缓冲液中[0.2g SDS＋1ml 磷酸缓冲液贮液(0.2mol/L,pH7.1)＋1.2ml β-巯基乙醇＋0.1mg 溴酚蓝,用双蒸水稀释到 20ml],蛋白样品的终浓度一般为 0.5～1mg/ml。在 100℃水浴中煮沸 3～5min,分装,－20℃可保存六个月,使用前还需再次在 100℃煮 3～5min,以去除亚稳态聚合物。加样要求同常规 PAGE。

(2)制胶　SDS-PAGE 与常规 PAGE 的制胶基本相同,也可分为圆盘及平板电泳、垂直及水平电泳、连续及不连续电泳。只是由于 SDS 电泳所用的凝胶中含有约 1%的 SDS,聚合后的凝胶不可在低温处或冰箱中放置,以免 SDS 在凝胶中结晶。自制的 SDS 凝胶最多在室温下保存 4 天,因为 SDS 的高 pH 会使丙烯酰胺水解。

(3)电泳　SDS-PAGE 与常规 PAGE 基本相同,由于 SDS 的存在,电泳冷却系统设置的温度不可低于 18℃,以免 SDS 结晶析出。

(4)检测　SDS-PAGE 通常采用考马斯亮蓝染色和银染色。由于 SDS 和蛋白质竞争染料的影响,采用考马斯亮蓝染色时比常规 PAGE 需要增加一倍的时间。

【习题与思考】

1. 简述聚丙烯酰胺凝胶电泳分离生物分子的原理。
2. 凝胶孔径的大小如何调节?
3. 简述聚丙烯酰胺凝胶电泳的一般操作过程。

任务二十八　结晶技术

【任务内容】

结晶(crystallization)是指晶体在溶液中形成的过程。晶体的化学成分均一,具有各种对称的晶状,其特征为离子和分子在空间晶格的结合点上呈有规律的排列。通常只有同类分子或离子才能排列成晶体,所以结晶过程有很好的选择性。通过结晶,溶液中很大部分杂质会留在母液中，经过滤、洗涤可得到纯度高的晶体。因此，结晶是制备纯物质的有效方法。在生物制药技术中，作为精制的一种手段，结晶主要应用于抗生素、氨基酸、有机酸、核苷酸和维生素等小分子的生产中，蛋白质等大分子物质的制备中也较常用，但对结晶技术要求高。

一、结晶过程

结晶的首要条件是要形成过饱和溶液。在一定温度下和溶剂条件下，当某一物质在溶剂中的浓度等于溶质在该温度和溶剂条件下的溶解度，则此溶液为该物质的饱和溶液；等同条件下，物质浓度超过饱和溶解度时，该溶液称为过饱和溶液。通常溶质在饱和溶液中是不会析出的，只有当溶质浓度超过同等条件下的饱和溶解度时，溶质才会由于难以继续溶解而析出，在过饱和溶液中加入破坏平衡的因素，溶质则会因此而析出。

溶质的溶解度与所使用的溶剂、温度、该物质的晶体大小或分散度有关。通常，物质的溶解度会随温度升高而增加，但少数例外，如红霉素随温度升高其溶解度降低；通常微小晶体的溶解度要比普通晶体的溶解度大。

结晶过程是溶质自动从过饱和溶液中析出，形成新相的过程，包括溶质分子凝聚成固体，以及这些分子有规律地排列在一定的晶格中。当溶液浓度达到饱和浓度时，不析出晶体，当浓度超过过饱和浓度，达到一定的过饱和浓度时才有可能有晶体析出。最先析出的微小颗粒成为以后结晶的中心，称为晶核。

微小的晶核具有较大的溶解度，在饱和溶液中，晶核形成后迅速溶解，处于"形成—溶解—再形成"的动态平衡中，只有达到一定的过饱和时晶核才能稳定存在并形成晶种。晶核形成后，靠扩散而继续成长为晶体。故结晶包括三个过程，即过饱和溶液的形成，晶核的形成及晶体的成长。

二、过饱和溶液的形成方法

形成过饱和溶液的方法主要有以下几种，在工业生产上通常几种方法联合使用。

1. 冷却热饱和溶液法

物质一般随温度升高其溶解度也增大，通过加温使溶质溶解，再通过降低温度促使溶液在相对较低的温度下形成过饱和溶液。冷却热饱和溶液法适用于溶解度随温度降低而显著减小的场合。由于该法基本不除去溶剂，而使溶液冷却降温，也称之为等溶剂结晶法。主要采取的方法有自然冷却、间壁冷却（冷却剂与溶液隔开）、直接接触冷却（在溶液中通入冷却剂）等。

2. 部分溶剂蒸发法

部分溶剂蒸发法是借蒸发除去部分溶剂的结晶方法，也称等温结晶法，它使溶液在加压、常压或减压下加热蒸发达到过饱和。此法主要适用于溶解度随温度的降低而变化不大的物系或随温度升高溶解度降低的物系。蒸发法结晶消耗热能较多，加热面结垢问题使操作遇到困难，一般不采用。主要采取的方法有加压、减压或常压蒸馏等。

3. 真空蒸发冷却法

真空蒸发冷却法是使溶剂在真空下迅速蒸发，同时结合绝热冷却，是结合了冷却和溶剂蒸发两种效应而使溶液达到过饱和。例如，制霉菌素的乙醇提取液真空浓缩 10 倍，冷至

5℃放置2h，即可得制霉菌素晶体。该法具有设备简单、操作稳定的优势，最突出的特点是容器内无换热面，所以不存在晶垢的问题，适合于热敏性物质的结晶。

4. 化学反应结晶法

化学反应结晶法是加入反应剂和调pH使新物质产生的方法，当该新物质的溶解度超过饱和溶解度时，就有晶体析出。该方法的实质就是利用化学反应，对需要结晶的物质进行修饰，一方面调节其溶解特性，同时也可以进行适当的保护。例如青霉素结晶就是利用其盐类不溶于有机溶剂，而游离酸不溶于水的特性使结晶析出。在青霉素醋酸丁酯的萃取液中，加入醋酸甲-乙醇溶液，即得青霉素钾盐结晶；头孢菌素C的浓缩液中加入醋酸钾即析出头孢菌素C钾盐；又如利福霉素S(rifamycin S)的醋酸丁酯萃取浓缩液中加入氢氧化钠，利福霉素S即转为其钠盐而结晶析出。

5. 盐析结晶法

这是生物大分子如蛋白质及酶类药物制备中用得最多的结晶方法。通过向结晶溶液中引入中性盐，逐渐降低溶质的溶解度使其过饱和，经过一定时间后晶体形成并逐渐长大。例如细胞色素C的结晶，向细胞色素C浓缩液中按每克溶液0.43g的比例投入硫酸铵细粉，溶解后再投入少量维生素C(抗氧剂)和36%的氨水。在10℃下分批加入少量硫酸铵细末，边加边搅拌，直至溶液微浑。加盖，室温放置(15～25℃)1～2天后细胞色素C的红色针状结晶体析出。再按每毫升0.02g的量加入硫酸铵粉，数天后结晶体析出完全。

盐析结晶法的优点是可与冷却法结合，提高溶质从母液中的回收率；另外，结晶过程的温度可保持在较低的水平，有利于热敏性物质结晶。

6. 有机溶剂法

有机溶剂可降低溶液的介电常数，导致极性物质的溶解度降低。如利用卡那霉素易溶于水不溶于乙醇的性质，在卡那霉素脱色液中加95%乙醇至微浑，加晶种并30～35℃保温即得卡那霉素晶体。有机溶剂与水作用能破坏蛋白质的水化膜，使蛋白质在一定浓度的有机溶剂中沉淀析出。但是应用有机溶剂结晶法的最大缺点是有机溶剂可能会引起蛋白质等物质变性，为了获得蛋白质的晶体，需要严格控制有机溶剂的种类和用量，常用的有机溶剂是乙醇和丙醇，由于有机溶剂尤其是乙醇和水混合释放热量，操作一般宜在低温下进行，且在加入有机溶剂时注意搅拌均匀以免局部浓度过大。分离后的蛋白质晶体应立即用水或缓冲液溶解，以降低有机溶剂的浓度。

7. 等电点法

利用某些生物物质具有两性化合物性质，使其在等电点(pI)时于水溶液中游离而直接结晶的方法。等电点法常与盐析法、有机溶剂沉淀法一起使用。如溶酶菌(浓度3%～5%)调整pH至9.5～10.0后在搅拌下慢慢加入5%的氯化钠细粉，室温放置1～2天即可得到正八面体晶体。又如四环类抗生素是两性化合物，其性质和氨基酸、蛋白质很相似，等电点为5.4。将四环素粗品溶于pH2的水中，用氨水调pH至4.5～4.6，28～30℃保温，即有四环素游离结晶析出。

三、影响结晶的因素

1. 纯度

纯度是指所需要的组分在样品总量中所占的比例(一般为质量分数)。杂质占比例越低，则所制备物质的纯度越高。各种物质在溶液中均需达到一定的纯度才能析出结晶，这样就可使结晶和母液分开，以达到进一步分离纯化的目的。生化产品也不例外，一般说来纯度愈高愈易结晶。就蛋白质和酶而言，结晶所需纯度不低于 50%，总趋势是越纯越易结晶。结晶的制品并不表示达到了绝对的纯化，只能说达到了相当纯的程度。

2. 浓度

结晶液一定要有合适的浓度，溶液中的溶质分子或离子间便有足够的相碰机会，并按一定速度作定向排列聚合才能形成晶体。但浓度太高，远远高于饱和状态时，溶质分子在溶液中聚集析出的速度太快，超过这些分子形成晶体的速度，相应溶液黏度增大，共沉物增加，反而不利于结晶析出，只获得一些无定形固体微粒，或生成纯度较差的粉末状晶体。结晶液浓度太低，样品溶液处于不饱和状态，晶体形成的速度远低于晶体溶解的速度，也得不到晶体。因此只有在稍饱和状态下，即形成晶体速度稍大于晶体溶解速度的情况下才能获得晶体。晶体的大小、均匀度和溶液的饱和度有很大关系。

3. pH

pH 的变化可以改变溶质分子的带电性质，是影响溶质分子溶解度的一个重要因素。在一般情况下，结晶液所选用的 pH 与沉淀大致相同。蛋白质、酶等生物大分子结晶的 pH 多选在该分子的等电点附近。

4. 温度

冷却的速度及冷却的温度直接影响结晶效果。冷却太快引起溶液突然过饱和，易形成大量结晶微粒，甚至形成无定形沉淀。冷却的温度太低，溶液浓度增加，也会干扰分子定向排列，不利于结晶的形成。生物大分子整个分离纯化过程，包括结晶在内，通常要求在低温或不太高的温度下进行。低温不仅溶解度低，而且不易变性，并可避免细菌繁殖。在中性盐溶液中结晶时，温度可在 0℃至室温的范围内选择。

5. 时间

结晶的形成和生长需要一定时间，不同的化合物，结晶时间长短不同。蛋白质、酶等生物大分子结晶时，由于分子内有许多功能基团和活性部位，其结晶的形成过程也复杂得多。简单的无机或有机分子形成晶核时需要几十甚至几百个离子或分子组成。但蛋白质分子形成晶核时，只需很少几个分子即可，不过这几个分子整齐排列成晶核时比几十个、几百个分子、离子所费时间多得多，所以蛋白质、核酸等生物大分子形成结晶常需要较长时间，因此经常需要放置。在生化产品制备中，时间不宜太长，通常要求在几个小时之内完成，以缩短生产周期，提高生产效率。

6. 晶种

不易结晶的生化产品常需加晶种。有时用玻璃棒摩擦容器壁也能促进晶体析出。需要晶种形成结晶的产品，大多数收率不高。

7. 晶体生长速度

在控制晶体生长速度时可作以下考虑：①改变晶体和溶液之间界面的滞留层特性，这样可影响溶质长入晶体、改变晶体外形以及因杂质吸附导致的晶体生长缓慢问题；②搅拌可以加速晶体生长、加速晶核的生成；③升温可以促进表面化学反应速度的提高，加快结晶速度。

晶体生长速度决定于晶核形成速度，单位时间内在单位体积溶液中生成新晶核的数目称为晶核成核速度，成核速度是决定晶体产品粒度分布的首要动力学因素。工业结晶过程要求有一定的成核速度，如果成核速度超过要求，必将导致细小晶体生成，影响产品质量，因此应避免过量晶核的形成。

四、提高结晶质量的途径

晶体质量主要是指晶体的大小、形状(均匀度)和纯度三个方面。工业上通常希望得到粗大而均匀的晶体。粗大而均匀的晶体较细小、不规则的晶体过滤、洗涤都容易，在储存过程中也不易结块。但抗生素作为药品有时又有其特殊的要求，非水溶性抗生素一般为了使人体容易吸收，粒度要求较细。例如灰黄霉素规定细度 4μm 以下占 80%以上，这样才有利于吸收；普鲁卡因青霉素规定细度 5μm 以下占 65%以上，最大颗粒不得超过 50μm，否则不仅不利于吸收，而且在注射时易阻塞针头。但晶体过分细小，有时粒子会带静电荷，它们相互排斥，四处跳散，并且会使比容过大，给成品的分包装带来不便。

1. 晶体的大小

得到的晶体大小决定于晶核形成速度和晶体生长速度之间的对比关系。如晶核形成速度大大超过其生长速度，则过饱和度主要用来生成新的晶核，因而得到细小的晶体。反之，如晶体生长速度超过晶核形成速度，则得到较粗大的晶体。

决定晶体大小的因素主要有过饱和度、温度、搅拌速度和杂质等。过饱和度增加能使成核速度和晶体生长速度增快，但对前者影响较大，因此过饱和度增加，得到的晶体就较细小。

生产上常用的青霉素钾盐的结晶方法为：加醋酸钾反应剂于醋酸丁酯萃取液中，形成的青霉素钾盐难溶于丁酯，过饱和度很高，因而形成的晶体较细。采用共沸蒸馏结晶法时，醋酸丁酯萃取液的初始含水量较高，加入醋酸钾反应剂后，不致析出青霉素钾盐。随着共沸蒸馏的进行，水分不断馏出，而使晶体慢慢析出。这样延长了结晶时间，在结晶过程中维持较低的过饱和度，因而得到的晶体较大，其长度可比用通常结晶方法得到的增大 20 倍。

当溶液快速冷却时，能达到的过饱和度较高，因而得出的晶体较细小，而且常导致生成针状结晶，这可能是由于针状较粒状晶体易散热；反之，缓慢冷却常得到较粗大的晶体。例如土霉素的水溶液以氨水调 pH 至 5，温度自 20℃降低到 5℃，以使土霉素碱结晶析出，温度降低速度越快，得到的晶体的比表面就越大，晶体越小。

温度升高也使成核速度和晶体生长速度增快。经验表明，对后者影响较显著。因此在较低的温度下结晶，得到的晶体较细小。例如普鲁卡因青霉素结晶时所用晶种、粒度要求在 2μm 左右，制备晶种时温度要保持在－10℃左右。必须注意，温度改变时，常会导致晶型和结晶水的变化。

搅拌能促使成核和加快扩散，提高晶核长大速度。但当搅拌强度提高到一定程度后，再加快搅拌效果就不显著，反而会使晶体打碎。经验表明，搅拌越快、晶体越细。例如普鲁卡因青霉素的微粒结晶采用的搅拌转速为 1000r/min，而制备晶种时，则采用高达 3000r/min 的转速。又如土霉素碱结晶时，搅拌转速越快，得到的晶体越小。

加入晶种能控制晶体的形状、大小和均匀度，为此要求晶种首先有一定的形状、大小，而且比较均匀，普鲁卡因青霉素微粒结晶获得成功，适宜的晶种是一个关键问题。用于普鲁卡因青霉素的晶种为 2μm 左右的椭圆形晶体，最大不超过 5μm。

2. 晶体的形状(晶习，habit)

同种物质用不同方法结晶时，得到的晶体形状可以完全不一样，虽然它们属于同一种晶系。外形的变化是由于在一个方向生长受阻，或在另一方向生长加速，前已指出，快速冷却常导致针状结晶。过饱和度、搅拌、pH 等也对晶型有影响。从不同溶剂中结晶常得到不同的外形，如普鲁卡因青霉素在水溶液中结晶得方形晶体，而从丙酮中结晶，则得到长柱状晶体。杂质的存在也会影响晶型，杂质可吸附在晶体表面上，而使其生长速度受阻。例如在普鲁卡因青霉素结晶中，作为消沫剂的丁醇的存在会影响晶型，醋酸丁酯的存在会使晶体变得细长。

改变结晶温度，也会改变晶体外形。例如红霉素乳酸盐在丙酮中转碱、加水结晶的工艺中，在 20℃结晶得到的是针状晶体，易夹带母液和杂质，而在 55℃下结晶时，则得到片状结晶，成品效价可从 926U/mg 提高到 968U/mg(干基)。

3. 晶体的纯度

从溶液中结晶得出的晶体并不是十分纯粹的，晶体常会包含母液、尘埃和气泡等。所以结晶器需非常清洁，结晶液也应仔细过滤，以防止夹带灰尘、铁锈等。要防止夹带气泡可不用强烈搅拌和避免激烈翻腾。晶体表面有一定的物理吸附能力，因此表面上有很多母液和杂质。晶体越细小，表面积越大，吸附的杂质也就越多。表面吸附的杂质可通过晶体的洗涤除去。对于非水溶性晶体，常可用水洗涤，如红霉素、制霉菌素等。有时用溶剂洗涤能除去表面吸附的色素，对提高成品质量起很大作用。例如灰黄霉素晶体，本来带黄色，用丁醇洗涤后就显白色。又如青霉素钾盐的发黄变质主要是成品中含有青霉烯酸和噻唑酸，而这些杂质都很易溶于醇中，故可用丁醇洗涤除去。用一种或多种溶剂洗涤后，为便于干燥，最后常用易挥发的溶剂，如乙醇、乙醚、醋酸乙酯等顶洗。为加强洗涤效果，最好是将溶剂加到晶体中，搅拌后再过滤。边洗涤边过滤的效果较差，因为沟流的关系使有些晶体没有洗到。

必须着重指出，太细的晶体不仅吸附的杂质多，而且使洗涤过滤很难进行，甚至影响生产。

当结晶速度过大时(如过饱和度较高，冷却速度很快时)，常易形成包含母液等物质的晶簇，或因晶体对溶剂有特殊的亲和力，晶格中常会包含溶剂。对于这种杂质，用洗涤的方法不能除去，只能通过重结晶来除去。例如红霉素碱从有机溶剂中结晶时，每 1 分子碱可含 1～3个分子有机溶剂，用通常加热的方法很难除去，而要用水中重结晶的方法除去。

选择不同的溶剂进行结晶也会影响成品的纯度，这是因为不同的溶剂对杂质的溶解能力不同。例如红霉素乳酸盐在丙酮或乙醇中转碱、加水结晶的工艺中，由于乙醇对杂质红霉素 C 有较大的溶解度，故成品中红霉素 C 含量较低。但丙酮在以氨水碱化时会形成两相，分去下面的水相可除去一部分杂质，故从丙酮中得到的成品，杂质总量较低。因此选择在丙酮-乙醇(体积比为 3∶1)混合溶剂中结晶，既能使纯度提高到 91.6%，又能使红霉素 C 含量降至 1.9%。

有些杂质具有相同的晶型，称为同晶现象。对于这种杂质，利用重结晶的方法也很难除去，需用其他物理化学分离方法除去。

4. 晶体的结块

晶体的结块给使用带来不便。结块的主要原因是母液未洗净，温度的变化会使其中溶质析出，而使颗粒胶接在一起。另一方面吸湿性强的晶体容易结块。当空气中湿度较大时，表面晶体吸湿溶解成饱和溶液，充满于颗粒隙缝中，以后如空气中湿度降低时，饱和溶液蒸发又析出晶体，而使颗粒胶接成块。

粒度不均匀的晶体，隙缝较少，晶粒相互接触点较多，因而易结块，所以晶体粒度应力求均匀一致。要避免结块，还应储藏在干燥、密闭的容器中。

5. 重结晶

重结晶(recrystallization)是指将晶体用合适的溶剂溶解后再次结晶。特别是在不同溶剂中反复结晶，能使纯度提高，因为杂质和结晶物质在不同溶剂和不同温度下的溶解度不同。

重结晶的关键是选择合适的溶剂。如溶质在某种溶剂中加热时能溶解，冷却时能析出较多的晶体，则这种溶剂可以认为适用于重结晶。如果溶质溶于某一溶剂而难溶于另一溶剂，且该两溶剂能互溶，则可以用两者的混合溶剂进行试验。其方法为将溶质溶于溶解度较大的一种溶剂中，然后将第二种溶剂加热后小心地加入，直到稍显浑浊，结晶刚开始为止，接着冷却、放置一段时间使结晶完全。例如为了提高红霉素成品的纯度，可以在不同溶剂中进行重结晶，生产上采用丙酮加水的重结晶方法：将已干燥的红霉素碱以 1∶7 配比(w/v)的丙酮进行溶解，待溶于丙酮后以硅藻土为介质进行过滤，再用 1.5～2 倍量体积的蒸馏水加入到丙酮溶液中，在室温条件下静置(24h 左右)、过滤，即有红霉素精制品析出。

【习题与思考】

1. 简述结晶的概念、形成结晶的条件。
2. 形成过饱和溶液的方法有哪些？
3. 影响结晶的因素有哪些？如何控制好晶体质量？

任务二十九 干燥技术

【任务内容】

干燥(drying)是将物料中的水或溶剂除尽的过程。生化产品含水容易引起分解变性，影响质量。通过干燥可以提高产品的稳定性，使它符合规定的标准，便于分析、研究、应用和保存。

按照水分的原始聚集状态，干燥可分为液体直接被移除、从液态开始干燥和绕过液相从固态直接蒸发(即升华)三种方式。后两种一般都需要提供一定的能量。通常，按照供能特征即按照供热的方式，干燥分为接触式、对流式、辐射式三种。

在接触干燥时，热通过加热表面(金属方板、辊子)传给需干燥的物料，这时水分被蒸发转入物料周围的空气中。在热对流干燥时，干燥过程必需的热量用气体干燥介质传送，它起热载体和介质的作用，将水分从物料传到周围介质中。在辐射干燥时，即红外线干燥时，热从辐射源以电磁波的形式传送，辐射源的温度通常在700℃以上。

影响干燥的因素主要有：

(1)蒸发面积 蒸发面积大，有利于干燥，干燥效率与蒸发面积成正比。如果物料厚度增加，蒸发面积减小，难以干燥，由此会引起温度升高使部分物料结块、发霉变质。

(2)干燥速度 干燥速度应适当控制。干燥时，首先是表面蒸发，然后内部的水分子扩散至表面，继续蒸发。如果干燥速度过快，表面水分很快蒸发，就使得表面形成的固体微粒相互紧密黏结，甚至成壳，阻碍内部水分扩散至表面。

(3)温度　升温能使蒸发速度加快，蒸发量加大，有利于干燥。对不耐热的生化产品，干燥温度不宜太高，冷冻干燥最适宜。

(4)湿度　物料所处空间的相对湿度越低，越有利于干燥。相对湿度如果达到饱和，则蒸发停止，无法进行干燥。

(5)压力　蒸发速度与压力成反比，减压能有效加快蒸发速度。减压蒸发是生化产品干燥的最好方法之一。

一、常压吸收干燥

常压吸收干燥是在密闭空间内用干燥剂吸收水或溶剂。此法的关键是选用合适的干燥剂。按照脱水方式，干燥剂可分为三类：

(1)能与水可逆地结合为水合物的干燥剂，例如无水氯化钙、无水硫酸钠、无水硫酸钙、固体氢氧化钾(或钠)等。

(2)能与水作用生成新的化合物的干燥剂，例如五氧化二磷、氧化钙等。

(3)能吸收微量水和溶剂的干燥剂，例如分子筛，常用的是沸石分子筛，应先用其他干燥剂吸水，再用分子筛进行干燥。

显然，该方法适合于实验室规模的样品干燥，不适合用于工业化生产。

二、真空干燥

真空干燥过程就是将干燥物料放在密闭的干燥室内，用真空系统抽真空的同时对被干燥物料不断加热，使物料内部的水分通过压力差或浓度扩散差到表面，水分子在物料表面获得足够的动能，在克服分子间的相互吸引力后，逃逸到真空室的低压空间，从而被真空泵抽走的过程。

真空干燥装置可以自制，也可以购买商品化产品，实验室常用的玻璃材质的真空干燥器与普通玻璃干燥器区别不大，只是在顶部配备二通活塞与相应的抽真空装置连接。根据样品含溶剂情况，可以适当配备冷凝管、吸滤瓶及干燥塔装置，以对真空泵进行保护。干燥器内放有与样品所含溶剂产生吸附或反应的干燥剂。样品量少可用真空干燥器，样品量大可用真空干燥箱。

在真空干燥过程中，干燥室内的压强始终低于大气压强，气体分子数少，密度低，含氧量低，因而能干燥容易氧化变质的物料、易燃易爆的危险品等。对药品、食品和生物制品能起到一定的消毒灭菌作用，可以减少物料染菌的机会或者抑制某些细菌的生长。另外，真空干燥时物料中的水分在低温下就能汽化，可以实现低温干燥，适合于某些热敏性物质的干燥。

三、气流干燥

气流干燥也称“瞬间干燥”，使加热介质(空气、惰性气体、燃气或其他热气体)和待干燥固体颗粒直接接触，并使待干燥固体颗粒悬浮于流体中，因而两相接触面积大，强化了传热传质过程，广泛应用于散状物料的干燥单元操作。

气流干燥操作过程中，固体颗粒在气流中高度分散呈悬浮状态，使气固两相之间的传热传质表面积大大增加。由于采用较高气速(20～40m/s)，使得气固两相间的相对速度也较高，不仅使气固两相具有较大的传热面积，而且体积传热系数也相当高。因此，气流干燥热效率高、干燥时间短、处理量大。

气流干燥采用气固两相并流操作，这样可以使用高温的热介质进行干燥，且物料的湿含量愈大，干燥介质的温度可以愈高。

四、喷雾干燥

1. 喷雾干燥工艺流程

喷雾干燥是采用雾化器将原料液分散为雾滴，并用热气体（空气、氮气或过热水蒸气）干燥雾滴而获得产品的一种干燥方法。原料液可以是溶液、乳浊液、悬浮液，也可以是熔融液或膏糊液。干燥产品根据需要可制成粉状、颗粒状、空心球状或团粒状。其工艺流程如图29-1所示。

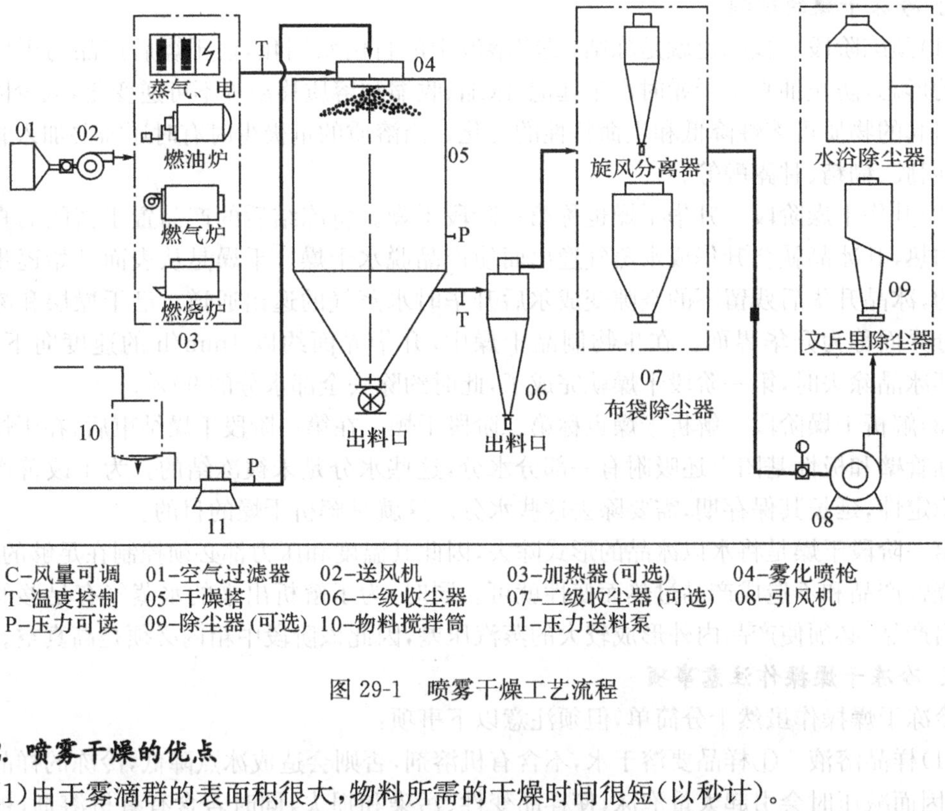

C-风量可调　01-空气过滤器　02-送风机　03-加热器(可选)　04-雾化喷枪
T-温度控制　05-干燥塔　06-一级收尘器　07-二级收尘器(可选)　08-引风机
P-压力可读　09-除尘器(可选)　10-物料搅拌筒　11-压力送料泵

图 29-1　喷雾干燥工艺流程

2. 喷雾干燥的优点

(1)由于雾滴群的表面积很大，物料所需的干燥时间很短（以秒计）。

(2)在高温气流中，表面润湿的物料温度不超过干燥介质的湿球温度，由于迅速干燥，最终的产品温度也不高。因此，喷雾干燥特别适用于热敏性物料。

(3)喷雾干燥操作上的灵活性，可以满足各种产品的质量指标，例如粒度分布、产品形状、产品性质（不含粉尘、流动性、润湿性、速溶性）、产品的色、香、味、生物活性以及最终产品的湿含量。

(4)简化工艺流程。在干燥塔内可直接将溶液制成粉末产品。此外，喷雾干燥容易实现机械化、自动化，减轻粉尘飞扬，改善劳动环境。

3. 喷雾干燥的缺点

(1)当空气温度低于150℃时,容积传热系数较低,所用设备容积大。

(2)对气固混合物的分离要求较高,一般需两级除尘。

(3)热效率不高,一般顺流塔型为30%～50%,逆流塔型为50%～70%。

五、冷冻干燥

冷冻干燥又称升华干燥。将含水物料冷冻到冰点以下,使水转变为冰,然后在较高真空下将冰转变为蒸气而除去的干燥方法。冷冻干燥的制品是在低温高真空中制成的,制品因其中微小冰晶体的升华而呈现多孔结构,并保持原先冻结的体积,加水易溶,并能恢复原有的新鲜状态,生物活性不变。因此,冷冻干燥特别适合于蛋白质、酶类等生物活性分子和热不稳定性小分子的生产。

1. 冷冻干燥的过程

(1)预冻阶段　预冻也就是冻结,是将溶液中的自由水固化,使干燥后产品与干燥前有相同的形态,防止抽真空干燥时产生起泡、浓缩、收缩和溶质移动等不可逆变化,减少因温度下降引起的物质可溶性降低和生命特性的变化。当溶质的量极少时有时还需要加入骨架材料,如明胶、糊精、甘露醇等。

(2)升华干燥阶段　升华干燥也称第一阶段干燥。将冻结后的产品置于密闭的真空容器中加热,其冰晶就会升华成水蒸气逸出而使产品脱水干燥。干燥是从表面开始逐步内向推移的,冰晶升华后残留下的空隙变成尔后升华时水蒸气的逸出通道。已干燥层和冻结部分的分界面称为升华界面。在生物制品干燥中,升华界面约以1mm/h的速度向下推进。当全部冰晶除去时,第一阶段干燥就完成了,此时约除去全部水分的90%。

(3)解析干燥阶段　解析干燥也称第二阶段干燥。在第一阶段干燥结束后,在干燥物质的毛细管壁和极性基团上还吸附有一部分水分,这些水分是未被冻结的。为了改善产品的贮存稳定性,延长其保存期,需要除去这些水分。这就是解析干燥的目的。

第一阶段干燥是将水以冰晶的形式除去,因此其温度和压力都必须控制在足够的高,只要不烧毁产品和不造成产品过热而变性就可。同时,为了解析出来的水蒸气有足够的推动力逸出产品,必须使产品内外形成较大的蒸汽压差,因此该阶段中箱内必须是高真空。

2. 冷冻干燥操作注意事项

冷冻干燥操作虽然十分简单,但须注意以下事项:

(1)样品溶液　①样品要溶于水,不含有机溶剂,否则会造成冰点降低,冷冻的样品容易融化,因而减压时会引起大量泡沫,使样品变性、污染和损失,同时若含有有机溶剂,被抽入真空泵后溶于真空泵油,使其可达到的真空度降低而必须换油。②样品要预先脱盐,不可使盐浓度过高,否则冰冻后易融化,影响样品活性,而且不易冻干。③样品缓冲液在冷冻时pH可能会有较大的变化,例如pH7.0的磷酸盐缓冲液在冷冻时,磷酸氢二钠比磷酸二氢钠先冻结,因而使溶液pH下降接近3.5,使某些对低pH敏感的酶变性失活。此时需加入pH稳定剂,如糖类和钙离子等。④样品溶液的浓度不要太稀,例如蛋白质的浓度以不低于15mg/ml为宜。同批冻干的样品不宜相差太大,以免冻干的时间相差过大。

(2)装样品溶液的容器　①最好用各种尺寸的培养皿盛样品溶液,液层不要太厚,以免冻干时间太长,耗电太多,也可以使用安瓿瓶和青霉素瓶。用烧杯时液层厚度不要超过

2cm，否则烧杯易破裂。②冻干稀溶液时会得到很轻的绒毛状固体样品，容易飞散而损失和造成污染，因而要用刺孔的薄膜或吸水纸包住杯口，刺的孔不要过少，否则会影响冻干的速度。

(3)溶液冷冻　如有条件，尽可能用干冰-乙醇低温浴速冻，如能将盛有样品溶液的容器边冻边旋转形成很薄的冰冻层，则可能大大加速冻干的速度。

(4)冻干　①样品全部冻干前，不要轻易摇动，以防水蒸气冲散冻干的样品粉末。②样品冻干达到较高真空度时容器外部有时会结霜，若外霜消失，则说明样品已冻干，或是仅剩下样品中心的小冰块，再稍加延长冻干时间即可。③冻干后要及时取出样品，以免样品在室温下停留时间过长而失活。④停真空泵时要先放气，以免泵油倒灌；放气时要缓慢，以免气流冲散样品干粉。⑤样品冻干后要及时密封冷藏，以防受潮。⑥真空泵要经常检查油面和油色，油面过低和油色发黑，则需换油，通常半年或一季度至少换一次油。

【习题与思考】

1. 简述喷雾干燥的工艺流程。
2. 简述冷冻干燥的过程和用途。

【生化分离技术应用案例】

一、青霉素的提取与精制

从发酵液中提取青霉素，目前工业上多用溶剂萃取法。青霉素与碱金属所生成的盐类在水中溶解度很大，而青霉素游离酸易溶解于有机溶剂中。溶剂萃取法提取即利用青霉素这一性质，将青霉素在酸性溶液中转入有机溶剂(醋酸丁酯、氯仿等)中，然后再转入中性水相中。经过这样反复几次萃取，就能达到提纯和浓缩的目的。

由于青霉素的性质不稳定，整个提取和精制过程应在低温下快速进行，并应注意清洗和保持在稳定的 pH 值范围。

下面分别讨论溶剂萃取法各工序的操作要点。

(一)发酵液的过滤和预处理

青霉素发酵液菌丝较粗大，一般用鼓式过滤机过滤。除菌丝出现自溶的情况外，一般过滤较容易。但发酵液达最高单位时，常常也是菌丝开始自溶的时候。当菌丝自溶时，菌丝在鼓式过滤机表面不能形成紧密的薄层，因而不能自行剥落，使过滤时间延长，滤液量降低，且滤液发浑。因此最好控制在菌丝自溶前放罐。

从鼓式过滤机得到的滤液，其 pH 值在 6.2～7.2 之间，略发浑，棕黄色或棕绿色。蛋白质含量一般在 0.5～2.0mg/ml(个别情况下可达到 7.0mg/ml)，这些蛋白质的存在对后续各步提取有很大影响，必须去除。通常用硫酸调 pH 至 4.5～5.0，加入 0.07%(质量体积分数)的溴代十五烷吡啶 PPB(配成 5%的溶液)，同时再加入硅藻土(0.07%，质量体积分数)作为助滤剂，通过板框过滤机过滤，得二次滤液。二次滤液一般澄清透明，可进行提取。发酵液和滤液应冷至 10℃以下，贮罐、管道和滤布等应定期用蒸汽消毒。

酸化过滤工序青霉素的损失主要是由于滤液的流失和过滤时青霉素的破坏，一般该工序的收率为 90%左右。

(二) 萃取和精制

目前工业生产所采用的溶剂多为醋酸丁酯和醋酸戊酯。

整个萃取过程应在低温下进行(在 10℃以下),在保证萃取效率的前提下,尽量缩短操作时间,减少青霉素的破坏。

萃取方式一般采用多级逆流萃取(常为二级)。混合可用机械搅拌混合罐、管道混合器或喷射混合器等。机械搅拌混合罐系借机械搅拌将两相在罐内混合而进行萃取,一般停留时间较长,操作时要随时注意不使液体自罐中溢出。管道混合器系两种液体在管道内高速流动,成湍流状态(Re 可高达 66000)而达到混合、萃取的目的,一般停留时间较短,操作方便。喷射混合器和水流泵原理相似,以一种液体作为工作流体,以高速自喷嘴射出,产生真空而吸入另一种液体,达到混合、萃取的目的。

分离采用离心机。一次丁酯萃取时采用碟片式离心机,缓冲液萃取和二次丁酯萃取时如处理量较小,则可采用管式离心机。管式离心机分离效果优于碟片式离心机,但处理量较小。近来也有将混合和分离同时在一个设备内完成,称为离心萃取机。二次丁酯萃取液在结晶前要求有较低的水分(应低于 0.9%)。因为青霉素钾盐或钠盐在水中溶解度较大,降低二次丁酯萃取液的水分,可使结晶后母液的单位降低。脱水可以用无水硫酸钠等脱水剂,但工业上常用冷冻脱水法。

(三) 结晶

结晶是提纯物质的有效方法。例如在二次丁酯萃取液中,青霉素的纯度只有 50%~70%,但结晶后纯度可提高至 90%以上。青霉素结晶方法很多,而且普鲁卡因盐和碱金属盐的结晶方法也有所不同,现分述于下。

1. 青霉素钾盐结晶

青霉素钾盐在醋酸丁酯中溶解度很小,利用此性质,在二次丁酯萃取液中加入醋酸钾乙醇溶液,青霉素钾盐就结晶析出。

醋酸丁酯中含水量过高会影响收率,但可提高晶体纯度。水分在 0.9%以下对收率影响较小。得到的晶体要求颗粒均匀,有一定的细度。颗粒太细会使过滤、洗涤困难。晶体经丁醇洗涤,醋酸乙酯顶洗,真空干燥或固定床气流干燥即可得成品。

这样得到的青霉素钾盐最好再经过重结晶,或转成青霉素普鲁卡因盐,以减少过敏原等杂质,进一步提高纯度。以醋酸钾作为反应剂制得的青霉素钾盐,有可能在成品中带有微量醋酸钾,使成品质量降低,并且吸湿性较强,有效期缩短。较好的重结晶方法是将钾盐溶于 KOH 溶液中,调 pH 值至中性,加无水丁醇,在真空下,进行共沸蒸馏结晶。

2. 青霉素普鲁卡因盐结晶

普鲁卡因青霉素在水中溶解度很小。因此在青霉素钾盐水溶液中(pH 至中性的磷酸盐缓冲液)加盐酸普鲁卡因溶液,普鲁卡因青霉素就结晶析出。

3. 青霉素钠盐结晶

青霉素钠盐在使用过程中,病人反映很痛。研究表明,其致痛原因是药品中的钾离子。而青霉素钠盐并不引起疼痛。青霉素钠盐的生产方法有多种,究竟以哪一种方法较优,需进一步试验。一般说来,钠盐生产工艺较复杂,收率要比钾盐低 10%左右。现以几种方法为例来说明。

(1)从二次丁酯萃取液直接结晶　在二次丁酯萃取液中加醋酸钠乙醇溶液反应,直接结晶得钠盐。此法和钾盐生产完全一样，只不过以醋酸钠代替了醋酸钾。

(2)从钾盐转钠盐 在青霉素二次丁酯萃取液中先结晶出钾盐，而后将钾盐溶于水，提取至丁酯中，加醋酸钠乙醇溶液结晶得钠盐。

(3)从普鲁卡因盐转钠盐 一次丁酯萃取液中加普鲁卡因丁酯溶液反应，结晶得青霉素普鲁卡因盐。将普鲁卡因盐悬浮在水中，加丁酯，再以硫酸调 pH 至 2.0，则普鲁卡因盐分解成青霉素游离酸而转入丁酯中。然后再加醋酸钠乙醇溶液结晶出钠盐。

(4)共沸蒸馏结晶法 二次丁酯萃取液以 0.5mol/L NaOH 溶液萃取，在 pH＝6.4～6.8下得到钠盐水浓缩液，浓度为(15～25)×10^4U/ml，加 2.5 倍体积的丁醇，在 16～26℃，5～10mmHg(1mmHg＝133.3Pa)下蒸馏，水分与丁醇成共沸物而蒸出，当浓缩到原来水浓缩液体积，蒸出馏分中含水量达到 2%～4%时，即可停止蒸馏。共沸点温度较低，水分的蒸发在较温和的条件下进行，因而可减少青霉素的损失。当水分和大部分丁醇蒸掉后，钠盐就结晶析出。

必须注意，钠盐比钾盐容易吸潮，因此分包装车间的湿度和成品的包装条件要求也较高。钠盐在相对湿度 72.6%时开始显著吸水，称为临界湿度，而钠盐吸潮的临界湿度为 80%。

二、霉酚酸提取工艺

(一)霉酚酸简介

霉酚酸(mycophenolic acid，MPA)最早是由 Gosio 等于 1896 年在灰绿青霉 *Penicillium glaucum* 的培养物中发现的，而后发现其他青霉菌也能产生 MPA，如短密青霉(*P. brevicompactum*)、葡枝青霉(*P. stoloniferum*)、娄地青霉(*P. roqueforti*)和鲜绿青霉(*P. viridicatum*)。1952 年 Birkinshaw 等阐明了其结构，同时发现其有抗细菌活性，但是致病葡萄球菌能迅速对其产生耐药性，因此在该领域没有更进一步的发展；另外还发现其对某些表皮真菌和毛癣菌具有抗真菌活性，对 *Herpes simplex* 病毒也证明有抗病毒活性。在以后几年里开始对其抗癌活性进行细致研究并且进行了报道，在 20 世纪 80 年代中后期证明了其吗啉乙醇衍生物具有免疫抑制疗效。

1. 霉酚酸的结构性质

霉酚酸又称麦考酚酸，是苯呋喃类化合物。化学名为 *E*-4-甲基-6-(1,3-二氢-7-甲基-羟基-6-甲氧基-3-氧代-5-异苯并呋喃基)-4-己烯酸，分子式为 $C_{17}H_{20}O_6$，分子量为 320.34。结构式如图 6a 所示。

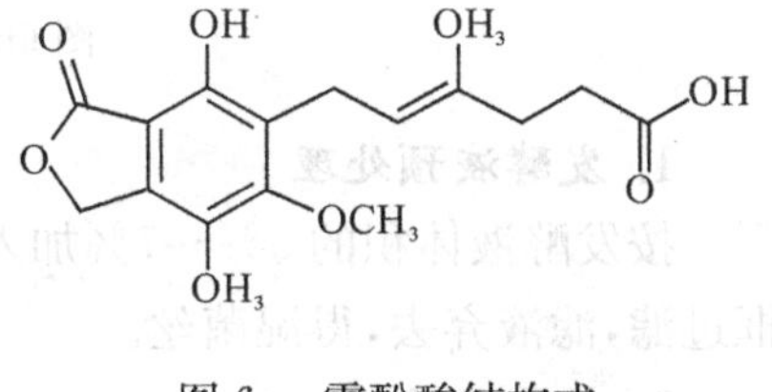

图 6a 霉酚酸结构式

2. 霉酚酸的生物活性及作用机理

霉酚酸具有抗病毒、抗真菌、抗细菌、抗肿瘤和免疫抑制活性。免疫反应依赖于淋巴细胞增殖能力。生物体细胞通过有丝分裂而增殖，有丝分裂过程中合成 DNA 需嘌呤核苷酸与嘧啶核苷酸。嘌呤核苷酸的合成通过两条途径完成，即“从头合成”途径和补救合成途径。“从头合成”途径是利用一些小分子物质如二氧化碳、甲酸盐、谷氨酰胺、天冬氨酸和甘氨酸等作为合成嘌呤环酸的前体，经过一系列酶促反应最后合成核苷酸。而“补救合成”途径则利用预先形成的碱基和核苷合成核苷酸。霉酚酸之所以具有广谱生物活性，是因为霉酚酸是个高效性、选择性、非竞争性、可逆性的次黄嘌呤单核苷酸脱氢酶(IMPDH)抑制剂,可抑制鸟嘌呤核苷酸的起始合成途径,使鸟嘌呤核苷酸耗竭,进而阻断DNA的合成。霉酚酸选择作用于T、B淋巴细胞,抑制其增殖。抑制淋巴细胞增殖所需的MPA浓度,对大多数淋巴细胞无抑制作用,霉酚酸还能通过直接抑制B细胞的增殖来抑制抗体的形成。治疗量的霉酚酸并不抑制多糖激活人外周血淋巴细胞产生白介素-Ⅰ,也不抑制有丝分裂原激活的外周淋巴细胞合成白介素-Ⅱ和其受体表达,这点也不同于CsA,K-506。此外,霉酚酸介导的体外淋巴细胞三磷酸鸟苷的耗竭可抑制甘露糖和岩藻糖转化成糖蛋白。通过这种机制,霉酚酸可降低淋巴细胞和单核细胞在慢性炎症部位的聚集。

3. 霉酚酸的应用

在器官移植过程中,排斥反应一直是一个棘手的问题:临床上许多自身免疫性疾病的治疗,也主要依赖于免疫抑制剂的使用,免疫抑制剂在器官移植中用于防治排斥反应,即干扰受体对外来抗原的识别和非自身细胞的清除。近年来,新的免疫抑制剂层出不穷,其中霉酚酸就是其中较好的一个。霉酚酸以其独特的免疫抑制作用和安全性而倍受关注,目前已应用于心、肾移植排异和免疫性疾病如狼疮性肾炎、血管炎等的治疗。作为第三代免疫抑制剂,霉酚酸酯在防治各类实体器官移植急性排斥方面已得到了充分肯定,与CsA和皮质激素联合应用,已经成为一种成熟的免疫抑制治疗方案。目前我国免疫抑制剂市场上有近30个品种竞争,销售排名前10位的品种占市场份额的95.4%,排名首位的CsA市场份额占29.7%,霉酚酸酯的市场份额排名第二,占18.15%。

(二)传统提取工艺

霉酚酸的传统提取工艺流程如图6b所示,具体工艺过程和提取结果如下:

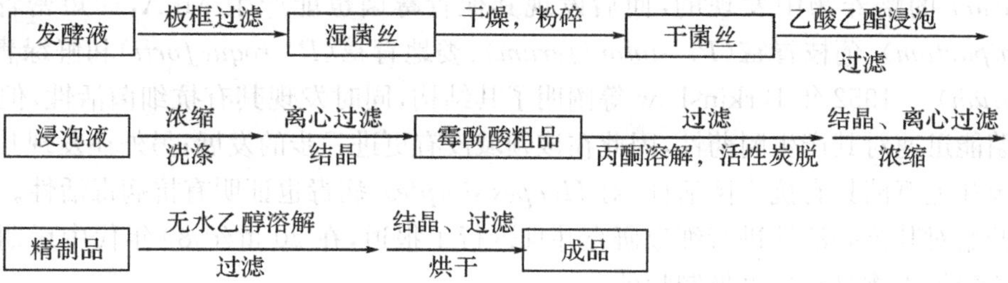

图6b 霉酚酸的传统提取工艺流程

1. 发酵液预处理

按发酵液体积的5%~7%加入硅藻土,用盐酸调pH至3.0~3.5,搅拌30min后进板框过滤,滤液弃去,得湿菌丝。

2. 气流干燥

湿菌丝用120℃左右气流进行干燥,使菌丝水分<30%,得到干菌丝。

3. 浸泡,洗涤

干菌丝用5~7倍(v/w)的乙酸乙酯搅拌浸泡,过滤,得到浸泡液。浸泡液用1/5体积的0.1mol/L NaOH溶液搅拌洗涤,静置分层,再用1/5体积的饮用水洗涤一次,得洗涤液。

4. 浓缩,结晶

将洗涤液在50~60℃、真空度≤-0.08MPa条件下,浓缩至100mg/ml,冷却至0~10℃,结晶,过滤得霉酚酸粗品。

5. 溶解、脱色、结晶

将霉酚酸粗品用4～6倍(v/w)丙酮，加热至50℃溶解完全，加入10% 767型活性炭，保温脱色1h，过滤得脱色液。脱色液在50～60℃、真空度≤－0.08MPa条件下，浓缩至100mg/ml，加入1/2体积的纯化水，冷却结晶，过滤得一次精制品。

6. 精制、烘干

将一次精制品用4～6倍(v/w)无水乙醇，加热至60℃溶解完全，用滤膜过滤，冷却至0～10℃，结晶，过滤，得湿成品，将湿成品在70℃左右、真空度≤－0.09MPa条件下，烘干8h，得霉酚酸成品。

7. 收率

各步提取收率和总收率见表6a。

表6a 传统提取工艺收率

工艺步骤	使用原材料	收率(%)
预处理、板框过滤	盐酸、硅藻土、絮凝剂	90～95
气流干燥		95
浸泡、洗涤	乙酸乙酯、NaOH	90～95
浓缩、结晶		70～80
溶解、脱色、结晶	丙酮、活性炭	80～85
精制、烘干	无水乙醇	85～90
	总收率45%～50%	

(三)膜分离提取工艺

经过实验研究改进，采用膜分离提取工艺，其流程如图6c所示。

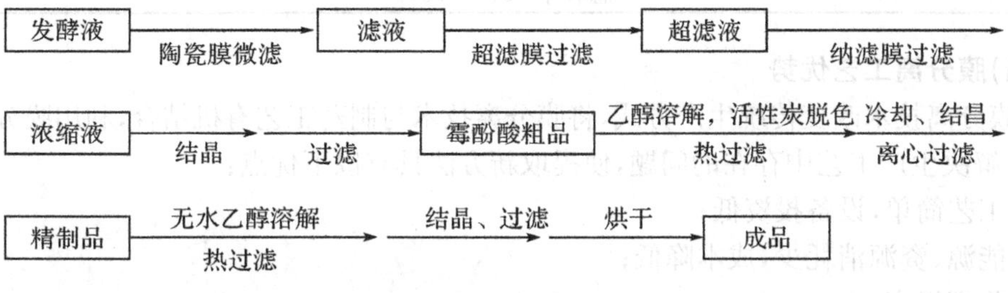

图6c 霉酚酸的膜分离提取工艺流程

具体工艺过程和结果如下：

1. 发酵液预处理

将发酵液用NaOH调pH至10～11，搅拌30min。

2. 陶瓷膜微滤

将预处理过的发酵液进陶瓷膜(膜孔径0.2μm)过滤，不断补加pH10～11的碱水，至透出液效价≤发酵液效价的10%，停止过滤，得陶瓷膜滤液。

3. 超滤膜过滤

采用中空纤维KJ20000超滤膜，将陶瓷膜滤液进超滤膜过滤，剩余少量浓缩液时，不断补加饮用水，至透出液效价≤100μg/ml 时停止过滤，得超滤膜滤液。

4. 浓缩，结晶

采用卷式纳滤膜 DK2540，将超滤液进纳滤膜浓缩，透出液排放，至浓缩液体积约为发酵液体积的 1/2 时，停止浓缩，用盐酸调节 pH 至 2.0～3.0，结晶，过滤得霉酚酸粗品。

5. 溶解、脱色、结晶

将霉酚酸粗品用 4～6 倍(v/w)乙醇，加热至 50℃溶解完全，加入 5% 767 型活性炭，保温脱色 1h，过滤得脱色液。

往脱色液中加入 1/2 体积的纯化水，搅拌、冷却结晶，过滤得一次精制品。

6. 精制、烘干

将一次精制品用 4～6 倍(v/w)无水乙醇，加热至 60℃溶解完全，用滤膜过滤，向滤液中加入 1/2 体积的纯化水、冷却至 0～10℃，结晶，过滤，得湿成品，将湿成品在 70℃左右、真空度≤－0.09MPa 条件下，烘干 8h，得霉酚酸成品。

7. 收率

各步提取收率和总收率见表 6b。

表 6b　膜分离工艺各步收率

工艺步骤	使用原材料	收率(%)
陶瓷膜过滤	NaOH、饮用水	95～96
超滤膜过滤	NaOH、饮用水	95～97
纳滤膜过滤		98～99
粗品结晶	盐酸	93～95
溶解、脱色、结晶	乙醇、活性炭	90
精制、烘干	无水乙醇	90
	总收率 65%～70%	

(四)膜分离工艺优势

用膜分离技术改变传统生产方式，将膜分离技术与制药工艺有机结合，利用膜分离技术的优势，解决生产工艺中存在的问题，使提取新方法具有以下优点：

1. 工艺简单，设备投资低；
2. 能源、资源消耗少，成本降低；
3. 收率提高；
4. 质量可控、稳定；
5. 可操作性强，劳动强度低；
6. 人员配置少，生产效率高；
7. 效益显著；
8. 安全性更高，环境亲和力更好；
9. 适合于工业化大规模生产。

【生化分离技术技能训练】

训练项目九 盐析法制备免疫球蛋白

一、目的

1. 了解蛋白质等生物大分子的盐析行为以及盐析法在生化制备中的应用。
2. 掌握血清免疫球蛋白的溶解特性和基本制备方法。

二、内容

1. 学习训练盐析的基本操作。
2. 学习训练离心机的使用。
3. 学习训练凝胶柱层析脱盐操作和蛋白质的定性鉴定。

三、提示

1. 盐析原理

高浓度的中性盐能够中和溶液中蛋白质分子表面的电荷，同时夺取溶液中的水，降低溶液中自由水的浓度，从而破坏蛋白质分子表面起稳定作用的水化层结构，使蛋白质的溶解度大大降低。我们可以利用不同浓度的中性盐将各种因分子量及表面电性不同而溶解度有差异的蛋白质分开。这就是所谓盐析作用。盐析业已成为分离纯化蛋白质的经济而有效的常用手段。

2. 硫酸铵饱和度计算

若将一定体积的稀硫酸铵溶液提高到所需饱和度，须加入的饱和硫酸铵体积为：

$$V=V_0(S_2-S_1)/(1-S_2)$$

式中：V_0 为原体积；S_2 为欲达到的饱和度；S_1 为原饱和度。

3. 实验的仪器、材料与试剂

(1)仪器

1)量筒(50ml 或 100ml)。

2)烧杯 (100ml 或 250ml)。

3)皮头滴管。

4)玻璃棒。

5)冰箱。

6)离心机。

7)层析柱(1.2cm×25cm)。

8)试管(18×180)。

(2)材料与试剂

1)材料：血浆(或血清)。

2)饱和硫酸铵溶液：取 500ml 蒸馏水，加热至 70～80℃，将 400g 固体硫酸铵粉置入该水中，搅拌 20min。自然冷却后用浓氨水调节 pH 至 7.1，放置过夜便可应用。

3)0.05mol/L pH 7.1 磷酸缓冲液：取 0.2mol/L 磷酸氢二钠溶液 67ml 与 0.2mol/L 磷

酸二氢钠溶液33ml混合，再加蒸馏水300ml，用pH计校正。

4) 0.85%氯化钠溶液。

5)10% $BaCl_2$ 溶液。

6) 双缩脲试剂(10%NaOH，2%$CuSO_4$)。

四、步骤

1. 制备免疫球蛋白

(1)取血浆20ml，与20ml 0.05mol/L pH7.1磷酸缓冲液混匀，逐滴加10ml饱和硫酸铵溶液，边加边搅拌，应加完后继续搅拌3min，随后会有极少量沉淀产生，放置冰箱过夜。取出上述溶液，在3500r/min下离心15min，倾出上清液。

(2)在不断搅拌下慢慢加40ml饱和硫酸铵于上述清液中，继续搅拌1.5min，冰箱静置30min，3500r/min离心30min。

(3)倾出上清，沉淀用0.05mol/L pH7.1磷酸缓冲液20ml搅拌溶解，离心除去不溶物(3500r/min，10min)。

(4)测量上清体积后逐滴加10ml饱和硫酸铵，使终浓度为33%，加完后继续搅拌5min，冰箱放置45min使沉淀完全。

(5)冰箱中取出，3500r/min离心30min，沉淀即为粗晶γ-球蛋白，用2ml 0.05mol/L pH 7.1磷酸缓冲液洗下。

(6)上清倾入50ml量筒测量体积，计算欲达40%饱和所需的饱和硫酸铵量，在搅拌下缓慢滴入该上清中，继续搅拌3min，冰箱放置45min，离心(3000r/min，30min)，沉淀即粗品β-球蛋白，用1ml 0.05mol/L pH7.1磷酸缓冲液洗下。

2. 脱盐

(1)将溶胀的Sephadex-G50装柱，用生理盐水过柱，平衡柱床。床面最好覆盖相同直径的圆形快速滤纸片。

(2)粗品球蛋白溶液经离心除去不溶物质后上Sephadex-G50柱，收集流出液，每管1～1.5ml。收到第10管后，每管取出约0.2ml，加入双缩脲试剂，检查蛋白质含量，同时再取0.2ml流出液用10% $BaCl_2$ 溶液检查是否存在硫酸铵。画出洗脱曲线。

五、思考题

根据免疫球蛋白与血浆中其他蛋白组分的不同性质，还有什么方法可将它们分离？

训练项目十　溶剂萃取技术

一、目的

1. 学会利用溶剂萃取的方法对目的产物进行提纯。
2. 掌握利用碘量法测定青霉素的含量，并计算出青霉素的萃取率。

二、内容

1. 学习训练有机溶剂萃取操作。
2. 学习训练分液漏斗的正确使用。
3. 学习训练化学滴定操作用于测定青霉素的含量。

三、提示

1. 萃取原理

萃取过程是利用混合物在两个不相混溶的液相中各种组分的溶解度不同,从而达到分离的目的。pH 为 2.3 时,青霉素在乙酸乙酯中比在水中溶解度大,因而可以将乙酸乙酯加到青霉素混合液中,并使其充分接触,从而使青霉素被萃取浓集到乙酸乙酯中,达到分离提纯的目的。

2. 间接碘量法测定青霉素的原理

将加入过量的碘与青霉素发生反应后,剩余的碘用硫代硫酸钠滴定,以淀粉溶液做指示剂,由蓝色滴定至无色后记录硫代硫酸钠溶液的消耗体积,计算出未反应碘的量,然后可计算得到与青霉素反应的碘量,从而可以获得被测样品中青霉素的含量。

3. 实验的仪器、材料与试剂

(1)仪器

1)分液漏斗 100ml。

2)烧杯 100ml。

3)电子天平。

4)酸式滴定管。

5)移液管。

6)容量瓶 100ml、1000ml。

7)量筒。

8)玻璃棒。

9)pH 试纸。

(2)材料与试剂

1)$Na_2S_2O_3$(0.1mol/L):取约 2.6g $Na_2S_2O_3$ 与 0.02g 无水 Na_2CO_3,加新煮沸过的冷蒸馏水适量溶解,定容到 100ml。

2)碘溶液(0.1mol/L):取碘 1.3g,加 KI 3.6g 及水 5ml 使之溶解,再加 HCl 溶液 1~2 滴,定容至 100ml。

3)HAc-NaAc(pH4.5)缓冲液:取 83g 无水 NaAc 溶于水,加入 60ml 冰醋酸,定容至 1L。

4)NaOH 溶液(1mol/L)、HCl 溶液(1mol/L)、淀粉指示剂、乙酸乙酯、稀硫酸、蒸馏水。

四、步骤

1. 青霉素的萃取

(1)用电子天平称取 0.12g 青霉素钠,溶解后定容至 100ml。

(2)取 15ml 乙酸乙酯液,准确移取 10ml 青霉素钠溶液与乙酸乙酯液混合,用稀硫酸调节 pH 在 2.3~2.4,置于分液漏斗中,摇匀,静置 30min。

(3)溶液分层后,将下层萃余相置于烧杯中备用,将上层萃取液回收。

2. 萃取率的测定

(1) 取 5ml 定容好的青霉素钠溶液于碘量瓶中,加 NaOH 溶液 1ml 放置 20min,再加 1ml HCl 溶液与 5ml HAc-NaAc 缓冲液,精密加入碘滴定液 5ml,摇匀,密闭,在 20~25℃

暗处放置 20min，用 $Na_2S_2O_3$ 滴定液滴定，临近终点时加淀粉指示剂 3ml，继续滴定至蓝色消失，记录 $Na_2S_2O_3$ 消耗的体积($V_{对照}$)。

(2)另取 5ml 定容好的青霉素钠溶液于碘量瓶中，加入 5ml HAc-NaAc 缓冲液，再精密加入碘滴定液 5ml，用 $Na_2S_2O_3$ 滴定液滴定至蓝色消失，记录 $Na_2S_2O_3$ 消耗的体积($V_{空白}$)。

(3)取萃取相 5ml 于碘量瓶中，按步骤(1)的方法进行测定，记录 $Na_2S_2O_3$ 消耗的体积($V_{样品}$)。

3. 结果计算

(1)根据 $Na_2S_2O_3$-I_2(2∶1)，分别计算操作步骤(1)～(3)——萃取率计算中各步滴定的碘的量 I(1)、I(2)、I(3)。

(2)萃取前与青霉素反应的碘：总 I_2＝I(2)－I(1)；

萃取后与青霉素反应的碘：余 I_2＝I(2)－I(3)

(3)根据青霉素-I_2(1∶8)计算：萃取前青霉素含量和萃取后青霉素含量。

(4)计算：萃取率＝(萃取前青霉素含量－萃取后青霉素含量)/萃取前青霉素含量。

五、思考题

1. pH 的调节在提高青霉素萃取效率方面有哪些重要性？
2. 简述分液漏斗的正确操作方法。

训练项目十一　离子交换树脂法分离混合氨基酸

一、目的

1. 熟练掌握离子交换树脂法的工作原理。
2. 熟练掌握离子交换树脂法的操作技术。
3. 学会对离子交换树脂的预处理和再生处理。

二、内容

1. 学习训练离子交换树脂层析法分离混合氨基酸。
2. 学习训练对离子交换树脂的预处理和再生处理。

三、提示

1. 离子交换树脂介绍

离子交换树脂是一种合成高聚物，不溶于水，能吸水膨胀。高聚物分子由能电离的极性基团及非极性的树脂组成，极性基团上的离子能与溶液中的离子起交换作用，而非极性的树脂本身物性不变。通常离子交换树脂按所带的基团分为强酸($—R—SO_3H$)、弱酸(—COOH)、强碱($—N^+≡R_3$)和弱碱($—NH_2$，—NHR，$—NR_2$)。离子交换树脂分离小分子物质如氨基酸、腺苷、腺苷酸等是比较理想的。但对生物大分子物质如蛋白质是不适当的，因为它们不能扩散到树脂的链状结构中。故如分离生物大分子，可选用以多糖聚合物如纤维素、葡聚糖为载体的离子交换剂。

2. 分离原理

氨基酸是两性电解质，有一定的等电点，在溶液 pH 小于其 pI 值时带正电，大于其 pI 时带负电。故在一定的 pH 条件下，各种氨基酸的带电情况不同，与离子交换剂上的交换基团的亲和力亦不同，从而得到分离。

本实验选用 Dowex 50 作为离子交换剂，它是含磺酸基团的强酸型阳离子交换剂，分离的样品为 Asp、Gly、His 三种氨基酸的混合液，这三种氨基酸分别属于酸性氨基酸、中性氨基酸和碱性氨基酸，它们在 pH4.2 的缓冲液中分别带负电荷和不同量的正电荷，与 Dowex 50 的磺酸基团之间的亲和力不同，因此被洗脱下来的顺序亦不同，可以将三种不同的氨基酸分离开来，将各收集管分别用茚三酮显色鉴定。

3. 实验仪器、材料与试剂

(1)仪器

1)722 型分光光度计。

2)层析柱(0.8cm×18cm)。

3)试管。

4)胶头滴管。

5)电炉。

6)烧杯 1000ml。

(2)材料与试剂

1)磺酸阳离子交换树脂(Dowex 50)。

2)2mol/L HCl 溶液。

3)2mol/L NaOH 溶液。

4)pH 4.2 的柠檬酸缓冲液：0.1mol/L 柠檬酸 54ml 加入 1mol/L 柠檬酸钠 46ml。

5)0.1mol/L HCl 溶液。

6)0.1mol/L NaOH 溶液。

7)pH5 的醋酸缓冲液：0.2mol/L NaAc 溶液 70ml 加 0.2mol/L HAc 溶液 30ml。

8)0.2%中性茚三酮溶液：0.2g 茚三酮加 100ml 丙酮。

9)氨基酸混合液：丙氨酸、天冬氨酸、赖氨酸各 10ml，加 0.1mol/L HCl 溶液 3ml。

四、步骤

1. 树脂的处理

100ml 烧杯中放置约 10g 树脂，加 25ml 2mol/L HCl 溶液搅拌 2h，倾弃酸液，用蒸馏水充分洗涤树脂至中性。加 25ml 2mol/L NaOH 溶液至上述树脂中搅拌 2h，倾弃碱液，用蒸馏水洗涤至中性。将树脂悬浮于 50ml pH4.2 柠檬酸缓冲液中备用。

2. 装柱

取直径 0.8～1.2cm、长度为 10～12cm 的层析柱，底部垫玻璃棉或海棉圆垫，自顶部注入经处理的上述树脂悬浮液，关闭层柱出口，待树脂沉降后，放出过量的溶液，再加入一些树脂，至树脂沉积至 8～10cm 高度即可。于柱子顶部继续加入 pH 4.2 柠檬酸缓冲液洗涤，使流出液 pH 为 4.2 为止，关闭柱子出口，保持液面高出树脂表面 1cm 左右。

3. 加样洗脱及洗脱液收集

打开出口使缓冲液流出多。待液面几乎平齐树脂表面时关闭出口(不可使树脂表面干掉)。用长滴管将 15 滴氨基酸混合液仔细直接加到树脂顶部，打开出口使其缓慢流入柱内。当液面刚平树脂表面时，加入 0.1mol/L HCl 溶液 3ml，以 10～12 滴/min 的流速洗脱，收集洗脱液，每管20滴，逐管收存。当HCl液面刚平树脂表面时，用1ml pH 4.2柠檬酸缓冲液冲洗柱壁一次，接着用2ml pH 4.2柠檬酸缓冲液洗脱，保持流速10～12滴/min，并注意勿使树脂表面干燥。

在收集洗脱液的过程中，逐管用茚三酮检验氨基酸的洗脱情况，方法是：于各管洗脱液中加10滴pH 5的醋酸缓冲液和10滴中性茚三酮溶液，沸水浴中煮10min，如溶液显紫蓝色，表示已有氨基酸洗脱下来。显色的深度可代表洗脱的氨基酸浓度，可用比色法测定。

用pH 4.2柠檬酸缓冲液把第二个氨基酸洗脱出来之后，再收集两管茚三酮反应阴性部分，关闭层析柱出口，将树脂顶部的剩余pH 4.2柠檬酸缓冲液移去。

于树脂顶部加入2ml 0.1mol/L NaOH溶液，打开出口使其缓慢流入柱内，按上面操作继续用0.1mol/L NaOH溶液洗脱并逐管收集（注意仍然保持流速10～12滴/min），每管20滴。做洗脱液中氨基酸检验，在第三个氨基酸用0.1mol/L NaOH溶液洗脱下来以后，再继续收集两管茚三酮反应阴性的部分。

4. 洗脱曲线绘制

最后以洗脱液各管光密度（以水作空白，在570nm波长处读取光密度）或以颜色深浅（以一、±、+、++……）为纵坐标，洗脱液管号为横坐标作图，即可画出一条洗脱曲线。

5. 树脂的再生

用0.1mol/L NaOH溶液洗脱层析柱10min。

6. 回收树脂

拔去橡皮接收管，用洗耳球对着玻璃流出口将树脂吹入装树脂的小瓶内加入0.1mol/L NaOH溶液浸泡。

五、思考题

1. 为什么混合氨基酸可以从磺酸阳离子树脂上逐个洗脱下来？
2. 为什么离子交换树脂需要先预处理才可使用？
3. 装柱的时候应该注意哪些问题？

训练项目十二　凝胶过滤层析法分离蛋白质

一、目的

1. 掌握凝胶过滤层析基本原理。
2. 熟悉凝胶过滤层析法的操作。
3. 了解物质在层析柱中洗脱行为与分配系数（K_d）的关系。

二、内容

1. 学习训练凝胶过滤层析的操作。
2. 学习训练凝胶的处理和保存。
3. 学习训练蠕动泵的使用。

三、提示

1. 实验原理

本实验将蓝葡聚糖2000（分子量2000kD）、细胞色素c（分子量17kD）和DNFP-甘氨酸

(分子量 0.5kD)的混合物通过交联葡聚糖凝胶 G-50 (SephadexG-50)的层析柱，以蒸馏水为洗脱溶剂进行洗脱。蓝葡聚糖 2000 分子量最大全部被排阻在凝胶颗粒的间隙中，而未进入凝胶颗粒内部，因而洗脱速度最快，最先流出柱，其 $V_e=V_o$，即 $K_d=0$。DNFP-甘氨酸，分子量最小不被排阻而可完全进入凝胶颗粒内部洗脱速度最慢，最后流出柱，其 $V_e=V_i+V_o$ 即 $K_d=1$。细胞色素 c 的分子量在上述两者之间，其洗脱速度居中。可以直接从蓝、红、黄三种不同颜色直接观察到三种物质分离的情况，并通过洗脱体积可以计算 V_i、V_o 和各自的 K_d。

2. 实验仪器、材料与试剂

(1)仪器

1)玻璃层析柱(1cm×25cm)。

2)蠕动泵。

3)收集器。

4)量筒(10ml)。

(2)材料与试剂

1)交联葡聚糖 G-50。

2)蓝葡聚糖 2000：配成 2mg/ml 溶液。

3)细胞色素 c：配成 2mg/ml 溶液。

4)DNFP-甘氨酸(二硝基氟苯-甘氨酸)：称取甘氨酸 0.15g 溶于 10% $NaHCO_3$ 溶液 1.5ml 中，此液 pH 应在 8.5～9.0 左右，另取二硝基氟苯(DNFP)0.15g，溶于微热的 95%乙醇 3ml 中，待其充分溶解后，立即倒入甘氨酸液管中。将此管置于沸水浴煮沸 5min(防乙醇沸溢)，冷却后加二倍体积的 95%乙醇，可见黄色 DNFP-甘氨酸沉淀，2000r/min 离心 15min，弃去上层液，沉淀用 95%乙醇洗两次，所得沉淀用蒸馏水 1ml 溶解即为 DNFP-甘氨酸液，备用。

四、步骤

1. 凝胶的准备

称取交联葡聚糖 G-50 约 4g，置于烧杯中，加蒸馏水适量平衡几次，倾去上浮的细小颗粒，于沸水浴中煮沸 1h(此为加热法溶胀，如在室温溶胀，需放置 3h)，取出，倾去上层液中细颗粒，待冷却至室温后再行装柱。

2. 样品制备

取配制好的蓝葡聚糖 2000、细胞色素 c 和 DNFP 各 0.3ml，混合即可。

3. 装柱

洗净的层析柱保持竖直位置，关闭出口，柱内留下约 2.0ml 洗脱液。一次性将凝胶从塑料接口加入层析柱内，打开柱底部出口，接通蠕动泵，调节流速 0.3ml/min。凝胶随柱内溶液慢慢流下而均匀沉降到层析柱底部，最后使凝胶床沉降达 20cm 高，操作过程中注意不能让凝胶床表面露出液体，以防层析床内出现“纹路”。在凝胶表面可盖一圆形滤纸，以免加入液体时冲起凝胶。

4. 加样

用滴管吸去凝胶床面上的溶液，使洗脱液恰好流到床表面，关闭出口，小心把样品(约 0.5ml)沿壁加于柱内成一薄层。切勿搅动床表面，打开出口使样品溶液渗入凝胶内并开始收集流出液，计量体积。

5. 洗脱并收集

样品流完后，分三次加入少量洗脱液洗下柱壁上样品，最后接通蠕动泵，调节流速为0.3ml/min，用部分收集器收集，每管1ml。仔细观察样品在层析柱内的分离现象。用肉眼观察并以一、十符号记录三种物质洗脱液的颜色及深浅程度。

6. 绘制洗脱曲线

以洗脱体积为横坐标，洗脱液的颜色度（一、十、十十、十十十）为纵坐标（相对指示出洗脱液内物质浓度的变化），在坐标纸上作图，即得洗脱曲线。

7. 凝胶的保存

以不同浓度（20％、40％、60％、80％）的酒精浸泡，末一次脱水需用95％酒精，然后60～80℃烘干。

五、思考题

分析洗脱曲线，讨论组分分离情况和实验注意点。

训练项目十三　聚丙烯酰胺凝胶电泳分离血清蛋白

一、目的

1. 熟练掌握聚丙烯酰胺凝胶电泳分离血清蛋白的方法。
2. 学会聚丙烯酰胺凝胶电泳原理。
3. 学会凝胶板的制备。

二、内容

1. 学习训练聚丙烯酰胺凝胶的制备。
2. 学习训练聚丙烯酰胺凝胶垂直板电泳的操作技术。

三、提示

1. 实验原理

丙烯酰胺（Acr）和胶联剂*N*,*N*′-亚甲基双丙烯酰胺（Bis）单独存在或混合在一起时是稳定的，但存在自由基团时就能聚合。引发自由基团的方法有化学法和光化学法。化学法的引发剂是过硫酸铵（Ap），催化剂是四甲基乙二胺（TEMED）。光化学法是以光敏感物核黄素来代替过硫酸铵，在紫外光照射下引发自由基团。采用不同浓度的Acr、Bis、Ap、TEMED使之聚合，产生不同孔径的凝胶。因此可按分离物质的大小、形状来选择凝胶浓度。

聚丙烯酰胺凝胶电泳是以聚丙烯酰胺凝胶为载体的一种区带电泳。该凝胶由丙烯酰胺（Acr）和胶联剂*N*,*N*′-亚甲基双丙烯酰胺（Bis）聚合而成。聚丙烯酰胺凝胶电泳具有电泳和分子筛的双重作用，能分离不同带电性质和分子大小的蛋白质。

聚丙烯酰胺凝胶有圆盘和垂直板型之分，但两者的原理完全相同。由于垂直板型具有板薄、易冷却、分辨率高、操作简单、便于比较与扫描的优点而为大多数实验室采用。

2. 注意事项

(1) Acr和Bis均为神经毒剂，对皮肤有刺激作用，操作时应戴手套和口罩，纯化应在通风橱内进行。

(2)玻璃板表面应光滑洁净,否则在电泳时会造成凝胶板与玻璃板之间产生气泡。

(3)样品槽模板梳齿应平整光滑。

(4)用琼脂封底及灌凝胶时不能有气泡,以免影响电泳时电流的通过。

(5)切勿破坏加样凹槽底部的平整,以免电泳后区带扭曲。

(6)为防止电泳后区带拖尾,样品中盐离子强度应尽量低,含盐量高的样品可用透析法或凝胶过滤法脱盐。

(7)电泳时应选用合适的电流、电压,过高或者过低都会影响电泳效果。

3. 实验仪器、材料与试剂

(1)仪器

1)DYCZ-24D 型垂直板电泳槽。

2)移液管(1ml,5ml,0.5ml,0.1ml)。

3)50～100μl 微量注射器,长针头(7～10cm)注射器等。

4)烧杯 100ml。

(2)材料与试剂

1)材料:牛血清。

2)30%丙烯酰胺贮存液:称丙烯酰胺(Acr)29.2g,N,N'-亚甲基双丙烯酰胺(Bis)0.8g 加水至 100ml,装在棕色瓶中,置冰箱可保存 1～2 个月。

3)催化剂 1%过硫酸铵:过硫酸铵(潮解勿用)1g,加水至 100ml 混匀,临用前配制。

4)1%加速剂四甲基乙二胺(TEMED):淡黄色液体,取 1ml TEMED 加水至 100ml 成 1% TEMED。

5)分离胶缓冲液(pH8.9):称三羟甲基氨基甲烷(Tris)36.3g。加 1mol/L HCl 溶液 48ml 调节 pH 至 8.9,最后加水至 100ml。

6)浓缩胶缓冲液(pH6.7):称 Tris 6.05g 加 1mol/L HCl 溶液 48ml,调节 pH 至 6.7。

7)电泳槽缓冲液(pH8.3):称 Tris 6g 加甘氨酸 28.3g,调节 pH8.3,加水至 1000ml,用时再稀释 10 倍。

8)样品示踪染料 0.05%:溴酚蓝 50mg 溶于 0.005mol/L NaOH 溶液 100ml。

9)20%蔗糖溶液(或用甘油代替):称蔗糖 20g 加水至 100ml。

10)染色液:取考马斯亮兰(或氨基黑 10B)1.0g,加 95%酒精 90ml,加冰醋酸 20ml,加水 90ml,混合后放置过夜,次日过滤,备用。

11)洗脱液:95%酒精 90ml,加冰醋酸 20ml,加水 90ml。

12)保存液:7%醋酸,取 7ml 冰醋酸,加水至 100ml。

四、步骤

1. 安装垂直板电泳槽

(1)将密封用硅胶框放在平玻璃上,然后将凹型玻璃与平玻璃重叠;

(2)用手将两块玻璃板夹住放入电泳槽内,玻璃室凹面朝外,插入斜插板;

(3)用蒸馏水试验封口处是否漏水。

2. 制备凝胶板

凝胶溶液的配制如表 6c 所示。

表 6c　凝胶溶液的配制

试剂	分离胶	浓缩胶
30%丙烯酰胺贮存液(ml)	5.0	1.0
分离胶缓冲液(ml)	2.5	/
浓缩胶缓冲液(ml)	/	1.5
蒸馏水(ml)	9.5	6.0
1%TEMED(ml)	1.0	0.5
1%过硫酸铵(用前加)(ml)	2.0	1.0
总体积(ml)	20	10
胶浓度	7.5%	3%

具体操作如下：

(1)分离胶制备　取 Acr-Bis 储备液 5.0ml，Tris-HCl 缓冲液(pH8.9)2.5ml，去离子水 9.5ml，1%的 TEMED 1ml，置于小烧杯中混匀，再加入 1%过硫酸胺 2ml，用磁力搅拌器充分混匀 2min。混合后的凝胶溶液，用细长头的吸管加至长、短玻璃板间的窄缝内，加胶高度距样品模板梳齿下缘约 1cm。用吸管在凝胶表面沿短玻璃板边缘轻轻加一层重蒸馏水(约 3～4cm)，用于隔绝空气，使胶面平整。分离胶凝固后，可看到水与凝固的胶面有折射率不同的界限。倒掉重蒸水，用滤纸吸去多余的水。

(2)浓缩胶制备　取 Acr-Bis 储备液1.0ml，Tris-HCl 缓冲液(pH 6.7)1.5ml，1%的 TEMED 0.5ml，去离子水6.0ml，1%过硫酸胺 1ml，用磁力搅拌器充分混匀。混合均匀后用细长头的吸管将凝胶溶液加到长短玻璃板的窄缝内(及分离胶上方)，距短玻璃板上缘 0.5cm处，轻轻加入样品槽模板。待浓缩胶凝固后，轻轻取出样品槽模板，用手夹住两块玻璃板，上提斜插板，使其松开，然后取下玻璃胶室去掉密封用胶框，用 1%电泳缓冲液琼脂胶密封底部，再将玻璃胶室凹面朝里置入电泳槽。插入斜插板，将电泳缓冲液加至内槽玻璃凹口以上，外槽缓冲液加到距平玻璃上沿 3mm 处。

3. 加样

取 0.1ml 血清样品，0.1ml 25%蔗糖溶液，0.05ml 0.05%溴酚蓝溶液，混合后，用微量注射器取 5μl 上述混合液，通过缓冲液，小心将样品加到凝胶凹形样品槽底部，待所有凹形样品槽内都加了样品，即可开始电泳。

4. 电泳

将直流稳压电泳仪开关打开，开始时将电流调至 10mA。待样品进入分离胶时，将电流调至 20～30mA。当蓝色染料迁移至底部时，将电流调回到零，关闭电源。拔掉固定板，取出玻璃板，用刀片轻轻将一块玻璃撬开移去，在胶板一端切除一角作为标记，将胶板移至大培养皿中染色。

5. 染色

将凝胶放入考马斯亮蓝 R250 染色液中，使染色液没过胶板，染色 30min 左右。

6. 脱色

弃去染色液，将凝胶置于脱色液中，并经常更换脱色液，直至背景蓝色褪去。如用 50℃水浴或脱色摇床，则可缩短脱色时间。脱色液经活性炭脱色后，可反复使用。

五、实验思考

1. 简述聚丙烯酰胺凝胶聚合的原理。如何调节凝胶的孔径？

2. 为什么样品会在浓缩胶中被压缩成层？
3. 为什么在样品中加含有少许溴酚蓝的40%蔗糖溶液？蔗糖及溴酚蓝各有何用途？
4. 上下两槽电泳缓冲液电泳后，能否混合存放？为什么？
5. 凝胶板制备过程中应注意什么问题？
6. 根据实验过程的体会，总结如何做好聚丙烯酰胺垂直板电泳？哪些是关键步骤？

参考文献

[1] 郭勇.生物制药技术(第二版).北京:中国轻工业出版社,2007
[2] 俞俊棠等.生物工艺学(上、下).北京:化学工业出版社,2003
[3] 吴梧桐.生物制药工艺学(第二版).北京:中国医药科技出版社,2006
[4] 陈电容,朱静照.生物制药工艺学.北京:人民卫生出版社,2009
[5] 严希康.生化分离技术.上海:华东理工大学出版社,1996
[6] 刘国诠等.生物工程下游技术(第二版).北京:化学工业出版社,2003
[7] 孙彦.生物分离工程.北京:化学工业出版社,2002
[8] 顾觉奋.分离纯化工艺原理.北京:中国医药科技出版社,2000
[9] 欧阳平凯.生物分离原理及技术.北京:化学工业出版社,2001
[10] 王淳本.实用生物化学与分子生物学实验技术.武汉:湖北科学技术出版社,2002
[11] 杨雄建.生物化学与分子生物学实验技术教程(第二版).北京:北京科学技术出版社,2009
[12] 齐香君.现代生物制药工艺学.北京:化学工业出版社,2004
[13] 李万才.生物分离技术.北京:中国轻工业出版社,2009
[14] 周双林.生物制药工艺学实验实训.北京:人民卫生出版社,2009
[15] 万海同.生物与制药工程实验.杭州:浙江大学出版社,2008
[16] 朱善元,王安平.生物制药技术专业技能实训教程.北京:中国轻工业出版社,2010
[17] 张斌.霉酚酸提取工艺的设计与改进[学位论文].杭州:浙江工业大学,2010

附　　录

附录一　常见酸及碱的性质

溶质	分子式	分子量	物质的量浓度(mol/L)	质量浓度(g/L)	质量分数(%)	相对密度	配制 1mol/L 溶液的加入量(ml/L)
冰醋酸	CH_3COOH	60.05	17.40	1045	99.5	1.050	57.5
乙酸		60.05	6.27	376	36	1.045	159.5
甲酸	HCOOH	46.02	23.40	1080	90	1.200	42.7
盐酸	HCl	36.50	11.60	424	36	1.180	86.2
			2.90	105	10	1.050	344.8
硝酸	HNO_3	63.02	15.99	1008	71	1.420	62.5
			14.90	938	67	1.400	67.1
			13.30	837	61	1.370	75.2
高氯酸	$HClO_3$	100.50	11.65	1172	70	1.670	85.8
			9.20	923	60	1.540	108.7
磷酸	H_3PO_4	80.00	18.10	1445	85	1.700	55.2
硫酸	H_2SO_4	98.10	18.00	1776	96	1.840	55.6
氨水	$NH_3 \cdot H_2O$	35.00	14.80	251	28	0.898	67.6
氢氧化钾	KOH	56.10	13.50	757	50	1.520	74.1
			1.94	109	10	1.090	515.5
氢氧化钠	NaOH	40.00	19.10	763	50	1.530	52.4
			2.75	111	10	1.110	363.4

附录二　常用有机溶剂的性质

名　称	分子量	熔点(℃)	沸点(℃)	闪点(℃)	相对密度[a]	溶 解 性
丙酮	58.08	−94	56.5	−18	0.788	与水、醇、醚等混溶
乙腈	53.06	−83.5	77.3	0	0.806	溶于水、醇、醚
苯	78.11	5.5	80.1	−11	0.878	微溶于水，与醚、丙酮、苯、氯仿等混溶
正丁醇	74.1	−89	118	29	0.81	溶于水，与醇、醚等混溶
氯仿	119.4	−63	61		1.48	微溶于水，与醇、醚及有机溶剂混溶
N,*N*-二甲基甲酰胺	73.1	−16	153	57	0.95	易溶于水，与多种有机溶剂混溶
二甲基亚砜	78.1	18	190	95	1.10	易溶于水、醚、丙酮、氯仿等

续表

名 称	分子量	熔点(℃)	沸点(℃)	闪点(℃)	相对密度[a]	溶解性
乙醇	46.1	−117	78	13	0.8	易溶于水及多种有机溶剂
乙醚	74.12		34.6	−40	0.714	微溶于水,易溶于多种有机溶剂
乙酸乙酯	88.1	−83	77	7.2	0.898	溶于水,与醇、醚、氯仿等混溶
甲醛	30.0		96	49	1.08	溶于水及醇
甲酰胺	45.1	2.5	210	154	1.13	溶于水及醚
甘油	92.1	18	290	160	1.26	溶于水及醇,不溶于醚、氯仿及酚
异戊醇	88.2	−117	130	45	0.81	微溶于水,溶于醇、醚、苯、氯仿、冰醋酸和油混合
异丙醇	60.1	−89.5	82.4	22	0.79	与水、醇、氯仿等混溶
甲醇	32.04	−97.8	64	12	0.81	溶于水、醇、醚等
酚	94.1	41	182	80	1.07	溶于水、乙醇、醚、氯仿、甘油及石油等
硅化溶液[b]	129.06				1.31	不溶于水
甲苯	92.13	−95	110.6	4.4	0.866	微溶于水,与醇、醚及氯仿混溶
二甲苯[c]	106.16		137~140	29	0.86	不溶于水,溶于醇及醚
吡啶	79.10		115~116	23	0.98	溶于水、醇、醚、苯、石油及脂肪酸

[a]除苯与异戊醇为15℃时的相对密度外,其他均为20℃时的相对密度。

[b]市售的硅化溶液为溶于1,1,1-三氯乙烷的2%二甲基二氯硅烷溶液。

[c]作为溶剂的二甲苯是邻、间与对位三种异构体的混合物,没有明显的熔点与沸点。

附录三　常用缓冲溶液的配制方法

1. 甘氨酸-盐酸缓冲液(0.05mol/L)

X 毫升 0.2mol/L 甘氨酸加 *Y* 毫升 0.2mol/L HCl 溶液,再加水稀释至 200 毫升。

pH	*X*	*Y*	pH	*X*	*Y*
2.0	50	44.0	3.0	50	11.4
2.4	50	32.4	3.2	50	8.2
2.6	50	24.2	3.4	50	6.4
2.8	50	16.8	3.6	50	5.0

注:甘氨酸分子量为75.07,0.2mol/L甘氨酸溶液为15.01g/L。

2. 邻苯二甲酸-盐酸缓冲液(0.05mol/L)

X 毫升 0.2mol/L 邻苯二甲酸氢钾加 *Y* 毫升 0.2mol/L HCl 溶液,再加水稀释到 20 毫升。

pH(20℃)	*X*	*Y*	pH(20℃)	*X*	*Y*
2.2	5	4.070	3.2	5	1.470
2.4	5	3.960	3.4	5	0.990
2.6	5	3.295	3.6	5	0.597
2.8	5	2.642	3.8	5	0.263
3.0	5	2.022			

注:邻苯二甲酸氢钾分子量为204.23,0.2mol/L邻苯二甲酸氢溶液为40.85g/L。

3. 柠檬酸-柠檬酸钠缓冲液(0.1mol/L)

pH	0.1mol/L 柠檬酸(ml)	0.1mol/L 柠檬酸钠(ml)	pH	0.1mol/L 柠檬酸(ml)	0.1mol/L 柠檬酸钠(ml)
3.0	18.6	1.4	5.0	8.2	11.8
3.2	17.2	2.8	5.2	7.3	12.7
3.4	16.0	4.0	5.4	6.4	13.6
3.6	14.9	5.1	5.6	5.5	14.5
3.8	14.0	6.0	5.8	4.7	15.3
4.0	13.1	6.9	6.0	3.8	16.2
4.2	12.3	7.7	6.2	2.8	17.2
4.4	11.4	8.6	6.4	2.0	18.0
4.6	10.3	9.7	6.6	1.4	18.6
4.8	9.2	10.8			

注：柠檬酸 $C_6H_8O_7 \cdot H_2O$ 分子量为 210.14，0.1mol/L 溶液为 21.01g/L。

柠檬酸钠 $Na_3C_6H_5O_7 \cdot 2H_2O$ 分子量为 294.12，0.1mol/L 溶液为 29.41g/L。

4. 磷酸氢二钠-柠檬酸缓冲液

pH	0.2mol/L Na_2HPO_4(ml)	0.1mol/L 柠檬酸(ml)	pH	0.2mol/L Na_2HPO_4(ml)	0.1mol/L 柠檬酸(ml)
2.2	0.40	10.60	5.2	10.72	9.28
2.4	1.24	18.76	5.4	11.15	8.85
2.6	2.18	17.82	5.6	11.60	8.40
2.8	3.17	16.83	5.8	12.09	7.91
3.0	4.11	15.89	6.0	12.63	7.37
3.2	4.94	15.06	6.2	13.22	6.78
3.4	5.70	14.30	6.4	13.85	6.15
3.6	6.44	13.56	6.6	14.55	5.45
3.8	7.10	12.90	6.8	15.45	4.55
4.0	7.71	12.29	7.0	16.47	3.53
4.2	8.28	11.72	7.2	17.39	2.61
4.4	8.82	11.18	7.4	18.17	1.83
4.6	9.35	10.65	7.6	18.73	1.27
4.8	9.86	10.14	7.8	19.15	0.85
5.0	10.30	9.70	8.0	19.45	0.55

注：Na_2HPO_4 分子量为 142，0.2mol/L 溶液为 28.40g/L。

$Na_2HPO_4 \cdot 2H_2O$ 分子量为 178.05，0.2mol/L 溶液为 35.01g/L。

$C_4H_2O_7 \cdot H_2O$ 分子量为 210.14，0.1mol/L 溶液为 21.01g/L。

5. 乙酸-乙酸钠缓冲液(0.2mol/L)

pH(18℃)	0.2mol/L NaAc (ml)	0.3mol/L HAc (ml)	pH(18℃)	0.2mol/L NaAc (ml)	0.3mol/L HAc (ml)
2.6	0.75	9.25	4.8	5.90	4.10
3.8	1.20	8.80	5.0	7.00	3.00
4.0	1.80	8.20	5.2	7.90	2.10
4.2	2.65	7.35	5.4	8.60	1.40
4.4	3.70	6.30	5.6	9.10	0.90
4.6	4.90	5.10	5.8	9.40	0.60

注:$Na_2Ac \cdot 3H_2O$ 分子量为 136.09,0.2mol/L 溶液为 27.22g/L。

6. 磷酸盐缓冲液

(1)磷酸氢二钠－磷酸二氢钠缓冲液(0.1mmol/L PBS)

pH	0.2mol/L Na_2HPO_4 (ml)	0.2mol/L NaH_2PO_4 (ml)	pH	0.2mol/L Na_2HPO_4 (ml)	0.2mol/L NaH_2PO_4 (ml)
5.7	6.5	93.5	6.9	55.0	45.0
5.8	8.0	92.0	7.0	61.0	39.0
5.9	10.0	90.0	7.1	67.0	33.0
6.0	12.3	87.7	7.2	72.0	28.0
6.1	15.0	85.0	7.3	77.0	23.0
6.2	18.5	81.5	7.4	81.0	19.0
6.3	22.5	77.5	7.5	84.0	16.0
6.4	26.5	73.5	7.6	87.0	13.0
6.5	31.5	68.5	7.7	89.5	10.5
6.6	37.5	62.5	7.8	91.5	8.5
6.7	43.5	56.5	7.9	93.0	7.0
6.8	49.0	51.0	8.0	94.7	5.3

注:$Na_2HPO_4 \cdot 2H_2O$ 分子量为 178.05,0.2mol/L 溶液为 71.64g/L。
NaH_2PO_4 分子量为 120.03,0.2mol/L 溶液为 24.06g/L。

(2)磷酸氢二钠－磷酸二氢钾缓冲液(1/15mol/L)

pH	1/15mol/L Na_2HPO_4(ml)	1/15mol/L KH_2PO_4(ml)	pH	1/15mol/L Na_2HPO_4(ml)	1/15mol/L KH_2PO_4(ml)
4.92	0.10	9.90	7.17	7.00	3.00
5.29	0.50	9.50	7.38	8.00	2.00
5.91	1.00	9.00	7.73	9.00	1.00
6.24	2.00	8.00	8.04	9.50	0.50
6.47	3.00	7.00	8.34	9.75	0.25
6.64	4.00	6.00	8.67	9.90	0.10
6.81	5.00	5.00	8.18	10.00	0
6.98	6.00	4.00			

注:$Na_2HPO_4 \cdot 2H_2O$ 分子量为 178.05,1/15mol/L 溶液为 11.876g/L。
KH_2PO_4 分子量为 136.09,1/15mol/L 溶液为 9.078g/L。

7. Tris-盐酸缓冲液(0.05mol/L,25℃)

50ml 0.1mol/L 三羟甲基氨基甲烷(Tris)溶液与 *X* ml 0.1mol/L 盐酸混匀后,加水稀释至 100ml。

pH	*X*(ml)	pH	*X*(ml)
7.10	45.7	8.10	26.2
7.20	44.7	8.20	22.9
7.30	43.4	8.30	19.9
7.40	42.0	8.40	17.2
7.50	40.3	8.50	14.7
7.60	38.5	8.60	12.4
7.70	36.6	8.70	10.3
7.80	34.5	8.80	8.5
7.90	32.0	8.90	7.0
8.00	29.2		

注:三羟甲基氨基甲烷(Tris)分子量为 121.14,0.1mol/L 溶液为 12.114g/L。Tris 溶液可从空气中吸收二氧化碳,使用时注意将瓶盖严。

8. 硼酸-硼砂缓冲液(0.2mol/L 硼酸根)

pH	0.05mol/L 硼砂(ml)	0.2mol/L 硼砂(ml)	pH	0.05mol/L 硼砂(ml)	0.2mol/L 硼酸(ml)
7.4	1.0	9.0	8.2	3.5	6.5
7.6	1.5	8.5	8.4	4.5	5.5
7.8	2.0	8.0	8.7	6.0	4.0
8.0	3.0	7.0	9.0	8.0	2.0

注:硼砂 $Na_2B_4O_7 \cdot H_2O$,分子量为 381.43,0.05mol/L 溶液(=0.2mol/L 硼酸根)为 19.07g/L。

硼酸 H_2BO_3,分子量为 61.84,0.2mol/L 溶液为 12.37g/L。

硼砂易失去结晶水,必须在带塞的瓶中保存。

9. 甘氨酸-氢氧化钠缓冲液(0.05mol/L)

X ml 0.2mol/L 甘氨酸加 *Y* ml 0.2mol/L NaOH 溶液,加水稀释至 200ml。

pH	*X*	*Y*	pH	*X*	*Y*
8.6	50	4.0	9.6	50	22.4
8.8	50	6.0	9.8	50	27.2
9.0	50	8.8	10.0	50	32.0
9.2	50	12.0	10.4	50	38.6
9.4	50	16.8	10.6	50	45.5

注:甘氨酸分子量为 75.07,0.2mol/L 溶液为 15.01g/L。

10. 碳酸钠-碳酸氢钠缓冲液(0.1mol/L)

pH		0.1mol/L Na_2CO_3(ml)	0.1mol/L $NaHCO_3$(ml)
20℃	37℃		
9.16	8.77	1	9
9.40	9.12	2	8
9.51	9.40	3	7
9.78	9.50	4	6
9.90	9.72	5	5
10.14	9.90	6	4
10.28	10.08	7	3
10.53	10.28	8	2
10.83	10.57	9	1

注:$Na_2CO_3 \cdot 10H_2O$ 分子量为 286.2,0.1mol/L 溶液为 28.62g/L。

$NaHCO_3$ 分子量为 84.0,0.1mol/L 溶液为 8.40g/L。

Ca^{2+}、Mg^{2+}存在时不得使用。

附录四 层析法常用数据及性质

1. 常用的离子交换纤维素

DEAE-纤维素	形状	长度(μm)	交换当量(meq/g)	蛋白吸附容量(mg/g)		床体积(mg/g)	
				胰岛素(pH8.5)	牛血清清蛋白(pH8.5)	pH6.0	pH7.5
DE-22	改良纤维性	12～400	1.0±0.1	750	450	7.7	7.7
DE-23	同上(除细粒)	18～400	1.0±0.1	750	450	8.3	9.1
DE-32	微粒性(干粉)	24～63	1.0±0.1	850	660	6.0	6.3
DE-52	同上(溶胀)	24～63	1.0±0.1	850	660	6.0	6.3
CM-纤维素				溶菌酶(pH5.0)	7S-γ 球蛋白(pH5.0)	pH5.0	pH7.5
CM-22	改良纤维性	12～400	0.6±0.06	600	150	7.7	7.7
CM-23	同上(除细粒)	18～400	0.6±0.06	600	150	9.1	9.1
CM-32	微粒性(干粉)	24～63	1.0±0.1	1 260	400	6.8	6.7
CM-52	同上(溶胀)	24～63	1.0±0.1	1 260	400	6.8	6.7

2. 聚丙烯酰胺凝胶的技术数据

型号	排阻的下限(M_r)	分级分离的范围(M_r)	溶胀后的床体积(ml/g 干凝胶)	溶胀所需最少时间(室温,h)
Bio-gel-P-2	1 600	200～2 000	3.8	2～4
Bio-gel-P-4	3 600	500～4 000	5.8	2～4
Bio-gel-P-6	4 600	1 000～5 000	8.8	2～4
Bio-gel-P-10	10 000	5 000～17 000	12.4	2～4
Bio-gel-P-30	30 000	20 000～50 000	14.9	10～12
Bio-gel-P-60	60 000	30 000～70 000	19.0	10～12
Bio-gel-P-100	100 000	40 000～100 000	19.0	24
Bio-gel-P-150	150 000	50 000～150 000	24.0	24
Bio-gel-P-200	200 000	80 000～300 000	34.0	48
Bio-gel-P-300	300 000	100 000～400 000	40.0	48

注:上述各种型号的凝胶都是亲水性的多孔颗粒,在水和缓冲溶液中很容易膨胀,生产厂为 Bio-Rad Laboratories, Rich-mond, California, U. S. A.

3. 琼脂糖凝胶的技术数据

名称、型号	凝胶内琼脂糖百分含量(w/w)	排阻的下限(M_r)	分级分离的范围(M_r)	生产厂商
Sagavac 10	10	2.5×10^5	1×10^4～2.5×10^5	Seravac Laboratories, Maidenhead, England
Sagavac 8	8	7×10^5	2.5×10^4～7×10^5	
Sagavac 6	6	2×10^6	5×10^4～2×10^6	
Sagavac 4	4	15×10^6	2×10^5～15×10^6	
Sagavac 2	2	150×10^6	5×10^5～15×10^7	
Bio-GelA-0.5M	10	0.5×10^5	$<1\times10^4$～2.5×10^6	Bio-Rad Laboratories, California, U. S. A.
Bio-GelA-1.5M	8	1.5×10^6	$<1\times10^4$～1.5×10^6	
Bio-GelA-5M	6	5×10^6	1×10^4～5×10^6	
Bio-GelA-15M	4	15×10^5	4×10^4～15×10^6	
Bio-GelA-50M	2	50×10^6	1×10^5～50×10^6	
Bio-GelA-150M	1	150×10^6	1×10^6～150×10^6	

(琼脂糖是琼脂内非离子型的组分,它在 0～4℃,pH4～9 范围内是稳定的。)

4. 凝胶过滤层析介质的技术数据

凝胶过滤介质名称	分离范围	颗粒大小(μm)	特性/应用	pH稳定性工作	耐压(MPa)	最快流速(cm/h)
Superdex 30	<10 000	24～44	肽类、寡糖、小蛋白等	3～12	0.3	100
Superdex 75	3 000～70 000	24～44	重组蛋白、细胞色素	3～12	0.3	100
Superdex 200	10 000～600 000	24～44	单抗、大蛋白	3～12	0.3	100
Superose 6	5 000～5×10^6	20～40	蛋白、肽类、多糖、核酸	3～12	0.4	30
Superose 12	1 000～300 000	20～40	蛋白、肽类、寡糖、多糖	3～12	0.7	30
Sephacryl S-100 HR	1 000～ 100 000	25～75	肽类、小蛋白	3～11	0.2	20～39
Sephacryl S-200 HR	5 000～250 000	25～75	蛋白，如清蛋白	3～11	0.2	20～39
Sephacryl S-300 HR	10 000～1.5×10^6	25～75	蛋白、抗体	3～11	0.2	20～39
Sephacryl S-400 HR	20 000～8×10^6	25～75	多糖、具延伸结构的大分子，如蛋白多糖、脂质体	3～11	0.2	20～39
Sepharose 6 Fast Flow	10 000～4×10^6	平均 90	巨大分子	2～12	0.1	300
Sepharose 4 Fast Flow	60 000～20×10^6	平均 90	巨大分子，如重组乙型肝炎表面抗原	2～12	0.1	250
Sepharose 2B	70 000～40×10^6	60～200	蛋白、大分子复合物、病毒、不对称分子如核酸和多糖(蛋白多糖)	4～9	0.004	10
Sepharose 4B	60 000～20×10^6	45～165	蛋白、多糖	4～9	0.008	11.5
Sepharose 6B	10 000～4×10^6	45～165	蛋白、多糖	4～9	0.02	14
Sepharose CL-2B	70 000～40×10^6	60～200	蛋白、大分子复合物、病毒、不对称分子如核酸和多糖(蛋白多糖)	3～13	0.005	15
Sepharose CL-4B	60 000～20×10^5	45～165	蛋白、多糖	3～13	0.012	26
Sepharose CL-6B	10 000～4×10^6	45～165	蛋白、多糖	3～13	0.02	30

凝胶过滤介质名称	分离范围	颗粒大小(μm)	特性/应用	pH 稳定性工作	干凝胶溶胀体积(ml/g)	溶胀最少平衡时间(h)		最快流速(cm/h)
						室温	沸水	
SephadexG-10	<700	干粉 40~120	脱盐及交换缓冲液用	2~13	2~3	3	1	2~5
SephadexG-15	<1 500	干粉 40~120	脱盐及交换缓冲液用	2~13	2.5~3.5	3	1	2~5
SephadexG-25 Coarse	1 000~5 000	干粉 100~300	脱盐及交换缓冲液用	2~13	4~6	6	2	2~5
SephadexG-25 Medium	1 000~5 000	干粉 50~150	脱盐及交换缓冲液用	2~13	4~6	6	2	2~5
SephadexG-25 Fine	1 000~5 000	干粉 20~80	小分子蛋白质分离	2~13	4~6	6	2	2~5
SephadexG-25 Superfine	1 000~5 000	干粉 10~40	小分子蛋白质分离	2~13	4~6	6	2	2~5
SephadexG-50 Coarse	1 500~30 000	干粉 100~300	小分子蛋白质分离	2~10	9~11	6	2	2~5
SephadexG-50 Medium	1 500~30 000	干粉 50~150	小分子蛋白质分离	2~10	9~11	6	2	2~5
SephadexG-50 Fine	1 500~30 000	干粉 20~80	中等蛋白质分离	2~10	9~11	6	2	2~5
SephadexG-50 Superfine	1 500~30 000	干粉 10~40	中等蛋白质分离	2~10	9~11	6	2	2~5
SephadexG-75	3 000~80 000	干粉 40~120	中等蛋白质分离	2~10	12~15	24	3	72
SephadexG-75 Superfine	3 000~70 000	干粉 10~40	中等蛋白质分离	2~10	12~15	24	3	16
SephadexG-100	4 000~1.5×10^5	干粉 40~120	稍大蛋白质分离	2~10	15~20	48	5	47
SephadexG-100 Superfine	4 000~1×10^5	干粉 10~40	稍大蛋白质分离	2~10	15~20	48	5	11
SephadexG-150	5 000~3×10^5	干粉 40~120	较大蛋白质分离	2~10	20~30	72	5	21
SephadexG-150 Superfine	5 000~1.5×10^5	干粉 10~40	较大蛋白质分离	2~10	18~22	72	5	5.6
SephadexG-200	5 000~6×10^5	干粉 40~120		2~10	30~40	72	5	11
SephadexG-200 Superfine	5 000~2.5×10^5	干粉 10~40		2~10	20~25	72	5	2.8
SephadexLH20(嗜脂性)	100~4 000	干粉 25~10^6	特别为使用有机溶剂而设计。适合分离脂类、胆固醇、脂肪酸、激素、维生素及其他小生物分子。此分离范围指以酒精为溶剂的分离					

5. 离子交换层析介质的技术数据

离子交换介质名称	最高载量	颗粒大小(μm)	特性/应用	pH稳定性工作	耐压(MPa)	最快流速(cm/h)
SOURCE 15 Q	25mg蛋白	15		2～12	4	1 800
SOURCE 15 S	25mg蛋白	15		2～12	4	1 800
Q Sepharose H. P.	70mg BSA	24～44		2～12	0.3	150
SP Sepharose H. P.	55mg核糖核酸酶	24～44		3～12	0.3	150
Q Sepharose F. F.	120mg HSA	45～165		2～12	0.2	400
SP Sepharose F. F.	75mg BSA	45～165		4～13	0.2	400
DEAE Sepharose F. F.	110mg HSA	45～165		2～9	0.2	300
CM Sepharose F. F.	50mg核糖核酸酶	100～300		6～13	0.2	300
Q Sepharose Big Beads		100～300		2～12	0.3	1200～1 800
SP Sepharose Big Beads	60mg BSA	干粉 40～120		4～12	0.3	1 200～1 800

离子交换介质名称	最高载量	颗粒大小(μm)	特性/应用	pH稳定性工作	耐压(MPa)	最快流速(cm/h)
QAE Sephadex A-25	1.2mg甲状腺球蛋白 80mg HSA	干粉 40～120	纯化低分子量蛋白、多肽、核苷以及巨大分子(M_r＞200 000)，在工业传统应用上具有重要作用	2～10	0.11	475
QAE Sephadex A-50	1.2mg甲状腺球蛋白 80mg HSA	干粉 40～120	批量生产和预处理用，分离中等大小的生物分子(30～200 000)	2～11	0.01	45
SP Sephadex C-25	1.1mg IgG 70mg牛羰合血红蛋白 230mg核糖核酸酶	干粉 40～120	纯化低分子量蛋白、多肽、核苷以及巨大分子(M_r＞200 000)，在工业传统应用上具有重要作用	2～10	0.13	475
SP Sephadex C-50	8mg IgG 110mg牛羰合血红蛋白	干粉 40～120	批量生产和预处理用，分离中等大小的生物分子(30～200 000)	2～10	0.01	45

离子交换介质名称	最高载量	颗粒大小(μm)	特性/应用	pH稳定性工作	耐压(MPa)	最快流速(cm/h)
DEAE Sephadex A-25	1mg 甲状腺球蛋白 30mg HAS 140mg α-乳清蛋白	干粉 40～120	纯化低分子量蛋白、多肽、核苷以及巨大分子(M_r>200 000)，在工业传统应用上具有重要作用	2～9	0.11	475
DEAE Sephadex A-50	2mg 甲状腺球蛋白 110mg HSA	干粉 40～120	批量生产和预处理用，分离中等大小的生物分子(M_r>200 000)，在工作传统应用上具有重要作用	2～9	0.11	45
CM Sephadex C-25	1.6mg IgG 70mg 牛羰合血红蛋白 190mg 核糖核酸酶	干粉 40～120	纯化低分子量蛋白、多肽、核苷以及巨大分子(M_r>200 000)，在工业传统应用上具有重要作用	6～13	0.13	475
CM Sephadex C-50	7mg IgG 140mg 牛羰合血红蛋白 120mg 核糖核酸酶	干粉 40～120	批量生产和预处理用，分离中等大小的生物分子(30～200 000)	6～10	0.01	45

附录五　蛋白质等制备时可选用的冷冻剂

冷冻剂的组成	配　比	最低冷冻温度
KCl：冰块	30：100	−11℃
NH_4Cl：冰块	25：100	−15℃
NaCl：冰块	33：100	−21℃
$CaCl_2 \cdot 6H_2O$：冰块	20：100	−4℃
NH_4Cl：KNO_3：水(20℃)	31：20：100	−7.2℃
NH_4Cl：NaCl：冰块	20：40：100	−30℃
酒精＋固体CO_2		−72℃
氯仿＋固体CO_2		−77℃

附录六　分级盐析中硫酸铵饱和度的调整

见下页。

(一) 饱和度由 S_1 提高到 S_2 时每 100 毫升加固体硫酸铵的克数(0℃)

		在 0℃时所达到的硫酸铵饱和度(%)(S_2)																
饱和度		20	25	30	35	40	45	50	55	60	65	70	75	80	85	90	95	100
		在 100ml 中加固体硫酸铵的克数																
溶液的原始饱和度(%)(S_1)	0	10.6	13.4	16.4	19.4	22.6	25.8	29.1	32.6	36.1	39.8	43.6	47.6	51.6	55.9	60.3	65.0	69.7
	5	7.9	10.8	13.7	16.6	19.7	22.9	26.2	29.6	33.1	36.8	40.5	44.4	48.4	52.6	57.0	61.5	66.2
	10	5.3	8.1	10.9	13.9	16.9	20.0	23.3	26.6	30.1	33.7	37.4	41.2	45.2	49.3	53.6	58.1	62.7
	15	2.6	5.4	6.2	11.1	14.1	17.2	20.4	23.7	27.1	30.6	34.3	38.1	42.0	46.0	50.3	54.7	59.2
	20	0	2.7	5.5	8.3	11.3	14.3	17.5	20.7	24.1	27.6	31.2	34.9	38.7	42.7	46.9	51.2	55.7
	25		0	2.7	5.6	8.4	11.5	14.6	17.9	21.1	24.5	28.0	31.7	35.5	39.5	43.6	47.8	52.2
	30			0	2.8	5.6	8.6	11.7	14.8	18.1	21.4	24.9	28.5	32.3	36.2	40.2	44.5	48.8
	35				0	2.8	5.7	8.7	11.8	15.1	18.4	21.8	25.4	29.1	32.9	36.9	41.0	45.3
	40					0	2.9	5.8	8.9	12.0	15.3	18.7	22.2	25.8	29.6	33.5	37.6	41.3
	45						0	2.9	5.9	9.0	12.3	15.6	19.0	22.6	26.3	30.2	34.2	38.3
	50							0	3.0	6.0	9.2	12.5	15.9	19.4	23.0	26.8	30.8	34.8
	55								0	3.0	6.1	9.3	12.7	16.1	19.7	23.5	27.3	31.3
	60									0	3.1	6.2	9.5	12.9	16.4	20.1	23.9	27.9
	65										0	3.1	6.3	9.7	13.2	16.8	20.5	24.4
	70											0	3.2	6.5	9.9	13.4	17.1	20.9
	75												0	3.2	6.6	10.1	13.7	17.4
	80													0	3.3	6.7	10.3	13.9
	85														0	3.4	6.8	10.5
	90															0	3.4	7.0
	95																0	3.5
	100																	0

(二) 饱和度由 S_1 提高到 S_2 时每升加固体硫酸铵的克数(室温)

		在室温时所达到的硫酸铵饱和度(%)(S_2)																	
饱和度		10	20	25	30	35	40	45	50	55	60	65	70	75	80	85	90	95	100
		在 1L 中加固体硫酸铵的克数																	
溶液的原始饱和度(%)(S_1)	0	55	113	144	175	209	242	278	312	350	390	430	474	519	560	608	657	708	760
	10		57	67	118	149	182	215	250	287	325	365	405	448	494	530	585	634	685
	20			29	59	90	121	154	188	225	260	298	337	379	420	465	512	559	610
	25				29	60	91	123	157	192	228	265	304	345	386	430	475	521	571
	30					30	61	93	125	160	195	232	270	310	351	394	439	485	533
	35						30	62	94	128	163	199	235	275	315	358	403	449	495
	40							31	63	96	131	166	205	240	280	322	365	410	458
	45								31	64	98	133	169	206	245	286	330	373	420
	50									32	63	100	135	172	211	250	292	335	380
	55										33	66	101	138	176	214	255	298	334
	60											33	67	103	140	179	219	261	305
	65												34	69	105	143	182	224	267
	70													34	70	108	146	187	228
	75														35	72	110	149	170
	80															36	73	112	152
	85																37	75	114
	90																	37	76
	95																		38

图书在版编目（CIP）数据

生物制药技术 / 何军邀主编. —杭州：浙江大学出版社，2012.11（2024.4 重印）
ISBN 978-7-308-10739-6

Ⅰ. ①生… Ⅱ. ①何… Ⅲ. ①生物制品—生产工艺—教材 Ⅳ. ①TQ464

中国版本图书馆 CIP 数据核字（2012）第 245790 号

生物制药技术

主　编　何军邀

丛书策划　阮海潮（ruanhc@zju. edu. cn）
责任编辑　阮海潮
封面设计　春天书装
出版发行　浙江大学出版社
（杭州市天目山路 148 号　邮政编码 310007）
（网址：http://www. zjupress. com）
排　　版　杭州好友排版工作室
印　　刷　浙江新华数码印务有限公司
开　　本　787mm×1092mm　1/16
印　　张　20.5
字　　数　525 千
版 印 次　2012 年 11 月第 1 版　2024 年 4 月第 7 次印刷
书　　号　ISBN 978-7-308-10739-6
定　　价　55.00 元